U0238185

水利水电工程制图手册

长江勘测规划设计研究有限责任公司　著

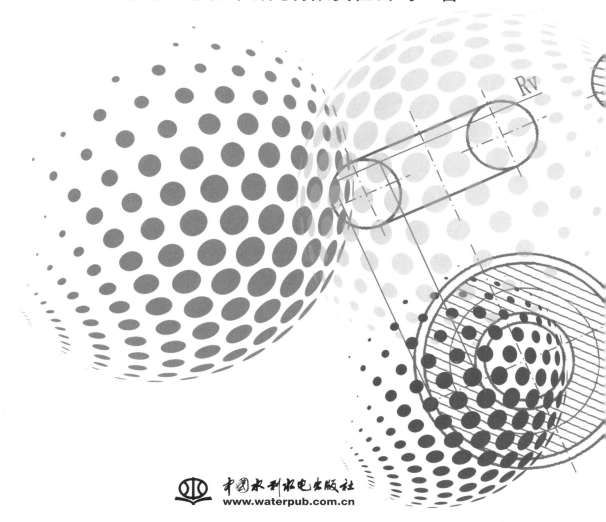

中国水利水电出版社
www.waterpub.com.cn

内 容 提 要

本手册依据《水利水电工程制图标准》（SL 73—2013）编写，共分为 6 篇，主要包括：水利水电工程制图基础、勘测图、水工建筑图、水力机械图、电气图、金属结构图等。手册在 SL 73—2013 的规定内，结合水利水电工程各专业工程制图的特点及工程实践，对国内水利水电工程制图进行了较全面地阐述和示例性说明，并紧密跟踪工程设计制图技术的发展趋势，简要介绍了水利水电工程三维设计技术。

本手册基于最新水利水电行业工程制图标准，内容丰富，图表齐全，并附有大量工程实例，可作为从事水利水电工程设计、施工与管理工程技术人员的工具书，也可供水利水电工程科研、管理人员及水利水电专业大专院校师生参考。

图书在版编目（ＣＩＰ）数据

水利水电工程制图手册 / 长江勘测规划设计研究有限责任公司著. -- 北京 ： 中国水利水电出版社，2014.12
  ISBN 978-7-5170-2843-7

Ⅰ．①水… Ⅱ．①长… Ⅲ．①水利水电工程－工程制图－手册 Ⅳ．①TV222.1-62

中国版本图书馆CIP数据核字(2014)第310495号

书　　名	**水利水电工程制图手册**
作　　者	长江勘测规划设计研究有限责任公司　著
出版发行	中国水利水电出版社
	（北京市海淀区玉渊潭南路 1 号 D 座　　100038）
	网址：www.waterpub.com.cn
	E-mail：sales@waterpub.com.cn
	电话：(010) 68367658 （发行部）
经　　售	北京科水图书销售中心 （零售）
	电话：(010) 88383994、63202643、68545874
	全国各地新华书店和相关出版物销售网点
排　　版	中国水利水电出版社微机排版中心
印　　刷	北京纪元彩艺印刷有限公司
规　　格	184mm×260mm　16 开本　38.25 印张　906 千字
版　　次	2014 年 12 月第 1 版　2014 年 12 月第 1 次印刷
印　　数	0001—2000 册
定　　价	**178.00 元**

《水利水电工程制图手册》
编 审 人 员

主 编 王小毛 陈尚法

主 审 胡中平 陈又华 陈德基 覃利明 石运深

陈冬波 曹去修

各篇撰稿人和参加人

篇序	篇名	撰稿人	参加人
第一篇	水利水电工程制图基础	龚道勇 李 伟 程晓君	樊少鹏
第二篇	勘测图	段建肖 廖立兵 叶圣生 曹伟轩 肖 鹏	吴世泽 柳景华 王家祥 李茂华 喻可忠 刘聪元 樊少鹏
第三篇	水工建筑图	曾令华 职承杰 韩前龙 曹艳辉 龚道勇	潘 江 李 伟 吴俊东 游万敏 柳雅敏 向友国 花俊杰 黄 元 夏传星 樊少鹏 江义兰
第四篇	水力机械图	郭学洋 郑建强 邹海青 柳 飞	
第五篇	电气图	李程煌 刘月桥 陈昌斌 杨 杰 肖 军 黄天东	
第六篇	金属结构图	魏文炜 史 兵 石 泽 熊绍钧 邹柏青 陈智海 钱军祥 王永权 伍友富 汤长书 曾晓辉 陈美娟	金 辽 罗 斌 高 伟 韩争光 穆柏文

前　　言

　　兴水利、除水害，历来是治国安邦的大事。在我国悠久的治水历史中，积累了水利工程建设的丰富经验。特别是近年来，我国的水利水电建设事业发展迅猛，以"三峡工程"为代表的大批技术复杂、规模宏大的水利水电工程建成运行，向世界展现了我国水利建设事业的水平。水利水电工程设计与工程制图技术密切相关，设计成果需经由图纸来呈现，设计图纸不仅反映设计水平，更为工程实施提供便利。为满足设计要求，1995 年出版的《水利水电工程制图手册》自问世以来，在我国水利水电建设中发挥了不可估量的作用，深受广大水利水电工程技术人员的欢迎，成为勘测设计人员必备的案头工具书。

　　随着电子计算机技术的迅猛发展，各种工程制图软件，诸如 AutoCAD、MicroStation、Catia 等横空出世，这些制图软件的开发极大地满足了工程制图需求并提升了制图效率及精度，给传统的手工制图带来了极大的冲击。尤其是进入 21 世纪后，制图软件不仅逐步改进完善，同时还增加更多更为强大的功能，为工程设计人员带来了一场效率革命。科技的多元化发展让人们不再拘泥于二维设计，更加直观明了的三维设计迅速发展起来，三维设计软件的使用不再是汽车和航空领域的专属，水利水电工程设计也逐渐与三维设计相结合。

　　基于水利水电设计技术与工程制图软件的发展，新制定的《水利水电工程制图标准》（SL 73—2013）已颁布实施，原版的《水利水电工程制图手册》已难以满足现今水利水电工程技术人员的设计需求，为此我们重新编制了新版的《水利水电工程制图手册》。本手册采用最常用的制图软件，结合我国水利水电工程的设计、管理、施工和建设的工程实践，全面阐述了水利水电工程各专业的制图要求与相关应用，与我国颁布的现行规范保持一致，并紧密跟踪设计制图的发展趋势，简要介绍了水利水电工程三维设计技术，是一部综合性水利水电工程制图工具书，具有如下特色：

　　1. 内容全面

　　手册涵盖了水利水电工程设计中各专业的制图要求，结合常用制图软件，从基础细节着手，全面呈现了各专业的制图过程，并配有相关表格和图片进行说明。

2. 清晰简明

为便于设计者参考使用，在内容上简明清晰，层次分明，各章节标题均能反映要表述的内容，方便查阅；在表达方法上多采用公式、表格、图片等形式，例图均按规范要求绘制，为使用者提供标准的参考；语言表述上采用标准术语，各种说明浅显易懂，不多赘言。

3. 实用可行

手册以现行相关制图规范为基础，以我国已建成或已完成可研论证的工程为实例，结合水利水电设计工作者多年约定俗成的制图习惯和要求，详细提供了各专业制图方法及要求，内容实用可行。

4. 与时俱进

随着计算机绘图软件的飞速发展，工程制图已不再局限于二维设计，三维设计作为辅助设计工具已逐步得到推广应用。手册部分篇章对三维设计软件和设计方法进行介绍，为三维设计提供了良好的基础平台。

新版《水利水电工程制图手册》的编纂工作得到了长江勘测规划设计研究院、中国水利水电出版社的大力支持。长江勘测规划设计研究院多位专家、工程技术人员直接参与了组织、策划、撰稿、审稿工作，除手册中所列编写人与校审人外，还有很多工程技术人员参加了附图的编辑工作与校审工作。参编者在开展编审工作的同时肩负着繁重的设计工作，但他们始终保持着谨慎细心、兢兢业业的工作态度，克服诸多困难，完成了手册的编写任务，为手册的顺利出版作出了贡献。在此，我们向所有参加手册工作的编写人、审稿人表示衷心的感谢，并致以诚挚的慰问。

手册编制过程中，参考了多种制图手册及有关专著，在此对这些文献作者表示诚挚的感谢。

最后，我们诚恳地欢迎读者对手册中的疏漏和错误给予批评指正，对手册中不足之处提出宝贵修改意见。

作者

2014 年 11 月

 目　录

前言

第一篇　水利水电工程制图基础

第一章　制图常用软件 ………………………………………………………………… 1

　第一节　AutoCAD ……………………………………………………………………… 1

　第二节　MicroStation ………………………………………………………………… 2

第二章　制图基础知识 ………………………………………………………………… 4

　第一节　投影基础 ……………………………………………………………………… 4

　第二节　元素相交 ……………………………………………………………………… 15

　第三节　组合体 ………………………………………………………………………… 21

第三章　制图基本要求 ………………………………………………………………… 24

　第一节　图纸幅面 ……………………………………………………………………… 24

　第二节　标题栏与会签栏 ……………………………………………………………… 26

　第三节　制图比例 ……………………………………………………………………… 28

　第四节　制图字体 ……………………………………………………………………… 29

　第五节　制图图线 ……………………………………………………………………… 30

　第六节　复制图纸的折叠 ……………………………………………………………… 33

第四章　图样画法 ……………………………………………………………………… 35

　第一节　视图 …………………………………………………………………………… 35

　第二节　剖视图 ………………………………………………………………………… 40

　第三节　断面图 ………………………………………………………………………… 44

　第四节　详图 …………………………………………………………………………… 47

　第五节　曲面画法 ……………………………………………………………………… 49

　第六节　标高图 ………………………………………………………………………… 54

　第七节　轴测图 ………………………………………………………………………… 55

　第八节　常用符号画法 ………………………………………………………………… 57

第五章　图样标注方法 ………………………………………………………………… 59

　第一节　图样标注方法的基本要求 …………………………………………………… 59

　第二节　一般标注方法 ………………………………………………………………… 60

　第三节　简化标注方法 ………………………………………………………………… 69

第六章　总体三维制图概要 ⋯⋯⋯⋯⋯⋯⋯⋯⋯⋯⋯⋯ 72

    第一节　概述 ⋯⋯⋯⋯⋯⋯⋯⋯⋯⋯⋯⋯⋯⋯⋯⋯⋯⋯⋯ 72

    第二节　三维图形的表达方式 ⋯⋯⋯⋯⋯⋯⋯⋯⋯⋯⋯⋯ 72

第二篇　勘　测　图

第一章　概述 ⋯⋯⋯⋯⋯⋯⋯⋯⋯⋯⋯⋯⋯⋯⋯⋯⋯⋯⋯ 74

    第一节　水利水电工程地质勘察阶段的划分 ⋯⋯⋯⋯ 74

    第二节　工程地质勘察报告附图 ⋯⋯⋯⋯⋯⋯⋯⋯⋯⋯ 74

    第三节　水利水电工程常用地质图件 ⋯⋯⋯⋯⋯⋯⋯⋯ 76

第二章　地质图件绘制的一般规定 ⋯⋯⋯⋯⋯⋯⋯⋯⋯ 85

第三章　主要工程地质图件的编制内容及方法 ⋯⋯⋯ 91

    第一节　基础资料图件 ⋯⋯⋯⋯⋯⋯⋯⋯⋯⋯⋯⋯⋯⋯ 91

    第二节　区域地质图件 ⋯⋯⋯⋯⋯⋯⋯⋯⋯⋯⋯⋯⋯ 104

    第三节　水库工程地质图件 ⋯⋯⋯⋯⋯⋯⋯⋯⋯⋯⋯ 109

    第四节　坝区工程地质图件 ⋯⋯⋯⋯⋯⋯⋯⋯⋯⋯⋯ 119

    第五节　水文地质图件 ⋯⋯⋯⋯⋯⋯⋯⋯⋯⋯⋯⋯⋯ 135

    第六节　引调水工程地质图件 ⋯⋯⋯⋯⋯⋯⋯⋯⋯⋯ 138

    第七节　堤防工程地质图件 ⋯⋯⋯⋯⋯⋯⋯⋯⋯⋯⋯ 146

    第八节　天然建筑材料图件 ⋯⋯⋯⋯⋯⋯⋯⋯⋯⋯⋯ 151

第四章　勘测图图例 ⋯⋯⋯⋯⋯⋯⋯⋯⋯⋯⋯⋯⋯⋯⋯ 157

    第一节　图例制定原则 ⋯⋯⋯⋯⋯⋯⋯⋯⋯⋯⋯⋯⋯ 157

    第二节　地质年代及代号 ⋯⋯⋯⋯⋯⋯⋯⋯⋯⋯⋯⋯ 157

    第三节　岩石花纹符号及代号 ⋯⋯⋯⋯⋯⋯⋯⋯⋯⋯ 157

    第四节　地质构造符号 ⋯⋯⋯⋯⋯⋯⋯⋯⋯⋯⋯⋯⋯ 170

    第五节　地貌符号 ⋯⋯⋯⋯⋯⋯⋯⋯⋯⋯⋯⋯⋯⋯⋯ 173

    第六节　物理地质现象符号及代号 ⋯⋯⋯⋯⋯⋯⋯⋯ 177

    第七节　水文地质现象代号、花纹 ⋯⋯⋯⋯⋯⋯⋯⋯ 178

    第八节　工程地质现象及工程地质勘察符号、代号 ⋯ 181

    第九节　常用地形图图例 ⋯⋯⋯⋯⋯⋯⋯⋯⋯⋯⋯⋯ 185

    第十节　工程地质图用色标准 ⋯⋯⋯⋯⋯⋯⋯⋯⋯⋯ 190

第五章　三维地质制图 ⋯⋯⋯⋯⋯⋯⋯⋯⋯⋯⋯⋯⋯⋯ 193

    第一节　三维地质数据模型 ⋯⋯⋯⋯⋯⋯⋯⋯⋯⋯⋯ 193

    第二节　三维地质建模研究现状及常用软件 ⋯⋯⋯⋯ 194

    第三节　三维地质建模方法 ⋯⋯⋯⋯⋯⋯⋯⋯⋯⋯⋯ 195

第三篇　水　工　建　筑　图

第一章　基本要求 ⋯⋯⋯⋯⋯⋯⋯⋯⋯⋯⋯⋯⋯⋯⋯⋯ 199

    第一节　制图比例 ⋯⋯⋯⋯⋯⋯⋯⋯⋯⋯⋯⋯⋯⋯⋯ 199

第二节　水工建筑图基本图例 ………………………………………………… 199

第二章　规划图 ………………………………………………………………… 213
第一节　范围类别 …………………………………………………………………… 213
第二节　绘制内容及要求 …………………………………………………………… 213

第三章　土建图 ………………………………………………………………… 224
第一节　范围类别 …………………………………………………………………… 224
第二节　水工图 ……………………………………………………………………… 224
第三节　钢筋图 ……………………………………………………………………… 301
第四节　安全监测图 ………………………………………………………………… 307

第四章　木结构图 ……………………………………………………………… 317
第一节　木构件断面常用表示方法 ………………………………………………… 317
第二节　木构件连接的表示方法 …………………………………………………… 317
第三节　常用木结构画法 …………………………………………………………… 320

第四篇　水 力 机 械 图

第一章　图的种类 ……………………………………………………………… 323

第二章　制图基本知识 ………………………………………………………… 327
第一节　厂房轴线 …………………………………………………………………… 327
第二节　简化绘制 …………………………………………………………………… 328

第三章　图用材料表 …………………………………………………………… 329

第四章　管路及附件绘制 ……………………………………………………… 330
第一节　线宽和一般要求 …………………………………………………………… 330
第二节　管路中断画法 ……………………………………………………………… 330
第三节　管路弯折视图画法 ………………………………………………………… 331
第四节　管路连接组合画法 ………………………………………………………… 331

第五章　图的标注 ……………………………………………………………… 334
第一节　布置图中尺寸基准规定 …………………………………………………… 334
第二节　管路中常用介质类别及用途 ……………………………………………… 334
第三节　管路标注 …………………………………………………………………… 335

第六章　图形符号 ……………………………………………………………… 338
第一节　图形符号使用 ……………………………………………………………… 338
第二节　管路管件图形符号 ………………………………………………………… 338
第三节　阀门、自动化元件及设备图形符号 ……………………………………… 341
第四节　设备及元件图形符号 ……………………………………………………… 348
第五节　仪器、仪表图形符号 ……………………………………………………… 350

第七章　常用设备简图 ·· 356
   第一节　一般规定 356
   第二节　常用设备简图 356

第八章　三维设计 ··· 365
   第一节　基本要求 365
   第二节　设备及管路 365
   第三节　水轮发电机组 369

第五篇　电　气　图

第一章　电气图制图基本要求 ··· 376
   第一节　电气图的种类和常用表示方法 376
   第二节　图形符号 378
   第三节　文字符号 378
   第四节　项目代号 381
   第五节　功能代号 382

第二章　系统图画法及要求 ·· 386
   第一节　接线类电气系统图 ··· 386
   第二节　系统结构类电气系统图 394
   第三节　系统配置类电气系统图 404

第三章　布置图画法及要求 ·· 411
   第一节　开关站设备布置图 411
   第二节　升压变电站设备布置图 414
   第三节　10kV（6kV）开关柜布置图 414
   第四节　0.4kV 配电设备布置图 419
   第五节　防雷保护范围图 419
   第六节　接地布置图 ··· 423
   第七节　照明布置及埋件图 428
   第八节　屏柜设备布置图 430
   第九节　屏柜设备屏面布置图 430

第四章　电路图画法及要求 ·· 433
   第一节　屏柜设备接口图 433
   第二节　监控系统原理接线图 435
   第三节　继电保护原理接线图 442

第五章　安装图画法及要求 ·· 447
   第一节　变压器安装图 447
   第二节　高压电气设备安装图 449

第三节　绝缘子串组装图 …………………………………………………… 450

第四节　金具组装图 ………………………………………………………… 451

第五节　架空导地线放线图 ………………………………………………… 452

第六节　电缆桥架图 ………………………………………………………… 453

第七节　防火封堵图 ………………………………………………………… 455

第八节　屏柜设备基础图 …………………………………………………… 457

第九节　电缆敷设图 ………………………………………………………… 460

第六章　其他常用电气图画法及要求 ……………………………………… 462

第一节　端子图（表） ……………………………………………………… 462

第二节　设备元件（材料）表 ……………………………………………… 462

第三节　流程图 ……………………………………………………………… 467

第四节　逻辑图 ……………………………………………………………… 470

第七章　电气三维图画法及要求 …………………………………………… 473

第一节　电气设备布置流程 ………………………………………………… 473

第二节　电缆桥架设计 ……………………………………………………… 474

第三节　照明布置 …………………………………………………………… 475

第四节　生成施工图纸 ……………………………………………………… 475

第八章　电气图常用图形符号 ……………………………………………… 476

第一节　概述 ………………………………………………………………… 476

第二节　限定符号 …………………………………………………………… 476

第三节　导线和连接器件图形符号 ………………………………………… 485

第四节　无源元件图形符号 ………………………………………………… 489

第五节　电能的发生和转换图形符号 ……………………………………… 491

第六节　触点图形符号 ……………………………………………………… 499

第七节　开关、开关装置和起动器图形符号 ……………………………… 501

第八节　继电器和继电保护装置图形符号 ………………………………… 508

第九节　保护器件图形符号 ………………………………………………… 511

第十节　测量仪表、灯和信号器件图形符号 ……………………………… 513

第十一节　通信图形符号 …………………………………………………… 517

第十二节　电力和通信布置图形符号 ……………………………………… 521

第十三节　线路图形符号 …………………………………………………… 523

第十四节　配电、控制和用电设备图形符号 ……………………………… 527

第十五节　插座、开关和照明图形符号 …………………………………… 529

第十六节　火灾自动报警图形符号 ………………………………………… 531

第十七节　视频监控图形符号 ……………………………………………… 533

第十八节　计算机监控图形符号 …………………………………………… 534

第六篇 金 属 结 构 图

第一章　金属结构专业制图基本要求···336

第一节　图纸幅面尺寸和图框格式 ····································536

第二节　标题栏、明细表和会签栏 ···································536

第三节　比例 ··538

第四节　图线 ··538

第五节　字体 ··539

第六节　视图标注及表达 ··539

第七节　高程 ··540

第八节　桩号 ··540

第九节　水位 ··540

第十节　件号（序号）··540

第十一节　尺寸标注 ··541

第十二节　公差与配合 ··542

第十三节　表面粗糙度 ··547

第十四节　焊缝 ··547

第十五节　标准件 ··551

第十六节　几种常用表面、剖面表示方法 ··························552

第十七节　流向 ··552

第十八节　闸门及启闭机特性表 ··································553

第十九节　图纸目录 ··553

第二章　金属结构布置图··555

第一节　泄洪和水电站建筑物金属结构布置图 ······················555

第二节　船闸金属结构布置图 ····································555

第三节　压力钢管布置图 ··560

第三章　结构图··563

第一节　水工钢闸门结构图 ······································563

第二节　启闭机设备 ··580

第三节　压力钢管 ··591

第四节　输电铁塔 ··591

第五节　厂房网架 ··598

第四章　涉外工程中金属结构制图范例······································599

第一篇　水利水电工程制图基础

第一章　制图常用软件

当今计算机绘图技术已经全面应用于各个设计、生产领域，以计算机绘图技术为基础的计算机辅助技术，正在改变着工程设计、施工和管理的工作模式及应用理念。利用计算机辅助技术，可有效提高工程设计人员的效率及设计成果质量。目前，国内外广泛流行的计算机绘图软件主要为 AutoCAD 与 MicroStation。

第一节　AutoCAD

AutoCAD（Auto Computer Aided Design）是由美国 Autodesk（欧特克）公司首次于 1982 年开发的自动计算机辅助设计软件，用于二维绘图、详细绘制、设计文档和基本三维设计，软件格式主要有 DWG 标准格式、DXF 交换格式、DWT 样板文件格式，现已经成为国内外广为流行的绘图工具。AutoCAD 软件具有完善的图形绘制、图形编辑功能，可以采用多种方式进行二次开发或用户定制，同时进行多种图形格式的转换，具有较强的数据交换能力，支持多种硬件设备及多种操作平台，具有通用性、易用性，适用于各类用户。从 AutoCAD 2000 开始，系统又增添了许多强大的功能，诸如 AutoCAD 设计中心（ADC）功能、多文档设计环境（MDE）功能、Internet 驱动功能、新的对象捕捉功能、增强的标注功能以及局部打开和局部加载的功能等。

AutoCAD 具有良好的用户界面，通过交互菜单或命令行方式可以进行各种操作。其多文档设计环境，方便非计算机专业人员能很快地学会使用，在不断实践的过程中更好地掌握其各种应用和开发技巧，从而不断提高工作效率。

AutoCAD 具有广泛的适应性，可以在各种操作系统支持的微型计算机和工作站上运行，已广泛应用于土木建筑、装饰装潢、城市规划、园林设计、电子电路、机械设计、服装鞋帽、航空航天、轻工化工等诸多领域。未来 AutoCAD 将向智能化、多元化方向发展，例如云计算三维核心技术等。

针对不同的行业，Autodesk（欧特克）开发了行业专用的版本和插件，在机械设计与制造行业中发行了 AutoCAD Mechanical 版本，在电子电路设计行业中发行了 Auto-CAD Electrical 版本，在勘测、土方工程与道路设计发行了 Autodesk Civil 3D 版本，可以加快设计理念的实现过程，并得到业界的认可。

由于 AutoCAD 软件具有功能强大，操作方便，体系结构开放，二次开发方便，能适应各种软硬件平台等优点，受到各国工程技术人员的青睐，成为当今世界上最为流行的计算机绘图软件，操作界面见图 1-1-1。

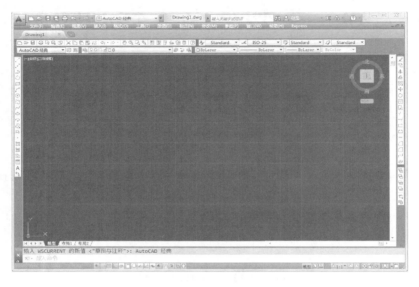

图 1-1-1　AutoCAD 绘图软件操作界面

第二节　MicroStation

MicroStation 是国际上和 AutoCAD 一样广泛流行的二维和三维 CAD 设计软件，由奔特力（Bentley）工程软件系统有限公司在 1986 年开发完成。其专用格式是 DGN，并兼容 AutoCAD 的 DWG/DXF 等格式。MicroStation 是 Bentley 工程软件系统有限公司在建筑、土木工程、交通运输、加工工厂、离散制造业、政府部门、公用事业和电信网络等领域解决方案的基础平台。

MicroStation 绘图软件通过图形界面进行操作，符合 Windows 环境。图形化的使用界面一直是 MicroStation 吸引大量注视眼光的主要原因，而这也正是 MicroStation 易于使用的最佳保证。

MicroStation 支持多种不同硬件平台，包括 Intergraph、IBM、HP、SUN、DEC、SGI 等工作站级电脑及 PC 与 MAC 等个人电脑，以及 UNIX、linux 及 Win7、Win8、Windows NT 及 DOS 等多种操作系统。用户可根据使用需要及效率需求自由选择所需的硬件平台及操作系统，在所有不同硬件平台与操作系统之上，MicroStation 不仅其功能与架构完全一致，其所产生的设计图档也是完全兼容（Binary Compatible）。

MicroStation 符合 OSF/MOTIF 标准的图形化使用界面，多视窗操作环境、参考图档（Reference File）、即时在线求助、多重取消或重作（Redo/Undo）功能、硬盘即时更新（File-Based rather than Memory-Based）等人性化操作界面及使用者自定线型（User-Defined Linestyles）、平行复线（Multi-Lines）、关联式的剖面线及涂布（Associative hatching/patterning）、2/3D 空间布林运算、完整的抓点模式（Nearest，Midpoint，Center，Origin，Tangent，Perpendicular，Parallel，Intersection…）、参数化图元设计

（Dimension Driven Design）、关联式尺寸标注（Associative Dimensioning）、影像档重叠显示与写入功能、复合曲线（Complex String/Shape）、依图元属性自动搜寻/选取功能、NURBS、辅助坐标系统、资料库连接操作、材质库、上彩及其他众多辅助作图工具。

除此之外，MicroStation 还具有强大的兼容性和扩展性，可以通过一系列第三方软件实现诸多特殊效果。例如用 Turn Tool 等第三方插件，即可直接用 MicroStation 发布在线三维展示案例。MicroStation 根据用户的需求提供了五种可适合不同程度程序开发者的程序设计语言，分别是 UCM（User Command）、CSL（Customer Support Library）、MicroStation Basic、MDL（MicroStation Development Language）及 JMDL（Java 版本的 MDL）。其中 UCM 是类似于 AutoLisp 的宏指令，CSL 则为类似 AutoCAD ADS 的 Fortran 或 C 语言函数库，MDL 则为一完整而高效率的 C 语言框架的应用程序开发环境，它使用 MicroStation 所提供的所有资源并可驱动 MicroStation 的核心引擎，为应用软件开发的最佳利器，绝大部分的 MicroStationThird-Party 软件均以 MDL 为主要开发工具，这不仅得以保证该软件与 MicroStation 具备同样的使用界面与操作流程，更重要的是，这些软件将随着 MicroStation 而跨越硬件平台的界限。MicroStation Basic 则为最新一代 MicroStation 的程式开发工具，它不仅具备了易学易用的独特优点，而且支持 OLE 架构，使得可透过其他程式语言诸如 Visual Basic 等进行 MicroStation 的程式写作。JMDL 使用 sunJDK（1.1.6），以 com. bentleypackage 的方式提供 MDL 功能，具有面对对象、跨平台等特点，是开发 MicroStation 应用之最新利器。

MicroStation 绘图软件操作界面见图 1-1-2。

图 1-1-2　MicroStation 绘图软件操作界面

第二章 制图基础知识

第一节 投影基础

一、投影基本知识

图样是用来反映空间形体结构的，如何将空间的形体如大坝、隧洞、桥梁、房屋等绘制在图纸上，需要了解投影的基本知识。

投影由投射线、形体、投影面三要素构成。

由光源向形体投射的光线为投影线，显现的影像平面为投影面。

按投射线的不同情况，投影可分为中心投影和平行投影两大类。所有投射线从一点引出的，称为中心投影。所有投射线互相平行的，则称为平行投影。平行投影根据投射线与投影面的垂直或斜交关系，又分为斜投影和正投影。大多数的工程图都采用正投影法来绘制。

正投影法是一种多面投影。利用平行正投影方法，把空间几何体投影到两个或两个以上互相垂直的投影面上，然后将这些带有几何体投影图的投影面按一定的规律展开在一个平面上，从而得到几何体的多面正投影图，由这些投影便能完全确定几何体的空间位置和形状。正投影法的优点是具有类似性、实形性、积聚性、度量性，作图简单方便，在工程上应用最广。在采用正投影画图时，为了反映物体的真实形状和大小及作图方便，应尽量将物体上的平面或直线对投影面处于平行或垂直的位置。

工程上常用的投影图有投射投影图、轴测投影图、正投影图、标高投影图。

二、点、线、面的投影

（一）点的投影

点的投影仍是点，点的三面投影如图 1-2-1 所示，在三投影面体系的空间内有一点 A，自 A 点分别向三个投影面作垂线（即投影线），得三个垂足 a、a'、a''。a、a'、a'' 分别表示 A 点在水平投影面（H 面）、正投影面（V 面）、侧投影面（W 面）的投影。

1. 点的投影规律

垂直规律：两投影的连线必垂直于相应的投影轴。例如：A 点的 V 面投影和 H 面

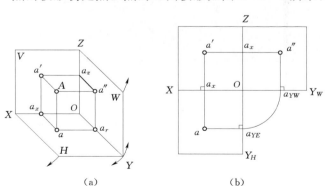

(a)　　　　　　　　(b)

图 1-2-1　点的三面投影图

投影的连线垂直于 OX 轴，即 $\overline{a'a} \perp OX$。

等距规律：点到某一投影面的距离，等于点在另外两投影面上的投影到相应投影轴的距离，即：

$$\overline{Aa''} = \overline{aa_y} = \overline{a'a_z} = oa_x (均为坐标 X_A)$$

$$\overline{Aa'} = \overline{aa_x} = \overline{a''a_z} = oa_y (均为坐标 Y_A)$$

$$\overline{Aa} = \overline{a'a_x} = \overline{a''a_y} = oa_z (均为坐标 Z_A)$$

2. 两点的相对位置

两点的相对位置根据相对于投影面的距离确定（图1-2-2）。距离 W 面远者在左，近者在右（根据 V 面、H 面的投影分析）；距离 V 面远者在前，近者在后（根据 H 面、W 面的投影分析）；距离 H 面远者在上，近者在下（根据 V 面、W 面的投影分析）。

当两点的某个坐标相同时，该两点将处于同一投影线上，因而对某一投影面具有重合的投影，则这两个点的坐标称为对该投影面的重影点。

（二）线的投影

空间两点确定一条空间直线段，空间直线段的投影一般仍为直线。直线的投影，实质上是由直线上两点的同面投影连线来确定。

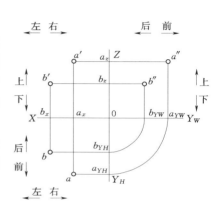

图1-2-2 两点的相对位置图

1. 直线段对于一个投影面的投影特性

（1）收缩性：当直线段 AB 倾斜于投影面时，它在该投影面上的投影 ab 长度比空间 AB 线段缩短了，见图1-2-3（a）。

（2）真实性：当直线段 AB 平行于投影面时，它在该投影面上的投影与空间 AB 线段相等，见图1-2-3（b）。

（3）积聚性：当直线段 AB 垂直于投影面时，它在该投影面上的投影重合于一点，见图1-2-3（c）。

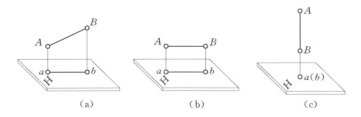

（a） （b） （c）

图1-2-3 线段的投影特性

2. 直线段在三面投影体系中的投影特性

空间线段因对三个投影面的相对位置不同，可分为投影面的平行线、投影面的垂直线和投影面的一般位置直线三种。

（1）投影面的平行线：平行于一个投影面，而对另两个投影面倾斜。在直线段所平行的投影面上的投影反映实长，且其投影与投轴的夹角反映直线与另两投影面的倾角；另两投影面平行于相应的投影轴（构成所平行的投影面的两根轴）。

（2）投影面的垂直线：垂直于一个投影面，即与另两个投影面都平行。在所垂直的投影面上的投影积聚为一点；在另外两个投影面上的投影，垂直于相应的投影轴，且反应直线段的实长。

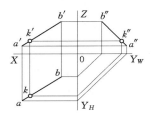

图1-2-4　点在直线上
的投影图

（3）投影面的一般位置直线：它在投影面上的投影长度比空间线段的长度缩短了，具有收缩性。三个投影都是一般倾斜线段，且都小于线段的实长；三面投影都与投影轴倾斜，投影与投影轴的夹角，均不反应直线段对投影面的倾角。

3．直线上点的投影特性

直线上点的投影必定在该直线的同面投影上，见图1-2-4，K点的投影k、k'、k''分别在ab、$a'b'$、$a''b''$上。

同一直线上两线段长度之比等于其投影长度之比，即$\dfrac{ak}{kb}$

$=\dfrac{a'k'}{b'k'}=\dfrac{a''k''}{k''b''}$。

4．两直线的相对位置

（1）两直线平行：平行两直线的所有同面投影面都互相平行。

（2）两直线相交：若空间两直线相交，则它们的所有同面投影都相交，且各同面投影的交点之间的关系符合点的规律。

（3）交叉两直线：交叉两直线的同面投影可能相交，但各投影的交点不符合点的投影规律。

直角投影定理：空间两条互相垂直相交的直线，如果其中一条为某一投影面的平行线，则它们在该投影面上的投影仍互相垂直。垂直交叉的两直线仍具有上述特性。

（三）面的投影

平面在投影图上表示的方法有，不在一条直线上的三点、一条直线和线外一点、两平行直线和两相交直线等。

1．平面在三面投影体系中的特性

平面形的投影一般仍为平面形，特殊情况下为一条直线。

平面形投影的作图方法是将图形轮廓线上的一系列点（多边形则是其顶点）向投影面投影，即得平面形投影。平面形的投影，实质上仍是以点的投影为基础而得到的投影。三角形是最简单的平面形，见图1-2-5，将△ABC三顶点向三投影面进行投影的直观图和三面投影图。其各投

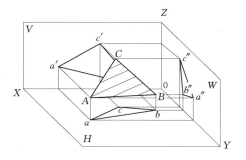

图1-2-5　一般位置平面形的投影

影即为三角形之各顶点的同面投影的连线。其他多边形的做法与此类似。由此可见，平面形的投影，实质上仍是以点的投影为基础而得到的投影。

2. 平面在三面投影体系中的位置

（1）一般位置平面。一般位置的平面，与三个投影面都倾斜。由于它对三个投影面都倾斜，不反映实形，相对实形均有所缩小。

（2）投影面平行面。平行于一个投影面的平面，同时垂直于其他两个投影面的平面，称为投影面平行面。如平面用平面形表示，则在其所平行的投影面上的投影，反映平面形的实形；在另外两个投影面上的投影为直线段（有积聚性）且平行于相应的投影轴。

（3）投影面垂直面。仅垂直于一个投影面，而与另外两个投影面倾斜的平面，称为投影面垂直面。在其所垂直的投影面上的投影为倾斜直线段，该倾斜直线段与投影轴的夹角，反映该平面对相应投影面的倾角；在另外两个投影面上的投影仍为平面形，但不是实形。

3. 平面上的点和直线

从初等几何可知，点和直线在平面上的必要和充分条件是：

如果点位于平面上的任一直线上，则此点在该平面上。

如果一直线通过平面上两已知点或通过平面上一已知点平行于平面上一已知直线，则此直线在该平面上。

（1）在平面上取直线的方法。取平面上两已知点，然后连成直线；过平面上一已知点引直线与平面上一已知直线平行。

（2）在平面上取点的方法。在平面已知线上取点，然后在平面上取一直线，再在此直线上取点，这种方法称为辅助线法。

三、立体投影

（一）平面体的投影

平面立体各表面都是平面，画平面立体的投影，就是画出平面立体的各个表面的投影。

棱柱和棱锥是常见的平面体。它们是由棱面及底面围成的，相邻两棱面的交线称为棱线，底面和棱面的交线是底面的边。

1. 棱柱

棱柱的棱线互相平行，底面为多边形，底面形状是棱柱的特征面。画棱柱的投影图，应先画反映其特征的投影，再画其他两个投影。

直立正六棱柱投影见图 1－2－6，其上下底面平行于 H 面，为正六边形，水平投影反映其实形，正面、侧面投影均积聚成水平线段；六个棱面均垂直于 H 面，水平投影积聚成六边形的六条边；前后两棱面平行于 V 面，正面投影反映实形，侧面投影积聚成铅垂面线段；其他四个棱面均为铅垂面，它们的正面、侧面投影都是类似图形。

正棱柱投影特点：在垂直于棱线的投影面上的投影为多边形，反应特征面的实形；其他两投影外轮廓均呈矩形，且棱线的投影互相平行。

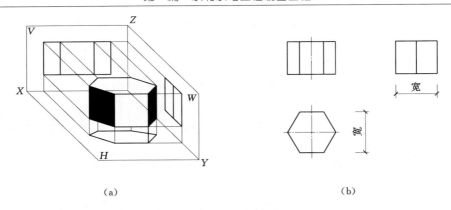

（a）　　　　　　　　　　　　　　　（b）

图 1-2-6　直立六棱柱投影图

2. 棱锥

棱锥的所有棱线都汇集于锥顶，棱面都是三角形。画棱锥的投影时，一般先画出底面及锥顶的投影，再画棱线的投影。

三棱锥投影见图 1-2-7，底面平行于 H 面，为等边三角形，三个棱面均倾斜于 H 面，是三个同样大小的三角形，棱线 SB 为侧平线，底边 AC 为侧垂线。三棱锥的正、侧面投影外轮廓都是三角形。

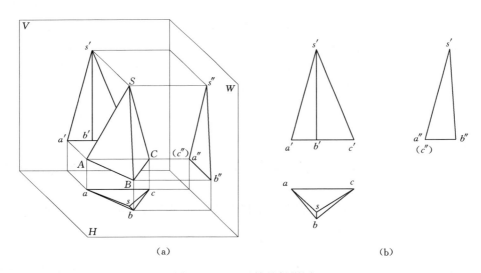

（a）　　　　　　　　　　　　　　　（b）

图 1-2-7　三棱锥投影图

（二）曲面体的投影

由曲面或曲面和平面围成的实体称为曲面立体。回转体是曲面立体中最常见的一种。常见的回转体有圆锥体、圆柱体、圆球体、圆环体等，见图 1-2-8。

1. 圆柱体的三面投影

圆柱体的投影实际是组成圆柱体的圆柱面和上下底面的投影。圆柱体的三面投影特点是：一个圆对应两个全等的矩形，见图 1-2-9。

名称	圆 锥 体	圆 柱 体	圆 球 体	圆 环 体
回转体形成方法	直母线绕和它相交的轴线回转而成圆锥面 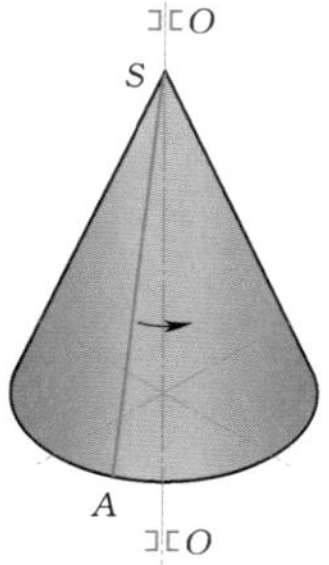 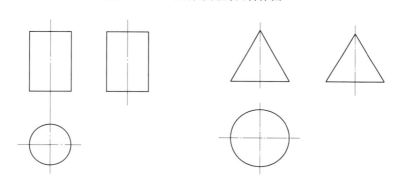	直母线绕和它平行的轴线回转而成圆柱面 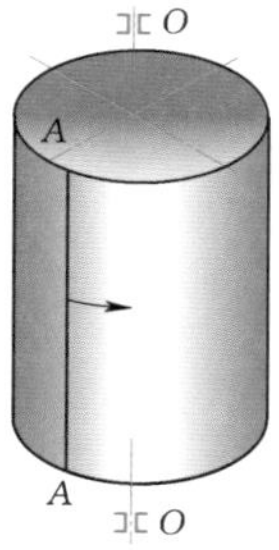	圆母线绕以它的直径为轴线回转而成圆球面 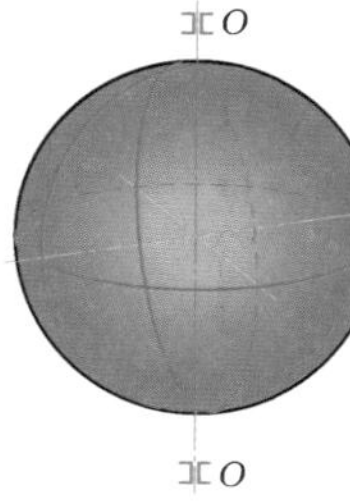	圆母线绕和它的共面但不过圆心的轴线回转而成圆环面 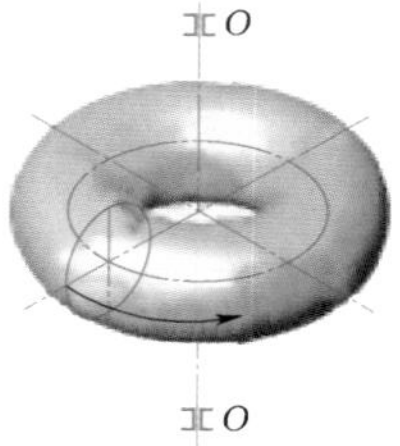
形体构成	由圆锥面和一个圆平面围成	由圆柱面和两个圆平面围成	由圆球面围成	由圆环面围成
一般性质	母线上任意一点的轨迹是一个圆周（纬圆）；其圆心是轨迹平面和轴线的交点，半径是点到轴线的距离			

图 1-2-8　几种常见的回转体图

图 1-2-9　圆柱体三面投影图　　　　图 1-2-10　圆锥体三面投影图

2. 圆锥体的三面投影

圆锥体是由圆锥面和底面组成。为了便于画图，可将轴线处于与投影面垂直的位置。圆锥三面投影的特点为：一圆对应两全等的等腰三角形，见图 1-2-10。

在圆锥表面取点的方法有素线法和纬圆法。

（1）素线法。连接 k 点和锥顶，即为圆锥表面上的一条素线，它交底圆于 a' 点，见图 1-2-11（a）。求 a' 点的水平投影 a，见图 1-2-11（b）。连接圆心和 a，即为素线的水平投影，见图 1-2-11（c）。根据长对正，求得 a' 点的水平投影 a，见图 1-2-11（d）。再根据高平齐和宽相等，求得侧面投影 k''，见图 1-2-11（e）。

（2）纬圆法。过 m 作一同心圆，见图 1-2-12（b）。由 m 点作垂直于轴线的平面与圆锥的交线。过该圆的最左的象限点作其切线，延伸与主视图的轮廓线相交，见图 1-2-12（b）。过轮廓线的交点作轴线的垂线，过 m 点作与轴线垂直平面的正面投影。见图 1-2-12（c）。根据投影关系，求得 m 点的正面投影 m'，见图 1-2-12（d）。在俯视图中量取

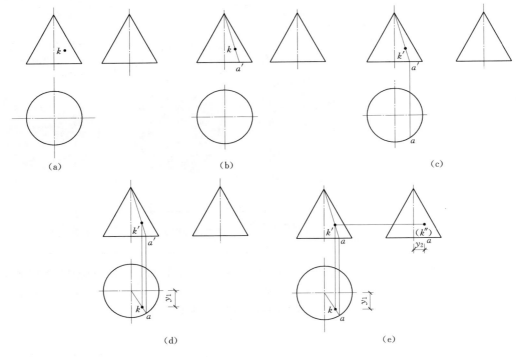

图 1-2-11　素线法图

m 点到前后对称面的 Y 坐标差，见图 1-2-12（e）。根据投影联系高平齐和宽相等，得出 m 点的侧面投影 m''，见图 1-2-12（f）。

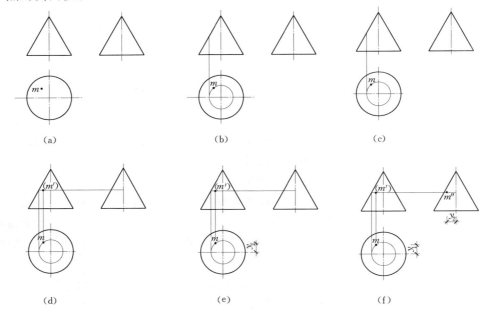

图 1-2-12　纬圆法图

3. 圆球体的三面投影

圆球是由球面围成的实体，球的三面投影都是半径相同的圆组成，见图 1-2-13，但其三面投影空间含义不同。正面投影的圆是前后两半转向轮廓线的投影、侧面投影的圆是左右两半转向轮廓线的投影、水平投影的圆为上下两半转向轮廓线的投影，球的任意一直径都是球面的回转轴线。

圆球的三面投影的特点是，三视图都是直径相同的圆。

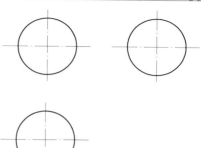

图 1-2-13　圆球三面投影图

圆球表面取点方法：过 A 点作平行于投影面的平面，正平面、侧平面或水平面都可以，它们与球的交线为圆，且在该投影面中反映圆的真实形状。现作水平面，与轮廓线交于 k'，该水平面与球的交线圆在水平投影面中反映实形，见图 1-2-14（b）。

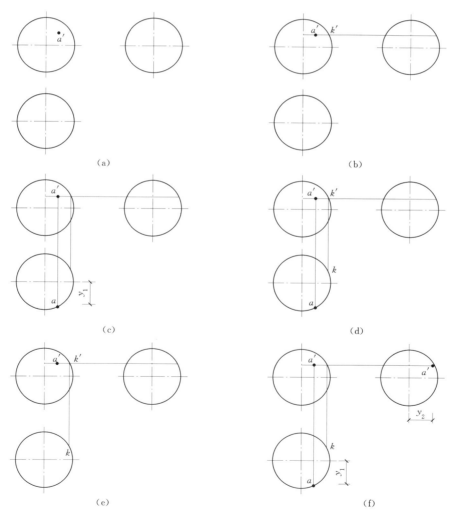

（a）　　　　　　　　　（b）

（c）　　　　　　　　　（d）

（e）　　　　　　　　　（f）

图 1-2-14　圆球表面取点方法图

球 K 点的水平投影 k，见图 $1-2-14$（c）。

过 k 做一俯视图的同心圆，A 点的水平投影即在该圆上，见图 $1-2-14$（d）。

量取 A 点到前后对称面之间的 Y 坐标差，见图 $1-2-14$（e）。

根据投影关系求得 A 点的侧面投影 a''，见图 $1-2-14$（f）。

四、轴测投影

轴测投影采用单面投影图，是平行投影之一，它是把物体按平行投影法投射至单一投影面上所得到的投影图，俗称立体图。轴测投影的特点是在投影图上可以同时反映出几何体长、宽、高三个方向上的形状，富有立体感，直观性较好。

（一）轴间角和轴向伸缩系数

轴间角和轴向伸缩系数是画轴测图的两个主要参数。

（1）轴间角。两根轴测轴之间的夹角，如 $\angle X_1 O_1 Y_1$、$\angle Y_1 O_1 Z_1$、$\angle X_1 O_1 Z_1$。

（2）轴向伸缩系数。轴测图中，轴测轴上的单位长度与相应坐标轴上的单位长度之比称为轴向伸缩系数，用符号 p_1、q_1、r_1 分别表示 X 轴、Y 轴、Z 轴的轴向伸缩系数。简化的轴向伸缩系数分别用 p、q、r 表示。

常用轴测图的轴间角、轴向伸缩系数及简化轴向伸缩系数见表 $1-2-1$。

表 $1-2-1$　　常用轴测图的轴间角、轴向伸缩系数及简化轴向伸缩系数

项　目		正轴测投影		斜轴测投影
特性		投影线与轴测投影面垂直		投影线与轴测投影面倾斜
轴测类型		等测投影	二测投影	二测投影
简称		正等测	正二测	斜二测
应用举例	轴向伸缩系数	$p_1=q_1=r_1=0.82$	$p_1=r_1=0.94$ $q_1=p_1/2=0.47$	$p_1=r_1=1$ $q_1=0.5$
	简化伸缩系数	$p=q=r=1$	$p=r=1$ $q=0.5$	无
	轴间角	 $120°$ $120°$ Z X O Y $120°$	 $97°$ $131°$ Z X O Y $137°$	 $90°$ $135°$ Z X O Y $135°$
	例图			

（二）轴测投影的分类

1. 按投影方向的不同分类

（1）正轴测投影：投影方向 S 垂直于轴测投影面。

（2）斜轴测投影：投影方向 S 倾斜于轴测投影面。

2. 按轴向伸缩系数的不同分类

（1）等轴测投影：三个轴向伸缩系数 $p=q=r$。

（2）二等轴测投影：任意两个轴向伸缩系数相等，如：$p=q=2r$ 或 $p=r=2q$ 或 $q=r=2p$。

（三）轴测投影的特性

由于轴测图是平行投影，因此，平行投影的各种特性也同样适用于轴测投影。轴测图同样具有前述平行投影的各种特性。

（1）平行性：空间平行的直线，其轴测投影仍彼此平行。亦即形体上与坐标轴平行的线（又称轴向线）在轴测投影中仍与相应的轴测轴保持平行。

（2）定比性：空间平行的直线，其变形系数相等。亦即在轴测投影中，形体上平行于坐标轴的线段（轴向线）其变化率等于相应坐标轴的变化率。

（3）空间直角坐标系投影成轴测图以后，直角在轴测图中一般已不再是 90°，但是沿轴测轴确定长、宽、高三个坐标方向的性质不变，仍可沿轴确定长、宽、高方向。

但应注意，结构上不平行于坐标轴的线段（非轴向线段），它们投影的变化与平行于坐标轴的线段不同，因此，不能将非轴向线段的长度直接投影到轴测图上。画非轴向线段的轴测投影时，需要用坐标法定出其两端点在轴测坐标系中的位置，然后再连成线段的轴测投影图。

（四）常用轴测投影

（1）正等轴测法，简称正等测，见图 1-2-15。

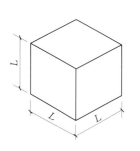
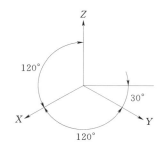

图 1-2-15　正等轴测图

注：$p=q=r=1$，p、q、r 为 X、Y、Z 轴向变形系数，以下同。

（2）正二等轴测法，简称正二测，见图 1-2-16。

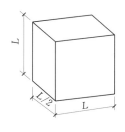
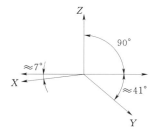

图 1-2-16　正二等轴测图

注：$p=r=1$，$q=1/2$。

（3）正面斜轴测法，包括斜等轴测、斜二轴测，见图1-2-17。

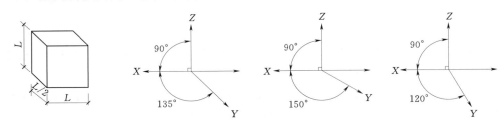

图1-2-17 正面斜轴测图

注：1. 斜等轴测 $p=q=r=1$；2. 斜二轴测 $p=r=1$，$q=1/2$，p、g、r 为 X、Y、Z 轴向变形系数。

（4）水平斜轴测法，常用为水平斜等测，见图1-2-18。

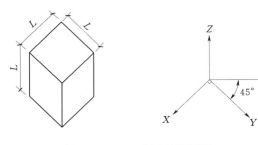

图1-2-18 水平斜轴测图

注：$p=r=1$，p、q、r 为 X、Y、Z 轴向变形系数。

五、标高投影

标高投影是一种单面正投影，具体来讲，是用水平投影加注其高度数值表示物体，再标明尺寸，这样只用一个水平投影就可以完全确定物体的空间形状和位置。在水利工程图上一般采用与测量相一致的标准海平面作为基准面，这时高度数值称为高程（又称标高）。

（一）直线的标高投影

在高程投影中，直线的位置通过直线上的两个点或直线上一点及该直线的方向确定。

坡度 i：直线上任意两点的高度差与其水平距离之比称为该直线的坡度：

$$坡度 \ i=\frac{高度差 \ H}{水平距离 \ L}$$

上式表明，直线上两点间的水平距离为一个单位时，两点间的高度差数值即为坡度。

（二）平面的标高投影

（1）等高线。平面与基准面的交线为平面内高程为零的等高线，在实际应用中常取整数标高的等高线，它们的高差一般也取整数。

平面上等高线的性质有：平面上的等高线是一组相互平行的直线，当相邻等高线的高差相等时，其水平距离也相等。

（2）坡度线。平面内对基准面的最大斜度线称为坡度线，其方向与平面内的等高线垂直，它们的水平投影必互相垂直。坡度线对基准面的倾角也就是该平面对基准面的倾角，因此，坡度线的坡度就代表该平面的坡度。

（3）平面与平面的交线。在标高投影中，两平面上相同高程的等高线交点的连线，就是两平面的交线。在工程中，把相邻两坡面的交线称为坡面交线，填方形成的坡面与地面的交线称为坡脚线，挖方形成的坡面与地面的交线称为开挖线。

（三）曲面的标高投影

在标高投影中，表示曲面常用的方法是假想用一系列高差相等的水平面截切曲面，画出这些截交线（即等高线）的水平投影，并标明各等高线的高程。工程上常见的曲面有锥面、地形面等。

（1）正圆锥面的标高投影。如图 1-2-19 所示，如果正圆锥面的轴线垂直于水平面，假想用一组水平面截切正圆锥面，其截交线的水平投影是同心圆，这些圆就是正圆锥面上的等高线。等高线的高差相等，其水平距离也相等。在这些圆上分别加注它们的高程，该图即为正圆锥面的标高投影。高程数字的字头规定朝向高处。由图 1-2-19 可见，锥面正立时，等高线越靠近圆心，其高程数字越大；锥面倒立时等高线越靠近圆心，其高程数字越小。

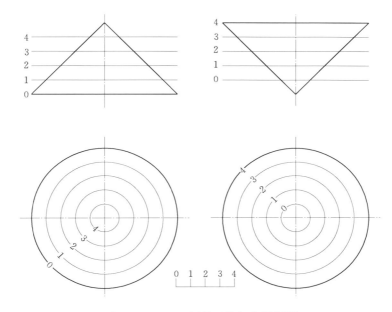

图 1-2-19　正圆锥面的标高投影图

（2）地形线标高投影。详见第四章第六节标高图。

六、透视投影

透视投影是用中心投影法将形体投射到投影面上，从而获得的一种较为接近视觉效果的单面投影图。它具有消失感、距离感、相同大小的形体呈现出有规律的变化等一系列的透视特性，能逼真地反映形体的空间形象。

第二节　元　素　相　交

一、平面与立体相交

与立体相交的平面称为截平面，截平面与立体表面的交线称为截交线，截交线所围成的图形称为截断面。工程上，常见的为平面与平面体相交和平面与回旋体相交。

（一）平面立体截交线

平面与平面体相交，截交线为多边形。多边形的各边是截平面与平面体表面各棱面（或底面）的交线；多边形的顶点是平面体上各棱线（或底边）与截平面的交点。因此，求平面与平面体截交线的方法是求出平面体各棱线（或底边）与截平面的交点，然后依次连成多边形，其实质是求直线与平面的交点。

（二）回旋体截交线

平面与回转体表面相交，其截交线是由曲线或曲线与直线组成的封闭平面图形。截交线既是截平面上的线，又是回转体上的线，它是回转体表面与截平面的共有线。因此，求截交线的实质是求截交线上的若干共有点，然后顺序连接成封闭的平面图形。

1. 圆柱的截交线

平面与圆柱相交时，根据截平面与圆柱轴线的相对位置不同，其截交线有三种情况：①两条平行线；②圆；③椭圆；见图1-2-20。

截平面	平行于轴线	垂直于轴线	斜交于轴线
立体图	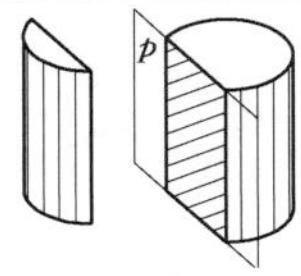	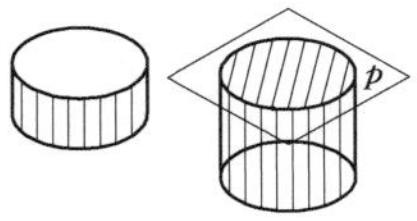	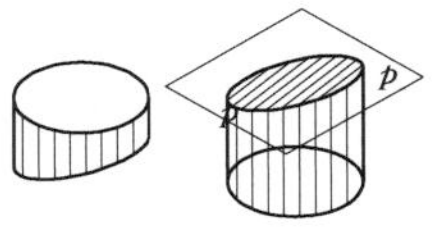
投影图	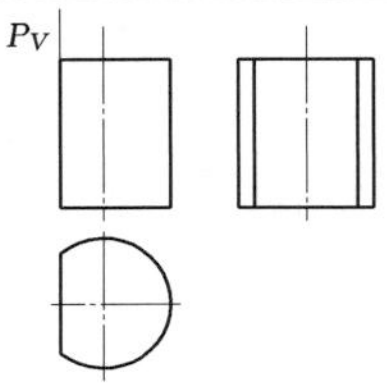	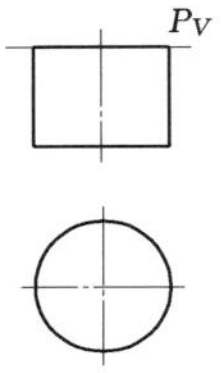	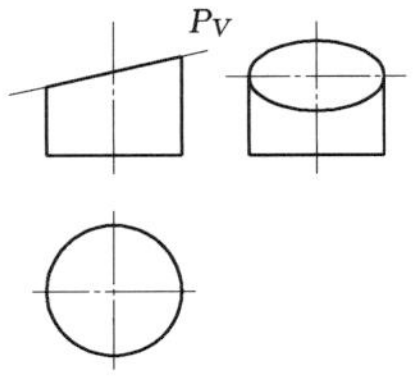
截交线	平行两直线	圆周	随圆

图1-2-20　圆柱的截交线图

2. 圆锥的截交线

平面与圆锥面相交时，根据截平面与圆锥轴线的相对位置不同（截平面与圆锥轴线的倾斜程度），其截交线的形状也不同。共有五种，可以归纳为三类（见图1-2-21）。

（1）截平面通过锥顶时，截交线为三角形，三角形的两腰是两条素线。

（2）截平面垂直于圆锥的轴线时，截交线为圆。

（3）截平面倾斜或平行于圆锥的轴线时，截交线为非圆曲线—椭圆、抛物线或双曲线。圆、椭圆、抛物线及双曲线统称为圆锥曲线。

3. 圆球的截交线

圆球与任意方向的平面截交时，其截交线的空间形状均为圆。根据截平面对投影面的相对位置，截交线圆的投影可以是圆、直线段或椭圆。当截平面平行于投影面时，截交线圆在该投影面上的投影反映圆的真实形状；当截平面垂直于投影面时，截交线圆在该投影面上的投影为长度等于圆的直径的直线，见图1-2-22；当截平面倾斜于投影面时，截交线圆在该投影面上的投影为椭圆。当截平面与球心的距离变化时，圆的直径也随之变化。

截平面的位置	过锥顶	垂直于轴线	倾斜于轴线 $\theta>\alpha$	倾斜于轴线 $\theta=\alpha$	垂直于轴线 $\theta<\alpha$ 或 $\theta=\alpha$
截平面	三角形	圆	椭圆	抛物线＋直线	双曲线＋直线
立体图					
投影图	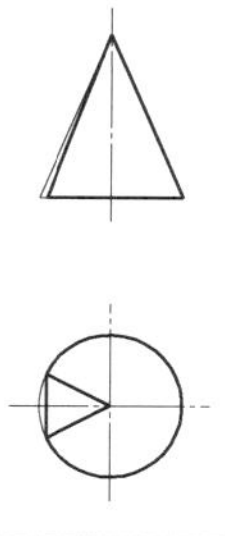	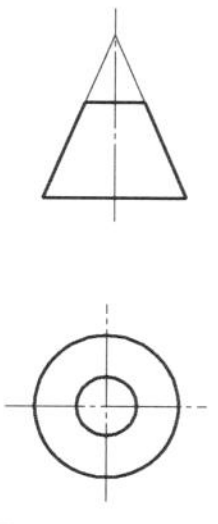	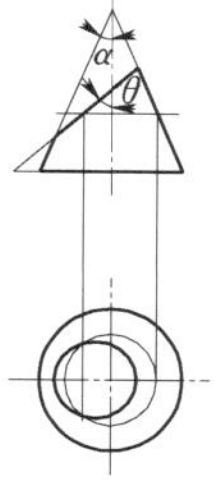	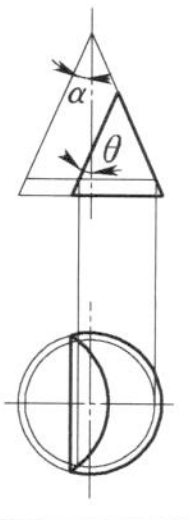	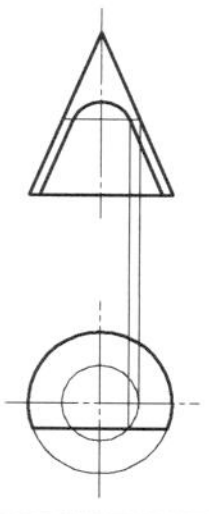

图 1-2-21　圆锥的截交线图

4. 圆环的截交线

圆环与垂直于轴线的平面截交时，截交线是两个同心圆；圆环与通过轴线的平面截交时，截交线是两个素线圆，见图 1-2-23；圆环与其他位置平面截交时，截交线形状比较复杂，一般是四次曲线。

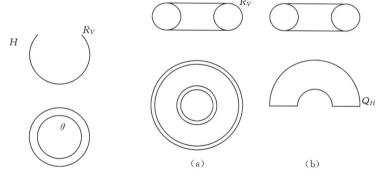

图 1-2-22　圆球的截交线图　　　　图 1-2-23　圆环的截交线图

（三）截交线的求法

求平面与曲面的截交线时，首先应根据曲面体表面的性质及其与截平面的相对位置分析截交线的形状，并根据他们与投影面的相对位置分析截交线投影的形状及求法。

当交线为多边形时，应定出多边形各顶点的投影；当交线的投影为圆时，应定出圆心及直径；当交线的投影为非圆曲线时，应先求出截平面与曲面体表面的若干共有点，再依次连成光滑曲线。最后区别可见性，可见的表示为实线，不可见的表示为虚线。

求截平面与曲面体表面共有点的一般方法是：在曲面上取若干直素线或平行于投影面的圆，求出它们与截平面的交点。为使所求截交线的形状准确及作图迅速，应尽可能先求出对截交线的投影起控制作用的点（简称控制点），包括：

（1）曲面外形轮廓线上的点：根据这些点可以确定截交线的投影与曲面投影的轮廓线

在何处相切，截交线的可见部分和不可见部分在何处分界。

（2）曲面边界上的点：如当柱面、锥面上的底参与相交时，应求出底边上的点。

（3）反映截交线特征的点：如椭圆的长、短轴端点，双曲线、抛物线的顶点。

（4）极限位置点：即截交线上的最高、最低、最左、最右、最前、最后点。

涵管外壁与挡土墙斜面相接处的相交线是平面与圆柱截交的实例，见图 1-2-24（a）。求出各控制点后，只要再适当补充几个中间点，即可连线，见图 1-2-24（b）。

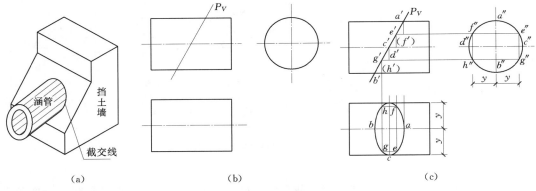

图 1-2-24　平面与圆柱截交线图

因为平面 P 的正面投影及圆柱面的侧面投影有积聚性，所以截交线的正面投影与 P_v 重合，侧面投影与圆周重合，水平面投影的空间形状为椭圆，水平投影也应为椭圆。先求出圆柱正面、水平面外形轮廓线上的点 A、B、C、D，它们是椭圆长、短轴的端点，再求若干中间点，如 E、F、G、H，并将各点依次连成椭圆，见图 1-2-24（c）。

二、直线与立体相交

直线与立体相交，视为直线贯穿立体，故直线与立体表面的交点，称为贯穿点，贯穿点的实质为直线与立体贯穿平面的交点。

贯穿点的求法一般有积聚投影法和辅助平面法。

（一）积聚投影法

积聚投影法是利用直线或立体表面的积聚投影求交点，即特殊位置直线或特殊位置立面，见图 1-2-25。

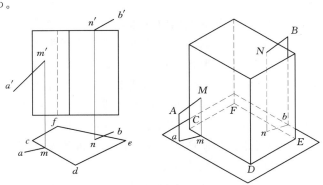

图 1-2-25　积聚投影法

（二）辅助平面法

辅助平面法，即一般直线与一般立体表面求交点的办法：

（1）包含已知直线作辅助平面。

（2）求辅助平面与已知立体表面的截交线。

（3）求截交线与已知直线的交点，即为贯穿段。

辅助平面法见图 1-2-26。

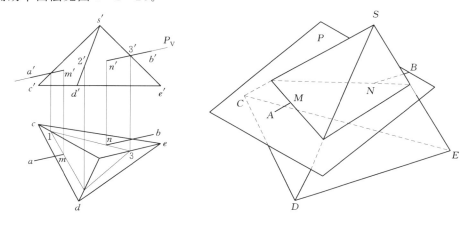

图 1-2-26　辅助平面法

一般情况下，直线与立体相交，有两个贯穿点，但在特殊情况下也可能有一个贯穿点。

三、立体表面相交

工程形体一般由多种基本几何形体构成的组合，立体相交称为立体相贯，它们表面形成的交线称作相贯线。相贯线的形状可能是直线段或平面曲线段的组合，也可能是空间曲线。相贯线的基本性质如下：

（1）相贯线是相交两立体表面的共有线，它的投影必在两立体投影重叠部分的范围以内。

（2）由于立体有一定的范围，所以相贯线一般是封闭的。

（3）相贯线是相交立体表面间的分界线，每个参加相交的立体的轮廓线都不能贯穿过相交线。

（一）两平面立体相贯

两平面体的相贯线是空间闭合折线或平面多边形。折线上的各直线段是平面体上相应平面的交线，折线的顶点是一个立体的棱线或底边对另一立体的贯穿点，称为折点。

求两平面体相贯线的方法有以下两种：

（1）求出一平面体上各平面与另一立体的截交线，组合起来，得到相贯线。

（2）求出两个平面体上所有棱线及底边与另一立体的贯穿点，按一定规则连接成相贯线。

（二）平面立体与曲面立体相贯

平面体与曲面体的相贯线一般是由若干段平面曲线组成的空间闭合线，这些平面曲线是平面体的棱面与曲面体的截交线，相邻两平面曲线的结合点是平面体的棱线与曲面体的贯穿点。求平面体与曲面体相贯线实质是求截交线及贯穿点。

（三）两曲面立体相贯

两曲面体表面的相贯线一般是闭合的空间曲线，特殊情况下可能是平面曲线或直线。曲面体表面光滑，没有棱线，因此求两曲面体的相贯线时，一般是先求出相贯线上一系列点，然后依次连成光滑曲线，并根据其可见性画成实线或虚线。求相贯线上的点时，通常先求控制点（两立体外轮廓线上的点、距投影面最远及最近的点等能控制相贯线投影的范围、走向及可见性的点），再根据需要求若干个中间点。

求相贯线的常用方法为面上取点法和辅助平面法。

1. 面上取点法

因为相贯线是相交两立面表面的共有线，所以，当相交两立面中一个表面的投影有积聚性时，相贯线的这个投影已知，其余投影可以用面上取点的方法求出。

分析两圆柱正交相贯线见图 1-2-27。两圆柱直径不等，轴线正交，相贯线是一

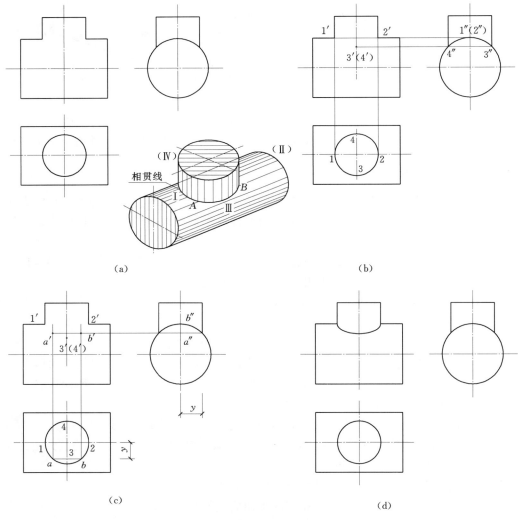

图 1-2-27　两圆柱正交

条闭合的空间曲线。相贯线的水平投影积聚在小圆柱的水平投影上，侧面投影积聚在大圆柱的侧面投影上。由于对称性，相贯线后半部分与前半部分的正面投影重合，且左右对称。

画法如图 1-2-27 所示：图 1-2-27（a）已知条件；图 1-2-27（b）直接求出小圆柱正、侧面外形轮廓上的点Ⅰ、Ⅱ、Ⅲ、Ⅳ，Ⅰ、Ⅱ也是大圆柱正面外轮廓上的点；图 1-2-27（c）用面上取点法求中间点 A、B 的投影；图 1-2-27（d）将所求各点连成光滑曲线。

2．辅助平面法

利用辅助平面法求两立体表面的共有点是基于三面共点原理。如图 1-2-28 所示，圆柱与圆锥相贯，若用水平面 P 作辅助面，它与圆柱、圆锥各有一条截交线，两圆交点 A、B 是圆柱面、圆锥面及平面 P 的三面共有点，必然是相贯线上的点。做一系列辅助平面，就可求出相贯线上一系列点。

作图步骤如下：

（1）作辅助平面。

（2）分别求出辅助平面与两立体截交线的投影。

（3）定出两条截交线的交点，即两立体表面的共有点。

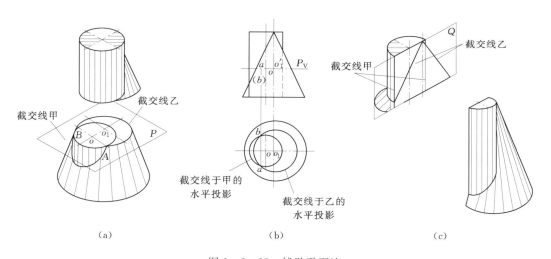

图 1-2-28 辅助平面法

为了作图简便、准确，应根据两立体表面的性质及其相对位置选择适当的辅助平面，使它与两立体的截交线的投影是直线或圆。对于直线面，可采用过素线的辅助平面；对于回转面，可采用与轴线垂直的辅助平面。

第三节 组 合 体

两个或两个以上简单的几何形体经过叠加或切割组合成的复杂形体，称为组合体。

一、组合体的构成

（一）组合体的组合形式

将简单形体组合在一起，通常采用以下方式。

（1）叠加式。把几个简单形体按一定的相对位置叠加在一起，构成的组合体。

（2）切割式。由一个或多个截面（平面或曲面）对简单基本几何体进行截割而形成的组合体。

（3）综合式。既有基本体的叠加、又有切割综合而成的形体。

（二）组合体邻接表面关系

组合体是由基本体组合而成的，由于基本形体之间的相对位置不同，它们之间的表面连接关系也不同，可归纳为以下几种情况。

（1）共面。当两物体的表面平齐二共面时，两表面交界处不应画线。相反地，当两物体表面不平齐是，两表面交界处应画交线。

（2）相切。当两形体表面相切时，相切处光滑连接，没有交线，该处投影不应画线，相邻平面投影应画到切点。

（3）相交。当两形体表面相交时，两表面交界处有交线，应画出交线的投影。

二、组合体的画法

（一）形体分析法

任何工程形体，都是根据它的功能要求，由一些简单形体按一定的组合方式组合而成的。闸墩由底板、墩身和立柱三部分叠加组合而成见图1-2-29。墩身又可看成是一个长方体两端叠加两个半柱后，切去四个小长方体（闸门槽）构成。

（二）视图选择

选择视图的原则：用较少的视图把形体完整、清晰地表达出来。

视图选择包括确定形体的放置位置、选择主视图及确定视图的数量等三个方面。

（1）确定放置位置。按正常工作位置放置，便于阅读和施工。如图1-2-30所示的闸墩，应将底板面放成水平位置。对一些细长类形体，通常采用水平放置，以便合理利用图纸。

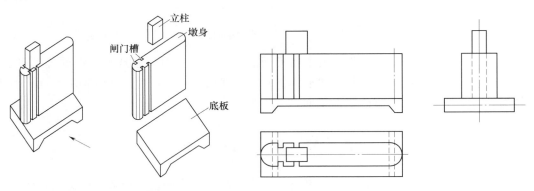

图1-2-29　闸墩的组成　　　　　　图1-2-30　闸墩视图表达

（2）确定主视图。主视图应尽量反映组合体主要部分的形状特征、组合体各组成部分的组合关系以及它们的形状和相对位置。图1-2-29所示的闸墩，从箭头方向去看，不仅能看清墩身的形状特征、闸门槽的数量和位置，还能了解底板的特征形状以及底板、墩身、立柱三部分的上下、左右的叠加位置关系，所以选用箭头方向的视图作为主视图比较合适。

选择主视图时，还应考虑工程图的表达习惯。水工图中，一般将上游布置在图的左方，建筑图中一般将房屋的正面选择为主视图。主视图的选择还应尽量减少视图中出现虚线及合理利用图纸。

（3）确定视图数量。通常情况下，表达一个基本体一般取三个视图。在主视图确定后，各简单形体的形状及其相互位置还没有表达清楚的，增加1～2个视图来表达。

如要表达图1-2-29所示的闸墩，当主视图确定之后，闸底板可选用俯视图或左视图表示其形状和宽度，而立柱则必须用三个视图确定其形状和宽度。综合起来，此闸墩需要用三个视图来表示，见图1-2-30。

（三）画组合体视图

完成形体分析和视图选择后，首先要进行视图布置。视图布置的原则，主要考虑视图间布局的匀称美观，便于标注尺寸及阅读。视图间不应太挤或集中于图纸一侧，也不要太分散。为此，要选择适当的绘图比例，根据图纸幅面和各视图的大小，安排各视图的位置。

第三章 制图基本要求

第一节 图纸幅面

一、图纸基本幅面和加长幅面

为合理使用图纸和便于装订管理,在选用图幅时,图纸的幅面一般采用基本幅面,必要时也可采用加长幅面。图纸的基本幅面及图框尺寸见表1-3-1。

表1-3-1　　　　　　　　　基本幅面及图框尺寸(第一选择)　　　　　　　单位:mm

幅面代号	A0	A1	A2	A3	A4
$B \times L$	841×1189	594×841	420×594	297×420	210×297
e	20			10	
c	10			5	
a	25				

对加长幅面,为方便各单位绘图时图幅大小统一,按照《技术制图　图纸幅面和格式》(GB/T 14689—2008)规定幅面的尺寸是由基本幅面的短边成整数倍增加后得出,加长图幅一般选用表1-3-2和表1-3-3所规定的加长幅面,必要时也可根据绘图的需要加长,标准的加长幅面见图1-3-1,图中粗实线所示为表1-3-1所规定的基本幅面(第一选择),细实线所示为表1-3-2所规定的加长幅面(第二选择),虚线所示为表1-3-3所规定的加长幅面(第三选择)。加长幅面的图框尺寸,按所选用的基本幅面大一号的图框尺寸确定,例如A2×3的图框尺寸,按A1的图框尺寸确定,即e为20(或c为10),而A3×4的图框尺寸,按A2的图框尺寸确定,即e为10(或c为10)。图纸幅面的尺寸公差应满足《印刷、书写和绘图纸幅面尺寸》(GB/T 148—1997)的规定。

表1-3-2　　　　　　　　　加长幅面(第二选择)　　　　　　　　　　单位:mm

幅面代号	A3×3	A3×4	A4×3	A4×4	A4×5
$B \times L$	420×891	420×1189	297×630	297×841	297×1051

表1-3-3　　　　　　　　　加长幅面(第三选择)　　　　　　　　　　单位:mm

幅面代号	A0×2	A0×3	A1×3	A1×4	A2×3	A2×4	A2×5
$B \times L$	1189×1682	1189×2523	841×1783	841×2378	594×1261	594×1682	594×2102
幅面代号	A3×5	A3×6	A3×7	A4×6	A4×7	A4×8	A4×9
$B \times L$	420×1486	420×1783	420×2080	297×1261	297×1471	297×1682	297×1892

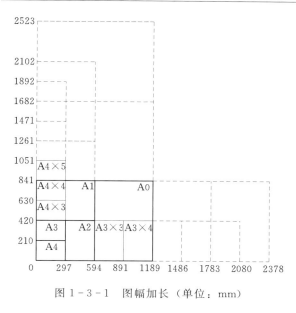

图 1-3-1 图幅加长（单位：mm）

报告附图册（或施工详图图册）图纸的绘制，考虑图纸的缩尺及为便于装订成册，一般采用 A3 幅面或 A3 加长幅面，必要时可采用 A1 或 A2 幅面，除有特殊需要外，一般不采用 A0 幅面。缩微复制的图纸对标题栏、文字及尺寸标注大小宜作适当调整，总平面布置图宜绘制比例尺。

二、图框格式

图框应用粗实线绘制，线宽应满足制图图线的要求，图框格式分不留装订边和留有装订边两种，同一产品的图样应采用一种格式。横式图纸装订边应在图左边，立式图纸的装订边对 A0、A2、A4 一般在图上边。无装订边的图纸或有装订边的图纸，图框格式见图 1-3-2。图纸应画出周边线（幅面线）、图框线和标题栏。

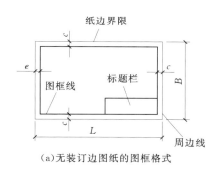

（a）无装订边图纸的图框格式

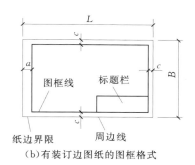

（b）有装订边图纸的图框格式

图 1-3-2 图框格式

三、图幅分区

为了确定图上内容的位置及其用途，应对一些幅面较大、内容复杂的图进行分区。图幅分区的方法是将图纸相互垂直的两边各自加以等分，分区数目可按图样的复杂程度确定，但每边必须为偶数，每一分区的长度为 25～75mm。绘在图框线和幅面线之间的分区线应采用细实线。

分区顺序在上、下边沿左至右方向以直体阿拉伯数字依次编号，在左、右边框自上而下以直体拉丁字母次序编号，见图 1-3-3。分区代号应用数字和字母表示，拉丁字母在左，阿拉伯数字在右。

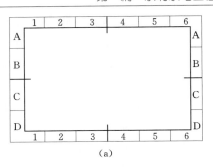
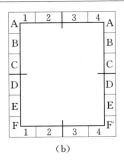

(a)　　　　　　　　　　　　(b)

图 1-3-3 图幅分区

第二节 标题栏与会签栏

一、标题栏

图纸中为标示工程设计单位名称、工程名称、设计阶段类型、专业类型、图纸图号、图纸校审等内容，需设置图纸标题栏。标题栏应放在图纸右下角，见图 1-3-2。标题栏的外框线为粗实线，分格线为细实线。

标题栏的内容、格式和尺寸，各行业、各单位根据各自的需要均不尽相同，本手册列出的标题样式仅供参考，标题栏中的批准、核定、审查等用语，各单位可根据自身的规定作相应改变。

（1）对 A0、A1 图幅，可按图 1-3-4 所示式样绘制；对 A2～A4 图幅可按图 1-3-5 所示式样绘制。

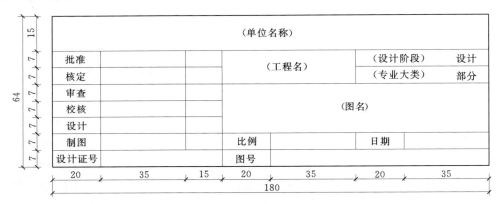

图 1-3-4 A0、A1 标题栏（单位：mm）

（2）涉外工程图纸的标题栏，可参照图 1-3-6 所示式样绘制，也可根据业主的要求进行调整。

（3）勘测图件的标题栏可参照图 1-3-4～图 1-3-6 所示式样绘制，并将"设计"栏、"制图"栏相应改为"制图"栏、"描图"栏，"设计证号"栏改为"勘测证号"。

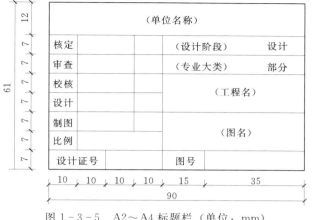

图 1-3-5 A2~A4 标题栏（单位：mm）

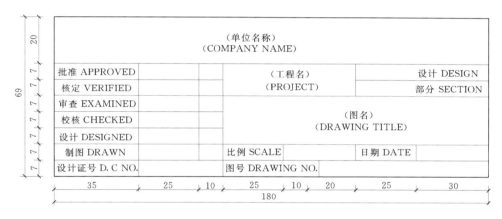

图 1-3-6 涉外工程图标题栏（单位：mm）

二、会签栏

在一张图纸中（比如枢纽布置图），除设计制图人本专业的设计内容以外还涉及到其他专业设计内容的，必须提请其他专业协商、复核、验证，在这种情况下，图纸就需要其他相关专业会签，相应的图纸上也需设置会签栏。需设置会签栏的图纸，会签栏宜在标题栏的右上或左侧下方。图纸中会签栏的内容、格式及尺寸可按图 1-3-7 所示式样绘制，其位置见图 1-3-8。

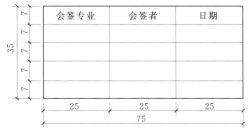

图 1-3-7 会签栏格式（单位：mm）

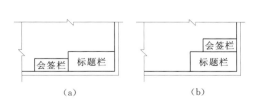

图 1-3-8 会签栏位置（单位：mm）

三、修改栏

图纸设计完成后，在付诸实施的过程中，可能因地质条件的变化、现场设计边界条件的变化等原因，需对正在实施的图纸进行修改，为使修改图与前期图纸保持一定的连续性及标示图纸内容的变化过程，在图纸上可设置修改栏，在水利水电工程中一般不常用，通常是以设计变更通知或变更设计通知的形式修改设计图纸。

修改图宜在标题栏上方或左边设置修改栏，修改栏的格式可按图 1-3-9 所示式样绘制。

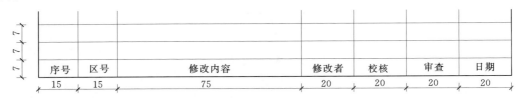

序号	区号	修改内容	修改者	校核	审查	日期
15	15	75	20	20	20	20

图 1-3-9 修改栏（单位：mm）

第三节 制 图 比 例

在图样中图形与实物相应要素的线性尺寸之比称为比例。比例尺是表示图上距离比实地距离缩小或放大的程度。比例尺 = $\dfrac{图上距离}{实际距离}$。一般来说，大比例尺图样，内容详细，几何精度高；小比例尺图样，内容概括性强，几何精度低。

比例尺有数字式、线段式和文字式三种方法，且三种方法可以互换。其中，数字式是用数字的比例式或分数式表示比例尺的大小，例如图样上 1cm 代表实地距离 5m，可写成 1:5000 或写成 1/5000；线段式是在图样上画一条线段，并注明图样上 1cm 所代表的实际距离；文字式是在图样上用文字直接写出图上 1cm 代表的实际距离多少米。绘图中常用的比例尺是数字式和线段式。

在绘制图样时，一般需要把所表示对象的实际尺寸按一定的比例缩小（或放大）后再画在图纸上。这时，就需要确定图样上的尺寸与实际尺寸的比，比值即为该图样的比例尺。

制图比例可按表 1-3-4 的规定选用。整张图纸中只用一种比例的，应统一注写在标题栏内。整张图纸中用不同比例的，应另行标注。标注的形式，可在该图图名之后或图名横线下方标注，比例的字高应比图名字体要小一号或二号，见图 1-3-10。

表 1-3-4   制 图 比 例

常用比例	1:1		
	$1:10^n$	$1:2\times10^n$	$1:5\times10^n$
	$2:1$	$5:1$	$(10\times n):1$
可用比例	$1:1.5\times10^n$ $1:2.5\times10^n$ $1:3\times10^n$		$1:4\times10^n$
	$2.5:1$		$4:1$

注 n 为正整数。

在一个视图中的铅直和水平两个方向可采用不同的比例，两个比例比值一般不超过 5 倍。图样比例可采用沿铅直和水平方向分别标注的形式。有缩放要求的图纸，应加绘比例尺图形标注，比例尺见图 1-3-11。

图名 1∶200 或 图名
1∶200

图 1-3-10 制图比例标注形式

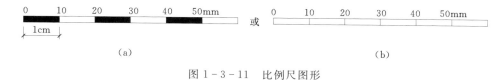

（a） 或 （b）

图 1-3-11 比例尺图形

第四节 制 图 字 体

制图字体是指图样中文字、字母、数字的书写形式，应采用国家正式公布实施的简化字，常采用仿宋体，绘图用字库宜采用操作系统自带的 TrueType 字库，它是 Windows 操作系统的通用轮廓字体文件，图样在不同的绘图软件之间转换时，图样中字体的兼容性较好，不需要替换字体。在同一图样上，一般采用一种型式的字体。在同一行标注中，汉字、字母和数字宜采用同一字号。

字体的号数（简称字号）指字体的高度。图样中字号可用 20mm、14mm、10mm、7mm、5mm、3.5mm、2.5mm。A0 图汉字最小字高不宜小于 3.5mm，其余不宜小于 2.5mm。字宽一般为字高的 0.7~0.8 倍。工程图样中图纸字号见表 1-3-5。

表 1-3-5　　　　　　　　　　工程图样中图纸字号

字号 /mm	字高 /mm	字宽 /mm	图 幅				
			A0	A1	A2	A3	A4
20	20	14	总标题	—	—	—	—
14	14	10	—	总标题	—	—	—
10	10	7	小标题	—	总标题	—	—
7	7	5	—	小标题	—	总标题	—
5	5	3.5	说明	说明	小标题	小标题	标题
3.5	3.5	2.5	数字、尺寸	数字、尺寸	说明	说明	
2.5	2.5	1.8	—	—	数字、尺寸	数字、尺寸	数字、尺寸、说明

注　当 A0、A1 图幅中的线条或文字、数字很密集时，其字号组合也可按 A2 规定执行。

汉字应使用直体字，数字或字母可使用斜体字，斜体字的字头向右倾斜，与水平线约成 75°角，见图 1-3-12。用作指数、分数、极限偏差、脚标、上标的数字和字母，可采用小一号字体。

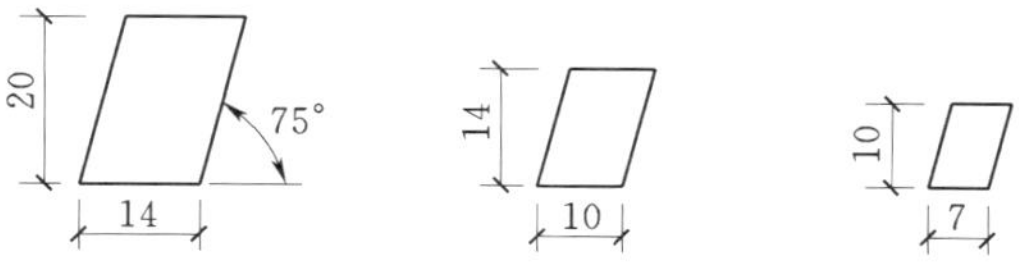

（a） （b） （c）

图 1-3-12 斜体字格式（单位：mm）

第五节　制　图　图　线

一、线型与线宽

制图图线是指在图纸上绘制的符合一定规格的线条，图纸就是由不同线型、不同粗细的图线构成的。借助于图线可表达图样的不同内容、分清图样中的主次。为绘图和读图的方便与统一，《技术制图　图线》（GB/T 17450—1998）对绘图的各种图线作出了基本规定。

图线通常分粗线、中粗线、细实线，在绘制需要用到特别醒目显示的线条和图纸内框线时，可用到特粗线和加粗线。图样中图线宽度的尺寸系列应为 0.18mm、0.25mm、0.35mm、0.50mm、0.70mm、1.00mm、1.40mm、2.00mm。粗实线的宽度根据图的大小和复杂程度通常在 0.5～2mm 之间选用。工程图样中常用的图线见表 1-3-6。

表 1-3-6　　　　　　　　　　　　工程图样中常用的图线

线宽号	线宽/mm	图幅				
		A0	A1	A2	A3	A4
7	2.00	特粗线	特粗线	—	—	—
6	1.40	加粗线	加粗线	特粗线	特粗线	—
5	1.00	粗线（b）	粗线（b）	加粗线	加粗线	特粗线
4	0.70	—	—	粗线（b）	粗线（b）	加粗线
3	0.50	中粗线（$b/2$）	中粗线（$b/2$）	—	—	粗线（b）
2	0.35	—	—	中粗线（$b/2$）	中粗线（$b/2$）	—
1	0.25	细线（$b/4$）	细线（$b/4$）	—	—	中粗线（$b/2$）
0	0.18	—	—	细线（$b/4$）	细线（$b/4$）	细线（$b/3$）

各类线宽的一般用途：

1. 特粗线：需要特别醒目显示的线条。

2. 加粗线：图纸内框线。

3. 粗线。

（1）粗实线：外轮廓线、主要轮廓线、钢筋、结构分缝线、材料（地层）分界线、坡边线、断层、剖切符号、标题栏外框线。

（2）粗点画线：有特殊要求的线或其表面的表示线。

（3）粗双点画线：预应力钢筋。

4. 中粗线。

（1）中粗实线：次要轮廓线、表格外框线、地形等高线中的曲线。

（2）虚线：不可见轮廓线、不可见过渡或曲面交线、不可见结构分缝线、推测地层界限、不可见管线。

（3）双点画线：扩建预留范围线、假想轮廓线轴线。

5. 细线。

（1）细实线：尺寸线和尺寸界线、断面线、示坡线、曲面上的素线、钢筋图的构件轮廓线、重合断面轮廓线、引出线、折断线、波浪线（构件断裂边界线、视图分界线）、地形等高线中的首曲线、水位线、表格分格线、标题栏分格线、图纸外框线。

（2）细点画线：轴线、中心线、对称中心线、轨迹线、节圆及节线、管线。

6. 所有文本均采用 0 号线宽、0 号线型。

注　当 A0、A1 图幅中的线条或文字、数字很密集时，其线宽组合也可采用 A2 图幅的要求绘图。

二、图线画法

在同一图样中，同类图线的宽度应基本一致，虚线、点画线、双点画线的线段长度和点、线间隔应相同。点画线和双点画线的首末两端应绘成线段。图线不宜与文字、数字或符号重叠、混淆；出现图线与文字、数字或符号重叠的，应保证文字、数字或符号等清晰。

以下列出几种常用图线的典型画法。

（1）圆的对称中心线线段的交点应为圆心，见图1-3-13。

（2）较小的图形，可采用细实线代替点画线和双点画线，见图1-3-14。

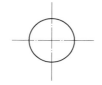

图1-3-13　圆的中心线 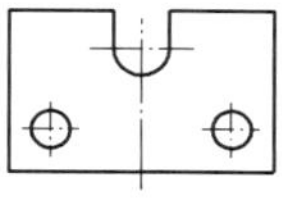　　　　图1-3-14　小圆的中心线

（3）虚线与虚线交接，或虚线与其他图线交接，应是线段交接，见图1-3-15。虚线为实线的延长线的，不应与实线连接，见图1-3-16。

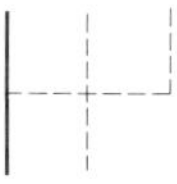

图1-3-15　虚线与虚线和　　　　图1-3-16　虚线为实线延长线
虚线与实线交接　　　　　　　　与实线交接

（4）空心圆柱体和实心圆柱体的断裂处可采用曲折断线绘制或直折断线绘制，见图1-3-17。

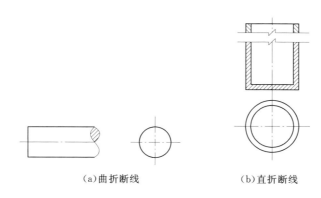

（a）曲折断线　　　　　　　（b）直折断线

图1-3-17　圆柱断裂处的绘制

（5）图样中两条平行线之间的距离不应小于图中粗实线的宽度，且最小间距不应小于0.7mm。

（6）标注引线。

1）引线采用细实线，宜采用与水平成 30°、45°、60° 和 90° 的直线再折为水平线的形式。索引编号、详图编号的引线应对准圆心，见图 1-3-18。文字说明应注写在引线水平折线的上方或端部之后，见图 1-3-19。

图 1-3-18　引线和索引编号、详图编号　　　　图 1-3-19　引线和文字说明

2）同时引出几个相同部分的引出线，宜采用平行的引线或集中于一点的放射线表示，见图 1-3-20。

（a）平行引出线　　　　　　　　　　（b）放射引出线

图 1-3-20　引出线

3）多层结构、材料和管线可采用公共引线，引线应垂直通过被引出的各层，并对应标注文字说明或编号，见图 1-3-21。

4）引线终端指向物体轮廓线以内的，宜采用圆点标示，见图 1-3-22；指向物体轮廓表面轮廓线上的，宜用箭头表示，见图 1-3-23；指在尺寸线上的，不绘圆点和箭头，见图 1-3-24。

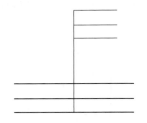

图 1-3-21　多层公共引出线　　　　图 1-3-22　引线终端指向轮廓线内

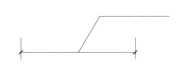

图 1-3-23　引线终端指向构件轮廓线上　　　图 1-3-24　引线终端指在尺寸线上

第六节 复制图纸的折叠

为便于复制图纸及有关技术文件的存档管理与查询，图纸一般需要折叠，折叠可采用手工折叠或机械折叠的方式。无论采用何种折叠方法，折叠后复制图上的标题栏应折向外方，使图标露在外面。现有存档要求图纸一般折叠成 A4 幅面的大小（210mm×297mm），装订的图纸也可折叠成 A3 幅面的大小（297mm×420mm）。折叠后装订成册的图纸，可采用图 1-3-25～图 1-3-31 的折叠方法。折叠后不装订的图纸，可采用图 1-3-32～图 1-3-35 的折叠方法。

无装订边的复制图、加长幅面复制图等其他各类复制图可按《技术制图 复制图的折叠方法》（GB/T 10609.3—2009）的要求折叠。

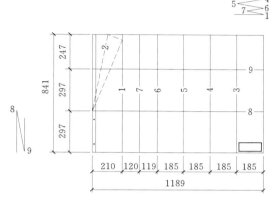

图 1-3-25 A0 折成 A4（单位：mm）

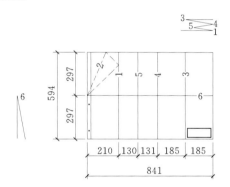

图 1-3-26 A1 折成 A4（单位：mm）

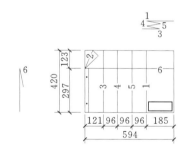

图 1-3-27 A2 折成 A4（单位：mm）

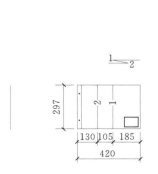

图 1-3-28 A3 折成 A4（单位：mm）

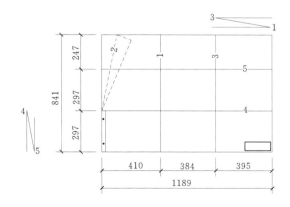

图 1-3-29 A0 折成 A3（单位：mm）

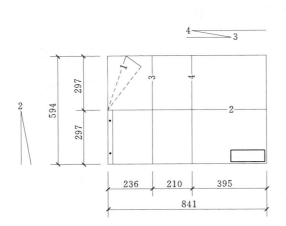

图 1-3-30　A1 折成 A3（单位：mm）

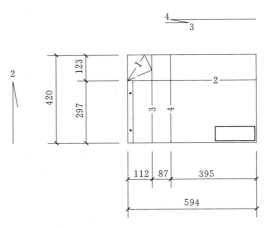

图 1-3-31　A2 折成 A3（单位：mm）

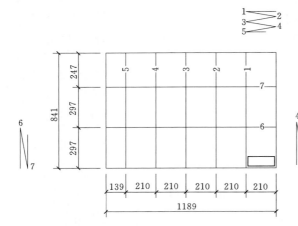

图 1-3-32　A0 折成 A4（不装订）
（单位：mm）

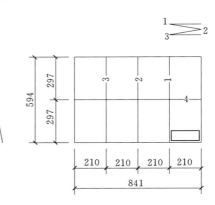

图 1-3-33　A1 折成 A4（不装订）
（单位：mm）

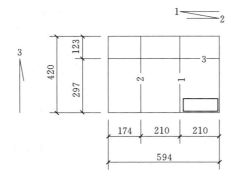

图 1-3-34　A2 折成 A4（不装订）
（单位：mm）

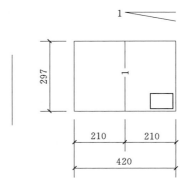

图 1-3-35　A3 折成 A4（不装订）
（单位：mm）

第四章　图　样　画　法

第一节　视　图

一、视图投影

在技术图样中，国际上常用正投影法表达建筑物或构件的几何形状，而投影主要有两种，即：第一角投影（第一角画法）和第三角投影（第三角画法）。

ISO 国际标准规定，第一角和第三角投影同等有效。但实际使用时各国各有所侧重，如中国、俄罗斯、乌克兰、德国、罗马尼亚、捷克、斯洛伐克以及东欧等国均主要用第一角投影，而美国、日本、法国、英国、加拿大、瑞士、澳大利亚、荷兰和墨西哥等国均主要用第三角投影。新中国成立前我国也采用第三角投影，新中国成立后改用第一角投影。ISO 国际标准规定了第一角和（图 1-4-1）第三角的投影标记（图 1-4-2）。在标题栏中，画有标记符号，根据符号可识别图样画法，但有的图纸无投影标记。

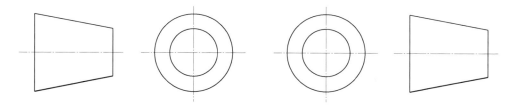

图 1-4-1　第一角画法标记符号　　　　图 1-4-2　第三角画法标记符号

当前，随着国际间技术交流的日益广泛和国际贸易的日益增长，在工作中经常会遇到要阅读和绘制第三角画法的图样，关于第一角画法和第三角画法简述如下。

空间可由正平面 V、水平面 H、侧平面 W 将其划分成八个区域，分别称为第一角、第二角、第三角……，见图 1-4-3。将物体置于第一分角内投影称为第一角投影，又称 E 法—欧洲的方法，按照"观察者—物体—投影面"的位置关系进行投影；将物体置于第三分角内投影称为第三角投影，又称为 A 法—美国的方法，按照"观察者—投影面—物体"的位置关系进行投影。

在第一角画法中，按照投影方向的不同，命名了六个基本视图，见图 1-4-4，即：从前往后看——主视图、从后往前看——后视图、从左往右看——左视图、从右往左看——右视图、从上往下看——俯视图、从下往上看——仰视图。

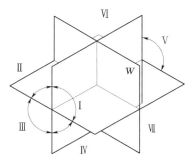

图 1-4-3　八个分角

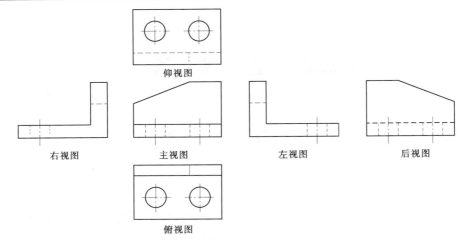

图 1-4-4　第一角画法的视图配置

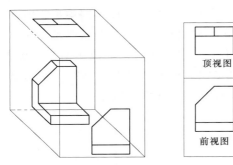

图 1-4-5　第三角画法
投影示意图

第三角投影是假想将物体放在透明的玻璃盒中，以玻璃盒的每个侧面作为投影面，按照"观察者—投影面—物体"的位置作正投影而得到图形的方法，见图 1-4-5。ISO 国际标准规定，第三角投影中六个基本视图的位置见图 1-4-6，六个视图的名称及命名方式与第一角画法相同。

两种投影主视图均固定不动，但由于投影的位置关系不同，故两种画法的六个基本视图的位置关系发生了变化。第三角视图的配置关系通过观察图 1-4-5、图 1-4-6，可以用最简单的方法归纳出第三角画法的特征，即：将第一角画法中的左视图、右视图和仰视图、俯视图分别对换位置即变为第三角画法。

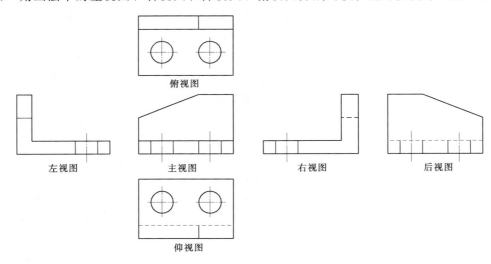

图 1-4-6　第三角投影中六个基本视图

尽管第三角投影在国内未广泛运用，但仍不失其自身的优点：

（1）视图配置较好，便于识图。视图之间直接反映了视向，便于看图，便于作图。左视图在左边，右视图在右边。而第一角投影有时要采用"向视图"来弥补表达不清楚的部位。

（2）易于想象物体的空间形状。左视图和右视图向里，顶视图向下，易于想象物体的形状。

（3）便于绘制轴侧图。由于易于想象物体的空间形状，有助于绘制轴侧图时想象物体形状。

（4）有利于表达零件细节。相邻图就近配置，一般均不需另加标注，见图 1-4-7。

（5）尺寸及其他标注相对集中。

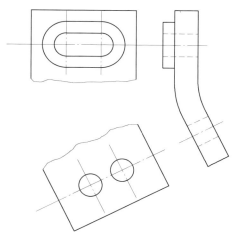

图 1-4-7 视图就近配置

二、视图类型

视图是由建筑物或构件向投影面投影所得到的图形，一个视图反映了物体某一个方位的形状。视图通常有基本视图、向视图、局部视图和斜视图。

（一）基本视图

基本视图是物体向基本投影面投射所得的视图，采用直接正投影法第一分角画法绘制，其投射方向视图布置及配置关系见图 1-4-8。在同一幅图中，各视图宜保持视图的水平方向同高、上下视图相对应的关系，且可不标注视图的名称。

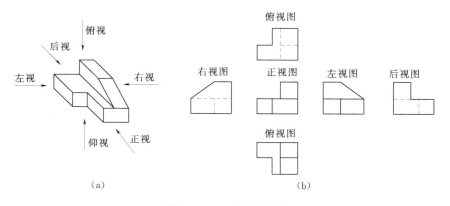

（a）　　　　　　　　　　　　　　（b）

图 1-4-8 基本视图

（二）向视图

向视图是可自由配置的视图。根据专业需要，有以下两种表达方式，但只能选择其中一种。

（1）在向视图的上方标注"×"（"×"为大写拉丁字母），在相应视图的附近用箭头指明投射方向，并标注相同的字母（图 1-4-9）。

（2）在视图下方（或上方）标注图名。标注图名的各视图的位置，根据需要和可能，按相应的规则布置（图1-4-10）。

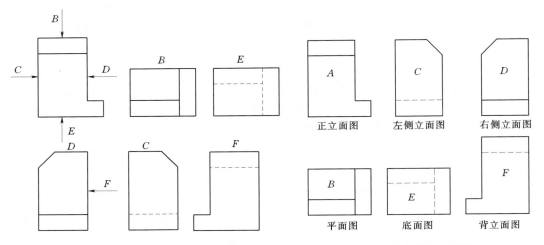

图1-4-9　向视图投射方向及标注的表示法　　　图1-4-10　向视图标注图名的表示法

（三）局部视图

局部视图是将物体的某一部分向基本投影面投射所得的视图。局部视图可按基本视图的配置形式配置（见图1-4-11的俯视图），也可按向视图的配置形式配置并标注（见图1-4-12）。

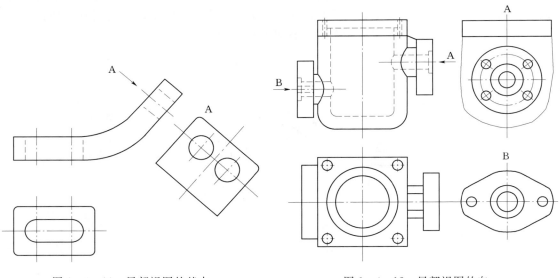

图1-4-11　局部视图的基本
　　　　　视图配置形式

图1-4-12　局部视图的向
　　　　　视图配置形式

为节省绘图时间和图幅，对称构件或零件的视图可只画一半或1/4，并在对称中心线的两端画出两条与其垂直的平行细实线按《技术制图　图线》（GB/T 17450—1998）的规定，见图1-4-13。

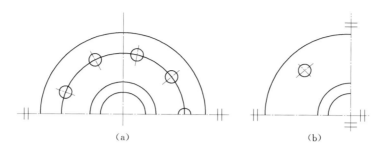

图 1-4-13 对称构件的视图表示

（四）斜视图

斜视图是物体向不平行于基本投影面的平面投射所得的视图，应在所视图附近用箭头指明投射方向，并标注字母。斜视图通常按向视图的配置形式配置并标注（见图 1-4-11、图 1-4-14），必要时，允许将斜视图旋转配置。表示该视图名称的大写拉丁字母应靠近旋转符号的箭头端（见图 1-4-15），也可将旋转角度标注在字母之后（见图 1-4-16），也可在视图上方标注"×向视图"或"×向（旋转）视图"的视图名称，见图 1-4-17。

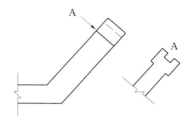

图 1-4-14 斜视图采用向视图的配置

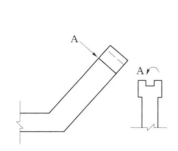

图 1-4-15 斜视图的旋转配置

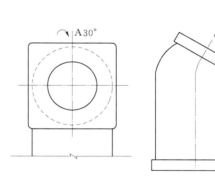

图 1-4-16 标注旋转角度的斜视图旋转配置

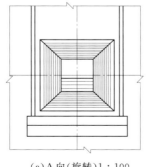

（a）A 向（旋转）1：100

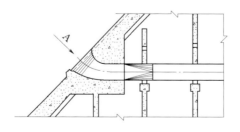

（b）剖视图 1：200

图 1-4-17 斜视图标注"×向（旋转）视图"的表示法

三、视图绘制要求

绘制技术图样时，一般采用正投影法绘制，并优先采用第一角画法。根据建筑物或构件的几何特点，为方便看图，应选用适当的视图表示方法。在能完整、清晰地表示物体形状的前提下，力求制图简便，视图数量最少。表示物体信息量最多的那个视图应作为主视图，通常是物体的工作位置或加工位置或安装位置。

在同一张图纸内基本视图若按图1-4-8配置，可不标注视图的名称，否则，应标注视图名称。视图名称宜标注在图形的上方，并在图名下方绘一粗实线，其长度按两侧超出图名长度各3～5mm控制。

第二节　剖　视　图

为清楚地表达物体内部的结构形状，必须将物体假想剖开，然后将切开的物体按一定规则，向投影面作投影。剖视图是假想用剖切面剖开物体，将处在观察者和剖切面之间的部分移去，而将其余部分向投影面投射所得的图形，剖视图可简称剖视。

一、剖切符号

为明确视图之间的投影关系，便于读图，对所画的剖视图一般应标注剖切符号，注明剖切位置、投影方向和剖视图名称。剖切符号指示剖切面起、讫和转折位置及投射方向（用细实线箭头或粗短画表示）的符号。

按剖切平面和剖切方法分，剖切符号表示方法主要有以下几种：

（1）用一个剖切面剖切，见图1-4-18。单一剖切面通常指平面或是柱面，当采用柱面剖切时，通常用展开画法，标注时应附加"展开"二字。

（2）用两个或两个以上平行的剖切面剖切，见图1-4-19。几个平行的剖切平面通常指两个或两个以上平行的剖切平面，各剖切平面的转折处必须是直角。

（3）用两个或两个以上相交的剖切面剖切，见图1-4-20。几个相交的剖切面必须保证其交线垂直于某一投影面，通常是基本投影面。采用几个相交的剖切面应"先剖切，再旋转，后投影"。

（4）同时用两个或两个以上平行和相交的剖切面剖切，见图1-4-21。

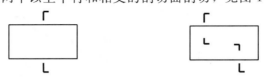

图1-4-18　一个剖切面　　　　　图1-4-19　两个平行剖切面

图1-4-20　相交剖切面图　　　　图1-4-21　两个平行和相交的剖切面

绘制剖视图的剖切符号时，剖切符号应由剖切位置线和剖视方向线组成一直角，剖切位置线应以粗实线绘制，剖视（投影）方向线绘在剖切位置线两端，常用粗实线绘制，也可用细实线箭头绘制，见图 1-4-22。剖切位置线的长度宜为 5～10mm，剖视方向线的长度宜为 4～6mm。剖切符号不宜与图面上的图线接触。

符合下列条件时，可简化或省略剖切符号标注：

（1）当剖视图按投影关系配置，中间又无其他图形隔开时，可省略箭头。

（2）当单一剖切平面通过物体的对称平面或基本对称的平面，且剖视图按投影关系配置，中间又无其他图形隔开时，可省略标注。

剖切符号的编号，宜采用阿拉伯数字或拉丁字母，按顺序由左至右，由下至上连续编号，并应水平注写在剖视方向线的端部。转折的剖切位置线，在转折处可不标注字母或数

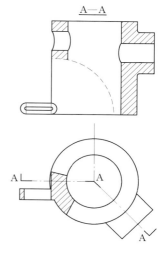

图 1-4-22 剖切符号的箭头表示

字，如图 1-4-23 中宽缝重力坝剖视图的 C—C 剖视；在转折处与其他图线发生混淆的，应在转角的外侧加注相同的字母或数字。

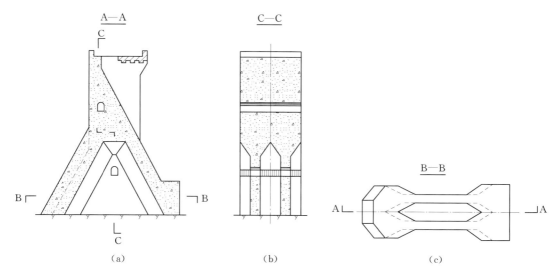

（a） （b） （c）

图 1-4-23 宽缝重力坝剖视图

二、剖视图分类

剖视图按剖切范围的大小可分为全剖视图、半剖视图、局部剖视图、阶梯剖视、旋转剖视和复合剖视图。

（一）全剖视

全剖视是指用剖切平面完全地剖开物体后所得的剖视图，主要是为了表达建筑物或构

件完整的内部结构，通常用于内部结构较复杂的情况。全剖视的剖切线画法及标注见图1－4－23中的"B—B"。

（二）半剖视

半剖视是指物体具有对称平面，在垂直于对称平面的投影面上的投影所得的图形，以中心线为界，一半画成剖视；另一半画成视图所组合的图形。半剖视图主要用于内、外形状都需要表达的对称建筑物或构件。画半剖视图时，剖视图与视图应以点画线为分界线，剖视图一般位于主视图对称线的右侧，俯视图对称线的下方，左视图对称线的右方。半剖视的剖切线画法及标注见图1－4－24。

（三）局部剖视

局部剖视用剖切平面局部地剖开物体所得的剖视图，局部剖视图用波浪线与视图分界，波浪线不应与图样中的其他图线重合，见图1－4－25。局部剖视主要用于表达建筑物或构件的局部内部结构或不宜采用全剖视图或半剖视图的地方，如孔、槽等。

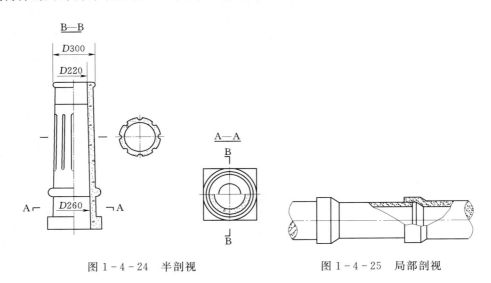

图1－4－24　半剖视　　　　　图1－4－25　局部剖视

（四）阶梯剖视

阶梯剖视是指用几个互相平行的剖切平面剖开物体所得的剖视图。当构件上结构不同的孔（槽）等的轴线分布在相互平行的两个平面内时，若要表达这些孔（槽）等的形状，显然用单一剖切面剖切是不能实现的，此时，可采用一组或几组相互平行的剖切平面依次将它们剖开。

阶梯剖视中的剖切位置，在转折处易与其他图线发生混淆的，在其两端及转折处应画出剖切符号，并标注相同字母，见图1－4－26中的"B—B"。剖切位置明显的，转折处可省略字母，见图1－4－23中的"C—C"。视图对称，且剖切符号转折处与对称线重合的，所得的阶梯剖视图应画出原对称线，见图1－4－26中的"B—B"。

当两个要素在图形上有公共对称中心线或轴线时，可以对称中心线或轴线为界各画一半，见图1－4－27。

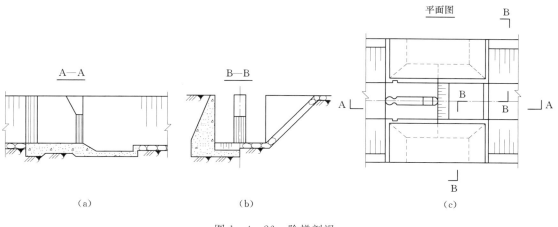

图 1 - 4 - 26　阶梯剖视

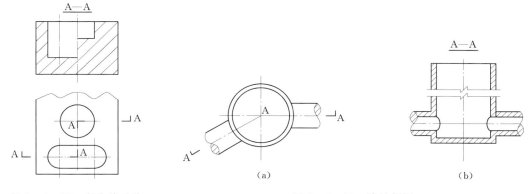

图 1 - 4 - 27　有公共对称
　中心线的阶梯剖视

图 1 - 4 - 28　旋转剖视

（五）旋转剖视

　　旋转剖视是指用两个相交的剖切平面剖开物体所得的剖视图。对具有回转轴线，且其上的孔（管）等结构不能用一个剖切面剖切的构件，如轮、盘、盖等类型的零件和具有倾斜结构的杆类零件，常用该方法表达。旋转剖视所使用的剖切面只能是两个，一般一个投影面与基本投影面平行，而另一个与基本投影面不平行。

　　旋转剖视应先按剖切位置剖开物体，然后将被剖切平面剖开的结构及其有关部分旋转到与选定的投影面平行，再进行投影，如图 1 - 4 - 28 中的"A—A"。旋转剖视图中剖切符号的标注，与阶梯剖视相同。

（六）复合剖视

　　复合剖视是指同时用两个或两个以上平行和相交的剖切面剖切所得的剖视图。在以上几种方法都不能简单而集中地表示出构件的内部结构时，可以把上述几种剖视方法结合起来使用，常见的情况是把某一种剖视与旋转剖视结合起来。复合剖视是除阶梯剖视、旋转剖视以外，用几个剖切面剖开物体所得的剖视图，见图 1 - 4 - 29 中的"A—A"。

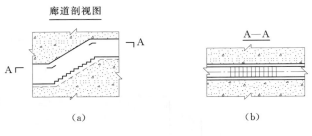

图 1-4-29 复合剖视

三、剖视图绘制

（一）绘制方法与步骤

绘制剖视图的方法与步骤如下：

（1）对所绘对象进行形体分析，弄清其结构。

（2）选择剖切位置及投影方向，并根据规定作出标注。剖切面可以是平面或曲面，应通过物体的对称面或孔、洞的轴线，以反映内腔结构的实形。

（3）画出剖面区域轮廓的投影，并填充剖面符号。

（4）补全缺漏的轮廓线。

（二）绘制要求

剖视图用于表示建筑物或构件的内部几何尺寸。绘制剖视图时，为了分清建筑物或构件内部结构的层次，国家标准规定，在剖切面与建筑物或构件接触的剖面区域（剖切到的切口部分）内要画上材料的符号，同一建筑物或构件所用的材料符号的方向、间隔均应相同。

剖视图绘制时，一般采用平行于投影面的平面剖切。剖切位置选择要得当，首先应通过内部结构的轴线或对称平面以剖出它的实形；其次应尽可能使剖切面通过尽量多的内部结构，如孔、槽等。

当剖切面将建筑物或构件切为两部分后，移走距观察者近的部分，投影的是距观察者远的部分。它包括两项内容：一项是剖切面与建筑物或构件接触的切断面，是实体部分；另一项是断面后的可见轮廓线，一般产生于空的部分。为了区分空、实，规定在切断面上画出材料符号。剖切面后面的不可见轮廓线一般可不画，需要时，可画成虚线。

绘制的剖视图宜按投影关系配置在与剖切符号相对应的位置，并在剖视图上方标注其所编号的图名。可按投影关系配置的两个剖视图互作剖切，见图 1-4-23 中"A—A"和"B—B"剖视。

第三节 断 面 图

断面图是用剖切面将构筑物或构件的某处切断，仅绘出该剖切面与物体接触部分的图形。断面图也可称为剖切面图，简称断面。断面图主要用来配合视图表达诸如肋板、轮辐、型材、带有孔、洞、槽的轴等这类常见物体结构的断面形状。与剖视图相比，在表达这些结构时，断面图更为简单。

一、剖切符号

为明确断面与视图之间的投影关系，便于读图，对所画的断面图一般也应标注剖切符号，注明剖切位置、投影方向和剖视图名称。

断面图的剖切符号用剖切位置线表示，以粗实线绘制，长度宜为 5～10mm。剖切符号的编号，一般采用阿拉伯数字或拉丁字母，按顺序连续编号，并应注写在剖切位置线的一侧，编号所在的一侧应为剖切后的投射方向，见图 1-4-30。

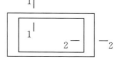

图 1-4-30 剖切编号

二、断面图分类

断面图主要用于表达形体或构件的断面形状，根据其配置的位置的不同，一般可分为移出断面图、重合断面图两种形式。

（一）移出断面图

移出断面图是指绘制在视图之外的断面图。移出断面图的轮廓线用粗实线绘制。移出断面一般尽可能配置在剖切位置的延长线上，必要时也可配置在其他适当的位置。配置在剖切位置的延长线上且断面图形对称的，可不标注，见图 1-4-31。断面图形不对称的，应在剖切符号两端绘制粗实线或细实线箭头表示投射方向，见图 1-4-32。断面图形对称，且移出断面配置在视图轮廓线的中断处的，可不标注，见图 1-4-33，主要用于一些较长且均匀变化的单一构件，其画法是在构件投影图的某一处用折断线断开，然后将断面图画在当中。移出断面配置在图纸其他位置的，在断面图的上方应标注断面编号（即图名），见图 1-4-34。

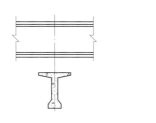

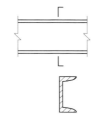

图 1-4-31 对称移出断面　　　图 1-4-32 不对称移出断面

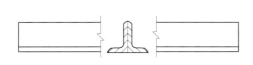

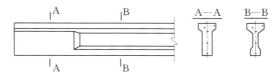

图 1-4-33 中断处移出断面　　　图 1-4-34 应标注的移出断面

用一个公共剖切平面将物体切开得到两个不同方向投影的断面图，应按图 1-4-35 中断面 1—1 和断面 2—2 的形式标注。

绘制移出断面图时，一般要注意以下几点：

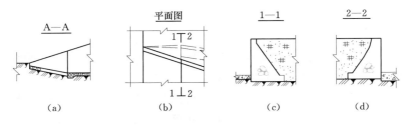

(a)　　　　　　(b)　　　　　　(c)　　　　　　(d)

图 1-4-35　结构突变处的断面

（1）当剖切平面通过回转而形成的孔或凹坑的轴线时，这些结构按剖视绘制，见图 1-4-36。

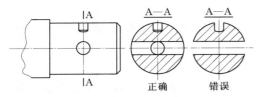

图 1-4-36　剖切平面通过回转而形成的
孔或凹坑的轴线的断面

（2）为了正确表达断面实形，剖切平面要垂直于所需表达机件结构的主要轮廓线或轴线。

（3）当剖切平面通过非圆孔而导致出现完全分离的两个断面时，则这些结构按剖视绘制。

（4）在不至于引起误解时，允许将移出断面图旋转。

（5）根据需要，断面图可用比视图本身大的比例画出。

（二）重合断面图

重合断面图是指绘制在视图之内的断面图。重合断面图的轮廓线应用细实线绘制。视图中的轮廓线与重合断面的图形重叠的，视图中的轮廓线应完整地画出，不可间断。

对称的重合断面可不标注，见图 1-4-37；不对称的重合断面应标注剖切位置，并用粗实线或细实线箭头表示投射方向，可不标注字母，见图 1-4-38。

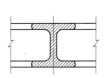　　　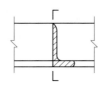　　　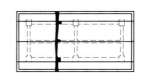

图 1-4-37　对称重合断面　　图 1-4-38　不对称重合断面　　图 1-4-39　涂黑的重合断面

梁板的断面图画在其结构平面布置图内的，断面涂黑，可不标注剖切位置和投射方向，见图 1-4-39。

（三）其他常用断面图

除上述两种断面图以外，在水利水电工程技术图样的绘制中，还经常遇到要绘制建筑物的纵断面图和横断面图。纵断面图是指平行于建筑物长轴线或顺水流流向剖切所得到的图形，横断面图是指垂直于建筑物长轴线或顺水流流向剖切所得到的图形。

河流的纵、横断面见图 1-4-40，建筑物的纵、横断面见图 1-4-41。

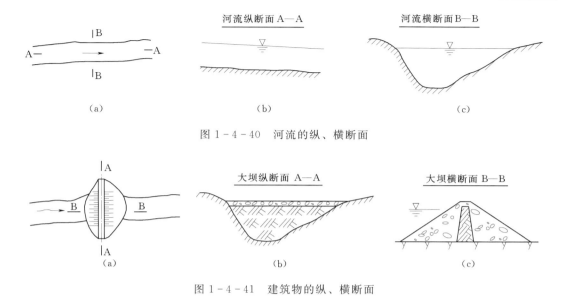

图 1-4-40 河流的纵、横断面

图 1-4-41 建筑物的纵、横断面

三、断面图与剖视图的区别

断面图与剖视图相比，主要区别在于：

（1）断面图只画出形体被剖开后断面的投影，而剖视图要画出形体被剖开后整个余下部分的投影。

（2）剖视图是被剖开形体的投影，是体的投影，而断面图只是一个截口的投影，是面的投影。被剖开的形体必有一个截口，所以剖视图必然包含断面图在内，而断面图虽属于剖面图的一部分，但一般单独画出。

（3）剖切符号的标注不同。断面图的剖切符号只画出剖切位置线，不画出投射方向线，且只用编号的注写位置来表示投射方向。编号写在剖切位置线下侧，表示向下投射。注写在左侧，表示向左投射。而剖视图的剖切符号要画出剖切位置线及投射方向线。

（4）剖视图与断面图中剖切平面数量不同，剖视图可采用多个剖切平面，且可转折，而断面图一般只使用单一剖切平面。通常，画剖视图是为了表达物体的内部形状和结构，而断面图则常用来表达物体中某一局部的断面形状。

第四节 详 图

当建筑物或构件需表示为更详细的结构、尺寸时，需用大于原图形的比例另行绘出的图形，称之为详图，通常称为大样图。绘制详图时，为了便于看图，常采用详图标志和详图索引标志。详图标志又称详图符号，画在要索引出的详图处；详图索引标志又称索引符号，则表示建筑平、立、剖面图中某个部位需另画详图表示，故详图索引符号是标注在需要画出详图的位置附近，并用引出线引出。详图一般宜采用 1:1、1:2、1:5、1:10、1:20、1:50 的比例绘制，必要时也可选用 1:3、1:4、1:25、1:30、1:40 等非常规比例。

一、索引符号

索引符号由圆和水平直径组成，圆及水平直径以细实线绘制。建筑制图中［《房屋建筑制图统一标准》（GB/T 50001—2001）］，圆的直径一般为 8～10mm。由于水利工程制图中，图纸编号的规定各单位不尽统一，因此，在水利工程制图中，圆的大小根据详图编号和详图所在图纸编号的文字长度确定。

索引符号的绘制规定：

（1）索引出的详图如与被索引的详图同在一张图纸内，应在索引符号的上半圆中用阿拉伯数字或拉丁字母注明该详图的编号，并在下半圆中间画一段水平细实线，见图 1-4-42。

（2）索引出的详图如与被索引的详图不在同一张图纸内，应在索引符号的上半圆中用阿拉伯数字或拉丁字母注明该详图的编号，在索引符号的下半圆中注明该详图所在图纸的编号，见图 1-4-43。

图 1-4-42　详图与原图在同一张图纸内

图 1-4-43　详图与原图不在同一张图纸内

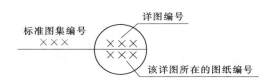

图 1-4-44　详图采用标准图集

（3）索引出的详图如采用标准图集，应在索引符号水平直径的延长线上加注该标准图集的编号，见图 1-4-44。

索引符号当用于索引剖视详图时，应在被剖切的部位绘制剖切位置线，并以引出线引出索引符号，引出线所在一侧应为投影方向。索引符号的编写规定同样遵循上述原则。

二、详图符号

某一图样中详图的位置用详图符号表示，也是索引符号在图样中要指向的位置。

在水利水电工程中，详图符号用圆表示，且用细实线绘出，圆的直径需要根据所绘图形的范围大小确定，符号内不注写详图编号及被索引图纸的编号，编号仅在索引符号内注明即可。

三、详图绘制

绘制详图时，一般将物体的部分结构用大于原图形所采用的比例画出，绘出的图形应标注详图符号和索引符号。所另绘的详图用相同编号标注其图名，并注写放大后的比例，详图示例见图 1-4-45。

详图可以画成剖视图、断面图，它与被放大部分的表达方式无关，必要时可以采用详

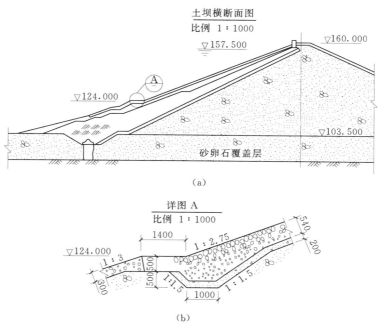

图 1-4-45 详图示例（单位：mm）

图的一组（两个或两个以上）视图来表达同一个被放大部分的结构，见图 1-4-46。

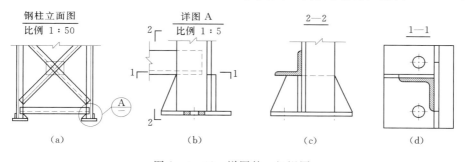

图 1-4-46 详图的一组视图

第五节 曲 面 画 法

在水工建筑物中，为了满足结构受力、使用功能或外形美观的需要，往往较多地使用曲面体型结构。特别是流道部分，为使水流均匀平稳，减少水头损失，并避免发生空蚀，需将结构的表面设计成符合水流流态的曲面，如尾水管、渐变段、喇叭口等工程部位。

曲面可以看作是直线或曲线运动的轨迹，运动的线称为母线。控制母线运动的线或面称为导线或导面，母线在曲面上的任一位置均称为素线。曲面按母线的形状分为直线面和曲线面，直线面母线为直线，曲线面母线为曲线。曲面按母线运动是否有规律分为规则曲面和不规则曲面（如地形面），水利工程建筑物中常用规则曲面。曲面按能否摊平在一个

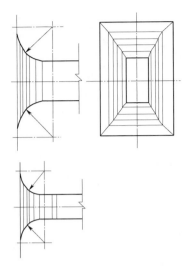

图 1 - 4 - 47　曲面画法

平面分为可展曲面和不可展曲面，当曲面上任意相邻两素线平行时为可展直线面，如柱面、锥面；当曲面上任意相邻两素线不平行时为不可展直线面，如双曲抛物面等曲线面。

曲面视图可用曲面上的素线或截面法所得的截交线表达曲面，素线和截交线用细实线绘制。曲面画法见图 1 - 4 - 47。

水利工程绘图中，常见的曲面主要有柱面、锥面、渐变段、扭曲面、圆环面、球面等。

一、柱面画法

直母线沿曲导线运动且始终平行于一直线时，所形成的曲面为柱面，其特点是素线相互平行。根据截面型式的不同主要分为圆柱面和椭圆柱面，垂直于柱面素线的截面为正截面。该画法通常用于闸墩、溢流面等过流面。

柱面可用平行柱轴线由密到疏（或由疏到密）的直素线表示，见图 1 - 4 - 48。图 1 - 4 - 48（a）为闸墩；图 1 - 4 - 48（b）为溢流坝；图 1 - 4 - 48（c）为斜置闸墩上的椭圆柱面。

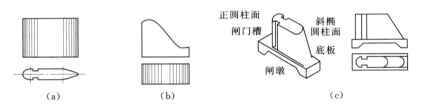

| （a） | （b） | （c） |

图 1 - 4 - 48　柱面画法

二、柱状面

一直母线沿不在同一平面的两条曲导线运动，并始终与一导平面平行，所形成的曲面称为柱状面，又称扭柱面。水闸闸墩柱状面画法见图 1 - 4 - 49。

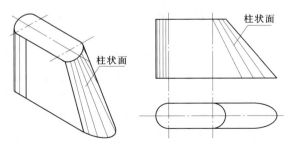

图 1 - 4 - 49　水闸闸墩柱状面画法

三、锥面画法

直母线沿曲导线运动且始终通过一定点，所形成的曲面称为锥面，其特点是所有的素线相交于一点。根据截面型式的不同主要分为圆锥面和椭圆锥面。

反映锥面轴线实长的视图可用若干条由密到疏（或由疏到密）的直素线表示，如叉管锥面画法，见图 1－4－50。反映锥底圆弧实形的视图可用若干条均匀的放射状直素线表示，如锥形墩头画法，见图 1－4－51；或若干条示坡线表示，见图 1－4－52。

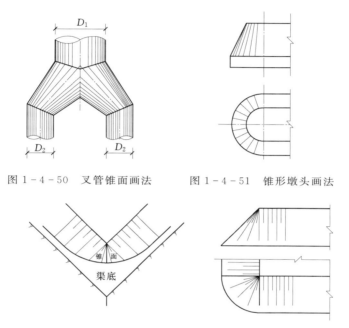

图 1－4－50 叉管锥面画法 图 1－4－51 锥形墩头画法

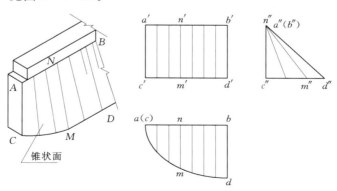

图 1－4－52 锥底示坡线画法

四、锥状面

直母线沿一直导线和一曲导线运动，并始终平行于一导平面，所形成的曲面称为锥状面，又称扭锥面，见图 1－4－53。

图 1－4－53 锥状面画法

五、渐变段画法

（1）斜平面渐变段和扭曲面渐变段。斜平面渐变段和扭曲面构成的渐变段又称双曲抛物面，是由一直母线沿两交叉直导线运动，且始终平行于一个导平面所形成的曲面，通常用于隧洞进口、水闸进出口、船闸进出口、渡槽进出口等与渠道的连接处或渠道断面的变截面处，可用直素线法表示。扭平面渐变段画法，见图 1 - 4 - 54。扭锥面渐变段画法，见图 1 - 4 - 55。扭柱面渐变段画法，见图 1 - 4 - 56。

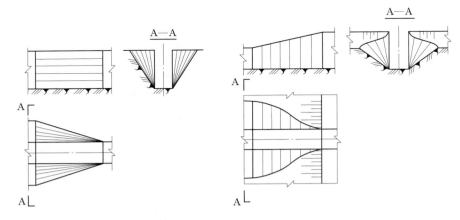

图 1 - 4 - 54　扭平面渐变段　　　　　图 1 - 4 - 55　扭锥面渐变段

（2）方变圆（或圆变方）渐变段。方变圆（或圆变方）渐变段是由四个三角形平面和四个部分斜椭圆锥面相切而形成的组合面，常用于引水隧洞、泄洪隧洞等需要布置工作闸门或检修闸门部位的前后部分，见图 1 - 4 - 57。

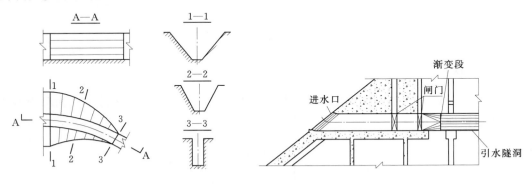

图 1 - 4 - 56　扭柱面渐变段　　　　图 1 - 4 - 57　引水隧洞进口方变圆渐变段

由方形（或矩形）变至圆形，或由圆形变至方形（或矩形）的方圆渐变段，可用素线法或截面素线法表示。素线法表示方圆渐变段，见图 1 - 4 - 58、图 1 - 4 - 59。截面素线法表示方圆渐变段，见图 1 - 4 - 60。

六、圆环面、球面等旋转面

圆环面和圆球面为最常见的曲线回转面，是由平面曲线绕该平面上一轴线旋转而成。

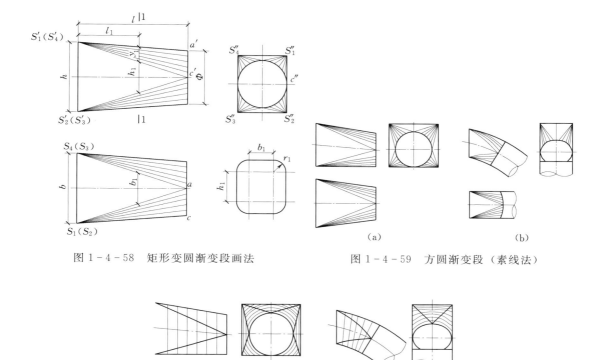

图 1-4-58 矩形变圆渐变段画法　　　　　图 1-4-59 方圆渐变段（素线法）

图 1-4-60 方圆渐变段（截面法）

圆环面、球面等旋转面画法，可用一组等距且平行于投影面的平面截交线作为曲素线，在
投影视图中表示圆旋转曲面。圆环面画法，如直角弯管及尾水管弯段，见图 1-4-61。
球面画法，如球形阀门及直管闷头，见图 1-4-62。

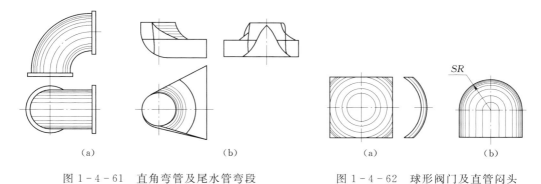

图 1-4-61 直角弯管及尾水管弯段　　　　图 1-4-62 球形阀门及直管闷头

第六节 标 高 图

一、标高投影

水工建筑物在设计和施工中，常需要绘制表示地面起伏状况的地形图及展示建筑物与地形相关关系的图样。由于地面的形状较为复杂，长度方向尺寸和高度方向尺寸相差较大，若用多面正投影法表示，作图困难较大，且不易表达清楚。因此，在水利工程制图中常采用标高投影法来表示地形图及建筑物与地形及其之间的相互关系，所绘制出的图形即为标高图。标高投影是指在形体的水平投影上，以数值注出各处的高度来表示其形状的图示方法，是单面投影图。

对于起伏不平的地面，可用一组平行、等距的水平面与地面截交，所得的每条截交线都为水平曲线，其上每一点距某一水平基准面的高度相等，这些水平曲线称为等高线。除了地面这样复杂的曲面外，在水利工程中，一些平面相交或平面与曲面、曲面与曲面相交的问题，如填筑或开挖坡面等，也常用标高投影的方法处理。机械工程中的某些复杂曲面，如飞机、船舶、汽车等的形体表面也常用类似的方法来表达，但基准面不一定是水平面。

二、标高图绘制

标高图是指用标高投影法所得到的单面正投影图，在水平投影的图样上加注某些特征面、线控制点的高程数值和比例以此来表示空间物体。在标高图中，基准面一般为水平投影面，水利工程中通常采用国家统一规定的水准零点作为基准面，高度数值称为高程，单位一般为米（m）。

标高图中，地形首曲线用细实线绘制，计曲线用中粗实线绘制。首曲线，也称基本等高线，是按基本等高距绘出的等高线，如 1∶50000 地形图上首曲线依次为：10m、20m、30m、…。为了阅读方便，从起点起，每隔 4 根等高线加粗描绘 1 根等高线，这根加粗的等高线就是计曲线（又称加粗等高线）。标高图中地形等高线的高程数字的字头，宜朝高程增加的方向注写，或按右手法注写，注写数字的地方，等高线应断开，见图 1-4-63。

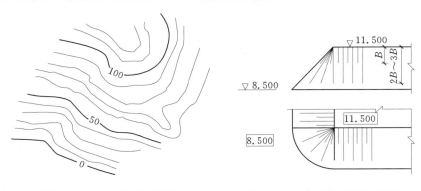

图 1-4-63 地形等高线　　　　图 1-4-64 填筑坡面表示法

在绘制填筑坡面的平面图和立面图时，应沿填筑坡面顶部的等高线用示坡线表示坡面倾斜的方向，填筑坡面表示法见图 1－4－64；绘制开挖坡面的平面图和立面图时，可沿开挖坡面的开挖线用示坡线表示坡面倾斜的方向，或用绘制"Y"形开挖符号的形式表示，方向大致平行于该坡面的示坡线，开挖坡面表示法见图 1－4－65。标高投影的平面图与立面图应符合投影对应关系。立面图或剖视图中不画地形等高线，标高投影剖视见图1－4－66。平面图中有填、挖两种坡面的可仅画出开挖坡面的剖视图，标高投影剖视见图1－4－66；或可同时画出填筑坡面的立面图，见图 1－4－67。

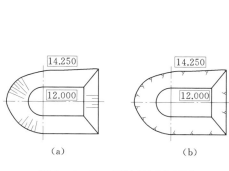

图 1－4－65　开挖坡面表示法

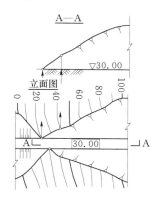

图 1－4－66　标高投影的剖视图

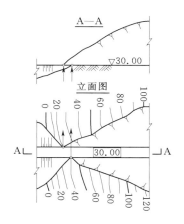

图 1－4－67　标高投影的合成视图

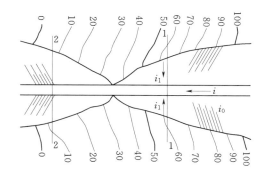

图 1－4－68　断面法绘制坡边线图

在标高投影中，还可用断面法绘制斜道两侧坡面的坡边线来表示边坡的坡比，剖切面宜采用垂直于底坡中心线的铅垂剖面，坡度 i_1 按铅垂坡比标注，见图 1－4－68 中的 1—1 断面。

第七节　轴　　测　　图

一、轴测投影的选择

绘制轴测投影的主要目的是使所画图形能直观形象地反映出物体的主要形状，富于立体感，并基本符合于我们通常观看物体的习惯。在形成的过程中，由于轴测轴及投影方向的不同，使轴间角和轴向变形系数存在差异，产生了多种不同的轴测图，产生的立体效果也不同，而且轴测投影中一般不画虚线（不可见轮廓线），所以图形中物体各部分的可见性对于表达物体形状来说具有特别重要的意义。

选择哪一种轴测投影来表达一个物体，首先应综合考虑物体的形状特征和对立体感程度的要求。通常情况下，轴测投影的选择应能最充分地表现形体的线与面，立体感鲜明、强烈，而且作图方法简便。

轴测图根据轴测投影方向的不同，可以分为正等轴测法、正二等轴测法、正面斜轴测法、水平斜轴测法，每种轴测法重点表达的外形特征不同，产生的立体效果也不一样，作图的复杂程度也不完全一样。一般情况下，正二等测的直观性和立体感最好，其次是正等测，再次是正面斜二测，正面斜等测和水平斜等测最差。但作图的简便性恰好相反，正面斜等测和水平斜等测作图最简捷，其次是正等测和正面斜二测，正二测作图最复杂。因此，在实际工程制图中，应根据所要表达的内容选择适宜的轴测投影，具体可以考虑下列几点：

（1）形体三个方向的表面交接较复杂时（尤其是顶面），宜选用正等测图，但当遇形体的棱面及棱线与轴测投影面成 45°方向时，则不宜选用正等测图，而应选用正二测图。

（2）正二测图立体感强，但作图较繁琐，故常用于画平面立体。

（3）斜二测图能反映一个方向平面的实形，且作图方便，故适合于画单向有圆或端面特征较复杂的形体。水平斜二测图常用于建筑制图中绘制建筑单体或小区规划的鸟瞰图等。

（4）绘制建筑群和管道系统的立体图，通常采用等轴测投影。

二、轴测图绘制

绘制轴测投影图时，首先要确定轴测轴，然后根据轴测轴作为基准来画轴测图。轴测轴可配置在本图样之内，与主要棱线、对称中心线或轴线重合，也可配置在本图样之外。轴向伸缩系数应采用简单的数值，如正等轴测时取 $p:q:r=1:1:1$，斜二测时取 $p:q:r=1:0.5:1$。轴测图的断面轮廓线宜用粗实线绘制，不可见部分可不绘出，必要时，可用虚线画出物体的不可见轮廓。

带剖视的轴测图，应在剖切部分画出表示建筑物或构件的材料图例，见图 1-4-69。剖切面图例应按剖切面所在的坐标面的轴测方向绘制，见图 1-4-70。

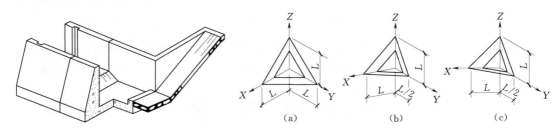

图 1-4-69　带剖视的轴测图　　　　图 1-4-70　轴测图中剖切面图例画法

止水片等薄片构件的轴测图，宜采用虚线画出其不可见部分，见图 1-4-71。

油、水、气等管路系统图宜采用粗实线，单线绘制管路系统的轴测图宜为等轴测示意图，见图 1-4-72。

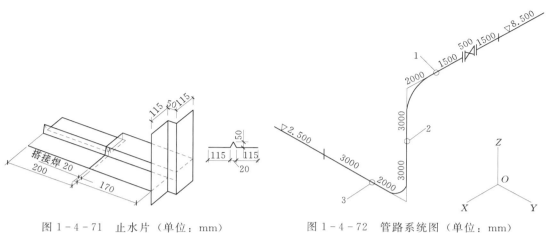

图 1-4-71 止水片（单位：mm）　　　图 1-4-72 管路系统图（单位：mm）

第八节 常 用 符 号 画 法

在图纸绘制过程中，常遇到一些常见符号的表示，如水流方向、指北针、对称符号、连接符号等。为规范和统一这些常见符号的画法，现列出这些符号画法的基本要求。

一、水流方向

表示水流方向的箭头符号可按图 1-4-73 所示符号式样绘制，其图线宽可取为 0.35～0.5mm，B 可取为 10～15mm。河流水流方向宜自上而下或自左向右。

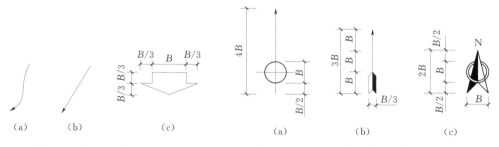

图 1-4-73 水流方向符号　　　图 1-4-74 指北针符号（单位：mm）

二、指北针

指北针可按图 1-4-74 所示式样绘制，其位置可在图的左上角或右上角。图线宽可取为 0.35mm，粗线宽可取为 0.5～0.7mm，B 可取为 16～20mm。

三、对称符号

图形的对称符号按图 1-4-75 所示式样用细实线绘制。对称线两端的平行线长度可取为 6～8mm，平行线间距可取为 2～3mm。

图 1-4-75 对称符号（单位：mm）

四、连接符号

图形的连接符号可用细实线或相配线表示，见图 1-4-76。

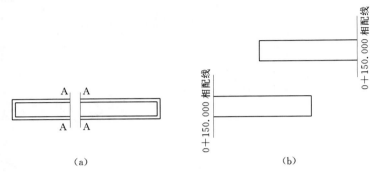

图 1-4-76　连接符号

（1）图形的连接用细实线表示的，以细实线两端靠图形一侧的大写拉丁字母表示连接编号。两个被连接的图形应采用相同的字母编号。

（2）图形的连接用相配线表示的，相配线以细实线表示，宜标注"相配线"字样，并在两段图的相配线侧同时标注分段的相同桩号。

五、风向频率图

风向频率图按 16 个方向绘出，风向频率特征采用不同图线绘在一起，实线表示年风向频率，虚线表示夏季风向频率，点画线表示冬季风向频率，θ 角为建筑物坐标轴与指北针的方向夹角，见图 1-4-77。

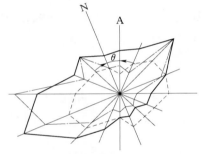

图 1-4-77　风向频率图画法

第五章　图样标注方法

第一节　图样标注方法的基本要求

水工建筑物的投影图，虽然已经清楚地表达了结构的形状和各部分的相互关系，但还必须注上足够的尺寸，才能明确结构的实际尺寸和各部分的相对位置。建筑物及构件的结构尺寸，以图样上所注的尺寸为准。

标注建筑物结构尺寸时，要考虑两个问题：即投影图上应标注哪些尺寸和尺寸相应的标注位置。

一、尺寸单位

国标规定，图样中标准的尺寸单位，标高、桩号以米（m）为单位，结构尺寸一律以毫米（mm）为单位，图纸上也不必注写单位。如采用其他尺寸单位时，应在图纸中注明相应的计量单位的代号或名称。图样上的尺寸，应以所注尺寸数字为准，不宜从图上直接量取。

二、尺寸标注要素

图样上的尺寸由尺寸界线、尺寸线、尺寸起止符号和尺寸数字组成。

（1）尺寸界线。尺寸界线应采用细实线，可自图形的轮廓线或中心线沿其延长线方向引出，或从轮廓线段的转折点引出。尺寸界线宜与被标注的线段垂直，轮廓线、轴线或中心线也可以作为尺寸界线，见图1-5-1。由轮廓线延长引出的尺寸界线与轮廓线之间宜留有2～3mm的间隙，并应超出尺寸线2～3mm。

（2）尺寸线。尺寸线用细实线绘制，其两端指到尺寸界线。不可用图样中的轮廓线、轴线、中心线等其他图线及其延长线代替。

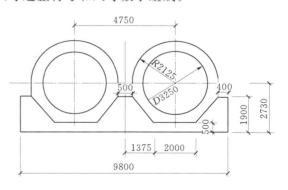

图1-5-1　尺寸界线（单位：mm）

（3）尺寸起止符号。尺寸起止符号可采用箭头形式或45°细实线绘制的 h 为3mm的短画线，见图1-5-2（a）和（b）。线性尺寸标注可采用箭头为起止符号，空间不够的，可采用圆点代替箭头。标注圆弧半径、直径、角度、弧长，尺寸起止符号应采用箭头。同一张图中宜采用一种尺寸起止符号的形式。

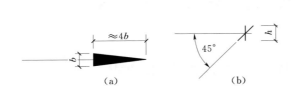

图 1-5-2　尺寸起止符号

注：b 可取为所注尺寸数字字高的 1/4。

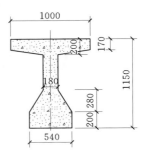

图 1-5-3　尺寸数字处图线
断开示意图（单位：mm）

（4）尺寸数字。尺寸数字不可被任何图线或符号所通过，否则，应将图线或符号断开，见图 1-5-3。

第二节　一般标注方法

一、线性尺寸的标注方法

线性尺寸的标注方法应满足下列要求：

（1）尺寸界线与尺寸线不垂直的，尺寸界线应自被标注线段的两端平行地引出，见图 1-5-4。

（2）线性尺寸的数字，可注写在尺寸线上方的中部，或在尺寸线的断开处，并与尺寸线平行。

（3）线性尺寸数字的标注，宜避开图示阴影线 30°范围，见图 1-5-5。否则，应采用引线标注，见图 1-5-6。

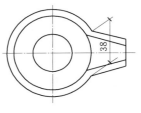

图 1-5-4　尺寸界线与尺寸线不垂直的示例

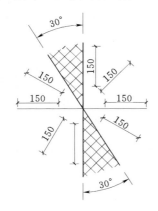

图 1-5-5　30°范围外尺寸的
标注方法（单位：mm）

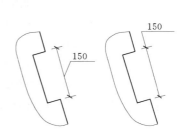

图 1-5-6　30°范围内尺寸的
标注方法（单位：mm）

（4）尺寸界线内不够标注尺寸数字的，最外端的尺寸数字可在尺寸界线的外侧标注，中间相邻的尺寸数字可错开位置注写或引出注写，见图1-5-7。

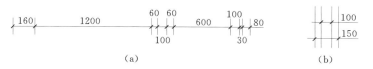

(a)   (b)

图1-5-7　尺寸界线间距小时尺寸和箭头的标注方法（单位：mm）

（5）有连接圆弧的光滑过渡处标注尺寸的，应将图线延长或将圆弧切线延长相交，自交点引出尺寸界线，见图1-5-8。

（6）图样轮廓线以外的尺寸线，距图样最外轮廓线的距离不宜小于10mm，平行排列的尺寸线之间的距离应大于7mm，且各层尺寸线间距宜保持一致。

（7）总尺寸的尺寸界线应靠近所指界的部位，中间的分尺寸的尺寸界线不应超出其外层的尺寸线，尺寸界线的长度应保持相等，见图1-5-9。

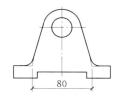

图1-5-8　圆弧光滑过渡处尺寸
界线的引出示例（单位：mm）

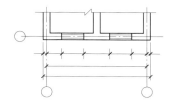

图1-5-9　尺寸界线示例

（8）只画出一半图形或略大于一半的对称结构的图样，尺寸数字应注出构件的整体尺寸数，并画出一端的尺寸界线和尺寸起止符号；另一端尺寸线应超过对称中心线，见图1-5-10。

（9）折断绘出的建筑物或构件尺寸应注出其总尺寸，见图1-5-11。

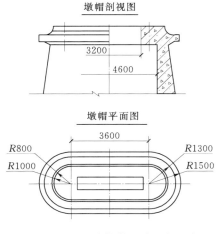

图1-5-10　对称构件尺寸的标注方法
（单位：mm）

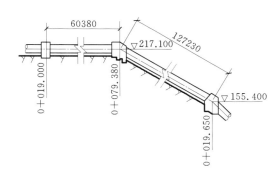

图1-5-11　长系折断结构尺寸的标注方法
（高程单位：m；尺寸单位：mm）

二、圆、圆弧尺寸和球的标注方法

圆、圆弧尺寸和球的标注方法应满足下列要求：

（1）标注圆弧、球面的半径或直径尺寸线应通过圆心，箭头指到圆弧。在直径尺寸数字前加注符号"ϕ"或"D"；在圆弧半径尺寸数值前加注符号"R"；球面直径数值前加注"$S\phi$"，球面半径数值前加注"SR"。见图1-5-12。

（2）较小圆弧的半径或直径注法见图1-5-13。可将箭头画在圆外，或以尺寸线引出，以标注尺寸。

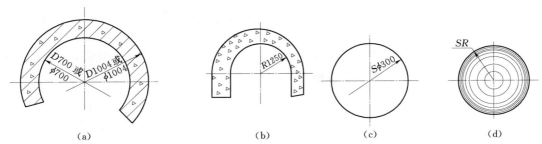

图1-5-12　圆弧、球面半径或直径标注方法（单位：mm）

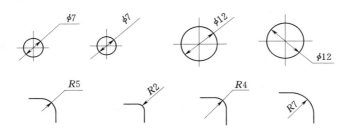

图1-5-13　小圆弧直径、半径标注方法

（3）圆弧的半径过长或圆心位置不在视图范围内的，可按图1-5-14的形式标注。

（4）标注弦长及弧长的尺寸界线应垂直该弦及弧段所对应的弦。弦长的尺寸线应为与该弦平行的直线。弧长的尺寸线应绘成与此圆弧段同心的圆弧，尺寸数字前面应加符号"⌒"，见图1-5-15。

图1-5-14　大圆弧半径标注方法
（单位：mm）

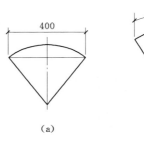

图1-5-15　弦长、弧长的标注方法
（单位：mm）

（5）外形为非圆曲线的构件图形，可用该曲线上点的坐标值形式标注尺寸，见图1－5－16。

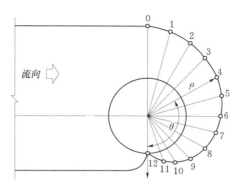

蜗形曲线坐标值表

点号	0	1	2	3	4	…	12
极角 θ	180°	165°	150°	135°	120°	…	0°
极径 ρ	18864	18400	17910	17420	16850	…	8500

图1－5－16　坐标标注方法

三、角度的标注方法

角度的标注方法应满足下列要求：

（1）标注角度的尺寸界线是角的两个边，应沿径向引出，角度的尺寸线是以该角顶点为圆心的圆弧线，角度的起止符号应以箭头表示，角度数字宜水平标注在尺寸线的外侧上方，或引出标注，见图1－5－17。没有足够位置绘制箭头的，可用圆点代替。

（2）圆弧半径过大或视图范围内无法标注圆心的，可按图1－5－18形式标出。

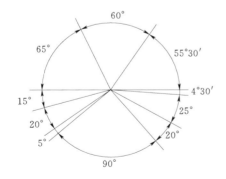

图1－5－17　角度标注方法

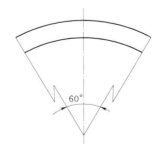

图1－5－18　大圆弧度标注方法

四、坡度的标注方法

坡度的标注方法应满足下列要求：

（1）坡度的标注可采用1：L的比例形式。坡度可采用箭头表示方向，箭头指向下坡方向，见图 1-5-19。

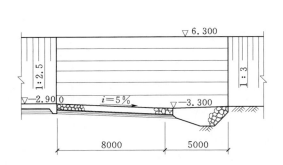

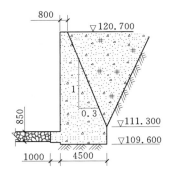

图 1-5-19　坡度用箭头标注方法
（高程单位：m；尺寸单位：mm）

图 1-5-20　坡度的三角形标注方法
（高程单位：m；尺寸单位：mm）

（2）坡度也可用直角三角形形式标注，见图 1-5-20。

（3）较缓坡度可用百分数或千分数、小数表示，并在坡度数字下平行于坡面用箭头表示坡度方向，见图 1-5-21。

（4）较大坡度可直接标注坡度的角度，见图 1-5-22。

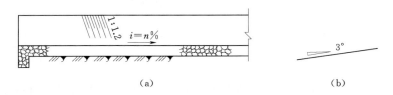

（a）　　　　　　　　　　　　　　　　　（b）

图 1-5-21　坡度用百分数或小数标注方法

（5）管道的坡度可用小数表示，或用比例、角度表示。

（6）平面图上用示坡线表示坡度的，可平行于其长线直接标注比例；用箭头表示坡度方向的，可在箭头附近用百分数或"$i=\cdots$"的小数标注，见图 1-5-23。

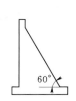

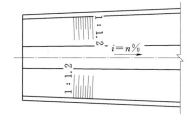

图 1-5-22　坡度用角度标注方法

图 1-5-23　平面图坡度标注方法

五、倒角的标注方法

倒角的角度与宽度，可采用"C 宽度"的简化标注方法，见图 1-5-24。标注非 45° 倒角，应分别绘出尺寸界线，并标出角度和宽度，见图 1-5-25。

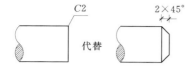

图 1-5-24　倒角标注方法　　　图 1-5-25　非45°倒角标注方法

六、标高的标注方法

标高的标注方法应满足下列要求：

（1）立视图和铅垂方向的剖视图、断面图可用被标注高度的水平轮廓线或其引出线标注标高界线，标高符号可采用细实线绘制的45°等腰直角三角形表示，见图 1-5-26，其 h 宜采用标高数字的高度。标高符号的直角尖端应指向标高界线，并与之接触，标高数字应标注在标高符号的右边。

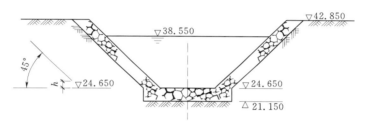

图 1-5-26　立面图、剖视图、断面图标高标注方法

（2）平面图中标高宜标注在被注平面的范围内，图形较小的，可将符号引出标注。平面图中标高符号采用矩形方框内注写标高数字的形式，方框用细实线画出，见图 1-5-27（a）；或采用圆圈内画十字并将其中的第一、第三象限涂黑的符号，圆圈直径与字高相同，见图 1-5-27（b）。

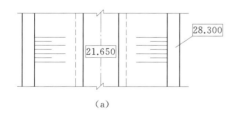 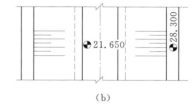

（a）　　　　　　　　　　　　　　　　　（b）

图 1-5-27　平面图中标高标注方法

（3）水面标高（简称水位）的符号见图 1-5-28（a）。在立面标高三角形符号所标的水位线以下加三条等间距、渐缩短的细实线表示。特征水位的标高，应在标高符号前注写特征水位名称，见图 1-5-28（b）。

图 1-5-28　水位标注方法

（4）标高符号也可用在标高数字前加字母"EL"代号表示。图幅中应统一用字母代号"EL"加标高数字表示标高。

（5）标高数字以米为单位，应注写到小数点以后第三位。在总布置图中，可注写到小

数点以后第二位。零点标高应注成 ±0.000 或 ±0.00。负数标高的数字前应加注
"一"号。

七、桩号的标注方法

桩号的标注方法应满足下列要求：

（1）桩号标注形式为 km＋m，km 为公里数，m 为米数。起点桩号为 0±00.000，顺水
流向，起点上游为负，下游为正；横水流向，起点左侧为负，右侧为正，见图 1-5-29。

（2）长系统建筑物的立面图、纵断面图桩号尺寸应按其水平投影长度标注。

（3）桩号数字宜垂直于定位尺寸的方向或轴线方向注写，并统一标注在其同一侧；轴
线为折线且各成桩号系统的，转折点处应重复标注，见图 1-5-29。

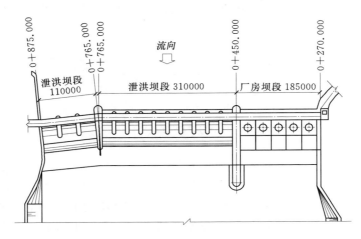

图 1-5-29　桩号数字的标注方法（单位：mm）

（4）同一图中几种建筑物采用不同桩号系统的，应在桩号数字之前加注文字或代号以
示区别，见图 1-5-30。

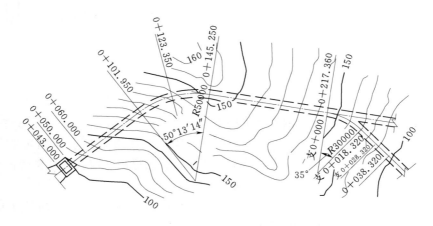

图 1-5-30　桩号数字的标注方法

（5）平面轴线为曲线的，桩号应沿径向设置，桩号数字应按弧长计算，见图 1-5-30。

八、方位角的标注方法

重要的建筑物轴线应标注方位角，方位角的标注形式可采用 NE、NW、SE、SW 字母后注写角度或 N××°E、N××°W、S××°E、S××°W 的锐角度数标注的形式。

九、轴测图的尺寸标注方法

轴测图的尺寸标注方法应满足下列要求：

（1）轴测图的线性尺寸应标注在被注图形所在的坐标面内。尺寸起止符号可采用原点代替箭头或 45°斜线，尺寸线应与被注长度的线段平行，尺寸界线应平行于相应的轴测轴。尺寸数字的方向宜平行于尺寸界线，出现字头向下倾斜的，尺寸数字应按水平方向注写，尺寸数字的位置可用引线引出注写或注写在尺寸线中断处或尺寸线一侧，见图 1-5-31。

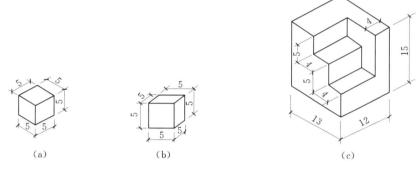

图 1-5-31 线性尺寸标注方法（单位：mm）

（2）轴测图中圆的直径尺寸应标注在圆所在的坐标面内；尺寸线或尺寸界线应分别平行于该坐标面的两个轴。较小的圆弧半径或直径尺寸可引出标注，注写数字的引出线应平行于轴测轴。轴测图中圆的尺寸标注方法见图 1-5-32。

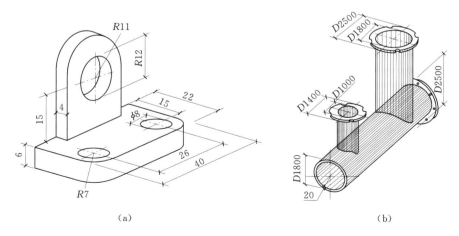

图 1-5-32 圆的尺寸标注方法（单位：mm）

（3）轴测图中，注角度的尺寸线应标注在该角所在的坐标平面内，并画成相应的椭圆弧，角度数字一律水平方向注写，见图1-5-33。

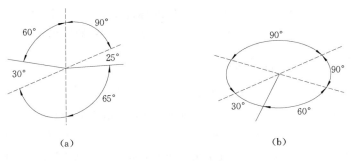

（a）　　　　　　　　　　　　　　　（b）

图1-5-33　角度的标注方法

（4）轴测图中标高的标注：对于直立面的标高，应平行于水平轴测轴引出标高指引线，在标高指引线上注写标高数字，标高数字前应加立面标高符号（▽）。对于水平面，可用标高符号（□）的变形四边形方框注写，标高符号的对边应两两各平行于水平坐标轴方向。轴测图中标高的标注方法见图1-5-34。

（5）管路轴测图可采用在标高数字前加"EL"代号或用细实线绘制的45°等腰直角三角形的方式注写标高。

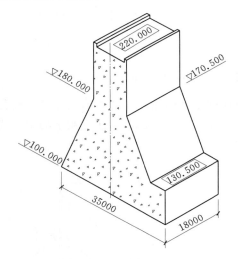

图1-5-34　标高标注方法（高程单位：m；
尺寸单位：mm）

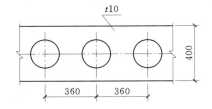

图1-5-35　板状构件厚度的标注方法
（单位：mm）

十、薄板厚度与正方形的尺寸标注方法

（1）薄板厚度的尺寸标注可在厚度数字前加注厚度符号"t"，见图1-5-35。

（2）正方形的尺寸标注可用"边长×边长"或"□边长"的标注形式，见图1-5-36。

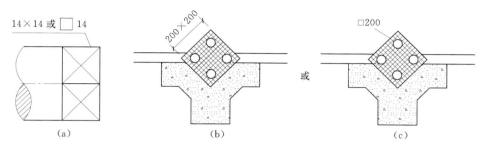

图1-5-36 正方形结构尺寸标注方法（单位：mm）

十一、管径的标注方法

管径的单位一般为mm，各类型的管径表达方法为：

（1）水煤气输送钢管（镀锌或非镀锌）、铸铁管等管材，管径宜采用公称直径"DN"标注。

（2）无缝钢管、焊接钢管（直缝或螺旋缝）等管材，管径宜采用"外径×壁厚"标注。

（3）铜管、薄壁不锈钢管材等管材，管径宜采用公称外径"dw"表示。

（4）建筑给水排水塑料管材，管径宜采用"dn"表示。

（5）钢筋混凝土管（或混凝土）管，管径宜采用内径"d"标注。

（6）复合管、结构壁塑料管等管材，管径应按产品标准的方法表示。

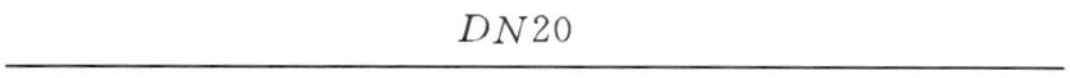

DN20

图1-5-37 单根管径的标注方法（单位：mm）

（7）采用公称直径"DN"表示管径的，图纸中应有公称直径DN与相应产品规格对照表。

管径的标注，单根管道时，管径可按图1-5-37的标注方法；多根管道时，管径可按图1-5-38的标注方法。

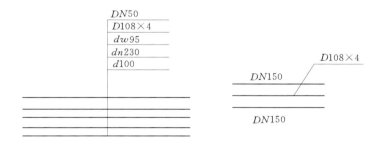

图1-5-38 多根管径的标注方法（单位：mm）

第三节 简化标注方法

在图纸的绘制过程中，常遇到多层结构、均匀分布的相同构造尺寸的结构、桁架结构等，针对此类结构，在标注时可采用以下的简化注法：

（1）多层结构尺寸注法可采用公共引线垂直通过被引出的各层，对应标注的文字说明或编号后应标注尺寸数字，见图 1-5-39。

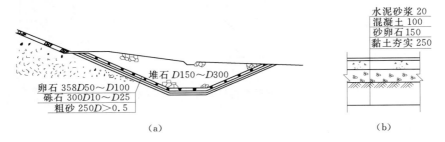

(a)   (b)

图 1-5-39 多层结构注引线标注方法（单位：mm）

（2）均匀分布的相同构造尺寸可采用只标注其中一个构造图形的尺寸，构造间的相对距离尺寸用间距数量乘以间距尺寸数值的标注方法，见图 1-5-40。均布相同孔径可采用孔数乘以孔径，见图 1-5-41。

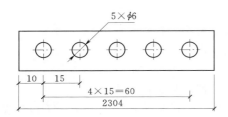

图 1-5-40 相同构造尺寸标注方法
（单位：mm）

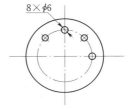

图 1-5-41 均布构造尺寸标注方法
（单位：mm）

（3）尺寸不同、尺寸相近、重复出现的孔，可按尺寸用拉丁字母分类，并采用孔数乘以孔径的标注方法，每一类孔只需标注在其中一个图形上，见图 1-5-42。

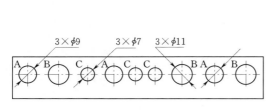

图 1-5-42 不同孔径的孔用字母
分类标注方法（单位：mm）

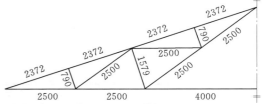

图 1-5-43 桁架结构尺寸标注方法
（单位：mm）

（4）杆件（或管线）的单线图（桁架简图、钢筋简图、管线图）的尺寸，可将其杆件（或管线）长度尺寸数值直接标注在杆件（或管线）的一侧，并与杆件轴线平行。桁架结构尺寸标注方法见图 1-5-43。

（5）同一基准出发的尺寸可按图 1-5-44 的形式标注或用坐标的形式列表标注，见

图 1 - 5 - 45。

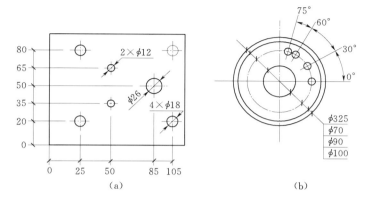

图 1 - 5 - 44 尺寸从同一基准出发（单位：mm）

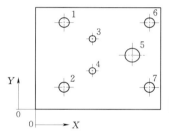

孔的编号	1	2	3	4	5	6	7
X	25	25	50	50	85	105	105
Y	80	20	65	35	50	80	20
ϕ	18	18	12	12	26	18	18

图 1 - 5 - 45 用坐标法标注尺寸（单位：mm）

第六章　总体三维制图概要

第一节　概　述

大型或结构复杂的工程，可建立三维模型直观反映建筑物直接的相关关系和了解结构的形状，具有较好的直观性和可视性。建立三维模型时，应按实际尺寸建立，可从任意视角进行观察和从模型内部进行观察、生成三维图形，并可切取断面图、剖视图。

三维模型的建立，可采用三维协同设计手段，最早应用于航空、汽车、造船等领域，目前已在水利水电工程上得到广泛的应用。三维协同设计以三维数字技术为基础，以三维设计软件为载体，不同专业人员组成的设计团队，为了实现或完成一个共同的设计目标或项目在一起开展工作，是一个知识共享和集成的过程。

三维协同设计的流程是交互式的、并行的，可大量减少或缩短专业间配合环节；通过三维模型可进行二维出图、工程量自动统计等，减少设计工作量，提高标准化程度。通过建立健全参数元件库，使设计效率大幅度提高。基于三维协同设计，一个专业修改设计，即修改全参数化模型中设计参数，整个工程三维模型将自动更新，其数据和设计成果的版本是最新的，而且是实时共享的。在设计过程中，通过碰撞检测，发现与解决设计中的碰、错、漏等问题。在工程制图时，只要三维设计模型正确，就能通过投影、剖视等操作保证生成的二维三视图及其相互关系的正确性，减少设计出错的可能性，提高设计效率与成果质量。三维设计成果可视性高，借助三维立体真实造型可直观反映建筑物的外形和结构。二维图许多难以实现的空间布置问题，在三维设计时可以轻易得到解决。

三维协同设计有助于提高设计效率与质量，降低设计成本，而且效果直观，是工程设计技术发展的必然趋势。

第二节　三维图形的表达方式

三维图形的绘制，应选取合适的视点，用正等轴测投影、剖视等清晰、明确地表达三维结构。工程师在获取地质、水文等资料的基础上，根据设计要求，先在大脑中设计构思，分析结构的主要、次要部分，构思设计模型的基本轮廓。借助软件工具，选择坐标基准平面，绘制结构的二维草图。最后确定各形体建模的准确位置后，进行拉伸、放样等建模操作。

三维图形可采用线框图、渲染图等方式表达。从三维模型中切取的剖视图，其剖切面应进行渲染处理。

1. 线框图

通常说来，线框模型是利用对象形体的棱边和顶点来表示几何形状的一种模型。线框的存储量小，操作灵活，响应速度快。依它生成二维图和工程图也比较方便。其三维模型的基础是多边形，已经不是线段、圆、弧这样零碎的图素。

但是，线框模型只反映出二维实体的部分形状信息，难以得到物体的剖面图、消除隐藏线等。一方面，线框造型的数据模型规定了各条边的两个顶点以及各个顶点的坐标，这对于由平面构成的物体来说，轮廓线与棱线一致，能够比较清楚地反映物体的真实形状，但对于曲面体，仅表示物体的棱边就不够准确。另一方面，线框模型所构造的实体模型，只有离散的边，而没有边与边的关系，构成面的信息表达不完整，会对物体形状的判断产生多义性。无法判断哪些是不可见边，哪些是可见边，难以准确地确定实体的真实形状，这不仅不能完整、准确、唯一的表达几何实体，也给物体的几何特性、物理特性的计算带来困难。

采用线框图绘制的三维图形，可只绘出建筑物可见的轮廓线。

线框图主要用于工程出图与打印。在由三维模型通过正等轴测投影生成的线框图上，进行尺寸、角度、高程、桩号等标注和文字说明，并添加根据三维模型计算生成的工程量统计表。

2. 渲染图

渲染是对三维线框图着色的过程，是从模型生成图像的过程，渲染图比线框模型更容易直观理解模型的结构。

渲染透视图基本遵循真实摄像机的原理，因此，看到的结果和真实的三维世界一样，具备立体感。为了体现空间感，需要决定物体在空间上的前后遮挡关系，摄像机获取了需要渲染的范围之后，就要计算光源对物体的影响。渲染程序计算在场景中添加的每一个光源对物体的影响，而且还要根据物体的材质来计算物体表面的颜色。材质的类型不同、属性不同、纹理不同都会产生各种不同的效果，而且，这个结果不是独立存在的，它必须和前面所说的光源结合起来。

渲染图用于可视化三维建模。在三维模型结构树上添加标注集，对结构尺寸、角度、高程等进行标注，方便三维设计校核与审查。

第二篇 勘 测 图

第一章 概 述

水利水电工程地质图件编制是工程地质勘察资料整编工作的重要组成部分，是工程地质勘察报告正文的补充和具体说明，是评价工程地质条件的基本依据。编制水利水电工程地质图件时，必须熟悉《水利水电工程地质勘察规范》（GB 50487—2008）、《中小型水利水电工程地质勘察规范》（SL 55—2005）、《水利水电工程地质勘察资料整编规程》（SL 567—2012）、《水利水电工程制图标准 基础制图》（SL 73.1—2013）、《水利水电工程制图标准 勘测图》（SL 73.3—2013）等相关的规程规范及地质勘察技术要求。

水利水电工程各阶段的工程地质勘察工作，应符合《水利水电工程地质勘察规范》（GB 50487—2008）、《中小型水利水电工程地质勘察规范》（SL 55—2005）等规范的有关规定。各勘察阶段均应提交工程地质勘察报告，工程地质图件作为报告附件一并提交。

第一节 水利水电工程地质勘察阶段的划分

水利水电工程地质勘察阶段的划分，取决于不同设计阶段对工程勘察工作的不同要求。由于勘察对象不同，设计对勘察工作的要求也不尽相同，因此勘察阶段的划分和所采用的规范也不尽相同。水利水电工程地质勘察阶段划分及采用的勘察规范见表 2-1-1。

表 2-1-1　　　水利水电工程地质勘察阶段划分及采用的勘察规范

勘察对象	勘察阶段						采用的勘察规范
大型水利水电工程	规划	项目建议书	可行性研究	初步设计	招标设计	施工详图设计	GB 50487—2008
中小型水利水电工程	规划	可行性研究	初步设计	技施设计	—	—	SL 55—2005
病险水库除险加固工程	安全评价	可行性研究	初步设计	—	—	—	GB 50487—2008

第二节 工程地质勘察报告附图

各勘察阶段所提交工程地质勘察报告附图见表 2-1-2、表 2-1-3。

表 2-1-2　　　　　　　　　　水利水电工程地质勘察报告附图表

序号	附 件 名 称	规划阶段	可行性研究阶段	初步设计阶段	招标设计阶段	施工详图设计阶段
1	区域综合地质图（附综合地层柱状图和典型地质剖面）*	√	＋	－	－	－
2	区域构造与地震震中分布图*	√	√	＋	－	－
3	水库区综合地质图（附综合地层柱状图和典型地质剖面）	＋	√	√	＋	－
4	水库区专门性问题工程地质图	－	＋	＋	＋	－
5	坝址及附属建筑物区工程地质图（附综合地层柱状图）	＋	√	√	√	－
6	专门性水文地质图*	＋	＋	＋	＋	－
7	坝址基岩地质图（包括基岩面等高线）	－	＋	＋	＋	－
8	工程区专门性问题地质图*	－	＋	＋	＋	－
9	竣工工程地质图*	－	－	－	－	√
10	引调水工程综合地质图	√	√	√	√	－
11	堤防工程综合地质图	－	√	√	√	－
12	河道整治工程综合地质图	－	√	√	√	－
13	水闸（泵站）综合地质图	＋	√	√	√	－
14	灌区工程综合地质图	＋	√	√	－	－
15	天然建筑材料产地分布图*	＋	√	√	＋	－
16	料场综合地质图*	－	√	√	√	－
17	坝址、引水线路或其他建筑物场地工程地质剖面图	＋	√	√	√	－
18	坝基（防渗线）渗透剖面图	－	√	√	√	－
19	专门性问题地质剖面图或平切面图*	－	＋	√	√	＋
20	引调水工程及主要建筑物地质剖面图	＋	√	√	√	－
21	堤防及主要建筑物地质剖面图	－	√	√	√	－
22	河道整治工程典型地段剖面图	－	√	√	√	－
23	水闸（泵站）工程地质剖面图	－	√	√	√	－
24	灌区工程地质剖面图	－	＋	√	－	－
25	钻孔柱状图*	＋	＋	＋	＋	＋
26	试坑、平洞、竖井展视图*	＋	＋	＋	＋	＋

注　1."√"表示应提交的附图；"＋"表示视需要而定的附图；"－"表示不需要提交的附图。
　　2."*"表示各类水利水电工程都需要考虑的图件。
　　3.本表引用《水利水电工程地质勘察规范》（GB 50487—2008）附录 A。

表 2-1-3　　　　　　　中小型水利水电工程地质勘察报告附图表

序号	附 件 名 称	规划	可行性研究	初步设计	技施设计	除险加固勘察
1	区域综合地质图（附综合地层柱状图和典型地质剖面）	√		—	—	—
2	区域构造纲要图（附地震烈度区划）	√	√			
3	水库区综合地质图（附综合地层柱状图和典型地质剖面）	+	√	√	—	—
4	坝（闸）址及其他建筑物区工程地质图（附综合地层柱状图）	√	√	√	—	√
5	水文地质图	—	+	√	+	
6	坝址基岩地质图（包括基岩面等高线）		+	√	√	
7	专门性问题地质图	—	+	+	√	√
8	施工地质编录图				√	
9	天然建筑材料产地分布图	√	√	√	—	+
10	各料场综合成果图（含平面图、勘探剖面图、试验和储量计算成果表）	+	√	√	+	+
11	实际材料图	—	+	+	+	+
12	各比较坝址、引水线路、排水线路或其他建筑物场地工程地质剖面图		√	√	—	—
13	选定坝址、引水线路、排水线路或其他建筑物地质纵、横剖面图		√	√		
14	坝（闸）基（防渗线）渗透剖面图		√	√		√
15	专门性问题地质剖面图或平切面图	—	+	+	√	+
16	钻孔柱状图	+	+	+	+	+
17	坑槽、平洞、竖井展视图	+	+	+	+	+

注　1. "√"表示必须提交的附图；"+"表示视具体需要提交的图件；"—"表示不需要提交的图件。
　　2. 本表引用《中小型水利水电工程地质勘察规范》（SL 55—2005）附录 F。

随着计算机技术的普及应用，水利水电工程地质制图一般采用计算机绘图软件（如AutoCAD）完成。

第三节　水利水电工程常用地质图件

一、工程地质图

工程地质图是依一定比例尺和图例综合反映工程区各种工程地质和水文地质条件和现象的图件，工程地质图是工程选址、选线、水工建筑物总体布置、设计方案比较、基础处理设计和工程地质问题研究所依据的主要图件。水利水电工程的工程地质图主要有下列几种。

（一）综合性工程地质图

综合性工程地质图也就是常说的工程地质平面图，是综合反映水利水电工程各勘测设计阶段所有工程地质测绘、各种勘探、试验分析成果的图件。这种图件在水利水电工程勘测设计中使用很广，有关规程、规范规定，几乎所有的水利水电工程在勘测设计阶段都要求编制综合性工程地质图。所要表示的内容应客观全面，但因勘测设计阶段、工程类型、地质条件复杂程度和制图比例尺的不同而异。一般应表示的内容包括：地貌类型和地貌单元、地层岩性、地质构造、物理地质现象和水文地质条件等，重点突出主要工程地质条件和问题；平洞、钻孔、竖井、坑槽及野外大型试验点的位置；勘探剖面线、工程地质剖面线、建筑物轮廓线和轴线、正常蓄水位线等。对于大型水库、长引水线路、堤防、灌区等涉及范围较大的综合性工程地质图，应根据工程地质和水文地质条件及对水工建筑物的适应性情况，划出不同的工程地质区段。

（二）专门性工程地质图

专门性工程地质图主要分两类。一类是论证某一工程地质问题的专门性图件，其内容除表示一般的工程地质条件外，重点反映与该工程地质问题有关的地质因素的特征、空间分布、相互关系等，如滑坡工程地质图、高边坡工程地质图等；另一类是用于不同建筑物区的工程地质图，其内容主要反映该建筑物区的工程地质条件，主要用于建筑物设计和研究存在的工程地质问题，如，溢洪道工程地质图、厂房工程地质图、下游冲刷坑区地质图等。

（三）工程地质分析图

工程地质分析图这是为研究某一工程地质问题而突出分析一个或几个工程地质因素与建筑物关系而编制的图。一般需要有较多的勘探、试验资料才能编制。如坝基可利用岩面等高线图、软弱夹层泥化程度分区图，缓倾角结构面发育程度分区图等。

（四）工程地质编录图

工程地质编录图这是反映通过不同方式实际揭露的某一部位的工程地质现象而编制的图，如钻孔柱状图，洞（井）展视图，坝基基坑、边坡和洞室围岩地质编录图等。

二、工程地质平切面图

工程地质平切面图是依一定比例尺和图例综合反映某一工程部位某一高程上水平切面的工程地质条件的图件。工程地质平切面图是评价坝基坝肩岩体稳定和地下厂房围岩稳定的重要图件。其他的工程建筑物，如需了解某一特定高程水平方向的工程地质条件，也可编制这类图件。工程地质平切面图的范围、比例尺和高程根据需要确定。图件表示的内容，主要包括在指定高程上的绘图范围内标识地层岩性、厚度、岩层接触关系，地质构造（产状、断层、软弱夹层的性质、物质组成、宽度变化及产状）、岩体风化分带、卸荷分带的界线，喀斯特及水文地质等特殊地质现象，钻孔、平洞、竖井等勘探点位置及建筑物轮廓线、开挖线等。

三、工程地质剖面图

工程地质剖面图是以一定比例尺和图例将通过各种勘察手段获得的地形、地质、试验等资料绘制于某一方向垂直切面形成的图件。工程地质剖面图可以补充工程地质平面图上无法表示的地表以下的工程地质条件和现象，它是水利水电工程勘测设计的重要图件。按剖面与河流流向的关系，可分为工程地质横剖面图与工程地质纵剖面图，横剖面线与河流流向垂直，绘制方向为面向下游由左向右绘制；纵剖面线与河流流向一致，绘制方向为以水流方向为准，由上游向下游从左到右绘制。对不同建筑物，如大坝、隧洞、溢洪道、地下厂房等，可沿建筑物轴线或垂直轴线绘制工程地质剖面图。工程地质剖面图的纵、横比例尺应尽量一致，当剖面过长用同比例尺绘制有困难时，可用变态比例尺绘制，但纵比例尺不宜大于横比例尺的5倍。工程地质剖面图表示的主要内容，包括勘探揭露范围内的地层岩性、产状、厚度变化及接触关系及断裂构造的性质、宽度变化和产状，喀斯特的垂直分布、风化分带、卸荷分带、含水层和地下水位线、岩（土）体渗透性、地表水体（包括河流）的水位、剖面所经过的钻孔、平洞、竖井和坑槽等勘探点及取样点的位置，必要时标出建筑物轮廓线和开挖线等。同时，应有简要工程地质说明或工程地质分段，说明各段的工程地质条件、主要技术指标和初步评价。地下建筑物的工程地质剖面图应进行围岩分类。对于混凝土坝的工程地质剖面图，如条件允许，应进行岩体工程地质分类。

四、施工地质编录

施工地质编录是在工程施工全过程中，采用观察、素描、实测、摄影、录像等手段，搜集、记录施工开挖揭露的各种地质现象的制图及文字编写工作。施工地质编录资料是进行施工期地质条件分析，指导专门地质勘察，监测系统设计，评价坝基岩体、洞室围岩、边坡岩体特性的重要基础资料，也是工程的重要档案资料。

施工地质编录可分为岩质地质编录和土质地质编录。

（一）岩质地基、洞室、边坡编录的主要内容

（1）地层岩性：地层时代、岩性、岩相变化、岩石名称、颜色、成分、产状等。特别是软弱夹层的厚度、产状、结构及分带特征，延伸情况等。

（2）岩体风化：风化程度、类型、特性，应注意沿软弱结构面和裂隙密集带的加剧风化，特殊岩类的快速风化崩解，并复核建基面高程。

（3）断裂构造：出露位置、产状、性状、构造岩特征与宽度、充填物特征、交汇组合及对建基岩面、边坡、洞室稳定的影响。

（4）喀斯特：喀斯特洞穴位置、高程、大小、形态、连通及充填情况、泉水出露情况等。

（5）水文地质：地下水露头位置、高程、出露形式、出水量、水温及水化学成分，携出物，补排关系等。

（6）建基岩体抬动回弹、隆起、坍落、导常变形等的时间、位置、范围、形态等。

（7）其他：如开挖掘进方式，爆破影响带及对地基、围岩、边坡岩体的影响，各项处理措施的效果，摄影与录像位置等。

（二）土质地基及边坡编录的主要内容

（1）地基岩性、单层厚度、结构、干湿状态，特别注意对地基边坡稳定有影响的淤泥、软土、膨胀土、黄土、粉细砂层等特殊土的性质、分布等状况及砾卵石层等的架空现象。

（2）地下水溢出点位置、管涌、流土、流砂等现象及其变化，基坑渗水量。

（3）边坡及地基土的回弹、坍落、鼓胀等异常变形现象的位置、规模、原因及变化。

（4）新构造活动迹象。

施工地质编录过程中应建立施工地质日志，不定期编写施工地质简报。

五、构造纲要图

构造纲要图是用不同线条、符号、色调来表示一个地域的主要地质构造特征的图件。构造纲要图的编制以地质图为基础，将主要构造要素表示在图上，其目的是为了形象地突出一个地区的主要构造特点，使之能够鲜明、概括地反映出构造复杂地区的主要构造格架、构造特征及构造发展史。

构造纲要图的表示内容，不同的研究目的各有所侧重，但均应表示以下基本构造要素：各种褶皱、各类断裂、各类岩浆岩、主要大地构造单元界线、拗陷盆地和断陷盆地类型及边界等。一般无需表示所有的地层界线，只需表示反映构造运动的不整合面、假整合面及以此为依据所划分的构造层。对于需进行新构造运动评价的研究区，可表示地震强震震中和震级。由于研究的学说观点不同，构造纲要图表示的内容和形式不尽相同。如多旋回学说观点突出建造和构造层；断块学说突出深断裂和边界断裂；地质力学突出构造体系及其复合关系等。

编制构造纲要图应根据研究区的范围和要求，首先确定编图的比例尺，然后按行业统一的图例、符号、色调，将上述各项有关内容表示在图上。

构造纲要图广泛用于区域地质调查、矿产资源勘测、工程勘测及专门的构造研究。对于工程勘测，特别是水利水电工程地质勘测，十分重视区域构造稳定性及地震活动性的研究，因此构造纲要图必须加强对与之有关的构造现象的表示。

六、地震烈度区划图

地震烈度区划图以地震基本烈度为指标，将国土划分为地震危险程度不同的区域的图件。

《中国地震烈度区划图》是中国境内地震基本烈度的地理分布图，是国家经济建设中抗震设防的法规图件。在其适用范围内，建设项目的抗震设计和已建项目的抗震加固，均要遵照执行。

20 世纪 50 年代以来，我国先后编制过三份全国性的地震烈度区划图。1957 年编制了《中国地震烈度区域划分图》。该图上的地震烈度并未赋予明确的时间概念，实际上是一种极限地震危险性的预测。1977 年颁布了《中国地震烈度区划图》（比例尺 1：3000000），对地震基本烈度赋予明确的时间概念，即"在未来 100 年内，在一般场地条件下，该地可能遭遇的最大地震烈度"。1992 年颁布使用的《中国地震烈度区划图（1990）》（比例尺 1：4000000），采用地震危险性概率分析方法编制，其地震基本烈度"系指在 50 年期限内，一般场地条件下，可能遭遇超越概率为 10％的烈度值"。

直接以地震动参数值为指标进行的地震危险性区划，也是地震区划图的一种类型。2001 年颁发使用的《中国地震动参数区划图》（GB 8306—2001）（比例尺 1：4000000），就是以地震动峰值加速度和地震动反应谱特征周期为指标的地震危险性区划图。

根据地震烈度区划图，并着重考虑建设场区小范围内的场地条件差异，所给出的地震影响分布，称之为地震小区划（seismic micro-zoning）。

七、综合地层柱状图

综合地层柱状图是按一定比例尺和图例综合反映测区内地层层序、厚度、岩性特征和区域地质发展史的柱状剖面图。综合地层柱状图是开展测区地质测绘、勘探和制图的基本图件。一般作法是在收集已有地质资料的基础上，进行地质踏勘，选择几条岩石露头较好、地层出露较全、层序清楚和构造变动轻微的路线，实测地层剖面，编制测区综合地层柱状图。当剖面上岩石露头不好、地层连续性受到构造破坏时，则应在邻近地区测量与其相当的地层的剖面作为补充。各剖面的衔接必须准确。当地层岩性、岩相变化较大时，应将测区内实测的几条剖面进行分析，并做成地层对比图表，最后编制出测区综合地层柱状图。绘制主要包括下列内容。

（1）地层单位栏。需要表示的地层单位根据测绘比例尺和具体需要确定。

（2）柱状图栏。按一定比例尺表示各地层单位的岩性、厚度、接触关系、岩浆岩侵入情况和化石等，地层厚度过大的可用折线画法表示，对于标志层、软弱夹层及其他特殊层位，如厚度太薄时，应扩大比例尺或用符号突出表示。

（3）地层厚度栏。标注各地层单位的厚度，当地层厚度变化较大时应标出最大值和最小值。

（4）地质描述栏。主要描述各地层单位的岩石名称、颜色、结构和构造、矿物成分；沉积岩的成层状态、胶结程度、胶结物和相变情况；岩浆岩的生成顺序、产出形式和与围岩的接触关系；变质岩的类型和变质程度；地层之间的接触关系等；标志层和软弱夹层的描述；地层的水文地质和工程地质特性。

（5）接触关系栏。用文字说明各时代地层间的接触关系，必要时应描述接触面的特征等。

八、水文地质图

水文地质图是依一定比例尺和图例综合反映研究区内水文地质条件及其规律的图件。根据水文地质图的范围、内容和制图目的，可分为区域水文地质图、专门性水文地质图和水文地质要素图。

（一）区域水文地质图

区域水文地质图的比例尺较小，国家标准的区域水文地质图比例尺为 1：500000～1：250000，部门和地区性的区域性水文地质图比例尺多为 1：200000～1：100000。区域水文地质图主要反映区域性水文地质条件和规律，除表示地形地貌、地层岩性和地质构造等基本地质条件外，重点表示不同含水层中地下水的类型、补排关系、水质、水量和水位等。这类图件在水利水电工程的前期工作中，一般是收集其他部门资料，必要时予以复核。

（二）专门性水文地质图

专门性水文地质图用于研究和突出表述某一专门水文地质问题。常见的有喀斯特水文地质图、灌区水文地质图、供水水文地质图等。绘图比例尺根据实际需要确定，一般为1∶25000～1∶5000。专门性水文地质图表示的内容，因绘图目的和解决的具体问题不同而异。以喀斯特水文地质图为例，其主要内容包括：①地层岩性：着重划分可溶岩与非可溶岩界线，突出表示强喀斯特化岩层和相对隔水层的分布；②地质构造：主要表示岩层产状，褶皱形态，断裂及其产状、性质；③喀斯特现象：包括各类型喀斯特形态的分布、高程、分布范围、规模、充填及延伸情况，特别是地下通道及暗河的分布及延伸连通情况。对地下洞穴应投影表示；④地形地貌及物理地质现象：侧重与喀斯特发育有关的地形地貌要素，如岩溶洼地、坡立谷、河谷裂点、阶地、侵蚀、剥蚀面、伏流、盲谷、地形分水岭、邻谷及洼地等；⑤水文地质：包括含水层或透水层、相对隔水层的位置及分布，地下水露头点的性质、位置、高程、水位、流量，水温及水化学成分，地下水流向，地下水分水岭及其高程以及渗漏通道等；⑥其他：包括主要建筑物轮廓线、正常蓄水位、剖面线、主要勘探点、测试点、观测点、连通试验成果和防渗处理范围等。

（三）水文地质要素图

为配合专门性水文地质图研究地下水某一方面或某一要素的特性及变化规律的图件，如地下水等水位（压）线图，地下水埋藏深度图，地下水水化学类型图和地下水矿化度图等。这类图件一般是在平面图上以等值线或分区的形式表示。

九、水文地质剖面图

水文地质剖面图是依一定比例尺和图例表示某一方向垂直切面上的水文地质条件的图件，同时也是评价水库渗漏、浸没，灌区疏干、排水，土地盐渍化及供水水文地质条件、设计防渗帷幕和评价地下水对建筑物稳定性影响的重要图件。水文地质剖面图按表示的内容和用途可分为区域性水文地质剖面图和专门性水文地质剖面图。①区域性水文地质剖面图。主要表示区域性的水文地质结构、地下水类型和分布规律、地下水的补给、径流和排泄条件等，水利水电工程地质勘察中，该图一般以收集相关部门的资料为主；②专门性水文地质剖面图。这是为研究水利水电工程勘测设计中遇到的水文地质问题而编制的，主要反映灌区、供水水源地及水利水电工程建筑物存在水文地质问题的特殊地段的水文地质条件，如灌区水文地质剖面图、供水水文地质剖面图、喀斯特水文地质剖面图、坝轴线（或防渗线路）水文地质剖面图、渗漏地段水文地质剖面图及浸没水文地质剖面图等。

水文地质剖面图应重点反映剖面线位置、控制和影响地下水特征的地质构造、含（透）水层和隔水层的分布、地下水的类型和分布情况、地下水位及岩溶通道等。绘图比例尺根据需要确定，表示的具体内容应视工作的目的、剖面图的用途及水文地质条件复杂程度而定。

十、基岩顶板等高线图

基岩顶板等高线图是将基岩顶面高程相同的各点连成的曲线在水平面上的铅直投影。基岩顶板等高线图应利用同比例尺的地质测绘成果，圈定基岩露头范围并测定高程，结合勘探资料，采用内插法勾绘编制；或利用数字模型（DEM）相应的软件如 MapGIS 或 AutoCAD 编制。在规划或可行性阶段主要利用地球物理勘探方法，探查基岩顶面高程，在初步设计、技施阶段必须有足够的钻孔确定基岩顶板高程。

基岩顶板等高线图是水利水电勘测成果中的基本图件之一，用途广泛，可确定基岩顶面的起伏，与其他图件配合可编制覆盖层、风化壳等厚度图或计算覆盖层、风化层及基岩的开挖方量，天然建筑材料储量等。坝址河床部位的基岩顶板等高线图，可以了解河床有无基岩深槽、深坑及其形态、分布和成因，为选择坝型、坝线及基础处理设计提供依据。

十一、坝基（防渗线路）渗透剖面图

坝基（防渗线路）渗透剖面图是依一定比例尺和图例，综合反映坝基（防渗线路）垂直剖面上各种岩（土）体渗透特性的图件。坝基渗透剖面图是评价坝基岩土体渗透性、渗透稳定性，计算坝基与绕坝渗漏量和确定防渗处理方案的主要图件。通常沿混凝土坝坝轴线、土石坝防渗体布置线、混凝土面板堆石坝趾板线及两岸相关的防渗方案线路绘制；绘制方向为面向下游从左向右。剖面长度根据需要确定，常结合溢洪道、地下建筑物的防渗需要综合考虑。绘图比例尺根据勘察阶段和实际需要确定，一般与坝轴线工程地质剖面图相同。剖面纵、横比例尺应尽量一致，当剖面过长相同比例尺绘制有困难时，可采用变态比例尺，但纵横比例尺之差不得大于 5 倍。

坝基（防渗路线）渗透剖面图所表示的内容除地层岩性、地质构造、风化卸荷界线等工程地质条件外，主要应突出反映岩（土）体的渗透性指标（透水率或渗透系数）；强透水层和相对隔水层的分布；强岩溶发育带和暗河通道的位置；地下水类型及岩（土）体透水性分带等，必要时应表明地下水的补、排关系和水化学成分。应标明潜水位、承压含水层顶板及稳定水位、河水位（注明观测日期）、正常蓄水位线，以及建筑物轮廓线、勘探点、取样点和剖面方向等。有条件时，应用特殊符号表示可能产生的管涌、液化及涌水等现象的位置。当坝基水文地质条件简单时，坝基（防渗线路）渗透剖面图也可与坝基工程地质剖面图合并为一个图件。

十二、天然建筑材料料场分布图

天然建筑材料料场分布图是反映水利水电工程所需各类天然建筑材料料场分布位置的图件。图件应包括以下主要内容：①各类天然建筑材料［土料、砂、砾石料、人工骨料、块石料、碎（砾）石类土料等］料场位置，水利枢纽或建筑物位置，交通路线，城镇，河流；②各类料场概况一览表；③储量和质量一览表。

在完成水利枢纽或建筑物某一设计阶段的各类天然建筑材料勘察后，即应编制天然建筑材料料场分布图。选择与勘察阶段要求相应比例尺的地形图为底图，按地形图图式图例表示河流、城镇、主要交通线、水利枢纽所在地位置，以不同符号表示材料类型，并用符号大小表示储量多少，标注在料场所在位置上。

料场概况一览表应按材料类别列表。内容包括料场名称、位置、编号、至建筑物距离、勘察级别、料场面积、地质概况、有用层与剥离层厚度与方量。

质量评价可单独列表，也可置于料场概况一览表中。内容包括各料场材料的主要技术质量指标。如砾石料的含砂率、颗粒级配、天然密度、有无碱活性骨料等；砂料的表观密度、干密度、含泥量、细度模数、颗粒级配等；土料的土粒比重、天然密度、含水量、液限、塑限、塑性指数等；人工骨料及块石料的天然密度、吸水率、干、湿抗压强度、软化系数等。人工骨料还应鉴定有无碱活性反应。

十三、钻孔柱状图

钻孔柱状图是按一定比例尺，用图例和文字记录表示通过钻孔获得的各种地下地质资料的图件。钻孔柱状图通常表示钻孔所揭露的地层、岩性、地质构造、岩石完整性、水文地质情况、各种孔内测试、试验成果和钻进情况等。钻孔柱状图是地质勘探的基本资料之一，是分析研究地下地质情况和编制各种地质图件的重要依据。其形式一般是从左至右分成若干栏。按所钻地层和钻探方法，分为软基上的土类钻孔柱状图和岩基上的钻孔柱状图两种。土类钻孔柱状图表示的主要内容包括土层的岩性、分层厚度、层面高程、地下水位、试验成果和取样点位置等。对粉细砂层、淤泥类土层、泥炭层、植物层等应突出予以表示；岩基上的钻孔柱状图表示主要包括下列内容。

（1）地层柱状图栏。用图例表示地层岩性、侵入岩层位及岩层接触关系等。对工程有重要意义的软弱夹层、层间剪切带、喀斯特现象等可扩大比例尺表示。

（2）地质描述栏。用文字描述岩石特性、软弱夹层的性状，岩石风化及破碎程度，断层破碎带的规模、组成物质、胶结情况和产状（通常是倾角），裂隙的发育情况，岩溶洞穴的规模和充填情况，地下水涌出情况等。

（3）其他。应分栏标出地层系统和分层，风化程度，岩芯采取率或获得率，岩石质量指标（RQD），透水率（Lu）或渗透系数，含水层的水位（初见水位、稳定水位）和观测日期，取样点和测试点的位置和编号，综合测井成果，钻进方法和钻进过程中出现的情况等。

有的钻孔柱状图还有钻孔小结栏，对全孔的钻进情况，揭露的主要地质问题，值得重视的地质现象做一概括性总结。

不同部门目前没有统一的钻孔柱状图格式，但表示的内容基本相同。随着计算机的普及应用，水利水电工程的钻孔柱状图已普遍采用计算机绘制。

十四、平洞、竖井、探坑（槽）展视图

平洞、竖井、探坑（槽）展视图是依一定比例尺和图例按平面连续展开，将平洞、竖井、探坑、探槽等勘探揭露的各种地质现象编绘成的图件。平洞、竖井、探坑、探槽展视图表示的主要内容包括地层岩性、断层、裂隙和岩脉的位置；风化、卸荷分带及位置；喀斯特洞穴分布；地下水露头；取样点、试验点位置等。同时，还应有分段地质说明，要详细描述岩土层名称、岩性及完整性，风化带及卸荷带的特征，岩层产状，断层破碎带和岩脉的性质、产状、充填物和胶结情况，裂隙统计资料，岩溶洞穴规模、充填情况，地下水出水点的位置、流量、水位、水质和水温等。如有岩爆和坍塌等情况，也应详细描述。

十五、实际材料图

实际材料图是地质工作实际材料图的简称，是以一定的符号反映野外地质工作中所获实际资料的图件。按实际需要，有综合反映各种工作项目的实际材料图和某一工作项目的实际材料图等。实际材料图一般与野外手图比例尺相同，是长期保存并供查阅的重要原始资料，是评价地质工作质量的依据，也是编绘野外地质图等其他图件的基础。

第二章　地质图件绘制的一般规定

根据《水利水电工程地质勘察资料整编规程》（SL 567—2012）、《水利水电工程制图标准　勘测图》（SL 73.3—2013）等规定要求，地质图件的绘制应符合以下规定：

（1）地质图件宜由图体、图名、比例尺、图例、表格、图框、标题栏（图签）等部分组成。

（2）编制图件所采用的各项资料应真实可靠，以准确的原始资料为基础，及时对原始资料进行综合整理工作，以保证资料的准确性，并应在图面的适当位置注明资料来源，对涉及知识产权的内容应特别予以说明。

（3）各类图件所采用的资料应经过系统整理、综合分析和全面校核，内容不应互相矛盾，工程地质图件与工程地质勘察报告正文的内容应相互印证和相互一致。

（4）各类图件的精度应与各勘察阶段的深度要求及地质测绘比例尺相适应，宜描绘图上大于 2mm 的地质现象。对工程有重要影响的地质现象，图上不足 2mm 时，应扩大比例尺表示，并注明其实际数据。

（5）各类图件图面应层次清楚、重点突出、配置合理、美观易读，图面上反映的内容应按照统一规定的图例、花纹、符号、颜色表示，各类图件的图式宜符合《水利水电工程制图标准　勘测图》（SL 73.3—2013）的相关规定。

各类图件应主题突出，是指应该把影响主要工程地质问题评价及与工程设计密切相关的地质现象反映在地质图上，根据不同的图件类型反映不同的侧重点，不要把没有实用价值的所有地质现象均反映在地质图上。

（6）各类图件的图幅、图框、标题、字体、字形、线条粗细及折叠方式等应符合《水利水电工程制图标准　基础制图》（SL 73.3—2013）的规定。

1）地质图件的基本图幅采用 A0、A1、A2、A3、A4 等幅面，加长幅面的尺寸应按短边成整数倍增加后得到，见第一篇"基础制图"。

2）地质图件的图外要素，包括图廓、图名、图幅号、接图表、比例尺、图例、技术说明、标题栏和密级等，是构成图件必不可少的部分，也是使用和管理图件所必需的，并按《水利水电工程制图标准　基础制图》（SL 73.3—2013）的要求绘制。

3）地质图件的标题栏。凡地质工作设计和地质报告附图，除交通位置图外，必须绘制标题栏。

标题栏的位置一般放在图幅的右下角，图廓线内，标题栏的右、底框线与图幅廓线重合。

（7）图名要确切、简短，宜置于图面正上方，比例尺位于图名正下方，图例宜布置在右侧，标题栏应置于图幅右下角并与图框线两边衔接，表格、说明等附加内容的布置宜与图面整体协调。

图名用横列标记在图幅上方中间，其长度为图廓长度的 3/4 为宜，最长不得超过图廓边长；当图内上方有较大空白时，也可将图名放在上半部空白区内（图廓内）。

比例尺小于 1：10000 的综合性平面图包括区域地质图、构造图、水文地质图、地貌图等，采用省、县两级行政单元名称、工程区及图类名称排列。分上下两行书写，上写省、县两级行政区名称，下写工程区及图类名称。也可一行书写，大小一致。其他各类图件可一行书写、省略省、县两级行政名称，只写工程区或图类名称。

图名字的大小，视其图的面积而定，图幅大则图名字亦大，图幅小则图名字亦小。见第一篇"基础制图"。

（8）平面图应标明经纬度或坐标系。图面布置时宜将北方置于正上方，否则，应在图面适当位置标注正北方向。

（9）平面图和剖面图上应标注比例尺和高程系统。地质图件的比例尺宜标注线段比例尺、或同时标注线段比例尺和数字比例尺。

1）地质图上标注的数字比例尺时，一般选用 $1：10^n$、$(1：2)×10^n$、$(1：5)×10^n$。

2）剖面图上水平与垂直比例尺不相同时，分上下两行书写，上写水平，下写垂直。

（10）平面图至少在同比例尺的地形底图基础上编制，地形底图的比例尺也可大于地质图的比例尺；剖面图的水平比例尺应与地质平面图相同，垂直比例尺宜与水平比例尺一致，当用同等比例尺确有困难时，可采用变比例尺绘制，但垂直比例尺与水平比例尺之比不宜大于 5 倍。

（11）顺水流方向的剖面图应由上游至下游从左到右绘制；跨水流的剖面图应面向下游从左至右绘制；与水流无关或平面图上所附的地质剖面图，其方向应与平面图协调一致。

（12）地质图的地形等高线可根据地质内容的需要进行取舍，并用浅色线条表示。水系按实际形态在图上按比例绘制，并用右斜体字从上游到下游标注名称，用箭头表示水流方向。

（13）地质图件上的断层、夹层、滑坡、崩塌、泥石流、岩溶洞穴、泉、井、长期观测点、试验点、取样点、勘探点及剖面线等，宜分别有序编号，并标注相关信息。

中文字应放在适当位置，既能明确判断，又不能相互重叠，且不遮挡主要标志或注记。

（14）图例的编排，应按地层、岩性、构造、水文地质、工程地质、物理地质现象和各种勘察符号依次排列；地层由新至老排列、岩性按岩类有序排列。

图例中应包括图内所给的各种符号及色调，地形图上的惯用符号可不列出，图例与图幅内容一致，尽可能使用最简明的技术语言。图例应由上而下或由左向右排列，同一类型图例应按时代顺序由新至老排列。

（15）主要地质图件宜采用色彩编制。平面图可按地层岩性充填颜色，剖面图和展视图可按岩性充填或部分充填岩性花纹；使用颜色编号与 RGB 值对照见表 2-2-1。

（16）图件宜使用计算机辅助设计（CAD）系统编制，并宜按内容归类分图层制作，图层数量可视内容的复杂程度和需要确定。不同属性的内容，应尽量建立不同的图层，相同属性的内容应在同一图层中；所有文字建议用黑体、宋体、仿宋体等国标或常用字体；同一份报告中相同属性图件的同一子图或文字应大小相同。

表 2 - 2 - 1　　　　　　　　　　　　　　　　**颜色编号与 RGB 值对照表**

色号	R	G	B	色样	色号	R	G	B	色样
C1	255	255	200		C37	236	238	234	
C2	255	255	190		C38	230	234	233	
C3	250	244	182		C39	219	229	230	
C4	250	245	184		C40	204	224	228	
C5	251	244	157		C41	196	223	227	
C6	251	244	140		C42	205	224	239	
C7	254	244	82		C43	199	222	236	
C8	254	239	34		C44	170	209	235	
C9	253	237	17		C45	154	205	230	
C10	254	235	0		C46	141	201	228	
C11	254	242	190		C47	185	213	236	
C12	254	236	160		C48	167	206	232	
C13	253	233	141		C49	150	194	235	
C14	252	235	125		C50	134	195	232	
C15	253	231	70		C51	120	189	227	
C16	254	228	38		C52	198	191	221	
C17	254	239	64		C53	240	234	233	
C18	248	241	207		C54	240	227	228	
C19	253	239	152		C55	235	227	227	
C20	254	235	66		C56	241	223	223	
C21	252	241	169		C57	236	224	225	
C22	254	234	122		C58	238	213	218	
C23	254	226	53		C59	225	209	216	
C24	250	232	198		C60	240	214	230	
C25	252	225	152		C61	243	213	230	
C26	254	217	79		C62	243	203	223	
C27	254	221	0		C63	242	194	215	
C28	238	240	185		C64	238	178	212	
C29	238	239	155		C65	210	171	208	
C30	228	235	181		C66	246	210	202	
C31	233	237	150		C67	244	231	170	
C32	229	236	196		C68	241	227	164	
C33	213	229	178		C69	240	227	193	
C34	217	229	152		C70	237	219	172	
C35	210	224	158		C71	241	231	213	
C36	202	225	194		C72	239	228	204	

续表

色号	R	G	B	色样	色号	R	G	B	色样
C73	236	219	185		C109	220	154	93	
C74	234	213	168		C110	210	185	89	
C75	232	222	210		C111	243	228	116	
C76	230	215	198		C112	238	220	110	
C77	230	212	182		C113	227	210	87	
C78	227	205	168		C114	216	200	87	
C79	212	196	194		C115	236	224	147	
C80	234	225	216		C116	224	221	149	
C81	230	220	212		C117	212	218	156	
C82	219	205	202		C118	207	219	183	
C83	213	196	196		C119	208	214	167	
C84	233	229	228		C120	163	192	172	
C85	231	223	224		C121	170	192	174	
C86	222	212	216		C122	174	185	164	
C87	216	203	209		C123	121	186	74	
C88	230	229	229		C124	182	212	220	
C89	229	221	222		C125	145	198	222	
C90	220	209	213		C126	125	193	216	
C91	209	194	204		C127	72	177	219	
C92	226	217	221		C128	165	207	215	
C93	222	211	215		C129	144	196	220	
C94	212	168	158		C130	120	193	210	
C95	248	215	161		C131	75	179	213	
C96	248	216	183		C132	172	210	217	
C97	247	217	192		C133	106	181	196	
C98	246	200	124		C134	79	169	180	
C99	243	199	151		C135	35	155	185	
C100	243	200	167		C136	106	156	196	
C101	247	219	204		C137	217	220	211	
C102	244	201	183		C138	211	215	207	
C103	239	183	150		C139	204	204	197	
C104	234	204	195		C140	200	194	195	
C105	233	191	174		C141	190	203	188	
C106	228	174	147		C142	193	203	192	
C107	233	197	181		C143	185	195	181	
C108	231	182	155		C144	183	188	180	

色号	R	G	B	色样	色号	R	G	B	色样
C145	212	206	202		C181	248	217	220	
C146	191	193	184		C182	251	209	213	
C147	180	182	176		C183	248	195	227	
C148	162	167	155		C184	250	200	228	
C149	253	204	130		C185	250	189	221	
C150	254	209	125		C186	250	187	217	
C151	254	174	65		C187	251	170	220	
C152	253	168	11		C188	250	172	220	
C153	253	173	96		C189	251	177	218	
C154	254	174	84		C190	251	162	209	
C155	255	148	14		C191	253	175	129	
C156	254	144	2		C192	253	150	96	
C157	251	219	211		C193	252	125	32	
C158	252	207	193		C194	250	210	208	
C159	253	184	149		C195	251	204	207	
C160	254	148	45		C196	253	148	157	
C161	252	207	183		C197	253	186	196	
C162	254	182	130		C198	253	146	164	
C163	254	153	49		C199	254	106	123	
C164	254	148	30		C200	248	147	212	
C165	252	214	204		C201	250	146	213	
C166	253	199	183		C202	248	139	210	
C167	253	174	134		C203	249	140	208	
C168	253	152	66		C204	250	92	195	
C169	253	192	183		C205	249	74	182	
C170	254	159	107		C206	251	185	211	
C171	253	138	35		C207	251	199	220	
C172	253	105	2		C208	252	151	201	
C173	251	191	164		C209	252	187	209	
C174	252	159	100		C210	252	182	206	
C175	248	156	102		C211	253	132	186	
C176	246	182	157		C212	252	184	217	
C177	240	143	64		C213	252	156	205	
C178	236	133	44		C214	254	119	187	
C179	246	230	229		C215	248	53	59	
C180	249	224	226		C216	237	119	117	

色号	R	G	B	色样	色号	R	G	B	色样
C217	244	162	175		C249	216	135	217	
C218	244	151	150		C250	159	70	188	
C219	236	111	99		C251	249	204	193	
C220	248	169	187		C252	252	157	101	
C221	243	138	160		C253	254	122	0	
C222	236	100	107		C254	252	201	103	
C223	253	184	206		C255	254	192	4	
C224	250	184	207		C256	253	145	4	
C225	252	135	185		C257	253	211	113	
C226	252	164	199		C258	252	199	119	
C227	253	157	206		C259	252	129	85	
C228	252	107	178		C260	164	207	230	
C229	246	152	201		C261	139	200	226	
C230	243	178	212		C262	62	169	224	
C231	246	148	201		C263	204	219	173	
C232	250	103	177		C264	168	201	178	
C233	243	183	162		C265	109	182	180	
C234	243	151	80		C266	254	172	23	
C235	244	120	1		C267	254	152	4	
C236	247	184	153		C268	254	116	3	
C237	248	166	106		C269	252	100	167	
C238	247	125	4		C270	27	159	229	
C239	131	194	142		C271	125	192	145	
C240	113	186	149		C272	198	91	204	
C241	58	157	141		C273	250	131	0	
C242	133	192	219		C274	251	67	184	
C243	45	157	177		C275	206	253	249	
C244	4	130	154		C276	122	255	255	
C245	227	177	226		C277	228	195	239	
C246	221	142	219		C278	255	163	255	
C247	204	81	208		C279	255	204	153	
C248	235	200	229		C280	255	213	199	

第三章 主要工程地质图件的编制内容及方法

第一节 基础资料图件

一、综合地层柱状图

综合地层柱状图是一种综合性图件，其根据整个工作地区若干个钻孔或若干条地层剖面资料，经过综合整理后而编制，是工作区内地层、岩性特征、厚度变化、岩相、古生物的变化等情况的总结，是区域地质资料的重要组成部分。综合地层柱状图的绘制主要包括地层单位、柱状图、地层厚度、地质描述、接触关系等。

（一）制图内容

根据《水利水电工程制图标准 勘测图》（SL 73.3—2013）的要求，综合地层柱状图的编制应符合下列规定：

（1）综合地层柱状图比例尺的选择，应清晰显示各地层单位的岩性、厚度和接触关系。

（2）综合地层柱状图宜从左至右依次布置地层单位、地层岩性、柱状图、厚度、地（岩）层描述、接触关系等。

（3）地层系统中地层单位宜按下列规定划分：

1）区域综合地层柱状图宜划分至统。

2）水库区宜划分至组，建筑物区宜划分至段。

3）地层顺序应从上到下自新至老。

（4）地层厚度根据图件比例尺绘制。地层厚度不一时，应标出厚度区间值，在图上按最大厚度绘制；单一岩层厚度过大时可用折断方法表示。

（5）当标志层、软弱夹层、相对隔水层、强透水层、岩溶化岩层等厚度较薄时，应扩大比例尺表示，或以符号加以区分。

（6）用文字说明各时代地层间的接触关系，必要时应描述接触面的特征等。

（7）地质描述：主要描述各地层单位的岩石名称、颜色、结构和构造、矿物成分；沉积岩的成层状态、胶结程度、胶结物和相变情况；岩浆岩的生成顺序、产出形式和与围岩的接触关系；变质岩的类型和变质程度；地层之间的接触关系等；标志层和软弱夹层的描述；地层的水文地质和工程地质特性。

（二）制图方法与步骤

1. 地层资料整理

地层资料可通过搜集或实测而获得。研究地层层位、厚度、岩性特征及其变化，作好并层和统一进行编号等工作。

2.比例尺选取

综合地层柱状图比例尺的选择，应清晰显示各地层单位的岩性、厚度和接触关系。

根据工作精度和地层总厚度，选择适当的比例尺。再按工作任务定出应表示的内容栏目，设计表格宽度，画好图框、表格纵线和图头。

3.柱状图长度确定

据地层总厚度按比例尺截取柱状图的长度，再从上至下，逐层累加，按不同岩性分层，标注各单层厚度，并应考虑需省略、夸大与合并等地层的位置。如果柱状图顶层为厚度较小的地层时（如第四系），为填写地层年代，可在该层上方适当地留空。

在编绘图件的过程中，要求做到内容准确、布局合理、线条清楚、字体工整、图面清洁美观。

4.接触关系确定

用规定符号在柱状图上表示各地层间不同类型的接触关系。

5.花纹图案

用规定的花纹与符号在柱状图上逐层填注其岩性与化石。标注岩浆岩时应注意侵入岩与喷出岩有所不同，前者按产状绘于相应地层的边缘，而后者则与一般地层接触关系画法相同。

6.标注与描述

标注地层年代、地层名称、地层代号、岩性描述等栏目。岩性描述一栏要求简要地描述岩石特征，包括颜色、层厚、岩石名称、结构、构造和化石、矿产等。

7.其他

标注图名于图框正上方。可在图框右下方绘制责任表，注明资料来源、编图者姓名和编图日期等。

综合地层柱状图一般附在区域综合地质图、水库区综合地质图或坝（闸）址及其他建筑物区工程地质图上，在水利水电工程地质勘察各个阶段需提交情况见表2－1－2、表2－1－3，样图见图2－3－1。

二、钻孔柱状图

水利水电工程地质勘察各阶段，钻孔柱状图可视具体需要作为工程地质勘察报告附图提交。

（一）制图内容

根据《水利水电工程制图标准　勘测图》（SL 73.3—2013），钻孔柱状图的编制应符合下列规定：

（1）钻孔柱状图应由钻孔基本信息、柱状图表、地质描述、试验检测数据等部分组成。

（2）钻孔柱状图的比例宜选1∶200或1∶100，特殊情况可以放大或缩小。

××综合地层柱状图

地 层 系 统					代号	柱状图	厚度/m	地 层 描 述
界	系	统	群	组				
新生界	第四系	全新统			Q_4	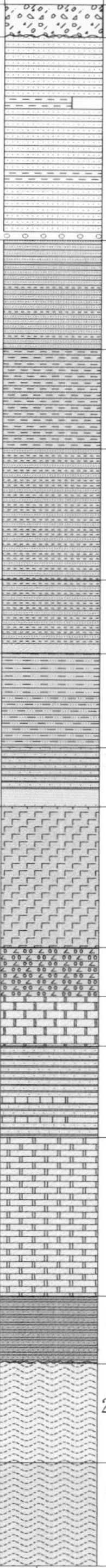		残积层；坡积层；崩积层、冲积层；洪积层；地滑堆积层；人工堆积层
中 生 界	白 垩 系	上统		江底河组	K_{2j}		627~2640	粉砂岩、泥岩与砂质泥岩互层，夹长石石英砂岩、页岩，底部见砾岩或砂岩
		下统		马头山组	K_{1m}		332	上部为厚层长石石英砂岩夹砂砾岩、页岩及含铜页岩，中下部为厚层钙质砂岩夹泥岩、砂砾岩，底部为砾岩，与下伏地层呈平行不整合接触
	侏 罗 系	上统		官沟组	J_{3g}		114~636	上部为杂色泥岩与钙质泥岩呈不等厚互层，下部为泥岩夹少量中薄层状粉砂岩、泥灰岩
				牛滚凼组	J_{3n}		402~630	中上部为鲜红色黏土岩为主夹灰绿色薄－中厚层砂岩与暗紫红色黏土岩互层，中部灰－灰绿色薄层泥灰岩、灰岩夹灰绿色、暗紫红色黏土岩、页岩，上部暗紫红色黏土岩夹中厚层粉砂岩；下部暗紫红色黏土岩夹灰绿色、紫红色砂岩；底部为灰绿色中厚层砾岩
		中统		新村组	J_{2x}		338	暗紫红色黏土岩夹灰绿色、紫红色砂岩。底部为灰绿色中厚层砾岩
				益门组	J_{2y}		190	上部为灰绿色薄层粉砂岩夹紫红色极薄层粉砂质泥岩、泥岩；下部为灰绿色、灰黄色薄层、极薄层粉砂质泥岩、泥岩夹紫红色、黄绿色薄－厚层粉细砂岩
	三叠系	上统		白果湾组	T_{3bg}		14Q~1857	紫红色、灰色、灰绿色粉砂质泥岩、粉细砂岩、泥岩夹少量灰绿色页岩，中下部见三层褐铁矿
古 生 界	二 叠 系	上统		峨眉山组	P_{3em}		468~2150	上部灰绿色为致密、斑状玄武岩；中部为角砾状集块岩，夹2~3m的黏土岩；下部为暗褐色少量暗灰绿色斑状致密状玄武岩。与下伏地层平行不整合接触
		下统		梁山组	P_{1L}		80	为页岩、碳质页岩、灰白色黏土岩，与下伏地层呈平行不整合接触
	寒 武 系	下统		石龙洞组	$\in_{1s}$		86	为中厚层状白云岩、白云质灰岩夹少量砂岩、泥岩及石膏、盐岩层
				筇竹寺组	$\in_{1q}$		275	以页岩、粉砂质页岩和粉砂岩为主，夹少量薄至中层细砂岩及白云质灰岩。与下伏地层呈平行不整合接触
	震旦系	上统		灯影组	z_{2d}		776~847	上部为灰色—浅灰色厚层—巨厚层微晶白云岩，部分含硅质、石英质条带及团块，局部见辉绿岩岩脉侵入；下部为浅灰色厚层微晶白云岩上部夹数层薄—极薄层泥质白云岩、微晶白云岩，局部见辉绿岩岩脉侵入
				观音崖组	z_{2g}		63~652	以紫红色、黄灰色砂岩、页岩为主，上部夹灰岩及白云岩，底部有灰白色含砾砂岩
中 元 古 界			会 理 群	力马河组	Pt_{2lm}		2250~6383	中厚层石英岩、变质石英砂岩夹千枚岩、绢云母片岩等
				黑山组	Pt_{2hs}		980~2954	以板岩、碳质板岩、粉砂质板岩及千枚岩、变质粉砂岩为主，夹灰岩、白云质灰岩、凝灰质砂砾岩、火山碎屑岩、中基性变质火山岩

审查		日期		校核		日期		制图		日期		图号	

注：本图若与平面地质图全绘，则删去审校栏。

图 2-3-1 综合地层柱状样图

（3）钻孔基本信息应置于柱状图的上方，主要包括勘察单位、工程名称、钻孔编号、钻孔坐标、孔口高程、钻孔目的、施工日期等。

（4）基岩钻孔柱状图宜自左至右依次布置：地层代号、层底高程、层底深度、层厚、地层柱状图及钻孔结构、岩芯采取率或获得率、岩石质量指标（RQD）、裂隙密度、风化特征、地质描述、电视摄影段、渗透系数或岩体透水率、含水层及地下水位高程、取样编号及深度、原位试验、视电阻率及纵波波速、备注等。

（5）土类钻孔柱状图宜自左至右依次布置：地层单位、层底高程、层底深度、层厚、地层柱状图及钻孔结构、岩芯采取率、地质描述、电视摄影段、原位试验、含水层及地下水位高程、取样编号及深度、备注等。

（6）柱状图下方应编写钻孔小结和标注责任栏。钻孔小结主要包括：钻孔揭示的主要地质现象、钻进方法、钻进情况、封孔及岩芯处置情况以及其他需补充说明的内容。

（二）制图方法与步骤

目前，水利水电工程地质勘察的钻孔柱状图已普遍采用计算机软件自动绘制，其生成一般包括三个部分：钻孔数据的录入，钻孔柱状图模板的定制、编辑，以及钻孔柱状图生成。

编制钻孔柱状图的方法与步骤如下：

1. 比例尺选取

钻孔柱状图的比例尺一般可选择 1：200、1：100，其基本原则是所选用的比例尺对钻孔中的主要岩性特征，特别是标志层的特征在地层柱状图中能够得到清楚反映。

2. 钻孔柱状图格式

不同地质行业的钻孔柱状图的格式差别较大，同一行业的不同单位其柱状图的格式也不尽相同，目前还没有统一的钻孔柱状图的格式。水利水电工程钻孔柱状样图分别见图2-3-2、图2-3-3。

3. 钻孔柱状图绘制

一般用 CAD 技术绘制钻孔柱状图的步骤如下：

（1）编辑钻孔柱状图模板。根据钻孔柱状图所要表达的主要内容，参考图2-3-2、图2-3-3，编辑钻孔柱状图模板。

（2）建立花纹库。根据工程区岩性建立花纹库。花纹图案参照本篇"第四章 第三节 岩石花纹符号及代号"。

（3）录入钻孔基本信息。主要包括勘察单位、工程名称、钻机类型、钻孔编号、钻孔坐标、孔口高程、钻孔目的、施工日期等。

（4）钻孔数据采集。地层单位、层底高程、层厚、地层柱状花纹及钻孔结构、岩芯采取率、地质描述、电视摄影段、原位试验、含水层及地下水位高程、取样编号及深度等录入电脑。

（5）编写钻孔小结和标注责任栏。

（6）运行钻孔柱状图程序，自动生成柱状图。

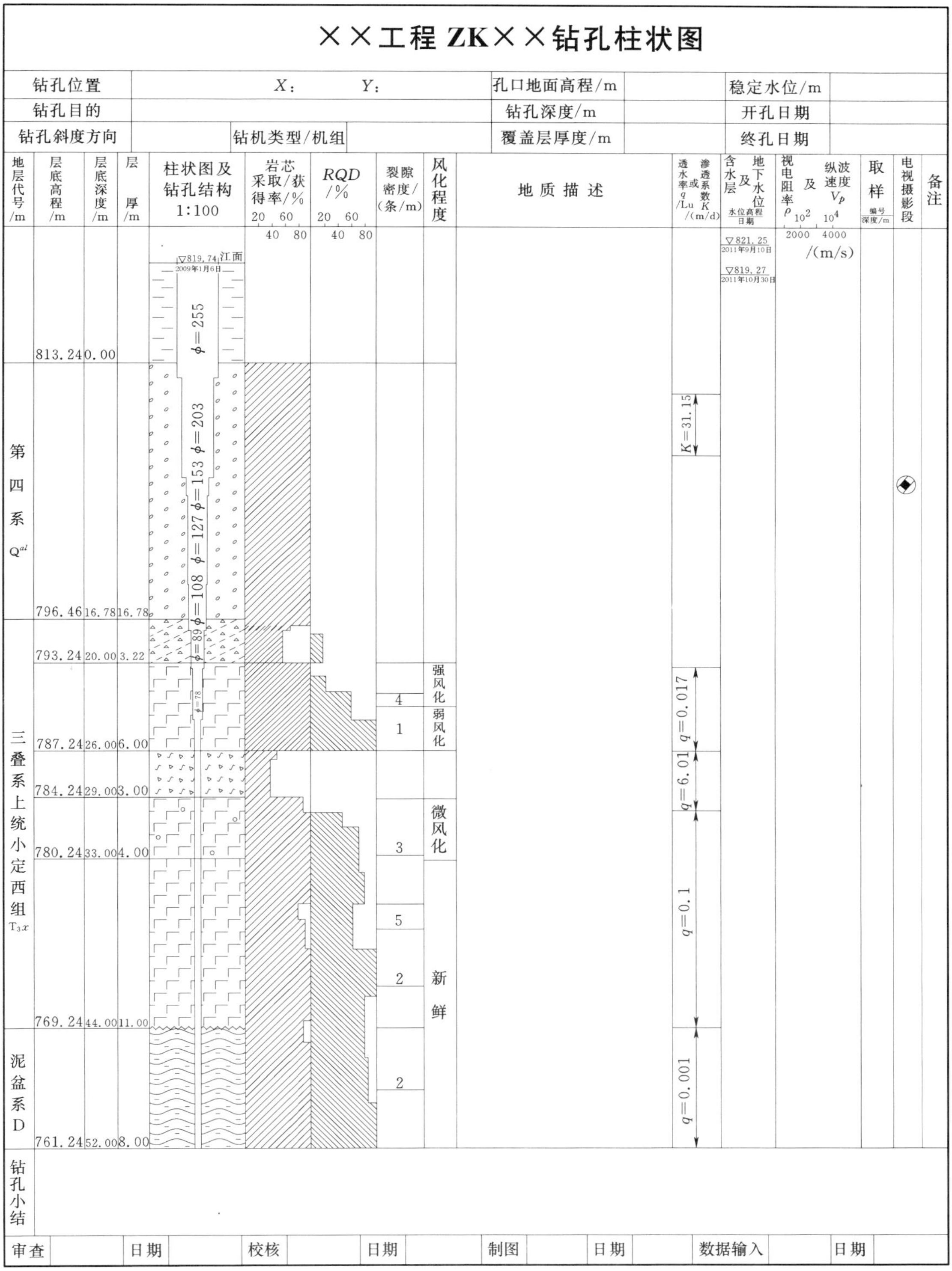

╳╳工程 ZK╳╳钻孔柱状图

钻孔位置			X：	Y：		孔口地面高程/m			稳定水位/m		
钻孔目的						钻孔深度/m			开孔日期		
钻孔斜度方向			钻机类型/机组			覆盖层厚度/m			终孔日期		

地层代号/m	层底高程/m	层底深度/m	层厚/m	柱状图及钻孔结构 1:100	岩芯采取/获得率/% 20 60 40 80	RQD/% 20 60 40 80	裂隙密度/(条/m)	风化程度	地质描述	透水率q/Lu 或渗透系数K/(m/d)	含水层及地下水位 水位高程日期	视电阻率ρ 10² 10⁴ 及纵波速度Vp 2000 4000 /(m/s)	取样 编号 深度/m	电视摄影段	备注
				▽819.74江面 —2009年1月6日—							▽821.25 2011年9月10日 ▽819.27 2011年10月30日				
	813.24	0.00		φ=255											
第四系 Qᵃˡ				φ=203 φ=153 φ=127 φ=108 φ=89						K=31.15					◈
	796.46	16.78	16.78												
	793.24	20.00	3.22					强风化 4 弱风化 1		q=6.01					
三叠系上统小定西组 T₃x	787.24	26.00	6.00							q=0.017					
	784.24	29.00	3.00					微风化 3 5 2 新鲜 2		q=0.1					
	780.24	33.00	4.00												
	769.24	44.00	11.00												
泥盆系 D								2		q=0.001					
	761.24	52.00	8.00												
钻孔小结															

审查		日期		校核		日期		制图		日期		数据输入		日期	

图 2-3-2　钻孔柱状样图

××工程 ZK×× 钻孔柱状图

钻孔位置			X：	Y：		孔口地面高程/m			取样组数	
钻孔目的						钻孔深度/m			开孔日期	
钻孔斜度方向			钻机类型/机组			稳定水位/m			终孔日期	

地层单位/m	层底高程/m	层底深度/m	层厚/m	柱状图及钻孔结构 1:100	岩芯采取率/% 20　60 40　80	地质描述	含水层及水位 永位高程日期	地下水位	视电阻率 ρ 10^2 10^4	纵波速度 V_p 2000　4000 /(m/s)	取样 编号及深度/m	原位试验	电视摄影段	备注
第四系 Q^{al}	813.24	0.00		▽819.74 江面 1999年1月6日 $\phi=255$ $\phi=203$ $\phi=153$ $\phi=127$ $\phi=108$			▽821.25 2011年9月6日 ▽819.27 2011年10月30日				▾15		◈	
	756.69	56.55	56.55											

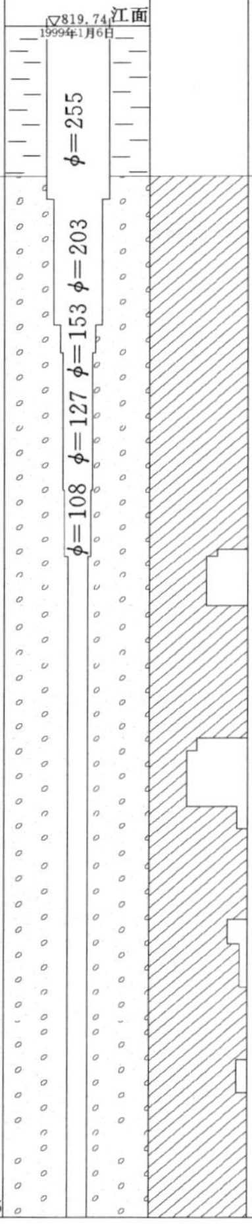

钻孔小结												
审查		日期		校核		日期		制图		日期		数据输入		日期		

图 2-3-3　钻孔（土类）柱状样图

三、平洞、竖井、探坑、探槽展视图

水利水电工程地质勘察各阶段，平洞、竖井、探坑、探槽等展视图可视具体需要作为工程地质勘察报告附图提交。

（一）制图内容

根据《水利水电工程制图标准　勘测图》（SL 73.3—2013）的规定，坑探展视图的编制应符合下列规定：

（1）平洞、竖井与坑槽展视图应包括展视图、地质描述和原位测试成果三部分内容。

（2）平洞、竖井展视图应标明其所在位置、坐标、高程和方向，按比例尺绘制其形状和大小等；展视图宜进行工程地质分段，并作相应的地质说明。

（3）平洞展视图宜采用压顶法绘制洞顶和两壁。若地质条件复杂，可加绘底板。左、右壁应以进洞方向确定，图面布置时顶板宜居中，左壁在上，右壁在下，最终掌子面的展视图宜绘制在顶板展视图右端，多个掌子面时可分别附于相应洞深的上（下）位置。洞深应沿洞底板中心线计算，当平洞方向改变时，需注明转折方向。

（4）竖井展视图宜四壁平列展开，并注明井壁的方向。圆井展视图应从正北开始，以90°等分剖开后平列展开绘制，井深计算以井口某一壁固定桩为准。

（5）探槽展视图可绘制底面和一个壁面，探坑展视图可采用展开法绘制四壁和底面。

（6）岩性界线、地层产状、风化及卸荷分带界线应在图上标明。

（7）断层、裂隙的位置、产状和编号等应在图上标明。

（8）出水点、岩溶类型、原位测试点、取样点等，应用符号和编号标明。

（二）制图方法与步骤

1. 比例尺选取

不同类型的平洞、竖井、探坑、探槽等展视图的编制方法和表示内容有所不同，其比例尺应视平洞、竖井、探坑、探槽的规模、形状及地质条件的复杂程度而定，一般采用1∶200～1∶50。

2. 制图方法

平洞展视图，一般只展示洞顶和两壁的地质现象，采用以洞顶为基准，两壁掀起俯视展开格式。当平洞方向改变时需注明转折方向，洞深计算以洞顶中心线为准。此外，对明挖部分应进行描绘，并根据地质条件复杂程度，隔一定距离选择典型掌子面作素描图，样图见图2-3-4。

竖井展视图，一般绘制相邻两壁，平列展开，注明井壁的方位，也可采用四壁连续展开成图。当竖井断面为圆形时，可按90°等分剖开，取相邻两壁平列展开方法绘制。井深计算以井口某一壁固定桩为准。斜井（洞）展视图绘制，可参考上述方法，并注明其斜度，样图见图2-3-5。

探槽展视图一般绘制底面和一个壁面，探坑展视图一般采用四壁辐射展开法绘制四壁和底面，样图见图2-3-6。

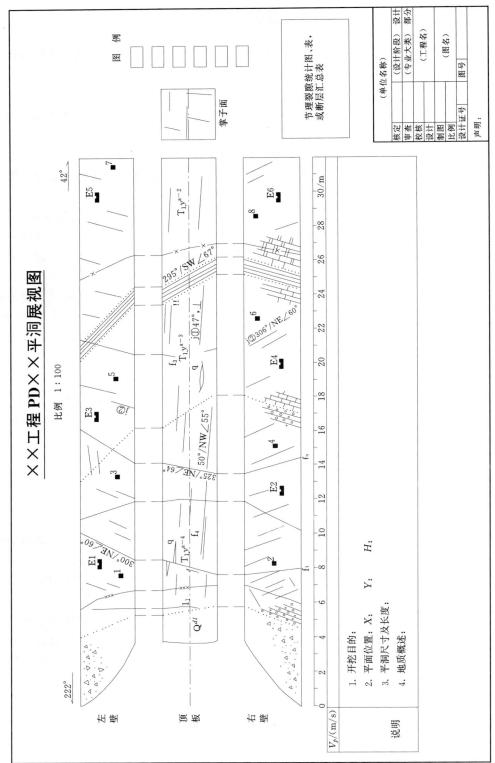

图 2 - 3 - 4 平洞展视样图

××工程SJ××竖井展视图

竖井位置			井口高程/m		开井日期	年 月 日
竖井坐标	X:	Y:	竖井深度/m		终井日期	年 月 日
竖井目的						

高程 /m	深度 /m	层厚 /m	展 示 图 比例1:100	地 质 描 述
			S W N E S	

炭化木

W₃ W₁ W₂ ① ② ③ ④ ⑤ W₆ W₅ W₄ W₉ W₇ W₈

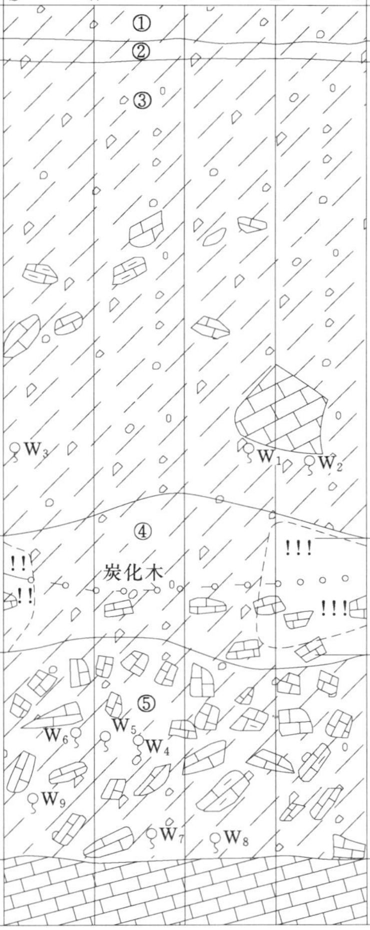

说明

| 审查 | | 日期 | | 校核 | | 日期 | | 制图 | | 日期 | |

图2-3-5 竖井展视样图

×××工程 TK××探坑展视图

比例 1:50

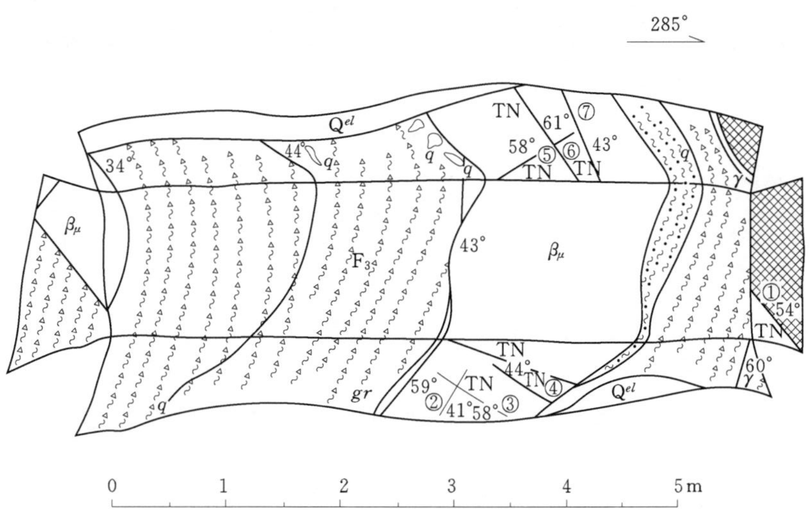

图 例

Q^d	第四系残积物
β_μ	辉绿岩脉
γ	花岗岩脉
q	石英脉
F_3	长度大于 1000 m 破碎带编号
	糜棱岩
	糜棱角砾岩
	破碎带影响带
	裂隙宽度小于 0.1 cm
TN	裂隙为泥质充填
44° ①	裂隙编号及产状

说明：
1. 开挖目的：
2. 平面位置：X: Y: H:
3. 探坑尺寸：
4. 地质概述：

	（设计阶段）	设计
	（专业大类）	部分
	（工程名）	
	（图名）	
		图号
（单位名称）		

核定		
审查		
校核		
设计		
制图		
比例		
设计证号：		
声明：		

图 2-3-6 探坑展视样图

目前，在水利水电工程地质勘察工作中，已广泛采用录像、摄影等方法将平洞、竖井、探坑、探槽揭露的地质现象摄录下来，通过计算机处理成图。

四、实际材料图

实际材料图一般不需作为水利水电工程地质勘察报告附件提交，但在进行中小型水利水电工程地质勘察可行性研究阶段、初步设计阶段、技施设计阶段可视具体需要作为工程地质勘察报告附件提交。

（一）制图内容

根据《水利水电工程制图标准　勘测图》（SL 73.3—2013），实际材料图的绘制应符合下列规定：

（1）工程地质测绘的范围、地质点、地质剖面线及其编号等应在图上标明。

（2）钻孔、平洞、竖井、坑、槽等应在图上标明其编号和高程。

（3）取样点、试验点、标本化石采集点、长期观测点、摄影点、物探点和物探剖面线等应分别编号并在图上标明。

（4）主要建筑物轴线或轮廓线宜在图上标明。

（5）钻孔、平洞等勘探点情况汇总表以及勘察工作量统计表应在图上列出。

（二）制图方法

实际材料图应在野外填图过程中逐步完成，其底图又称清图。随填图的进展，及时将手图上的地质点、路线、标本、样品、产状、施工工程、地质界线、断层线等的位置、编号、代号转绘到清图上，再逐渐完善，最终成为地质工作实际材料图。内业编图工作具体如下：

（1）整理文字记录、手图、实物、登记表等资料，核实点号、岩性层位代号、标本及样品编号、位置及各种数据，确认无误后，再分别进行整理。如发现问题，必须到野外核实，方能补充、修正。

（2）检查地质观察点记录表中填写的内容是否齐全，文字是否通顺，有无错漏字，专业用语是否准确，完善素描图并对各类数据和素描图清绘。

（3）检查手图中地质点，观察路线、产状、填图单元、标本、样品、照相等位置、数据以及界线勾绘有无错漏，然后逐一清绘。

目前，水利水电行业工程地质测绘工作中，逐渐应用便携式计算机或平板电脑配置GPS设备，直接在电子版地形底图上按实际坐标绘制实测的地质点、水文点、取样点、试验点等，勾绘断层线、地质界线等，布置地质剖面线，布置或绘制钻孔、平洞、竖井、坑、槽等勘探点，并实时绘制地质测绘路线。

五、施工地质编录图

施工地质编录图，就是采用大比例尺测图、文字描述、表格记录等形式，将地表或地下开挖面上的地质现象随开挖过程逐块（段）编制而成的图件。

根据《水利水电工程施工地质勘察规程》（SL 313—2004）的要求，地面建筑物的建基面应进行地质编录或地质测绘；地下开挖工程地质编录应实测并完成洞、井围岩展视图和重点处理地段展视图、素描图，宜完成工程地质纵、横剖面图和工程地质平切面图；工程边坡的最终坡面应进行地质编录或地质测绘；岩（土）体防渗与排水工程，包括灌浆洞、排水洞、减压井、检查井等应进行施工地质编录。

（一）制图内容

根据《水利水电工程制图标准　勘测图》（SL 73.3—2013）的要求，施工地质编录图的编制应符合下列规定：

（1）编录部位、高程、桩号或坐标应在图上标明。

（2）地下开挖工程的井洞轮廓线应按比例在图上绘制。

（3）工程边坡相邻地段的地形地貌，边坡坡向、坡度、高度，马道高程及宽度等应在图上标示。

（4）岩性界线、地层产状、风化及卸荷分带、岩体结构类型、岩体质量分级等应在图上用不同的符号、代号标示。

（5）断层破碎带、层间剪切带、节理或裂隙密集带的位置、产状和编号等应在图上用不同的符号、代号标示。

（6）生物洞穴、人工洞穴、岩溶洞穴和溶蚀裂隙的位置、形态、连通性、充填物质组成、密实程度和节理裂隙充填情况等应在图上标明。

（7）地下水出水点和地表水入渗点的位置、流量、水温、水质等应在图上标示，土质地基尚应标明管涌、流土、流砂等现象的位置和范围。

（8）残留的勘探孔（洞）、裂隙统计点、取样点、现场试验点、摄影点、录像点和重要的物探检测孔应分别用不同的符号标示。

（9）锚固和固结灌浆、施工缺陷、地基置换或其他处理措施的位置及范围应在建基面施工地质编录图上标明。

（10）岩质建基面建基岩体抬动、回弹、隆起、坍落、异常变形等时间、位置、范围、形态等应在图上标明。

（11）边坡及地基土的回弹、坍落、膨胀等异常变形现象的位置、规模、原因等应在图上标明。

（12）不利块体位置和形态、围岩重点处理的部位以及围岩变形、岩爆、片帮、坍塌的位置和范围应在地下开挖工程施工地质编录图上标明。

（13）边坡变形的位置、几何边界、爆破松动范围、边坡稳定程度工程地质分区等应在工程边坡最终开挖面的施工地质编录图上标明。

（14）开挖、减载、喷锚、支挡、灌浆、截水、排水、植被保护等处理措施的实施情况应在工程边坡最终开挖面的施工地质编录图上标明。

（15）土质地基及边坡编录图，应标明对地基边坡稳定性有影响的淤泥、软土、膨胀土、黄土、粉细砂层等特殊土的性质、分布等状况及砾卵石层的架空现象。

（二）制图方法

1. 比例尺选取

根据设计要求以及地质条件的复杂程度，施工地质编录图制图比例可选用 1∶500～1∶50。

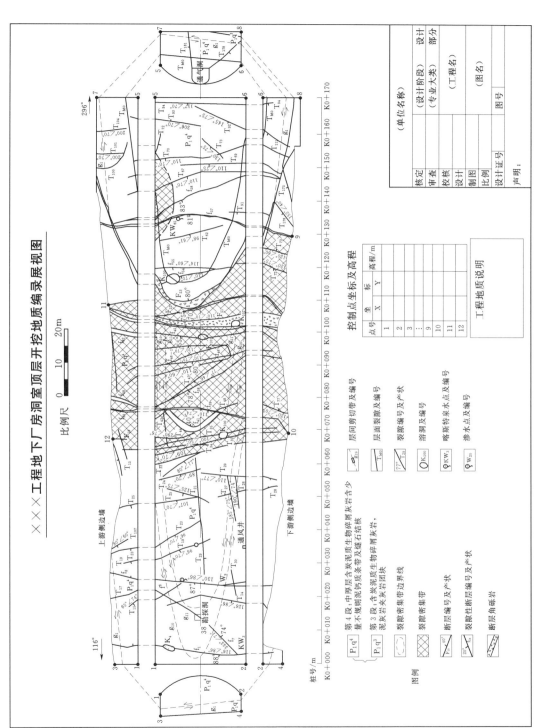

图2-3-7　地下开挖工程施工地质编录展视样图

2. 制图方法

施工地质编录的测图方法主要有皮尺测量法、平板仪测量法、全站仪测量法，也可采用数码相机摄影、计算机成图法。

每种方法都是对施工揭露的各种地质现象进行数字化处理，即将其实际线条形态或边界分解成控制测点形式，分别量测距离或测绘上图并现场连线，或者测量三维坐标数据并与编录内容对应。

实际工作中，可视具体情况选择一种或结合使用。

施工地质编录展视样图见图2-3-7。

第二节 区 域 地 质 图 件

区域地质图件主要包括区域综合地质图和区域构造（纲要）与地震震中分布图。

一、区域综合地质图

区域综合地质图应在收集和分析各类最新区域地质资料的基础上，利用航片、卫片解译资料进行综合分析，编绘水利水电工程河流（段）或地区的区域综合地质图。

（一）比例尺选取

区域综合地质图是水利水电工程地质勘察规划阶段必须提交的报告附图，可行性研究阶段视需要提交。根据《水利水电工程地质勘察规范》（GB 50487—2008）和《中小型水利水电工程地质勘察规范》（SL 55—2005）的要求，水利水电工程不同勘察阶段编制区域综合地质图选用比例尺可按表2-3-1。

表 2-3-1　　　　　　　　　区域综合地质图选用比例尺

勘察阶段 工程分类	规划阶段	可行研究阶段	采用的勘察规范
水利水电工程	1∶500000～1∶200000	1∶50000～1∶10000	GB 50487—2008
中小型水利水电工程	1∶200000～1∶100000		SL 55—2005

（二）制图范围

在规划阶段，区域综合地质图的编图范围应包括规划河道或引调水线路两侧各不小于150km。

在可行性研究阶段，当可能存在活动断层时，应进行坝址周围半径8km范围内的坝区专门性构造地质测绘，测绘比例尺可选用1∶50000～1∶10000；引调水线路区域构造地质研究范围为线路两侧各50～100km。

（三）制图内容

根据《水利水电工程制图标准　勘测图》（SL 73.3—2013）的要求，区域综合地质图宜包括综合地层柱状图、平面图主图和典型地质剖面样图见图2-3-8；其编制应符合下列规定：

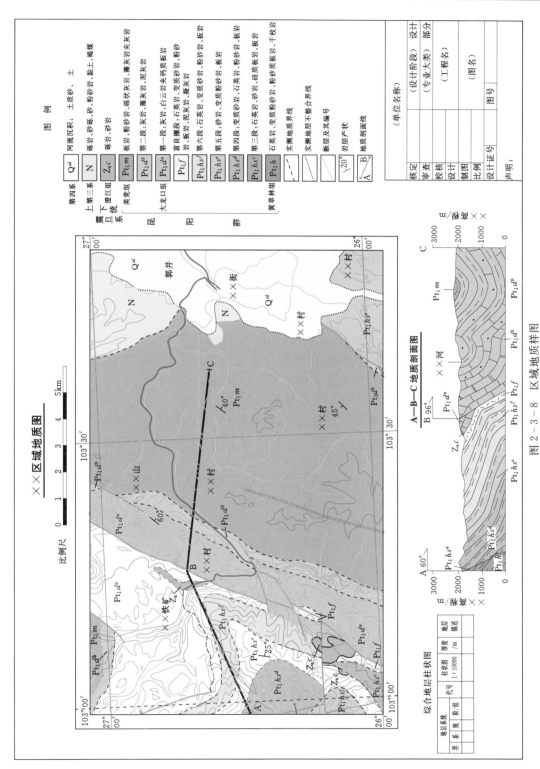

图 2-3-8　区域地质样图

（1）应在图上标明经纬度，如果原图上有 X、Y 坐标的，应标明其坐标系统。

（2）区域综合地质图的中央部分应布置主图，宜在左侧布置综合地层柱状图，右侧布置图例，下侧布置典型地质剖面图。

（3）重要山脉应在图上标明名称，主要山峰应用底角为 75°并充填黑色的等腰三角形表示，在其旁侧标注高程；大型江、河、湖泊及水库应在图上用淡蓝色线绘制并标注名称；报告中涉及到的地名、地物应在图上标明位置及名称。

（4）地层单位，基岩可划分至组，图上出露面积太小者，可合并相邻组，岩浆岩应按形成时期划分；第四系地层可按成因划分。

（5）主要断层及褶皱应编号，并在图例中列出名称；断层应按等级分别用不同宽度的实线表示，并标明其性质；推测和隐伏断层用虚线表示。

（6）温泉出露位置及温度应用符号和数字标明。

（7）拟建工程及重大相关工程应在图上标注其位置和名称。

（8）在图的标题栏上面注明原图的出版时间、比例尺、坐标及高程系统。

（四）制图方法及步骤

（1）根据制图范围、内容、比例尺等，考虑图的布置、方向、图幅大小，图幅大小以不剩大块空白为原则。

（2）收集最新的同比例尺或稍大比例尺的区域地质资料。

若需进行区域地质填图，则选用同比例尺的简化地形图为底图，需保留等高线、水系、铁路、公路、主要的土路和有意义的地形要素（陡崖、岩溶等）、国界、省界、城镇及主要居民点，以及其他要素，删除不必要的符号和注记。

（3）绘制实测或推测的地质界线和地层之间的接触关系、不同时代的各种侵入岩及其岩相分带以及代表性产状。

（4）绘制主要褶皱并编号。

（5）绘制实测断层与推测断层，注明其编号、性质与产状。

（6）绘制温泉，注明其编号和温度。

（7）绘制拟建工程及重大相关工程。

（8）在图左附综合地层柱状图，地层柱状图的比例尺以能表达地层结构的基本特征为原则。综合地层柱状图中，应分清各时代地层和各填图单位。用不同的线条、花纹符号表示不同的岩层及其接触关系，其右边相对应的位置注明厚度和简单描述，左边注明地层系统、地层名称和时代符号。

（9）绘制图例。将图件中所绘各种图形符号、文字符号、花纹及色彩全部列入图例，说明它们表示的意义。

（10）整饰图件。包括内外图廓、分度带、坐标网、图廓间注记、图名、图幅号、比例尺、指北针、图例、标题栏（图签）、说明、保密等级等。

二、区域构造（纲要）与地震震中分布图

编制区域构造（纲要）与地震震中分布图应根据研究区的范围和要求，收集区域地质、航（卫）片解译资料、地震和地震台网观测等资料，确定编图的比例尺，然后按国家

统一的图例、符号、色调，将各种褶皱、各类断裂、各类岩浆岩、主要大地构造单元界线、拗陷盆地和断陷盆地类型及边界、地震震中位置及大小等内容表示在图上。

（一）比例尺选取

区域构造（纲要）与地震震中分布图是水利水电工程地质勘察规划阶段和可行性研究阶段应提交的报告附图。根据《水利水电工程地质勘察规范》（GB 50487—2008）和《中小型水利水电工程地质勘察规范》（SL 55—2005）的要求，水利水电工程不同勘察阶段编制区域构造（纲要）与地震震中分布图可按表 2－3－2 选择比例尺。

表 2－3－2　　　　区域构造（纲要）与地震震中分布图选用比例尺

勘察阶段 工程分类	规划阶段	可行性研究阶段	采用的勘察规范
大型水利水电工程	1：500000～1：200000	1：50000～1：10000	GB 50487—2008
中小型水利水电工程	1：200000～1：100000		SL 55—2005

（二）制图范围

在规划阶段，区域构造（纲要）与地震震中分布图的编图范围应包括规划河道或引调水线路两侧各不小于 150km，在此范围内若有发生过 8 级以上地震的断裂指向工程区，图幅适当扩大，其范围应包含 8 级地震发生的位置；在可行性研究阶段，当可能存在活动断层时，应进行坝址周围半径 8km 范围内的坝区专门性构造地质测绘，测绘比例尺为 1：50000～1：10000；引调水工程线路区域构造背景研究范围为线路两侧各 50～100km。

（三）制图内容及方法

根据《水利水电工程制图标准　勘测图》（SL 73.3—2013），区域构造（纲要）与地震震中分布样图见图 2－3－9，其编制应符合下列规定：

（1）图框应标注经纬度，网格用浅色细线绘制，经度以 1°、纬度按 20′ 一格划分，本图一般不作旋转。

（2）地层单位除了古近系、新近系、第四系单独画出外，其余可划分至界，岩浆岩按形成时期划分。

（3）Ⅰ级、Ⅱ级断裂构造及活动断层应在图上标注其性质、名称或编号，尽可能区分全新世（Q_4）活动断层、晚更新世（Q_3）活动断层和一般断层。

（4）地震的震中位置及震级大小用不同直径的圆标示，并在其右侧标明地震震级和时间。地震震级按 4.7～4.9、5.0～5.9、6.0～6.9、7.0～7.9、8.0 及以上分五档，4.7～4.9 级地震用直径不小于 5mm 圆圈表示，每增一档圆直径增加 2mm。仪测地震和历史地震可分别充填不同的花纹或颜色，历史地震震级用带分数表示，不能化为小数。

（5）温泉出露位置及温度应用符号和数字标明。

（6）拟建工程及重大相关工程应在图上标注其位置和名称。

制图方法与步骤可参照区域综合地质图的编制方法。

××水电站区域构造与地震（$M_s \geqslant 4.7$）震中分布图

（624—2010 年）

比例尺　0　20　40　60　80　100km

图例

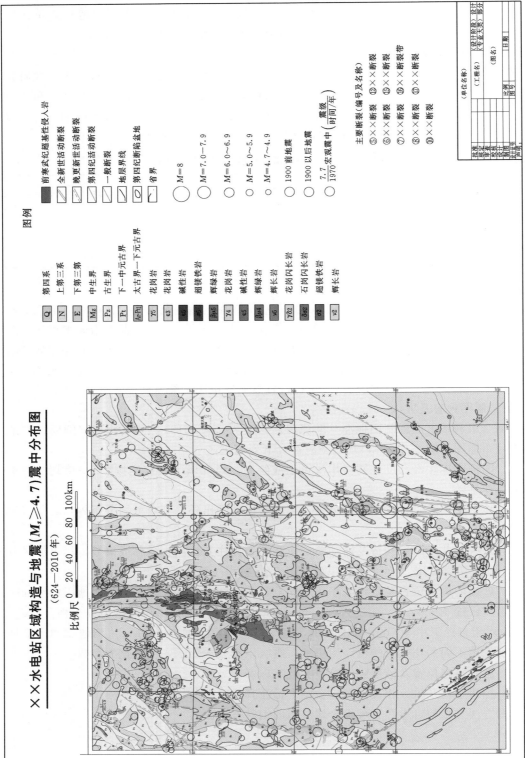

图 2-3-9　区域构造（纲要）与地震（$M_s \geqslant 4.7$）震中分布样图

第三节　水库工程地质图件

　　水库勘察宜结合区域地质研究工作进行。工程地质条件简单的水库，库区地质图可与区域地质图结合；工程地质条件复杂的中、大型水库，宜单独编绘库区地质图，并对重点地段进行专门工程地质测绘。

　　水库区工程地质图使用的地形图，必须是符合精度要求的同等或略大于地质测绘比例尺的地形图。当采用大于地质测绘比例尺的地形图时，须在图上注明实际地质测绘比例尺。

一、水库区综合地质图

　　水库区综合地质图是综合反映水库区各勘察阶段所有工程地质测绘、水文地质测绘、各种勘探、试验分析成果的图件。编制水库区综合地质图应根据研究区的范围和要求，收集区域地质资料，进行工程地质测绘，确定编图的比例尺，选用合适比例的地形图，按国家统一的图例、符号、色调，将区域地质、工程地质、水文地质、勘探成果等内容表示在图上。

（一）比例尺选取

　　根据《水利水电工程地质勘察规范》（GB 50487—2008）和《中小型水利水电工程地质勘察规范》（SL 55—2005）的要求，水库区综合地质图是水利水电工程地质勘察可行性研究阶段和初步设计阶段应提交的报告附图，其他阶段可视具体需要提交。水利水电工程不同勘察阶段编制水库区综合地质图比例尺的选取如下：

　　（1）在规划阶段，水库工程地质测绘比例尺可选用 1：100000～1：50000，可溶岩地区可选用 1：50000～1：10000。工程地质条件简单的水库区可与区域地质图结合。

　　（2）在可行性研究阶段，水库区工程地质测绘的比例尺可选用 1：50000～1：10000，对可能威胁工程安全的滑坡和潜在不稳定岸坡，可选用更大的比例尺。

　　（3）在初步设计阶段，水库区工程地质测绘应利用可研阶段水库区地质图进行补充复核，比例尺可选用 1：10000～1：2000；水库渗漏地段应进行专门的水文地质测绘，比例尺可选用 1：10000～1：2000；水库浸没地段农作物区的工程地质测绘比例尺可选用 1：10000～1：2000，建筑物区可选用 1：2000～1：1000，其中小型水利水电工程水库浸没段工程地质测绘比例尺可选用 1：5000～1：1000；近坝库岸不稳定边坡应单独进行工程地质测绘，比例尺可选用 1：5000～1：1000；库岸坍岸区工程地质测绘可选用的比例尺分别为：城镇区 1：2000～1：1000，农业地区 1：10000～1：2000；库岸滑坡、崩塌堆积体的工程地质测绘比例尺选用 1：2000～1：500；泥石流工程地质测绘比例尺可选用 1：10000～1：2000；库区移民迁建新址区工程地质测绘比例尺可选用 1：2000～1：500。

（二）制图范围

　　水库区综合地质图的编制范围，应以坝址类型、勘察阶段以及库区地质条件的复杂程度和研究程度确定，除应包括整个库盆外，还应包括下列地区：喀斯特地区应包括可能存在渗漏的河间地块、邻谷和坝下游地段；盆地或平原型水库应包括水库正常蓄水位以上可

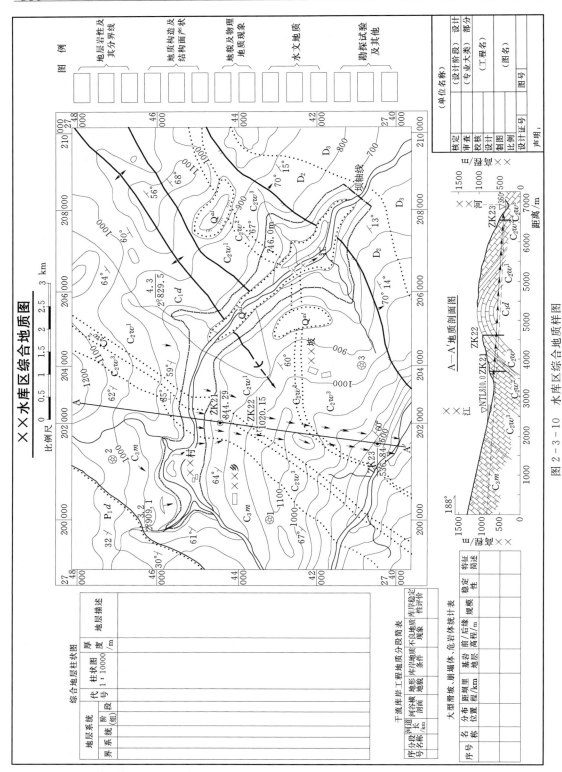

图 2 - 3 - 10 水库区综合地质样图

能浸没区所在阶地后缘或相邻地貌单元的前缘；峡谷型水库应到两岸坡顶，并包括坝址下游附近的塌滑体、泥石流和潜在不稳定岸坡分布地段。

（三）制图内容

根据《水利水电工程制图标准　勘测图》（SL 73.3—2013）水库区综合地质图宜包括平面图、综合地层柱状图和典型地质剖面，样图见图 2 - 3 - 10；其编制应符合下列规定：

（1）水库区综合地质图的中央部分应布置主图，宜在左侧布置综合地层柱状图，地层单位划分至组；宜在下侧布置典型地质剖面图，可在图底部或右侧布置干流库岸分段简表以及大型滑坡、崩塌体、危岩体等地质灾害的统计表。

（2）水库区综合地质图应按相应的符号、代号示出地形地貌、地层岩性、地质构造、物理地质现象、水文地质条件等内容。

（3）水库区的滑坡、崩塌、危岩体、泥石流、松散堆积体、开采矿区、库岸稳定分段等可用相应的符号或线型绘制，并分别从下游至上游顺序编号。

（4）断裂构造及活断层应在图上标示，并标注其性质、名称或编号。

（5）水库区干、支流水边线、大坝轴线、正常蓄水位高程线、浸没预测线、坍岸预测线、典型地质剖面线等应用相应符号和数字在图上标示。

（四）制图方法及步骤

水库区综合地质图制图涉及内容较多，主要包括地形底图、区域地质、专题地质、综合地层柱状图、典型地质剖面图、统计表等。采用 CAD 绘图软件时，可按下列步骤逐步完成。

1. 图幅及图面布置

根据制图范围、内容、比例尺等，考虑图的布置、方向、图幅大小，图幅大小以不剩大块空白为原则。

2. 地形底图简化与整理

应根据综合地质图比例尺要求，选择相应的地形图比例尺。当采用比例尺不一致时，应按综合地质图比例尺及测量制图规范要求统一调整地形图图面内容。地形图可适当进行简化，删除不必要的符号与注记。

当拼合多幅地形图时，应统一各分幅地形图的图层、坐标系统、线条样式、符号样式、图块名称等内容，各图层名称前宜冠以"地形"以示区别。矢量化地形图前应进行图像校正。

等高线宜采用多段线，并对等高线进行高程赋值。各类图块应统一名称及样式。

拼合多幅地形图时应对各拼合地形图进行接边处理：包括各种线条对应相接，属性相同，文字、符号去重复等。

池塘、湖泊、常年水流的水系线及水系名称的实体颜色应使用青色系，水系名称采用倾斜体。

各图形对象颜色宜随层设置，然后按规范要求设置层颜色。

3. 区域地质内容绘制

区域地质部分主要包括库区地层岩性、地质构造、岩溶与水文、地震活动及不良地质现象等内容。

按规范要求样式绘制地层岩性、地质构造等区域地质内容。统一地层代号、断层编号等文字样式,当有上、下标文本时宜采用多行文本进行设置。

矢量化地质图应进行图像校正,拼合多幅地质图应进行接边处理。

检查各地层岩性界线的封闭性,构造线错断地层界线的一致性等内容。

抽取地层岩性、地质构造界线,按要求填充各地层岩性及构造带等分块颜色。充填颜色对象宜单独分层设置,各充填对象的图层名称前宜冠以"充色",并将各充填颜色对象置于绘图次序的底层。

充填颜色对象可单独成一个文件,并采用外部连接或块形式插入。

4. 专题地质内容绘制

专题地质部分主要包括水库区工程地质、水文地质、水库回水线及枢纽工程布置等内容。

(1)工程地质。根据水库地质调查或地质测绘成果,绘制水库区两岸滑坡、崩塌堆积体、危岩体、泥石流等地质灾害体界线,以及浸没预测线和坍岸预测线,各类界线应采用不同类型线型,并采用统一编号进行标注。

调整完善水库两岸滑坡、崩塌堆积体、危岩体等地质灾害体附近的区域地质内容。检查地质灾害体界线封闭性及其与区域地质界线交切特征。

按规范样式要求标注各类地质灾害体勘探点、线,绘制各地质灾害体纵、横剖面线,并统一编号标注。当剖面线有多个拐点时,应标注拐点。

抽取各类地质灾害体界线,充填各类地质灾害体颜色。地质灾害体充填颜色绘图次序应置于区域地质充填颜色之上,各类线条、文字及图块之下。

(2)水文地质。根据水库地质调查或测绘成果,绘制库区两岸各类泉水点分布,并按要求标注泉水点水文特征。泉水点标注宜使用多行文本,当有上、下标时宜使用堆叠文字。采用"编号$\dfrac{\text{地面高程}/\text{m}}{\text{流量}/(\text{L/s})}$"形式标注泉水点,冷水泉符号使用青色系,温泉符号使用红色系。

绘制溶洞与暗河平洞分布位置并标示,实测的洞穴应投影到地质图上。

地表直径大于1m或深度大于2m的漏斗和天坑,用相应的符号表示并编号,用双虚线箭头标明地下溶洞的走向。

当有水文地质勘探点时,按《水利水电工程制图标准 勘测图》(SL 73.3—2013)的要求图式进行标注。

绘制水库区干、支流水边线、正常蓄水位高程线、水库回水线等,并用相应符合和数字在图上标示。

(3)其他。采用醒目的线条及文字标注大坝位置及名称。

5. 绘制综合地层柱状图

在平面图左侧附综合地层柱状图。

根据区域地质资料或地质测绘成果,采用图表综合的方式,将库区内有关地质资料加以综合,按一定比例尺并附简要文字描述绘制库区地层柱状图。地层柱状图的编制参照本篇"第三章 第一节 一、综合地层柱状图"。

6. 绘制典型地质剖面图

在平面图上绘制地质剖面线，并注明剖面编号。可在平面图下侧附典型地质剖面图。

利用剖面线与各地层界线、构造界线交点，在各交点处根据岩层产状、构造线产状或褶皱特征，计算各界线视倾角，综合绘制剖面图中地层岩性、地质构造等沿剖面空间展布特征，标注各地层代号、岩层产状，构造线编号、构造产状等内容。地层岩性花纹用色应平面图一致。

绘制剖面上地质灾害体、溶洞等分布特征并按编号标注。

剖面图图形对象应根据图形内容分类分层设置。

7. 绘制统计表

可在平面图右侧附各种统计表，主要包括干流库岸分段表、库区滑坡、崩塌或危岩等地质灾害统计表，表格中各地质灾害体名称及其他内容应与图中一致。

8. 绘制图例

将图件中所绘各种图形符号、文字符号、花纹及色彩全部列入图例，说明它们表示的意义。

9. 整饬图件

包括内外图廓、分度带、坐标网、图廓间注记、图名、图幅号、比例尺、指北针、图例、标题栏（图签）、说明、保密等级等根据绘图比例及图幅大小进行整理。

二、水库渗漏专门性工程地质图

（一）制图内容

根据《水利水电工程制图标准　勘测图》（SL 73.3—2013）的要求，水库渗漏专门性工程地质图的编制应符合下列规定：

（1）水库渗漏专门性工程地质图可在水库区综合地质图的基础上编制。

（2）库水与邻谷的关系、透水层与隔水层的分布、导水构造、古河道、地下水位埋深、泉水出露高程及水量、可溶岩地区地下暗河、管道的分布等应在平面图上重点标示。

（3）渗漏或可能渗漏的地段和渗漏方向，应在图上标示。

（4）主要渗漏地段，应附地质剖面图。

（5）库水与邻谷的关系、透水层与隔水层的分布、导水构造、古河道、岩体透水性、地下水位埋深值、水位线、地下水分水岭、地下水的补排关系、可能的渗漏通道等，应在剖面图上重点标示。

（二）制图方法

水库渗漏专门性工程地质图主要包括水库区水文地质图及水库渗漏剖面图。其制图方法与主要步骤如下。

1. 绘制水库区水文地质图

库区水文地质图可在水库区综合地质图基础上绘制。绘制溶洞与暗河平洞分布位置，并标示，实测的洞穴应投影到地质图上。

地表直径大于1m或深度大于2m的漏斗和天坑，用相应的符号表示并编号，用双虚线箭头标明地下溶洞的走向。

标示地下水露头点、高程、流量。采用"编号$\dfrac{地面高程/m}{流量/(L/s)}$"形式标注泉水点，冷水泉符号使用青色系，温泉符号使用红色系。

抽取地层岩性、地质构造等边界进行地层颜色充填，岩溶化岩应使用青色系，其他地层颜色参照《水利水电工程制图标准　勘测图》（SL 73.3—2013）的要求执行。根据岩层水文地质工程地质特性，划分水文地质岩组，图例中应明示含水层、透水层、相对隔水层的地层充填颜色。

2. 绘制水库渗漏剖面图

水库渗漏剖面图根据水文地质勘察成果，绘制剖面上地层岩性、地质构造分布特征，并标示相应特征。

溶洞与暗河应在图上标明进出口高程、规模、延伸方向、充填与联通情况，实测的洞穴应投影到剖面图上。

应在图上标示地下水露头点、高程、流量、流向等要素。

地下水分水岭及高程，用单虚线箭头标明渗漏通道。

绘制建筑物轮廓线、水库正常蓄水位线及防渗帷幕线等。

分别用不同的符号和线型绘制连通试验地段、试验取样点、防渗处理范围等内容，并标示。

三、坍岸预测专门性工程地质图

（一）制图内容

根据《水利水电工程制图标准　勘测图》（SL 73.3—2013）的要求，坍岸预测专门性工程地质图的编制应符合下列规定：

（1）坍岸预测专门性工程地质图可在水库区综合地质图的基础上编制。

（2）地形特征、第四系地层的分布和物质组成等应在平面图上重点标示。

（3）预测坍岸范围线应在图上标示。

（4）主要坍岸地段应附典型的地质剖面图。

（5）地形特征、第四系地层的分布、厚度、结构和物质组成、岸坡水下、水上稳定坡角及浪击带冲刷浅滩坡角等应在剖面图上重点标示。

（二）制图方法

坍岸预测专门性工程地质图主要包括坍岸预测工程地质图和坍岸预测工程地质剖面图，其中，坍岸预测工程地质平面图可在水库区综合工程地质图的基础上编制。其制图方法和主要步骤如下：

（1）根据区域地质及地质测绘成果，绘制坍岸工程地质部分，注意各类岩性界线的封闭性，标注各类岩性。

（2）绘制并标注坍岸预测剖面线，剖面线上勘探点宜采用"勘探点编号$\dfrac{\text{孔口高程/m}}{\text{覆盖层厚度/m}}$"标注形式。

（3）根据坍岸预测剖面的坍岸端点、地形形状、岩性分布特征等内容，勾画坍岸预测范围线，注意地形越陡，坍岸范围越大。

（4）绘制坍岸预测剖面图。根据坍岸工程地质测绘及勘探成果，绘制坍岸预测剖面图岩性分界、地下水位等内容。

根据综合确定的坍岸预测方法，选择坍岸预测起点，根据不同岩性划出坍岸预测线，并标示坍岸预测角度，坍岸宽度等内容。

四、浸没评价专门性工程地质图

（一）制图内容

根据《水利水电工程制图标准　勘测图》（SL 73.3—2013）的要求，浸没评价专门性工程地质图的编制应符合下列规定：

（1）浸没评价专门性工程地质图可在水库区综合地质图的基础上编制。

（2）地貌特征、第四系地层的分布和组成类型、耕地和居民点的分布应在平面图上重点标示。

（3）预测浸没范围线应在图上标示。

（4）浸没评价专门性工程地质图上应附典型剖面图。

（5）地貌特征、土的类型、土层结构、隔水层顶板特征、土层渗透特性、水库蓄水前后的地下水位等，应在剖面图上重点标示。

（二）制图方法

浸没评价专门性工程地质图主要包括浸没评价工程地质平面图和浸没评价工程地质剖面图，其中浸没评价工程地质平面图可在水库区综合地质图的基础上编制。其制图方法和主要步骤如下。

（1）在浸没范围内应标注所有建筑物的层数及高度。

（2）根据区域地质及地质测绘成果，绘制浸没工程地质部分，并注意各类岩性界线的封闭性，标注各类岩性。

（3）绘制并标注浸没评价剖面线，剖面线上勘探点宜采用"勘探点编号$\dfrac{\text{孔口高程/m}}{\text{覆盖层厚度/m}}$"标注形式。

（4）根据浸没评价工程地质剖面的浸没端点、地形形状、岩性分布特征等内容，勾画浸没评价范围线，注意地形越陡，浸没范围越小。

（5）绘制浸没评价剖面图。

1）根据浸没评价工程地质测绘及勘探成果，绘制浸没评价剖面图中岩性分界、地下水位、建筑物位置高度及基础埋深等内容。

2）利用水库蓄水后地下水回水壅高预测方法绘制地下水位壅高。

3）根据浸没评价方法，绘制浸没范围，标示浸没宽度等内容。

五、滑坡工程地质图

（一）制图内容

根据《水利水电工程制图标准　勘测图》（SL 73.3—2013）的要求，滑坡工程地质图的编制应符合下列规定。

（1）滑坡工程地质图的比例可选用 1:5000～1:500。

（2）地层岩性、地质构造用相应的线型绘制，重点突出滑坡边界线及剪出口，图上还应绘制实测的地表变形位置、裂缝形态及编号。

（3）图上应标示出滑坡体可能涉及的村庄、道路等基础设施，勘探点、线的布置，与水库水位的关系，地下水出露情况等。

（4）滑坡工程地质图可附典型的滑坡工程地质剖面图。

（5）滑坡工程地质剖面图上应绘制勘探内容、滑坡体的厚度、滑动面（带）产状及组成物质特征、地下水位等，滑体物质成分应用相应的花纹充填，对多序次滑动的应分别标出相应的滑动面。

（二）制图方法

滑坡工程地质图主要包括地形图部分、滑坡专门地质部分及滑坡剖面部分，样图见图 2-3-11。

其制图方法和主要步骤如下：

（1）比例尺选取：滑坡地形图一般采用实测大比例尺地形图，比例尺可选用 1:5000～1:500。

（2）在地形底图上绘制滑坡专门地质内容，主要包括滑坡区地质条件、滑坡变形破坏特征等内容。

1. 滑坡区地质条件

根据滑坡区地质测绘成果，使用不同线形绘制滑坡地层岩性、地质构造、不良地质现象等内容。

检查各类地质边界的封闭性，标注地层代号、不良地质体的编号、岩层产状等内容。

使用青色系标识滑坡区地表水体，根据测绘成果标识滑坡泉水点，泉水点采用"编号 $\dfrac{\text{地面高程/m}}{\text{流量/(L/s)}}$"形式进行标注。

绘制滑坡体剖面线及勘探点，标注剖面线及勘探点名称，勘探点标注宜采用"勘探点编号 $\dfrac{\text{孔口高程/m}}{\text{覆盖层厚度/m}}$"形式。

可能涉水的滑坡区，其前缘应绘制水库回水线。

2. 滑坡变形破坏特征

根据滑坡区勘察成果，绘制滑坡体边界、前缘剪出口位置、次级滑坡边界、地表裂缝分布位置、滑坡变形区范围等，标注各类边界内容。

根据滑坡区地形地貌特征，绘制滑坡后壁、后缘平台、前缘鼓丘等滑坡地貌特征。

抽取地层岩性、地质构造界线及滑坡边界，填充各地层岩性及构造带等分块颜色。充

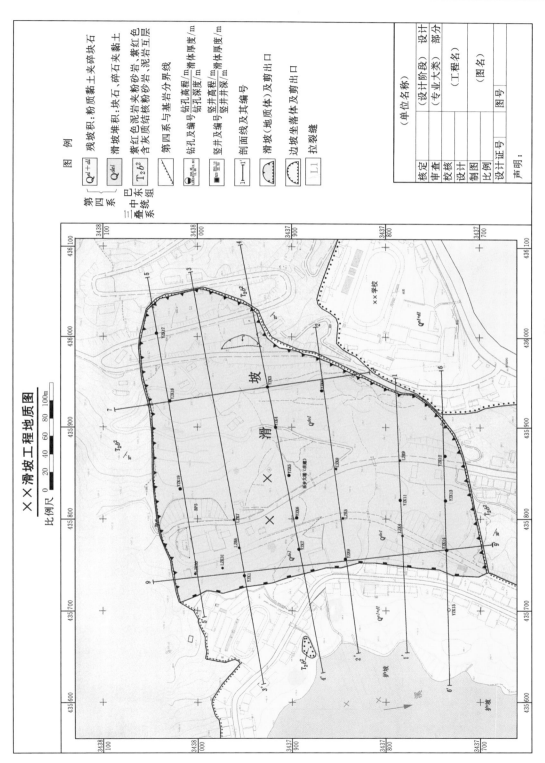

图 2 - 3 - 11　滑坡工程地质样图

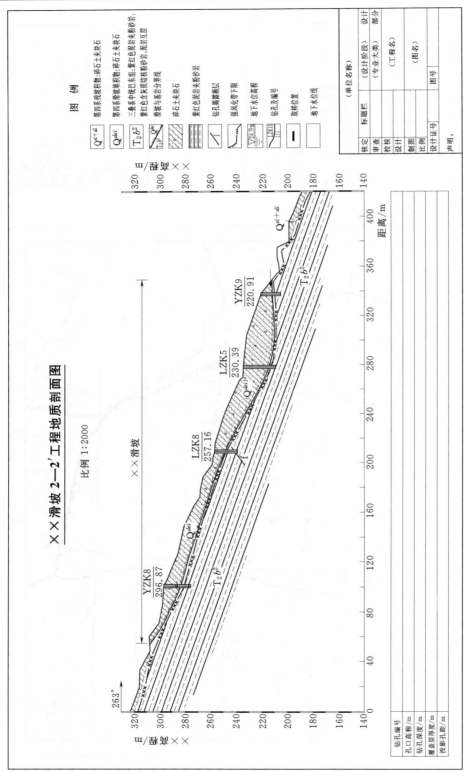

图 2－3－12 滑坡工程地质剖面样图

填颜色对象宜单独分层设置，各充填颜色对象置于绘图次序的底层。

对库岸滑坡体区进行坍岸预测，勾画坍岸预测成果。

3. 编制滑坡工程地质剖面图

根据滑坡区地质测绘及勘探成果，综合绘制滑坡区剖面上地层岩性、地质构造、滑带等分布特征。滑坡区应使用多个相互交切的剖面进行相互验证剖面地质内容的合理性和正确性。

剖面上绘制滑坡区钻孔终孔水位、泉水点出露位置，推测地下水水位分布位置。

水库蓄水后涉水滑坡应绘制水库回水线、死水位线等内容。

根据坍岸预测成果，绘制坍岸预测成果，并标示各土层坍岸角、坍岸范围等。

滑坡工程地质剖面样图见图 2-3-12。

第四节　坝区工程地质图件

一、坝（闸）址及附属建筑物区工程地质图

坝（闸）址及附属建筑物区工程地质图是指对各比选坝址主副坝、导流工程和枢纽建筑物布置的地段进行地质测绘或地质调查后编制形成的地质，样图见图 2-3-13。

坝（闸）址及附属建筑物区工程地质图可直观反应坝（闸）址及附属建筑物区的地形地貌、地层岩性、地质构造、水文条件、不良地质等分布情况，是对建筑物进行工程地质评价的基础性图件，在水利水电工程勘察中不同阶段是不可缺少的地质图件。

（一）制图范围

坝（闸）址及附属建筑物区工程地质图范围应包括比选坝址、绕坝渗漏的岸坡地段，以及附近低于水库水位的垭口、古河道等。在一张平面图范围内最好包括坝（闸）址、导流系统、引水系统及其他附属建筑物；若比选坝址、其他水工建筑布置分散，也可单独将坝址及其他建筑物分开各形成工程地质图。不同勘察阶段工程地质图制图范围可按以下规定选择。

1. 规划阶段

制图范围包括比选坝址、绕坝渗漏的岸坡地段，以及附近低于水库水位的垭口、古河道等，当比较坝址相距大于 2km 时，可分别编制工程地质图。

2. 可行性研究阶段

（1）坝址：各比选坝址，包括主副坝、溢洪道、厂房和导流工程等有关枢纽建筑布置地段。邻近以及与阐明各比选坝址工程地质条件有关的地段，包括坝下游危及工程安全运行的可能失稳岸坡。

（2）厂房：各比选方案的调压井、高压管道、厂房、主变开关站（室），尾水建筑物等地段以及阐明各比选厂址工程地质条件有关的地段，包括厂房下游危及工程运行安全的可能失稳岸坡。

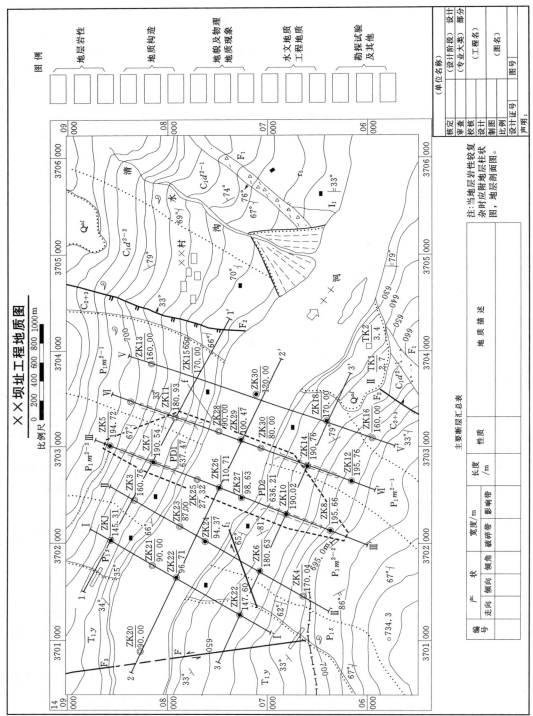

图 2-3-13 坝址工程地质样图

（3）泄洪建筑物：各比选方案的泄洪建筑物布置地段及所毗邻地段，当与坝相距较近时，工程地质图可与坝址工程地质图合并进行。

3. 初步设计阶段

（1）坝址：坝址水工建筑物场地和对工程有影响的地段。

（2）地面厂房：从压力前池可调压塔至尾水渠、地面开关部位所有建筑物地段。

（3）地下厂房：从调压井至尾水出口地段。

（4）溢洪道：自引渠、泄洪闸至下游消能地段，以及论证下游冲刷区与水雾区边坡稳定所涉及的地段。

（5）渠道：包括渠道建筑物场地和填方渠段。

（6）通航建筑物：通航建筑物及对工程有影响的地段。

4. 招标设计阶段

制图范围与初步设计阶段一致，主要是根据本阶段的勘察成果在初步设计阶段的图件的基础进行复核。

（二）比例尺选取

坝（闸）址及附属建筑物区工程地质图使用的地形图，必须是符合精度要求的同等或略大于地质测绘比例尺的地形图。当采用大于地质测绘比例尺的地形图时，需在图上注明实际地质测绘比例尺。不同勘察阶段所采用的比例尺可根据表 2-3-3 所列进行选择。

表 2-3-3　　　　　　　　各勘察阶段工程地质图比例尺选择

规划	可行性阶段	初步设计阶段	技施设计阶段
峡谷区： 1：10000～1：5000 丘陵平原区： 1：25000～1：10000	坝址 1：10000～1：2000	土石坝 1：5000～1：1000	1：1000～1：200
	引水线路及厂址 其中隧洞及渠线路 1：25000～1：5000 建筑物场地 1：5000～1：1000	混凝土坝 1：2000～1：1000 高拱坝可选 1：500	
		地下洞室 1：2000～1：1000， 局部地段可选用 1：500	
		傍山渠道 1：10000～1：1000 渠道建筑物场地和填方渠道 1：2000～1：1000	
		引水式地面水电站和泵站厂址 1：2000～1：1000	
	溢洪道 1：5000～1：2000	溢洪道 1：2000～1：1000	
		通航建筑物 1：2000～1：1000	

（三）制图内容及方法

1. 制图内容

根据《水利水电工程制图标准　勘测图》（SL 73.3—2013），坝（闸）址及附属建筑物区工程地质图的编制应符合下列规定：

（1）坝（闸）址及附属建筑物区工程地质图应按相应的符号、代号标注地形地貌、地层岩性、地质构造、物理地质现象、水文地质条件等内容。

（2）坝（闸）址及附属建筑物区工程地质图范围应包括比选坝址、绕坝渗漏的岸坡地段，以及附近低于水库水位的垭口、古河道等。

（3）可在适当位置布置主要断层汇总表、节理裂隙统计玫瑰花图等。

（4）地层单位宜划分到段或层，各类岩脉用不同的符号绘制，断裂构造按出露迹线绘制。

（5）滑坡体、崩塌、危岩体、松散堆积体、河床深潭、深槽、古河道、埋藏谷、风化槽、卸荷裂隙、岩溶及水文地质点、矿洞、空洞、墓穴等应分别用不同的符号、代号标注。

（6）钻孔、平洞、竖井、探坑、探槽等应用不同的符号、编号标注，并标注高程、深度或长度等信息。

（7）节理裂隙统计点、取样点、原位测试点、地质剖面线、建筑物轮廓线或轴线、正常蓄水位线等应在图上标明。

2．编制方法及步骤

（1）地形地貌。对地形图应进行了一定的取舍，以免造成图面不清，地质内容重点不突出。地形图重点是计曲线、首曲线层，居民、水系、交通等，对植被层、园地层可关闭或删除。根据在地质测绘中调查的地貌形态特征和成因类型，分析地貌与地层岩性、地质构造、第四系地质等内在联系，调查河谷地貌发育史，调查地表水和地下水的运动，赋存与地貌条件的关系。研究微地貌特点，确定工程建筑物区所属地貌类型或地貌单元。根据地质调查的情况，应根据不同的地貌牲征，用相应的地貌符号表示出来。

（2）地层岩性。图上应标明岩层的地层年代，层序及接触关系，并标明产状。

1）沉积岩地区。沉积岩地区地层单位宜划分到段或层，宜在图的适当位置布置综合地层柱状图。

水平地质界线在地质图上的特征：地质界线地形等高线平行或重合；地岩层出露在地形低处，新岩层分布在高处；岩层出露宽度取决于岩层厚度和地面坡度；岩层的厚度是其顶、底面间的高差。

倾斜地质界线在地质图上的特征（V字形法则）：倾斜地质界线在大比例尺地质图上表现为地质界线在沟谷和山脊处成 V 字形态；当地质界线倾向与坡向相反，沟谷处形成尖端指向上游 的 V 字形，山脊处形成指向下游的 V 字形；当地质界面倾向下坡向一致，但倾角大于坡角，沟谷中形成尖关端指向下游 V 字形，山脊上形成尖端指向上游 的 V 字形；当地质界线倾向与坡向一致，但界面倾角小于坡角，河谷中形成尖端指向上游的 V 字形，但界线弯曲的紧闭度大于等高线弯曲的紧闭度。

2）岩浆岩地区。在岩浆岩地区分布的地质图上对浸入岩应标明岩相、与围岩多方面穿插情况、流线、流层及蚀变情况，边缘接触面产状、岩墙、岩脉、蚀变带、软弱矿物富集分布情况。对喷出岩要标明性、岩性、分异情况，原生、次生构造、层间接触关系等。

3）变质岩地区。在变质岩分布区地质图上应标明原岩产状。对于混合岩，必要时要进行混合带的划分。

4）第四系地层地区。在第四系地层分布区要根据堆积物特征在图上划分成因类型，在用相应的地层代号在图上标明，如残积、坡积、崩积、洪积、冲积等。

（3）地质构造。地质构造调查内容包括各构造形迹的分布、形态、规模、结构面的性质、级别和组合方式以及所属的构造体系，分析构造形迹的形成年代、相互关系和发展过程。各类构造的发育程度、分布规律、结构面的形态特征和构造岩的性质。地质构造调查的主要构造类型有褶皱、断层、节理裂隙、劈理等。

1）沉积层原生构造。岩层的产状要素由走向、倾向、倾角（真倾角、假倾角）组成，在图上根据地质测绘实测的地层产状用岩层状的符号表示出来。

通过地质测绘确定了岩层的接触关系在图上应标明。

2）褶皱。通过地质测绘查明的褶皱在图上应标明，褶皱类型、形态，两翼倾角。褶皱轴的位置、走向变化和倾伏方向、倾角。

3）结构面。断层：通过地质测绘查明的断层在图上应标明，如正断层、逆断层（冲断层、逆掩断层）、断层带破碎带、影响带的宽度，断层两侧岩层层位等；在建筑物区，应着重调查区域性断层、活断层、顺河向的大断层、缓倾角断层和断层交汇带的情况，并重点标明断层破碎带的宽度。断裂构造按出露迹线绘制。

节理裂隙：通过地质测绘调查裂隙的产状、延伸长度、宽度等。裂隙在1：1000～1：200比例尺的地质图上应根据测绘的情况按出露处迹线在图上标明。

（4）水文地质及岩溶。图上应标明通过地质测绘查明的泉水的位置、高程、出流方向，流量、所在层位和动态、温泉的水温。

图上应标明水井的位置、井深、井口高程、井水位埋深、所在层位和水位变幅、涌水量。

图上应标明地表水位置、分布范围、变化情况和所在层位。河、湖及溪沟等流量、水位。

图上标明通过地质测绘查明岩溶洼地、漏斗、落水洞的分布位置、形状、规模。

图上标明岩溶洞穴的位置、洞口、洞底高程等。

图上标明各种岩溶泉的出露位置、高程、测定水温、流量。

图上标明岩溶通道的走向。

（5）物理地质现象。滑坡体、崩塌、危岩体、错落体、泥石流、河床深潭、深槽、古河道、埋藏谷、风化槽、卸荷裂隙、矿洞、空洞、墓穴等应分别用不同的符号、代号标示。

对建筑物有影响的错落体、潜在不稳定体、塌陷区、采空区等的位置、规模等应在图上分别用不同的符号、代号标示。

（6）各种勘察信息的标注。对钻孔、平洞、探坑（探槽）应分别建层。

钻孔应统一编号，按实际坐标标明位置、并注明孔口高程、覆盖层厚度、孔深等信息。

平洞应统一编号，按平洞的实际坐标标明位置、并注明洞口高程（若是斜平洞，还应注明洞底高程）、洞深等信息。

竖井应统一编号，按实际坐标标明位置、并注明井口高程、覆盖层厚度、井深等信息。

探坑（探槽）应统一编号，按实际坐标标明位置、并注明探坑、探槽口高程、覆盖层厚度、探坑（探槽）深度等信息。

（7）其他。节理裂隙统计点、取样点、原位测试点、地质剖面线、建筑物轮廓线或轴线、正常蓄水位线应分别建层，并用不同的颜色标明。

二、坝址基岩地质图

坝址基岩地质图是在覆盖或半覆盖区，反映松散覆盖层下基岩面起伏、岩性、构造及其他各种地质情况的图件。它一般根据少量天然露头，结合槽探、井探、钻探和物探等方面的资料编绘而成。有时，还可根据不同的要求，"揭去"某一时代的覆盖层（如第四系、新近系、古近系、侏罗系或白垩系等），突出表示其覆盖层以下的地层、岩石、构造等基底的地质情况。

坝址基岩地质图主要适用于在可研阶段、初设阶段对坝址建筑物的布置、建基面的选择提供地质依据。

（一）制图范围

坝址水工建筑物场地和对工程有影响的地段，主要是坝基所在的河段。

（二）比例尺选取

在可研阶段、初设阶段坝址区工程地质图基础上编制，比例尺与其保持一致，一般可选用 1:2000～1:500。

（三）制图内容及方法

根据《水利水电工程制图标准 勘测图》（SL 73.3—2013）的要求，坝址基岩地质图的编制应符合下列规定：

（1）坝址基岩地质图应在坝址工程地质图的基础上编制，比例尺可选用 1:2000～1:500。

（2）基岩顶板高程等值线、基岩岩性分界线、断层等构造线和水文地质特征等应按相应的符号、线型在图上标示。

（3）钻孔、平洞、竖井、探坑、探槽等应用不同的符号、编号标示，并注明基岩顶面高程、深度或长度等信息。

编制坝址基岩地质图的主要有下列步骤：

1）坝址基岩地质图应在坝址工程地质图的基础上编制。

2）收集坝址区钻孔、平洞、竖井、探坑、探槽等勘探信息，注明勘探点的基岩面高程。

3）在坝（闸）址及附属建筑物区工程地质图上布置作一系列的辅助地质剖面，地质剖面一般呈网络状布置，作出地质剖面后从地质剖面上读出基岩面的高程、地质界线和地质构造等地质信息。

4）利用收集到基岩面的高程，绘制出基岩面等值线。可利用地形图生成软件绘制。

5）将地质剖面放置在基岩地质图上，将地质剖面上收集到的基岩面上的地质内容放置在相应的地质剖面上。

6）地形、地层分界线、地质构造等地质内容分别建层。综合分析地质内容，连接各标识点，对基岩岩性分界线、断层等构造线和水文地质特征等应按相应的符号、线型在图上标示。

7）按照坝（闸）址及附属建筑物区工程地质图的作图方法标注岩性、断层、地层产状等。

8）钻孔、平洞、竖井、探坑、探槽等应用不同的符号、编号标示。

9）建筑物轮廓线或轴线应标注在基岩面地质图上。

基岩地质图也可利用建筑物区的三维地质模型进行编制。

三、坝（闸）及其他建筑物纵、横工程地质剖面图

坝（闸）及其他建筑物纵、横工程地质剖面图主要是反映某一地段在一定垂直深度内工程地质条件的图件。它主要反映覆盖层的厚度、垂向上地层岩性、地质构造、风化卸荷等地质条件，样图见图 2-3-14。

建筑物的纵、横工程地质剖面图是进行建筑物布置、比选的基础性地质图件，是进行地质评价的基本依据。

（一）制图范围

沿建筑物的轴线、垂直轴线布置相应的地质剖面。纵剖面长度一般从建筑物两端向两边延伸 50～100m，横剖面一般长 100～200m。纵、横剖面布置的长度要与坝址区地质平面图平面相协调。

（二）比例尺选取

工程地质剖面图的比例尺应与地质平面图一致，图上应绘制高程标尺、水平距离，并标注高程系统。

（三）制图内容及方法

1. 制图内容

根据《水利水电工程制图标准　勘测图》（SL 73.3—2013）的要求，坝（闸）及其他建筑物纵、横工程地质剖面图的编制应符合下列规定：

（1）工程地质剖面图的比例尺应与地质平面图一致，图上应绘制高程标尺、水平距离，并标注高程系统。

（2）原地形线、开挖线、地层界线、地质构造、风化卸荷界线、岩溶水文地质现象等应用相应的线型在剖面图上绘制，并注明相关信息。

（3）工程地质剖面图应绘制勘探孔（井）的编号、孔口高程、孔深、覆盖层厚度，可进行工程地质分段，简要说明各段的工程地质条件和主要技术指标建议值。

（4）工程地质剖面图上应用相应符号标示河水位和相应的观测日期、正常蓄水位线、剖面交点、剖面方向、建筑物轮廓线、设计开挖线或地质建议开挖线等。

2. 制图方法及步骤

（1）坝址区地质平面图是绘制坝（闸）及建筑物纵、横工程地质剖面图的基础。地质信息一般从地质平面图上读取。当对地质剖面精度要求较高或有特殊要求时，地质信息可进行实测获取。

（2）从平面图上读取作剖面上所需要的地形信息，包括平距和高程，绘制地形线。

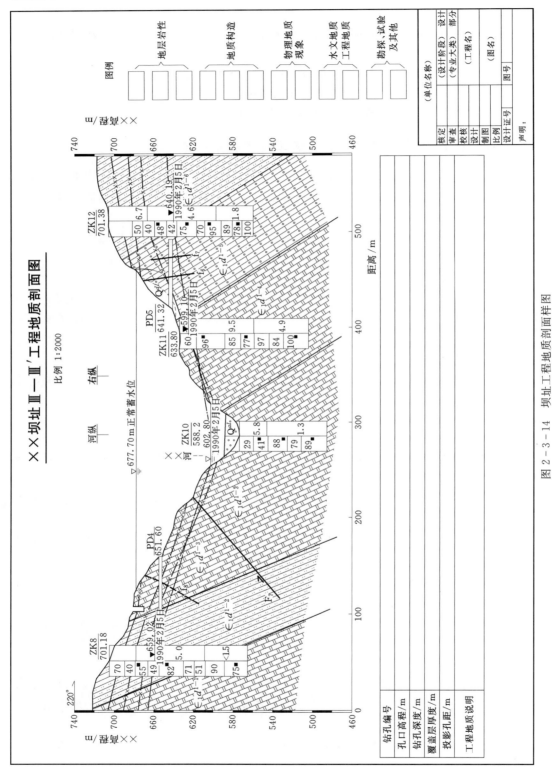

图 2 - 3 - 14　坝址工程地质剖面样图

（3）从平面图上读取剖面沿线的地质界线，地质构造、风化卸荷界线、岩溶水文地质现象等地质信息等，并标注在相应的地质剖面上。

（4）钻孔、竖井、平洞放置在相应的地质剖面上，并将钻孔、竖井、平洞所收集到的地质信息标注在相应的位置。

（5）对地质内容进行分析，连接地层界线、断层、风化卸荷线等界线。

（6）要特别注意各剖面之间交线位置，交线处地质内容各剖面要一致。

（7）工程地质剖面图应在图的下侧列表标注勘探孔（井）的编号、孔口高程、孔深、覆盖层厚度，可进行工程地质分段，简要说明各段的工程地质条件和主要技术指标建议值。

（8）工程地质剖面图上应用相应符号标示河水位和相应的观测日期、正常蓄水位线、剖面交点、剖面方向、建筑物轮廓线、设计开挖线或地质建议开挖线等。

四、坝（闸）址渗透剖面图

坝（闸）址渗透剖面图主要反应建筑物所在处岩体垂向的透水性分带，为防渗帷幕设计提供地质依据。此图是可研阶段、初设阶段的基础性，样图见图 2 - 3 - 15。

（一）制图范围

坝（闸）址渗透剖面图依据设计确定的防渗线路布置，一般沿坝（闸）轴线布置。在左右坝肩的延伸长度视地质情况而定，一般衔接到相对隔水层。

（二）比例尺选取

工程地质剖面图的比例尺应与坝（闸）址区地质平面图一致。

（三）制图内容及方法

1. 制图内容

根据《水利水电工程制图标准　勘测图》（SL 73.3—2013）的要求，坝（闸）址渗透图的编制应符合下列规定：

（1）渗透剖面图可按 SL 73.3—2013 第 3.4.3 条的规定编制，并应重点标注坝（闸）基岩（土）体的渗透性，强透水层和相对隔水层的分布，地下水补、径、排关系，以及岩（土）体透水性分带、潜水位、承压含水层顶、底板及其稳定水位线。

（2）渗透水流的作用可能造成渗透变形破坏的土层、软弱层带、可溶岩、洞穴充填物等应在剖面上按相应符号标明。

（3）当水文地质条件简单时，渗透剖面图可与工程地质剖面图合并。

2. 制图方法及步骤

（1）渗透剖面图可在地质剖面图的基础上编制。

（2）在地质剖面图的基础上，根据钻孔测定的稳定水位标明潜水位、承压含水层顶、底板及其稳定水位线。

（3）根据地下水稳定水位情况，分析判断地下水补迳排关系及地下分水岭分布情况。

（4）将钻孔压水试验、抽水试验等水文试验成果标示在相应的钻孔位置处，根据试验值，进行岩（土）体透水性分带，划分坝（闸）基岩（土）体的渗透性等级，强透水层和

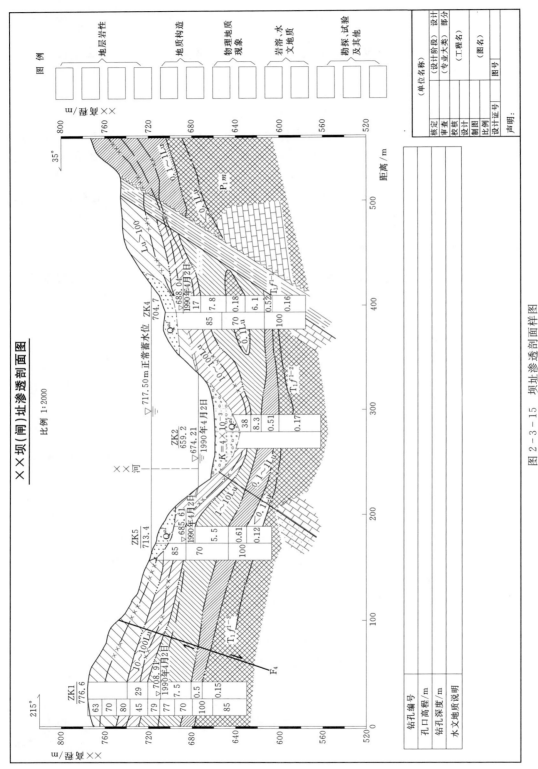

图 2-3-15 坝址渗透剖面样图

相对隔水层的分布。岩土体渗透性分级可根据《水利水电工程地质勘察规范》（GB 50487—2008）附录 F。不同的渗透性等级用相应的花纹和界线标识，其符号根据表 2-3-4 进行标注。

（5）渗透水流的作用可能造成渗透变形破坏（管涌、潜蚀、软化以及液化等现象）的土层、软弱层带、可溶岩、洞穴充填物等应在剖面上按相应符号标明。

表 2-3-4　　　　　　　　岩土体渗透性分级

渗透性等级	标准	
	渗透系数 $K/(cm/s)$	透水率 q/Lu
极微透水	$K<10^{-6}$	$q<0.1$
微透水	$10^{-6}\leqslant K<10^{-5}$	$0.1\leqslant q<1$
弱透水	$10^{-5}\leqslant K<10^{-4}$	$1\leqslant q<10$
中等透水	$10^{-4}\leqslant K<10^{-2}$	$10\leqslant q<100$
强透水	$10^{-2}\leqslant K<1$	$q\geqslant100$
极强透水	$K\geqslant1$	

（6）建筑物轮廓线、勘探点或试验点、观测点等应按相应符号标明。

（7）当水文地质条件简单时，渗透剖面图可与工程地质剖面图合并。

五、平切面图

平切面图是地层岩性、地质构造、水文等地质条件在同一标高的平面位置图。它可以反映在同一高度上岩层的产状变化、褶皱、断层的延伸等，是了解坝（闸）址区建坝岩体工程地质特性的专门性地质图。其标高视（闸）坝址建筑物等级、地质复杂程度而定，一般在建基面以下按间距 5～10m 布置，样图见图 2-3-16。

（一）制图范围

包括坝（闸）址水工建筑物基础所在部位，一般坝（闸）址区所成的工程地质图一致，当工程地质图范围太大时，可只选择建筑物布置地段及对建筑物有影响地段。

（二）比例尺选取

根据可研阶段、初设阶段坝址区所成的工程地质图，比例尺与其保持一致，一般可选用 1∶2000～1∶500。

（三）制图内容及方法

1. 制图内容

根据《水利水电工程制图标准　勘测图》（SL 73.3—2013）的要求，平切面图的编制应符合下列规定：

（1）平切面图宜与相应坝址工程地质图的比例尺一致。

（2）应绘制建筑物开挖轮廓线，并用相应的符号绘制勘探钻孔、平洞、竖井等，可标示出勘探点的高程及深度。

（3）地层、岩性分界、岩体风化、卸荷分带界线等应按相应的线型在图上绘制。

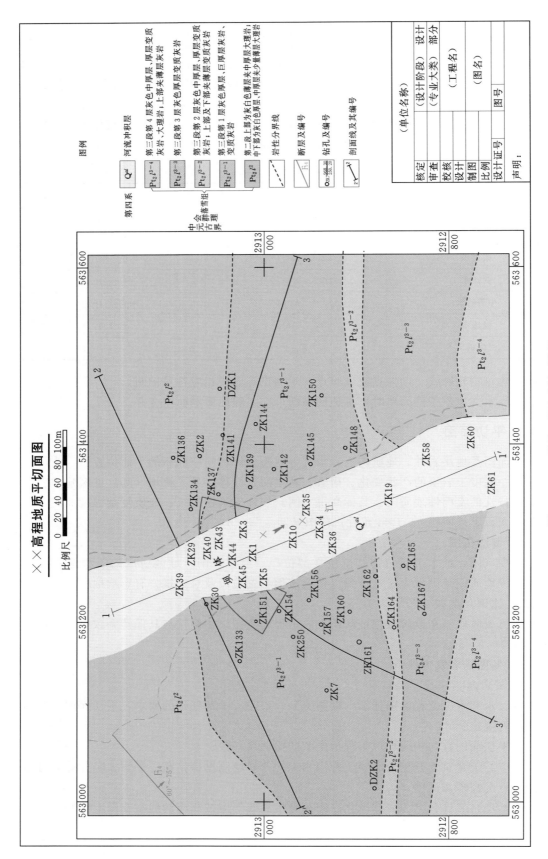

×× 高程地质平切面图

比例尺
0 20 40 60 80 100m

图例

第四系

Q^{al} 河流冲积层

中会群菁青组 元古界界

$Pt_2 l^{3-4}$ 第三段第 4 层灰色中厚层、厚层变质灰岩、大理岩；上部夹薄层灰岩

$Pt_2 l^{3-3}$ 第三段第 3 层灰色厚层变质灰岩

$Pt_2 l^{3-2}$ 第三段第 2 层灰色中厚层、厚层变质灰岩；上部及下部夹薄层变质灰岩

$Pt_2 l^{3-1}$ 第三段第 1 层灰色厚、巨厚层灰岩、变质灰岩

$Pt_2 l^2$ 第二段上部为灰白色薄至中厚层大理岩；中下部为灰白色厚层中厚层夹少量薄层大理岩

岩性分界线

f_{11} 断层及编号

钻孔及编号

剖面线及其编号

图 2 - 3 - 16　坝址工程地质剖面样图

（4）断层、软弱夹层、主要节理裂隙等应按相应的线型在图上绘制，并标注其编号。

2. 制图方法及步骤

（1）收集钻孔、平洞、竖井、探坑、探槽等勘探点同一标高地质信息。

（2）在坝（闸）址及附属建筑物区工程地质图上布置作一系列的辅助地质剖面，地质剖面一般呈网络状布置，作出地质剖面后从地质剖面上读出同一标高的地质界线、断层、水文等地质信息。

（3）将地质剖面放置在平切图上，将地质剖面上收集到的同一标高的地质信息放置在相应的地质剖面上。

（4）按地层分界线、地质构造等地质内容分别建层。综合分析地质内容，连接岩性、断层、岩体风化、卸荷分带、软弱夹层、水文地质、主要节理裂隙等标识，形成相应的界线，这些应按相应的符号、线型在图上标示，对断层、软弱夹层、主要节理裂隙等应标注其编号。

（5）按照坝（闸）址及附属建筑物区工程地质图的作图方法标注岩性、断层、地层产状等。

（6）根据坝（闸）址区岩体工程地质分类的成果，在图上标识出岩体的工程类别。

（7）钻孔、平洞、竖井、探坑、探槽等可标示出勘探点的高程及深度。

（8）建筑物轮廓线或轴线应标注在平切面图上。

（9）平切面图可利用建筑物区的三维地质图进行编制。

六、坝址基岩面等高线图、可利用岩面等高程等值线图

坝址基岩面等高线图是将具有相同海拔的基岩岩面点的连线所形成的图件，编制等值线图需要大量的勘探资料。若岩体裸露，则与当地的地表地理等高线重合，若基岩存在于覆盖层之下，则应减去覆盖层埋藏深度。

可利用岩面等高线图是根据不同坝（闸）址的类型对建坝岩体的要求，通过地质分析，确定可利用岩体的高程，具有相同海拔的可利用岩面点的连线所形成的图件。

坝址基岩面等高线图、可利用岩面等高线图可反应坝（闸）基岩体、可利用岩体的起伏情况、岩体的工程地质条件，为坝基的选择提供地质依据，是坝（闸）址区专门性地质图件。基岩面等高线样图见图 2-3-17。

（一）制图范围

坝（闸）址水工建筑物基础所在部位，一般与坝（闸）址区所成的工程地质图一致，当工程地质图范围太大时，可只选择建筑物布置地段及对建筑物有影响地段。

（二）比例尺选取

坝址基岩面等高线图、可利用岩面等高程图宜与相应枢纽区工程地质图的比例尺一致，一般可选用 1∶2000～1∶500。等线图的等高距宜选用 1～5m。

（三）制图内容及方法

1. 制图内容

根据《水利水电工程制图标准　勘测图》（SL 73.3—2013）的要求，坝址基岩顶板、可利用岩面等高程等值线图的编制应符合下列规定：

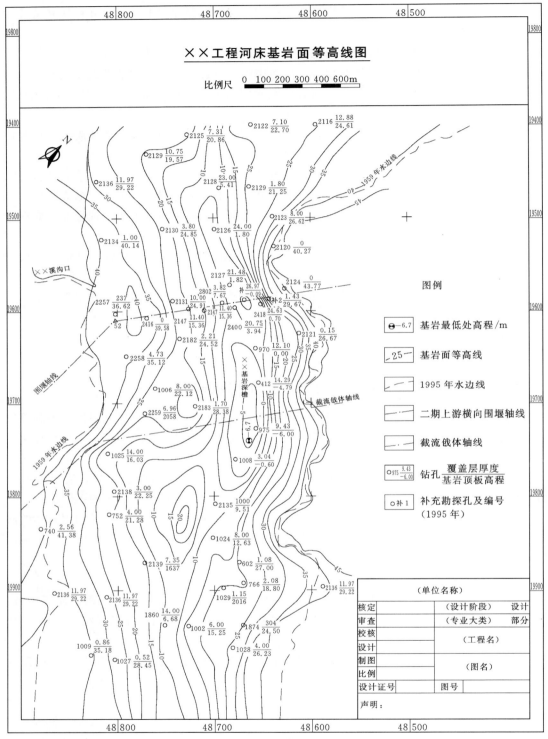

图 2-3-17 基岩面等高线样图

坝址基岩顶板、可利用岩面等高程等值线图的等高距宜选用 1～5m，基岩岩性分界线、断层等构造线和水文地质特征等应按相应的符号在图上标示，钻孔、平洞、竖井、探坑、探槽等应用不同的符号、编号标示，并注明基岩顶面高程、深度或长度等信息。

2．编制方法及步骤

（1）选取所需比例尺的地形图，图上画出露头界线和勘探点（钻孔、坑、井、洞）的准确位置，并注明各勘探点的编号和基岩顶面高程或可利用岩面的高程。

（2）用直线连接各相邻点，按两点间的高程，用间插法将每一条横线加以分割，然后像绘制地形等高线一样，把高程数值相同的点用圆滑的曲线连接起来。

（3）基岩等高线图中在基岩露头范围内可直接用地形等高线。

（4）地质内容的绘制方法同本章第四节二、坝址基岩地质图。

等值线图可利用地形图生成软件绘制；如果建立了三维地质模型，各种等值线图可以直接由三维地质模型生成。

七、地下厂房、引水隧洞的剖面图

地下厂房、引水隧洞剖面图是进行建筑物布置、比选的基础性地质图件，是进行地质评价的基本依据。它主要反映覆盖层的厚度、垂向上地层岩性、地质构造、风化卸荷、围岩类别等地质条件，样图见图 2－3－18。

（一）制图范围

应沿地下厂房、引水隧洞建筑物轴线布置纵剖面图，并沿厂房机组、引水隧洞进、出口、尾水等部位垂直轴线布置相应的横剖面图。纵剖面长度一般从建筑物两端向两边延伸 50～100m，横剖面一般长 100～200m。纵、横剖面布置的长度要与厂房区地质平面图相协调。

（二）比例尺选取

工程地质剖面图比例尺应与地质平面图一致，一般可选用 1∶2000～1∶500。

（三）制图内容及方法

1．制图内容

根据《水利水电工程制图标准　勘测图》（SL 73.3—2013）的要求，地下厂房、引水隧洞工程地质剖面图的编制应符合下列规定：

（1）地下厂房、引水隧洞工程地质剖面图的比例尺应与地质平面图一致，图上应绘制高程标尺、水平距离，并标注高程系统。

（2）原地形线、开挖线、地层界线、地质构造、风化卸荷界线、岩溶水文地质现象等应用相应的线型在剖面图上绘制，并注明相关信息。

（3）剖面图应绘制勘探孔（井）的编号、孔口高程、孔深、覆盖层厚度，可进行工程地质分段，简要说明各段的工程地质条件和主要技术指标建议值。

（4）剖面图上应用相应符号标示河水位和相应的观测日期、正常蓄水位线、剖面交点、剖面方向、建筑物轮廓线、设计开挖线或地质建议开挖线等。

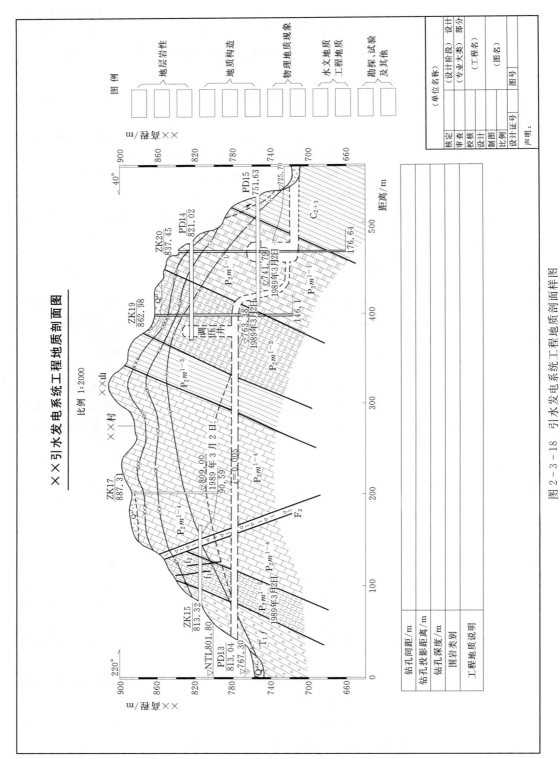

图 2 - 3 - 18 引水发电系统工程地质剖面样图

（5）剖面图上应标明围岩分类，对可能存在有害气体、放射性元素、地温、岩爆、软岩塑性变形、断层破碎带和岩溶洞穴的涌水、突泥等洞段，应在地质描述中重点说明。

2. 制图方法及内容

地下厂房、引水隧洞工程地质剖面图制图方法可参照"本章第四节三、坝（闸）及其他建筑物纵、横工程地质剖面图"的制图方法。

第五节　水　文　地　质　图　件

编制水文地质图件，图名、比例尺、图框、内容、着色、图签、图例等内容应齐全，制图标准参照《水利水电工程制图标准　勘测图》（SL 73.3—2013）的要求执行。一般要抓住要点根据目的不同要综合取舍，分清主次，反对资料堆砌。

编制水文地质图件主要目的：一是可以判读一个地区的水文地质条件；二是为解决河间地块渗漏、坝基及绕坝肩渗漏、水库浸没、地下水利用与开发等水文地质问题提供地质依据。水文地质条件一般包括地下水的埋藏分布情况、含水岩组的划分、地下水补给、径流与排泄关系、水质、水量等，实际上它包括了影响地下水各方面因素的总和。

编制水文地质图件工作程序：野外地质测绘（调查），勘探（物探、钻探），实验，室内资料整理等。

野外地质测绘（调查）内容应包括地形、地貌、气象、水文、植被、地层、岩性、地质构造、地下水露头（泉、井），含隔水层的分布、人为因素（补、排水等）。

调查方法主要有野外地质填图，物探（电法、测井、地震、雷达、放射性等）和同位素技术测试，遥感（航片、卫片）解译，必要时建立地质模型进行数值模拟。

一、水文地质平面图

水文地质平面图是为对区域地下水的形成与分布建立总的概念而编制的反映主要水文地质特征的综合性图件。大比例尺水文地质图多为野外调查和实测的结果，中、小比例尺水文地质图多根据普通地质图及其他相关资料编绘。具体内容包括地下水天然露头和人工露头、含水岩组划分、地下水埋藏深度、含水层等水位线、水化学性质、地下水补径排关系等方面。

根据《水利水电工程制图标准　勘测图》（SL 73.3—2013）的要求，水文地质平面图的编制应符合下列规定：

（1）水文地质平面图应用相应的符号、代号标示出地形地貌、地层岩性、地质构造、岩溶、水文地质、建筑物布置情况、勘探情况等内容。

（2）应根据岩层的成层条件、地层岩性和水文地质、工程地质特性，划分含水岩组界线，着重划分可溶岩与非可溶岩界线，突出岩溶化岩层和相对隔水层。

（3）含水层、透水层、相对隔水层的分布应用相应的符号在图上标示。

（4）地下水露头点、高程、流量、流向应在图上标示。

（5）地下水分水岭及高程，用单虚线箭头标明渗漏通道。

（6）建筑物轮廓线、正常蓄水位线及防渗帷幕线等应在图上绘制。

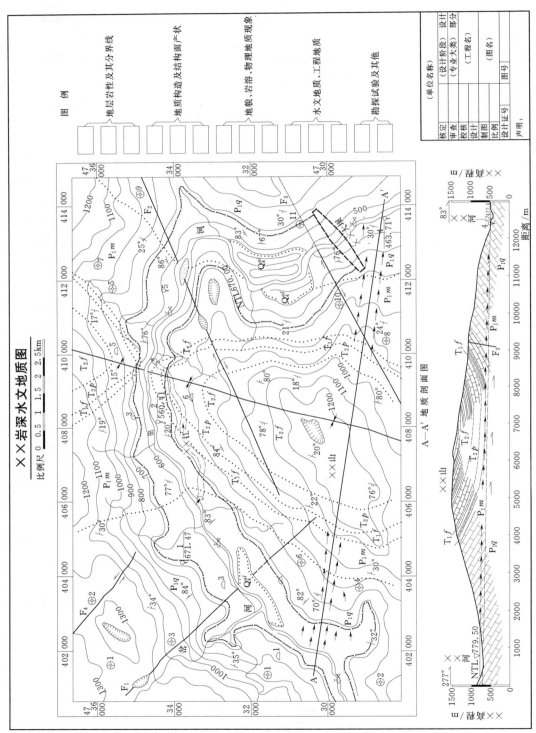

图 2-3-19 岩溶水文地质样图

（7）主要勘探点、连通试验地段、试验取样点、水文观测点、防渗处理范围、地质剖面线等分别用不同的符号和线型表示。

（8）岩溶水文地质图除应按相应的符号标示岩溶发育程度分区（段）外，还应包括：岩溶地貌及物理地质现象等用不同的符号和编号绘制。

溶洞与暗河应在图上标明进出口高程、规模、延伸方向、充填与连通情况，实测的洞穴应投影到地质图上，用双虚线箭头标明地下溶洞的走向。

洼地、天坑、落水洞、漏斗等应用相应的符号表示并编号。

根据《水利水电工程制图标准　勘测图》（SL 73.3—2013），水文地质平面样图见图2-3-19。

二、水文地质剖面图

水文地质剖面图反映调查区主要方向的水文地质变化规律，走向应选在穿过地貌变化最大、横切所有含水层的方向。尽可能和勘探钻孔控制性水点结合起来。原则上水平比例尺与平面图相同，垂直比例尺可适当放大，但不能使地形严重失真。水文地质剖面图除反映地质剖面图的基本内容外，尚应包括含水层的结构特征，含水层，隔水层的分布，埋藏特征，运移、动态特征（补、泄关系），水化学特征，构造控水特征，地下水类型特征、岩溶垂直发育形态、发育程度垂直分带等。

根据《水利水电工程制图标准　勘测图》（SL 73.3—2013）的要求，水文地质平面图的编制应符合下列规定：

（1）水文地质剖面图的比例尺应与水文地质平面图一致，图上应绘制高程标尺、水平距离，并标注高程系统。

（2）原地形线、开挖线、地层界线、地质构造、风化卸荷界线、岩溶水文地质现象等应用相应的线型在剖面图上绘制，并注明相关信息。

（3）水文地质剖面图应绘制勘探孔（井）的编号、孔口高程、孔深、覆盖层厚度。

（4）水文地质剖面图上应用相应符号标示河水位和相应的观测日期、正常蓄水位线、剖面交点、剖面方向、建筑物轮廓线、设计开挖线或地质建议开挖线等。

（5）水文地质剖面图上应标注岩溶垂直发育形态、发育程度垂直分带，地下水补、径、排关系，地下水位等内容。

三、地下水位等值线图

地下水位等值线图，是将高程相等的各地下水点以圆滑曲线相连；用插入法插点时，首先应在地形坡度最大方向上插点，并且要垂直流向。编制地下水位等值线图原则上应用同一年同一时间段地下水位观测值，水文地质条件变化不大，不同水文年同一时间段所观测的地下水位值，也可视为同一时间段的观测值。

地下水等值线图反映潜水和承压水的区别、地下水埋藏深度、流速、流向、河流水与地下水相互补给关系等，为渗控工程及给、排水工程设计提供依据。

根据《水利水电工程制图标准　勘测图》（SL 73.3—2013）的要求，地下水等值线图的编制应符合下列规定：

（1）地下水位等值线图应与相应地质图比例一致。

（2）观测的钻孔、井水、泉水、试坑等应在图上标明其地面位置与高程、地下水面标高与观测时间等。

（3）应选用同一时间段的地下水位观测值，等值线应用细虚线标示，等高距可与地形图计曲线等高距一致。

地下水位等值线图可以地形图生成软件生成。

第六节 引调水工程地质图件

引调水工程指为满足城镇工业生产及居民生活供水、农业灌溉用水及重要湖泊等生态补水需求，兴建的跨地区、跨流域水资源优化调配水利水电工程，如南水北调工程、引黄入晋工程、引大入秦工程等。引调水线路是指引调水工程中从取水点到受水点间由各类引调水建筑物和天然河道、湖塘等组成的引调水系统所经过的路线。

引调水工程建筑物主要包括隧洞、渠道、水闸、泵站、渡槽、倒虹吸、埋涵（管）以及分水口门、节制闸、退水闸等输水控制建筑物，同时包含利用为输水通道的天然河道与湖塘。

一、引调水线路综合工程地质图

引调水线路综合工程地质图是反映各勘察阶段引调水线路工程地质、岩溶与水文地质测绘、各种勘探点（线）、观测与监测点等平面分布的综合性地质成果的图件。编制引调水线路综合工程地质图应根据研究区的范围和要求，收集区域地质资料，进行工程地质与水文地质调查和测绘，确定编图比例尺，选用合适比例地形图，按照规范统一的图例、符号、色调，将区域地质、工程地质、水文地质、勘探成果等内容表示在图上。

（一）比例尺选取

引调水线路工程综合地质图使用的地形图，必须是符合精度要求的同等或略大于地质测绘比例尺的地形图。当采用大于地质测绘比例尺的地形图时，须在图上注明实际地质测绘比例尺。不同勘察阶段所采用的比例尺可根据表2-3-5所列情况进行选择。

表2-3-5　　　　各勘察阶段工程地质测绘比例尺的选择

附件名称	规划阶段	项目建议书阶段	可行性研究阶段	初步设计阶段
引调水线路综合工程地质图	1:50000～1:10000	1:25000～1:10000	1:10000～1:5000	
隧洞进、出口段，傍山浅埋段，过沟段及工程地质，岩溶与水文地质条件复杂洞段		1:5000～1:2000	1:2000～1:1000	专门工程地质测绘比例尺可选用1:500～1:200
渠道		工程地质条件复杂地段比例尺可选用1:5000	1:10000～1:5000	1:5000～1:1000，专门工程地质测绘比例尺可选用1:500～1:200

附件名称	规划阶段	项目建议书阶段	可行性研究阶段	初步设计阶段
渡槽及倒虹吸水闸及泵站		1:5000～1:2000	1:2000～1:1000	1:2000～1:500
埋涵（管）		1:25000～1:10000，进出口段及工程地质条件复杂地段可选用1:5000～1:2000	1:2000～1:1000	专门工程地质测绘比例尺可选用1:500
天然河道与湖塘			1:5000～1:2000	不稳定岸坡及河道整治地段应进行专门测绘比例尺可选用1:1000～1:500
深埋长隧洞		1:50000～1:10000	1:25000～1:10000	

关于渠道工程地质测绘比例尺，平原地区普遍分布第四纪地层，比例尺过大会增加很多工作量而对勘察精度提高有限，因此比例尺可小一些；山区或傍山渠道，一般来说地形、地质条件都较复杂，比例尺可大一些。对于渠系建筑物工程地质测绘比例尺可结合地形、地质条件复杂程度和建筑物范围大小选用，地形、地质条件比较复杂或建筑物范围较小，可选较大的比例尺，反之选较小的比例尺。对岩溶与水文地质条件复杂线路段可编制专门的水文地质图。

（二）制图范围

1. 规划阶段

引调水线路工程综合地质图范围应包括线路（含比较线路）两侧各3～5km，深埋长隧洞宜适当扩大。

2. 项目建议书阶段

引调水线路工程综合地质图制图范围同规划阶段。

隧洞进、出口段、傍山浅埋段、过沟段及工程地质、岩溶与水文地质条件复杂洞段：制图范围为隧洞两侧300～500m，视具体情况扩大测绘范围。其中隧洞进出口段纵向应包括一级稳定岸坡范围。

渠道：按线路制图范围，工程地质、水文地质条件复杂地段适当放大比例尺测绘编图。

渡槽、倒虹吸及埋涵（管）：制图范围应包括建筑物两侧各1～2km。

水闸及泵站：包括水闸、泵站址（含比较方案）及进水、泄水和分水方向与工程运行安全有关地段。

天然河道与湖塘：宜包括河道两侧、河塘周围500m范围。

3. 可行性研究阶段

引调水线路工程综合地质图制图范围应包括线路（含比较线路）两侧各1～3km，深埋长隧洞宜适当扩大。

隧洞进、出口段、傍山浅埋段、过沟段及工程地质、岩溶与水文地质条件复杂洞段制图范围同项目建议书阶段。

渠道：制图范围包括两侧各 500～1500m，工程地质、水文地质条件复杂地段适当扩大。

渡槽、倒虹吸及埋涵（管）：制图范围为建筑物场地及周边 200～300m 和配套建筑物场地和设计施工要求的地段。

水闸及泵站：包括建筑物场地及周围 200～500m 相关地段。

天然河道与湖塘：河道两侧、湖塘周围 100～200m 范围。

深埋长隧洞：测绘范围应包括隧洞各比选线及其两侧各 3～5km，工程地质与水文地质条件复杂还可适当扩大。

4. 初步设计阶段

引调水线路工程综合地质图，复核选定线路工程地质与水文地质成果。

隧洞进、出口段、傍山浅埋段、过沟段及工程地质、岩溶与水文地质条件复杂洞段、渡槽、倒虹吸及埋涵（管）、水闸及泵站制图范围同可研阶段，渠道制图范围包括两侧各 200～1000m。建筑物工程地质条件复杂、跨越地段岸坡及桩（墩）基、以及大型机械施工场地等应进行专门性工程地质测绘及编图，比例尺可选用 1∶500～1∶200。

天然河道与湖塘：不稳定岸坡及河道整治地段应进行专门测绘，比例可选用 1∶1000～1∶500。

深埋长隧洞：复核可行性研究工程地质测绘成果。

（三）制图内容及方法

1. 制图内容

根据《水利水电工程制图标准 勘测图》（SL 73.3—2013）的要求，引调水线路工程综合地质图的编制应符合下列规定：

（1）引调水线路工程综合地质图规划及项目建议阶段小比例图应附综合地层柱状图及典型地质剖面图并放置于适当位置。

（2）引调水线路工程综合地质图应按相应的符号、代号标示出地形地貌、地层岩性、地质构造、不良物理地质现象、岩溶与水文地质条件等内容。

（3）引调水线路轴线、勘探点、取样点、地质剖面线、控制性的地质点、测量标志点等应在图上标注位置及名称。

（4）放射性元素异常区、采空（塌陷）区、矿洞等应在图上标示其名称及分布范围。

2. 制图方法及步骤

引调水区综合地质图制图涉及内容较多，在规划阶段，应收集和分析引调水工程地形图、区域地质图、航（卫）片遥感地质解译资料编制综合地质图。采用 AutoCAD 绘图软件时，可按以下图形内容逐步完成：

（1）地形图部分。应根据综合地质图比例尺要求，选择相应比例尺地形图。当采用比例尺不一致时，应按综合地质图比例尺及测量制图规范要求统一调整地形图图面内容。

当拼合多幅地形图时，应统一各分幅地形图的图层、坐标系统、线条样式、符号样式、图块名称等内容，各图层名称前宜冠以"地形"以示区别。矢量化地形图前应进行图像校正。

等高线宜采用多段线，并对等高线进行高程赋值。各类图块应统一名称及样式。

拼合多幅地形图时应对各拼合地形图进行接边处理，包括各种线条对应相接，属性相同，文字、符号去重复等。

池塘、湖泊、常年水流的水系线及水系名称的实体颜色应使用青色系，水系名称采用倾斜体。

对引调水线路区主要城镇、乡村名称、主要山体、地名以及公路、铁路等交通道路、特征高程点应予标注。

（2）区域地质部分。收集引调水线路区域地质资料，重点包括区域地层岩性、地质构造、水文地质、地质灾害、矿产资源及分布情况等。

对于地质构造，要求对规模较大的断层及褶皱等，必须统一编号并按规范要求标注。

地层单元一般划分到组、段，特殊岩类的地层单元应划分到层；第四系按成因类型进行划分。

（3）专题地质部分。主要包括引调水线路工程区工程地质、水文地质及引水线路建筑物布置等内容。

根据引调水线路地质调查和测绘成果，按相应的符号、代号标注地层岩性、地质构造、物理地质现象、水文地质条件等内容。

对于引调水线路区崩塌、滑坡、泥石流、地面塌陷、地面沉降、地裂缝、岩溶塌陷等各类不良地质现象应按规范样式要求采用不同线型、符号进行标注，并分别统一编号。

按规范样式要求标注各类输水建筑物勘探点、线，绘制其纵、横剖面线，并统一编号标注。当剖面线有多个拐点时，应标注拐点。

引调水线路轴线、取样点、地下水位及泉水流量长期观测点、控制性的地质点、测量标志点等应在图上标注位置及名称。

放射性元素异常区、采空（塌陷）区、矿洞等应在图上标示其名称及分布范围。

绘制引调水线路跨越各水系、湖泊（池塘）及各类泉水点、温泉、岩溶洼地、落水洞、溶洞及地下暗河等的分布，并按要求标注其水文特征。各水文地质点标注宜使用多行文本，当有上、下标时宜使用堆叠文字。

对于跨沟等渠系建筑物可与两侧连接隧洞进、出口段的放大比例尺工程地质图编制在同一张图中。

根据《水利水电工程制图标准　勘测图》（SL 73.3—2013）的要求，引调水工程综合地质样图见图 2-3-20。

二、引调水线路工程地质剖面图

引调水线路工程地质纵剖面图一般长度较大，当水平与垂直两方向用相同比例尺成图难度大时，可采用变比例尺绘制，垂直向与水平向比例尺之比以取 2、5、10 等整数倍为宜。纵剖面线应沿引调水线路轴线布置，由上游至下游从左到右绘制。

（一）比例尺选取

引调水线路工程地质剖面图的比例尺应与地质平面图一致，图上应绘制高程标尺并标注高程系统、水平距离及桩号。

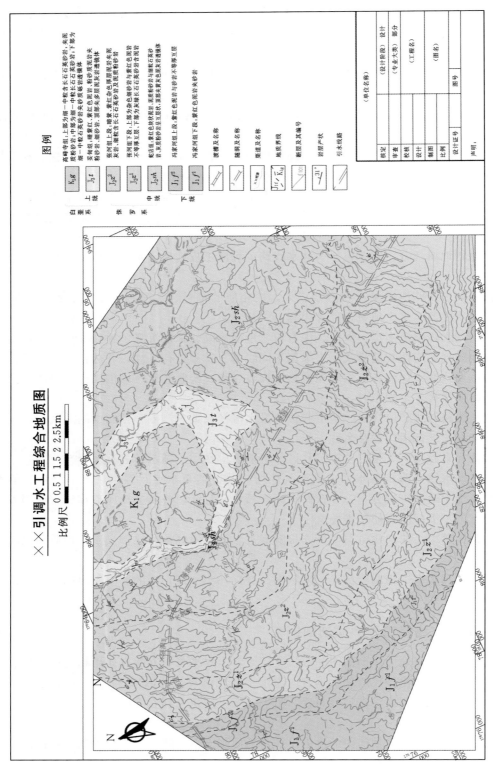

图 2－3－20 引调水工程综合地质样图

（二）制图范围

沿引调水工程线路轴线、垂直轴线布置相应的地质剖面线。纵剖面长度为沿取水点至线路终点，两端也可适当延长 50～100m，横剖面长度一般按带状平面地质图宽度控制。

（三）制图内容及方法

1. 制图内容

根据《水利水电工程制图标准 勘测图》（SL 73.3—2013）的要求，引调水线路工程地质剖面图的编制应符合下列规定：

（1）工程地质剖面图的比例尺应与地质平面图一致，图上应绘制高程标尺、水平距离，并标注高程系统。

（2）原地形线、开挖线、地层界线、地质构造、风化与卸荷界线、岩溶水文地质现象等应用相应的线型在剖面图上绘制，并注明相关信息。

（3）工程地质剖面图应绘制勘探孔（井）的编号、孔口高程、孔深、覆盖层厚度，可进行工程地质分段，简要说明各段的工程地质条件和主要技术指标建议值。

（4）工程地质剖面图上应用相应符号标示河水位和相应的观测日期、正常蓄水位线、剖面交点、剖面方向、建筑物轮廓线、设计开挖线或地质建议开挖线等。

2. 制图方法及步骤

（1）引调水工程综合地质图是绘制引调水工程地质剖面图的基础。地质信息一般从地质平面图上读取。当对地质剖面精度要求较高或有特殊要求时，地质信息可进行实测获取。

（2）从平面图上读取作剖面上所需要的地形信息，包括平距和高程，绘制地形线。

（3）从平面图上读取剖面沿线的地质界线，地质构造、风化卸荷界线、岩溶水文地质现象等地质信息等，并标注在相应的地质剖面上。

（4）钻孔、竖井、平洞放置在相应的地质剖面上，并将钻孔、竖井、平洞所收集到的地质信息标注在相应的位置。

（5）对地质内容进行分析，连接地层界线、断层、风化卸荷线等界线。

（6）要特别注意各剖面之间交线位置，交线处地质内容各剖面要一致。

（7）工程地质剖面图应在图的下侧列表标注勘探孔（井）的编号、孔口高程、孔深、覆盖层厚度，可进行工程地质分段，简要说明各段的工程地质条件和主要技术指标建议值。

（8）工程地质剖面图上应用相应符号标示河水位和相应的观测日期、正常蓄水位线、剖面交点、剖面方向、建筑物轮廓线、设计开挖线或地质建议开挖线等。

根据《水利水电工程制图标准 勘测图》（SL 73.3—2013）的要求，引调水工程输水线路工程地质剖面样图见图 2-3-21。

三、引调水工程主要建筑物工程地质剖面图

引调水工程建筑物主要包括隧洞、渠道、水闸、泵站、渡槽、倒虹吸、埋涵（管）等。根据《水利水电工程地质勘察规范》（GB 50487—2008）的要求，在项目建议书阶段至初步设计阶段，均应编制引调水工程主要建筑物的工程地质剖面图。除按平面图上布置的沿建筑物轴线编制纵剖面图外，尚应按平面图上布置的与轴线垂直方向布置的横剖面线编制横剖面图。

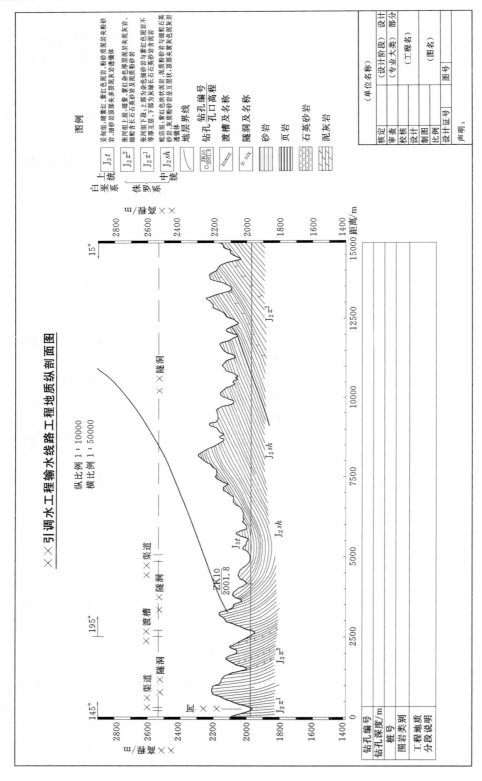

图 2 - 3 - 21　引调水工程输水线路工程地质剖面样图

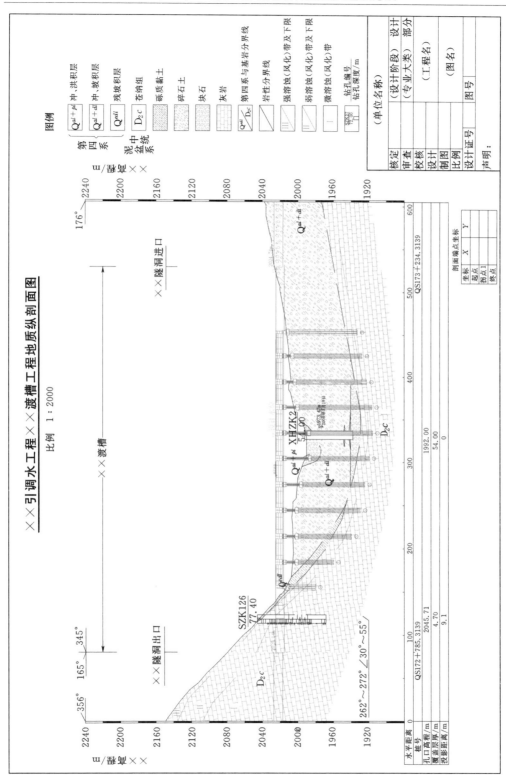

图 2－3－22 渡槽工程地质纵剖面样图

引调水工程主要建筑物的工程地质剖面图可参照"本章第六节二、引调水线路工程地质剖面图"编制，还应结合建筑物、场址的地形地质条件，对不同建筑物的工程地质剖面图的编制尚应符合下规定。

（一）输水渠道工程地质剖面图

输水渠道工程地质剖面图应注明砂砾石层、软土、湿陷性土、膨胀性土（岩）、填土的分布、地下水位、工程地质分段评价等。必要时可在纵剖面图上附典型横断面图。

（二）埋涵（倒虹吸）工程地质剖面图

埋涵（倒虹吸）工程地质剖面图应注明引起管基液化、变形和不均匀变形、施工期降排水等问题的砂层、软土层、湿陷性土、膨胀性土（岩）的分布、砂砾石层透水性、地下水位等。

（三）输水隧洞工程地质剖面图

输水隧洞工程地质剖面图应标明围岩分类，对可能存在有害气体、放射性元素、高地温、硬岩岩爆、软岩塑性变形、断层破碎带、褶皱蓄水体和岩溶洞穴的涌水突泥等不良地质洞段，应在地质描述中重点说明。

（四）水闸、泵站、渡槽及桥式倒虹吸等工程地质剖面图

水闸、泵站、渡槽及桥式倒虹吸等工程地质剖面图应注明各岩土层的分布及承载力特征、可能的天然地基持力层和桩基持力层、地下水位等。

渡槽工程地质纵剖面样图见图 2-3-22。

第七节　堤防工程地质图件

一、堤防工程综合地质图

堤防工程综合地质图是综合反映堤防工程各勘察阶段所有工程地质测绘、水文地质测绘、各种勘探、试验分析成果的图件。编制堤防工程综合地质图应根据堤防工程的范围和要求，收集地质资料，进行不同比例尺的地质调查与工程地质测绘，确定编图的比例尺，选用合适比例的地形图，按国家统一的图例、符号、色调，将各地貌单元，微地貌、各类土层的分布、井、泉及不良地质现象，已建堤防的隐患险情部位、勘探成果等内容表示在图上。

（一）确定比例尺

堤防工程多属线性工程，不同勘察阶段综合地质图所需的比例尺不等，见表 2-3-6、表 2-3-7；选用 1:500、1:1000 等大比例尺时图幅长、纵横比大，为便于资料利用、印刷装订、归档等原因，图面宜考虑自左至右进行分幅，幅面尺寸宜按基本幅面的整数倍设定。

表 2-3-6　　　　堤防工程各勘察阶段工程地质图比例尺选择

建筑物		规划阶段	可行性研究阶段	初步设计阶段
堤防、堤岸		1:500000～1:25000	1:25000～1:10000	1:5000～1:2000
涵闸	大中型		1:2000～1:1000	1:1000～1:500
	小型	结合堤防进行		

表 2－3－7　　　　　　　　　各勘察阶段工程地质图比例尺选择

地质条件 ＼ 勘察阶段	规划阶段	可行性研究阶段	设计阶段（初步设计、施工图设计）	堤防加固设计
简单	可不进行	线路地质调查 1：100000～1：5000	剖面图 1：1000～1：200	
中等	线路地质调查 1：100000～1：50000	平面图 1：100000～1：50000 剖面图 1：1000～1：200	平面图 1：5000～1：2000 剖面图 1：500～1：100	
复杂	线路地质调查 1：50000～1：25000	平面图 1：50000～1：25000 剖面图 1：1000～1：200	平面图 1：20000～1：5000 剖面图 1：500～1：100	平面图 1：5000～1：1000 剖面图 1：500～1：100

（二）制图范围

堤防工程的制图范围应包括堤防与堤岸工程地质测绘宽度。根据《堤防工程地质勘察规程》（SL 188—2005）的要求，堤防与堤岸工程地质测绘宜沿堤（岸）线进行，测绘宽度见表 2－3－8。当堤外滩较窄时，堤岸与堤防工程地质测绘可合并进行。

表 2－3－8　　　　　　　　　堤防与堤岸工程地质测绘宽度

类 别		可行性研究阶段	初步设计阶段
新建堤防	堤线内侧	500～2000	500～1000
	堤线外侧①	1000	500
已建堤防	堤内②	300～1000	300～1000
	堤外①	500	500
堤岸	岸肩外	至水边	至水边
	岸肩内	500～1000	300～500

①　当堤外滩较宽时，测绘宽度取表中数值；当堤外滩较窄时，测至河（江）水边。

②　已建堤防堤内工程地质测绘宽度应大于最远历史险情距堤内脚的距离。

（三）制图内容及方法

1. 制图内容

根据《水利水电工程制图标准　勘测图》（SL 73.3—2013）的要求，堤防工程综合地质图的编制应符合下列规定：

（1）堤防综合地质图应用相应的符号、代号标示出地形地貌、地层岩性、物理地质现象、水文地质条件等内容；

（2）堤防工程地质图上应用相应的符号标示历史险情，主要有堤基管涌点、散浸点、堤身滑坡、裂缝、历史溃口等，重大险情宜标示出险日期。

（3）标注堤轴线、勘探剖面和勘探点及其编号，勘探点编号后标示高程和深度。

2. 制图方法及步骤

图面原则上正北朝上方，需偏转时应在适当位置标注正北方位。图面力求简洁、明了，充分考虑图件输出、印刷所需的图幅尺寸，选用不同的字号、线宽线型比例进行组合，以重点突出主要地质和堤防历史险情资料等内容。图面上地层或其他地质单元的界线应注意封闭，标注的地层代号、堤防轴线、勘探剖面、勘探孔信息等与地质界线、花纹等尽量避免相互覆盖，必要时可将标注字体大小、位置略加调整。

图面地质界线、内容标注等编制完成后，据需要充填面色。

堤防工程平、剖面图件一般较多，编制图册时可视情况将所有图件涉及的图例整合成一份总图例，各图例可按地层岩性、地质构造、地貌、不良物理地质现象以及堤防历史险情、水文地质工程地质、勘探和试验及其他花纹等依次排列，将标题栏置于总图例图面右下角，或分幅图最后一幅图的右下角。

根据《水利水电工程制图标准 勘测图》（SL 73.3—2013）的要求，堤防工程综合地质样图见图 2-3-23。

二、堤防工程地质纵、横剖面图

在可行性研究勘察阶段和初步设计勘察阶段，新建堤防工程报告附图中必须提交工程地质剖面图；已建堤防工程加固设计勘察阶段，报告附图中也必须提交工程地质剖面图。

（一）确定比例尺

堤防工程地质剖面图的比例尺宜与地质平面图一致。堤防工程地质纵剖面一般长度较大，当水平与垂直两方向用同等比例尺成图难度大时，可采用变比例尺绘制，垂直向与水平向比例尺之比以取 2、5 等整数倍为宜。

堤防纵剖面宜沿堤防中心线或防渗轴线、减压井轴线布置，原则上应由上游至下游从左到右绘制；横剖面应面向河流下游从左到右绘制；堤防横剖面多垂直于堤顶纵轴线布置，长度应包括堤内、堤外影响区，渗透分析剖面长度应能满足渗透分析的需要。横剖面水平与垂直两方向可采用同等比例尺，为便于纵、横剖面交点对应，垂直向比例宜与纵剖面图垂直向比例一致。

（二）制图内容及方法

1. 制图内容

根据《水利水电工程制图标准 勘测图》（SL 73.3—2013）的要求，堤防工程地质纵、横剖面图的编制应符合下列规定：

（1）堤防工程地质纵剖面图宜沿堤轴线布置，并标明穿堤建筑物位置。

（2）横剖面长度应满足分析堤身及堤基抗滑稳定、渗透稳定的要求。

（3）剖面图宜进行工程地质分段，并描述各工程地质分段的特征。

（4）钻孔原位测试成果、取样点位置应用符号、代号标示。

（5）堤身部分应用符号和花纹反映钻孔等勘探手段揭露的填土的实际类型及植物根系、洞穴等的发育位置。

2. 制图方法及步骤

堤防综合地质图是绘制堤防工程地质剖面图的基础。地质信息一般从地质平面图上读取。当对地质剖面精度要求较高或有特殊要求时，地形信息、地质信息可进行实测获取。

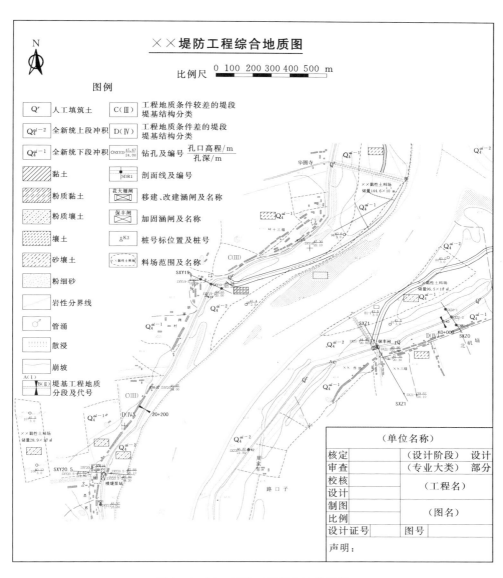

图 2-3-23 堤防工程综合地质样图

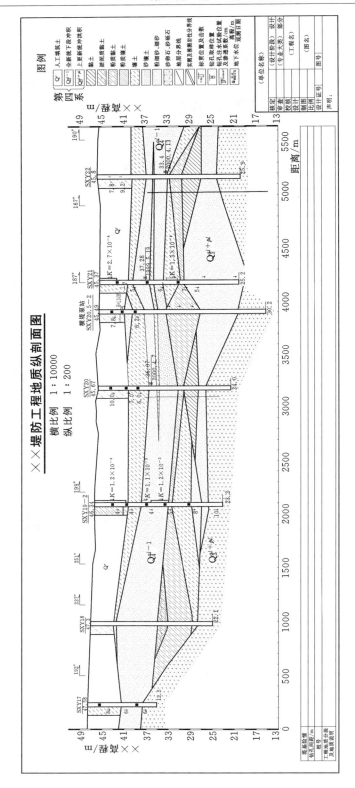

图 2 - 3 - 24 堤防工程地质纵剖面样图

剖面两端应按垂直向比例绘制标尺图案来标示高程，并标注高程系，在剖面两端及轴线拐向处标注剖面方向；两端标尺下方连线上应按水平向比例从左至右绘制水平距离标尺，并标注长度单位。

纵、横剖面图的地质内容应与堤防工程综合地质图上所切剖面轴线上的地质信息一致，并充分反映勘探孔（点）所获取的地质信息。图面力求简洁、明了，充分考虑图件输出、印刷所需的图幅尺寸，选用不同的字号、岩性花纹、线宽线型比例进行组合，以突出有重要工程意义的工程地质、水文地质界线如软弱夹层、含水层、相对隔水层等分界线和层位；当剖面图水平与垂直向采用变比例绘制时，应注意换算有关地质界线产状、厚度等。

剖面图下方应设置标注栏，其长度与剖面长度一致。标注内容主要包括：堤防历史险情、钻孔间距、钻孔编号、孔口高程、钻孔深度、桩号、堤段工程地质分段评价等。

根据《水利水电工程制图标准　勘测图》（SL 73.3—2013）的要求，堤防工程地质样图见图 2-3-24。

第八节　天然建筑材料图件

天然建筑材料勘察是水利水电工程建设的重要工作，它直接关系到工程建设是否可行及成本高低，天然建筑材料图件则是反映工程建设所需建材的质量、储量、运距的重要表示。

反映工程建设各设计阶段的图件主要有：

（1）×××料场分布图。

（2）×××料场综合地质图。

（3）×××料场剖面图。

（4）钻孔柱状图、平洞、竖井、坑槽展视图等在此不予赘述。

一、料场分布图

它所反映的是工程建设所需建筑材料分布位置。

（一）制图比例及范围

规划阶段，宜在规划的水利水电工程 20km 范围内对各类建筑材料进行地质调查，编制 1:100000～1:50000 料场分布图。

可行性研究阶段，应编制 1:50000～1:25000 料场分布图。

初步设计阶段，应编制 1:50000～1:10000 料场分布图。

（二）制图内容及方法

1. 制图内容

根据《水利水电工程制图标准　勘测图》（SL 73.3—2013）的要求，料场分布图的编制应符合下列规定：

（1）工程位置、料场位置、储量、交通线路、城镇等应在图上用不同的符号标明。

（2）用不同图形在料场位置处标示料场类型，并在图上标示料场编号、名称和储量。

（3）编制产地概况一览表，表格内容包括材料种类、料场名称、分布高程、运距、勘察级别、料场面积、剥离层、有用层与无用夹层平均厚度、剥离层体积、有用层储量及质量，产地概况一览表可置于平面图右侧或下方。

2. 制图方法及步骤

料场分布图首先要收集相应阶段相应比例尺的地形图，并搜集和分析已有的地质资料，结合现场勘测（或调查）的地质资料（包括地层岩性、质量和储量及编号）一并用相应符号标识在地形图或交通图上，并用图例表示在图框下方或右边。同时应注重表示工程位置通往各料场的交通要道或水运码头，且应标注乡镇以上集镇和料场名称。在图面的下方或右侧适当位置并予以标注、标明上料场概况表格，将料场名称、位置、编号、至建筑物距离（直线距或运距）、勘察级别、剥离方量、有用储量采剥比和质量评价列于表中。

在图面右下侧画上图签，图签应符合勘测图制图标准。图中的线条、符号、文字等的大小，应结合图面大小确定，以美观清晰为主，字体一律采用宋体，重点部分可采用黑体。

根据《水利水电工程制图标准 勘测图》（SL 73.3—2013）的要求，天然建筑材料料场分布样图见图 2-3-25。

二、料场综合地质图（或平面图）

料场综合地质图是反映工程建设所需建筑材料的地质信息。

（一）比例尺选取

规划阶段，可草测 1∶10000～1∶5000 料场地质图。

可行性研究阶段，应编制 1∶5000～1∶2000 料场综合地质图。

初步设计阶段，应编制 1∶2000～1∶1000 料场综合地质图。

（二）制图内容及方法

1. 制图内容

根据《水利水电工程制图标准 勘测图》（SL 73.3—2013）的要求，料场分布图的编制应符合下列规定：

（1）料场综合地质图宜在左侧布置料场地质平面图，右侧布置料场岩（土）物理力学试验成果表、储量计算和质量评价成果表等，下方布置剖面图。

（2）料场地质平面图应按相应的符号、代号标示出地形地貌、地层岩性、风化厚度、地质构造等内容。

（3）勘探点（线）应在图上绘制，并应标示其编号、地面高程及深度。

（4）储量计算范围线及质量分区应按相应的线型在图上标示。

（5）耕地、林地范围及其他标志等应按相应的符号标明。

2. 制图方法及步骤

首先在相应设计阶段的地形图上反映该料场的地层岩性、地质构造、水文地质现象及其他影响料场开采的地质不良体。

各地层岩性、地质构造及其他地质现象应标清符合制图标准的地质界线及编号，同时耕地、林地及其他经济作物的范围线不能遗漏，并以不同线型或颜色在图上标注清楚。

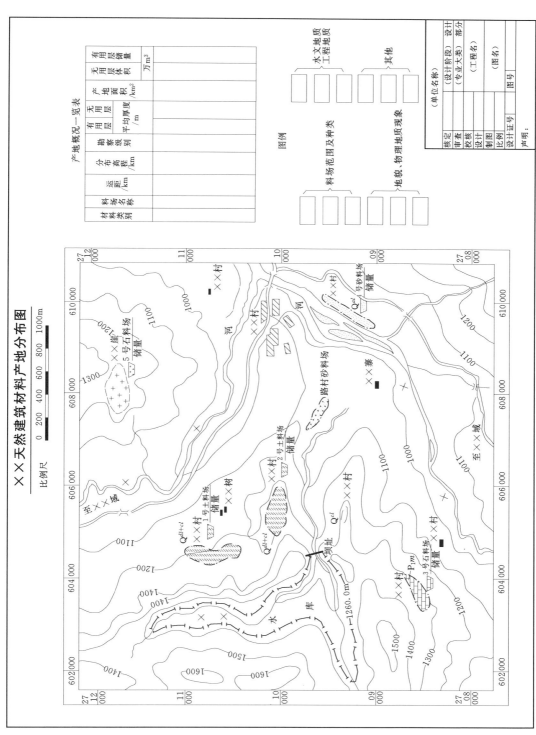

图 2-3-25 天然建筑材料产地分布样图

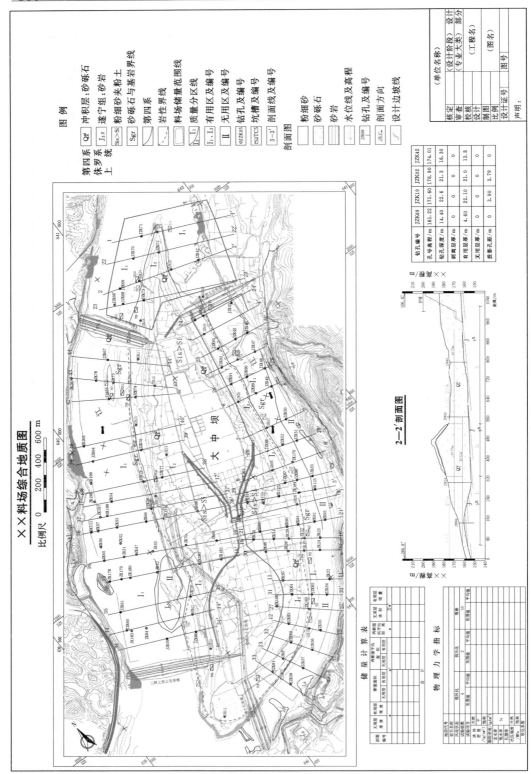

图 2 - 3 - 26 综合地质样图

地形图外边框标注坐标，图内标注料场及其他重要位置的高程点、主要交通要道和水运码头，地名和乡镇名称。

为查清料场的地质情况，在料场进行地质勘测，除标清各种地质现象外，还应标明勘探点（线）的位置及编号、地面高程、坑（孔）深度、剥离层厚度、有用层厚度、风化情况等。并用不同线型标示各种料场的分区线或储量计算范围线。但材料质量的分区界线，应按材料的质量优劣、有用层和剥离层的厚度及分布，开采条件等用不同线型进行区分。在图面上方的适当位置标注指北方向。

在图的下方或右边，应按料源分类、分区分别汇总统计其储量和质量，并列于汇总表中（平面地质图可不画汇总表）。必要时，可在平面图的右侧布置料场岩（土）物理力学试验成果表、储量计算和质量评价成果表等，下方可布置重点勘探剖面图。

在图件的右侧绘制相对应的图例和说明，在右下角画上图签。

根据《水利水电工程制图标准　勘测图》（SL 73.3—2013）的要求，料场综合地质样图见图 2-3-26。

三、料场地质剖面图

（一）比例尺选取

可行性研究阶段，应编制 1:2000～1:1000 料场地质剖面图；其中人工骨料和块石料场应实测 1:2000～1:1000 料场地质剖面，砂砾料、土料料场可实测 1:2000～1:1000 料场地质剖面。

初步设计阶段，应编制 1:2000～1:1000 料场综合地质图；其中人工骨料和块石料场应实测 1:2000～1:500 料场地质剖面，砂砾料、土料料场可实测 1:2000～1:500 料场地质剖面。

（二）制图内容及方法

1. 制图内容

根据《水利水电工程制图标准　勘测图》（SL 73.3—2013）的要求，料场剖面图的编制应符合下列规定：

（1）料场地质剖面图上应绘制高程标尺、水平距离，并标注高程系统。

（2）原地形线、地层界线、地质构造、风化、卸荷界线、岩溶水文地质现象等应用相应的线型在剖面图上绘制，并注明相关信息。

（3）料场地质剖面图应绘制勘探孔（井）的编号、孔口高程、孔深、覆盖层厚度。

（4）取样点位置及编号，剥离层、有用层及无用夹层应在图上标示。

（5）地下水位线、高程及施测日期，河床、河漫滩应标出枯水位和一般洪水位。

（6）质量分区线及储量计算范围线应在图上标示。

（7）对可溶岩料场，还应反映岩溶发育类型和溶洞充填情况。

2. 制图方法及步骤

按照平面图上的剖面线绘制剖面图。剖面图首先要确定比例尺，一般应与平面图一致，如若太长或太高，根据图面也可用变比例绘制。图面两端应绘制高程标尺及水平距离，并标注高程系统。

原地形线、剥离开挖线、地层界线、地质构造、风化（或卸荷）界线、岩溶水文地质现象，滑坡、危岩体等物理地质现象，应用相应的线型在剖面上绘制，并标注相关信息。

钻孔、竖井（或坑槽）应标注编号、高程、深度、覆盖层厚度等，同时剖面图上应用相应符号标示地表水（河水）和地下水（或泉水）的水位及相应观测日期、正常蓄水位线、剖面交点、剖面方向、剥离开挖线或建议开挖线等。

取样点的位置及编号，剥离层、有用层与无用夹层及质量分区线和储量计算范围线应标注在图上。对可溶岩料场还应反映岩溶发育类型及溶洞充填情况。剖面图下方信息栏可根据需要标注钻孔（或竖井、坑槽）编号、高程、深度、风化厚度或深度、无用层、有用层厚度或埋深、投影孔距、材料质量分段评价等栏目。

地层岩性可用相应花纹、线型等表示；在剖面图右侧或下方绘制图例和图签。

第四章 勘 测 图 图 例

第一节 图 例 制 定 原 则

图例制定的一般原则如下：

（1）图例花纹应直观形象、简单易画，便于区别。

（2）图例框尺寸可根据图幅大小选用 20mm×10mm 或 15mm×8mm。

（3）各类地质图宜按地层由老至新，色谱由深至浅着色。小比例尺地质图可按照《地质图用色标准》（GB 6390—86）的规定着色；大比例尺地质图的着色，可根据实际情况自行编拟，但同一工程各阶段宜统一。岩浆岩应采用由超基性到酸性按由深至浅的颜色表示，同一类的侵入岩，时代越新，着色越鲜艳，色调越明亮；对出露面积小且不利于工程的地质现象，应采用醒目的颜色表示。

第二节 地 质 年 代 及 代 号

（1）中国区域年代地层、地质年代代号及构造运动的标注应符合表 2-4-1 的规定。

（2）地质体年代及单位代号的标注应符合下列规定：

1）各种代号在用外文和汉语拼音字母表示时，第一字为正体大写，第二字为同级小写。

2）对于两个时代相邻而未划分清楚的地层用"—"号，如未划分的侏罗系中、上统用 J_{2-3}；两统合并的符号用"＋"号，如侏罗系中、上统合并时为 J_{2+3}。在时代上可能属于上统，也可能属于中统则用"/"号表示，如 J_2/J_3 表示侏罗系中统或侏罗系上统。

3）地质体年代及单位代号的标注应符合表 2-4-2 的规定。

（3）侵入岩体年代及单位代号的标注应符合表 2-4-3 的规定。

第三节 岩 石 花 纹 符 号 及 代 号

岩石花纹符号（pattern and symbol of rocks）是按岩石类型的基本名称，以结构或特殊构造以及碎屑成分、矿物成分等作为附加名称而设计的不同花纹符号，用于在地质图上表示不同种类和性质的岩石。

表 2-4-1　　　　　　中国年代地层、地质年代代号及构造运动一览表

界	系	统	代号	同位素年龄/Ma	构造运动（幕）		地质事件
新生界 Cz	第四系 Q	全新统	Q_4	0.01		喜马拉雅阶段	联合古陆解体阶段
		上更新统	Q_3				
		中更新统	Q_2		喜马拉雅运动（晚）		
		下更新统	Q_1	2.6			
	新近系 N	上新统	N_2	5.3			
		中新统	N_1	23.3	喜马拉雅运动（早）		
	古近系 E	渐新统	E_3	32			
		始新统	E_2	56.5	燕山运动（晚）	燕山阶段	
		古新统	E_1	65			
中生界 Mz	白垩系 K	上白垩统	K_2	137	燕山运动（中）		
		下白垩统	K_1				
	侏罗系 J	上侏罗统	J_3		燕山运动（早）		
		中侏罗统	J_2				
		下侏罗统	J_1	205			
	三叠系 T	上三叠统	T_3		印支运动（晚）	印支海西阶段	联合古陆形成阶段
		中三叠统	T_2				
		下三叠统	T_1	250			
上古生界 Pz_2	二叠系 P	上二叠统	P_3		印支运动（早）		
		中二叠统	P_2				
		下二叠统	P_1	295	伊宁运动		
	石炭系 C	上石炭统	C_3				
		中石炭统	C_2				
		下石炭统	C_1	354	天山运动		
	泥盆系 D	上泥盆统	D_3				
		中泥盆统	D_2				
		下泥盆统	D_1	410	广西（祁连）运动		
下古生界 Pz_1	志留系 S	顶志留统	S_4			加里东阶段	
		上志留统	S_3				
		中志留统	S_2				
		下志留统	S_1	438	古浪运动		
	奥陶系 O	上奥陶统	O_3				
		中奥陶统	O_2				
		下奥陶统	O_1	490			
	寒武系 ∈	上寒武统	$\in_3$		兴凯运动		
		中寒武统	$\in_2$				
		下寒武统	$\in_1$	543			
新元古界 Pt_3	震旦系 Z	上震旦统	Z_2		晋宁运动（晚）	吕梁晋宁阶段	板块形成阶段
		下震旦统	Z_1	680			
	南华系 Nh	上南华统	Nh_2	800			
		下南华统	Nh_1				
	青白口系 Qb	上青白口统	Qb_2	1000			
		下青白口统	Qb_1		晋宁运动（早）		
中元古界 Pt_2	蓟县系 Jx	上蓟县统	Jx_2	1400			
		下蓟县统	Jx_1				
	长城系 Ch	上长城统	Ch_2	1800			
		下长城统	Ch_1				
古元古界	Pt_1	滹沱系	Ht	2500	吕梁（中条）运动		
新太古界	Ar_3			2800		五台阜平阶段	陆核形成阶段
中太古界	Ar_2			3200	五台运动		
古太古界	Ar_1			3600	阜平运动		
始太古界	Ar_0						

表 2 - 4 - 2 地质体年代及单位代号的标注示例

名称	代号	说　明
界	Pz	均采用国际通用名称，不另命名。亚界及统的数字为正等线体，数字中线与界、系、统代号以底平为准
亚界	Pz_1	
系	$\in$	
统	$\in_1$	
阶	$\in_1 m$	阶的符号是在统的符号后面加阶名汉语拼音首位正体小写字母，如同一统内阶名第一个字母重复时，则年代较老的阶用一个字母，较新的阶在第一个字母之后加第二个汉字汉语拼音首位正体小写字母
群	$\in_1 sh$	群的符号是在相应的年代符号之后，加群名两个汉语拼音小写斜体字母。第一个为汉语拼音的头一个字母，第二个是拼音最接近的声母
组	$\in_1 m$	组的符号是在系或统的符号后，加组名汉语拼音首位字母小写斜体，如同一统或系内组名首位字母有重复时，则年代较新的组在首位字母之后再加上最接近的一个小写斜体声母
段	$\in_1 m^1$	段的符号在阶或组的符号右上角注以阿拉伯数目字
层	$\in_1 m^{1-2}$	层的符号在段的代号右上角加连接号注以正等线体

表 2 - 4 - 3 侵入岩体年代及单位代号的标注示例

名　称	地　质　年　体		构　造　运　动
新生代花岗岩 γ_6	新近纪 γ_6^3		喜马拉雅阶段
	古近纪 $\begin{cases}\gamma_6^2\\\gamma_6^1\end{cases}$		
中生代花岗岩 γ_5	白垩纪 γ_5^3		燕山阶段
	侏罗纪 γ_5^2		
	三叠纪 γ_5^1		
古生代花岗岩 γ_{3+4}	晚古生代花岗岩 γ_4	二叠纪 γ_4^3	印支海西阶段
		石炭纪 γ_4^2	
		泥盆纪 γ_4^1	
	早古生代花岗岩 γ_3	志留纪 γ_3^3	加里东阶段
		奥陶纪 γ_3^2	
		寒武纪 γ_3^1	
前寒武纪花岗岩 γ_{1+2}	元古代花岗岩 γ_2	晚元古代 γ_2^3	吕梁晋宁阶段
		中元古代 γ_2^2	
		早元古代 γ_2^1	
	太古代花岗岩 γ_1	晚太古代 γ_1^3	五台阜平阶段
		中太古代 γ_1^2	
		早太古代 γ_1^1	

（1）常用第四纪堆积物成因类型、代号应符合表2-4-4的规定。

表 2-4-4　　　　　　　　常用第四纪堆积物成因类型及代号

堆积物成因类型	代号	堆积物成因类型	代号	堆积物成因类型	代号
人工堆积	Q^s	融冻堆积	Q^{ts}	冲积风积	Q^{aleo}
冲积	Q^{al}	风积	Q^{eol}	坡冲积	Q^{dal}
洪积	Q^{pl}	崩积	Q^{col}	残坡积	Q^{ede}
残积	Q^{el}	滑坡堆积	Q^{del}	河口堆积	Q^{mcm}
坡积	Q^{dl}	泥石流堆积	Q^{df}	洪积坡积	Q^{pld}
湖积	Q^l	洞穴堆积	Q^{ca}	洪湖积	Q^{pll}
海积	Q^{mr}	生物堆积	Q^b	黄土（综合成因）	Q^{los}
化学堆积	Q^{ch}	泉华	Q^{cas}	复合堆积	Q^{mi}
沼泽堆积	Q^{fl}	冲洪积	Q^{apl}		
冰川堆积	Q^{gl}	冲积海积	Q^{alm}		

注　对复合成因类型的代号，采用相应成因类型代号相加。

（2）常用第四纪堆积物代号应符合表2-4-5的规定。

表 2-4-5　　　　　　　　常用第四纪堆积物代号

名　称	代号	名　称	代号	名　称	代号	名　称	代号
现代土壤	rsl	粗砂	csd	亚黏土	scl	黄土	los
古土壤	psl	细砂	fsd	淤泥	bcl	红土	Itr
砾石	gl	粉砂	st	泥石流	mrf	黑土	ble
漂砾	db	砂砾	sdg	冰川沉积物	gld	褐土	brs
巨砾	mgg	砂土	sds	冻土层	fsl	棕土	ub
粗砾	cgl	粗砂土	css	腐泥	spp	人工填筑土	ats
中砾	mgl	细砂土	fss	泥炭	pef	黄土状土	lss
细砾	fgl	粉砂土	stl	石灰华	ctf	盐碱土	als
角砾	rbb	砂黏土	sdc	有机质沉积物	ogs	泥砾层	mgv
砂	sd	黏土	cl	碎屑沉积物	cls		

注　第四纪堆积物代号为英文字母缩写小写正体。

（3）常用沉积岩名称、代号应符合表 2-4-6 的规定。

表 2-4-6   常用沉积岩名称及代号

名　称	代号	名　称	代号	名　称	代号
角砾岩	br	粉砂质泥岩	sim	灰岩	ls
砾岩	cg	泥岩	ms	泥灰岩	ml
砂岩	ss	黏土岩	cr	泥晶灰岩	mls
长石砂岩	ak	页岩	sh	白云岩	dol
石英砂岩	qu	硅质页岩	sis	泥晶白云岩	mdl
长石石英砂岩	fq	碳质页岩	cc	硅质岩	si
岩屑砂岩	ds	钙质页岩	csh	凝灰岩	all
粉砂岩	st	砂质页岩	sas		

注 沉积岩代号为英文字母缩写小写正体。

（4）常用松散堆积物花纹应符合表 2-4-7 的规定。

表 2-4-7   常用松散堆积物花纹

松散堆积物名称	花纹	松散堆积物名称	花纹	松散堆积物名称	花纹
漂石		中砂		黄土状亚砂土	
块石		细砂		黄土状亚黏土	
卵石		粉砂		红黏土	
回填卵砾石		粉土		淤泥质黏土	
卵石夹砂		粉质亚砂土		淤泥质粉质黏土	
砂卵石		亚砂土		含淤泥质亚黏土	
含砾砂		粉质亚黏土		含砾粉质黏土	
砾石		亚黏土		卵砾质粉质黏土	
砂砾石		黏土		含碎石粉质黏土	
角砾		炭质黏土		砾质黏土	
砂		有机质黏土		含砾黏土	
粗砂		黄土		淤泥	

松散堆积物名称	花纹	松散堆积物名称	花纹	松散堆积物名称	花纹
钙质结核		中壤土		重粉质壤土	
腐殖土		重壤土		粉质壤土夹碎石	
填筑土		砂壤土		杂填土	
古土壤		中砂壤土		素填土	
盐渍土		重砂壤土		耕植土	
表层耕土		轻粉质壤土		冰川泥砾	
壤土		中粉质壤土		冰水沉积层	

（5）常用沉积岩花纹应符合表 2-4-8 的规定。

表 2-4-8　　　　　常用沉积岩花纹

岩石名称	花纹	岩石名称	花纹	岩石名称	花纹
角砾岩		中砾岩		细砂岩	
砂质角砾岩		细砾岩		石英砂岩	
泥质角砾岩		含角砾砾岩		长石砂岩	
钙质角砾岩		砂质砾岩		长石石英砂岩	
硅质角砾岩		砂砾岩		复成分砂岩（杂砂岩）	
铁质角砾岩		砂岩		泥质砂岩	
砾岩		含砾砂岩		钙质砂岩	
巨砾岩		粗砂岩		凝灰质砂岩	
粗砾岩		中砂岩		含铁砂岩	

岩石名称	花纹	岩石名称	花纹	岩石名称	花纹
含油砂岩		炭质页岩		砂屑灰岩	
粉砂岩		凝灰质页岩		粉屑灰岩	
含砾粉砂岩		铁质页岩		结晶灰岩	
含泥粉砂岩		黏土岩（泥岩）		生物碎屑灰岩	
泥质粉砂岩		砂质泥岩		颗粒灰岩	
钙质粉砂岩		粉砂质泥岩		砾泥灰岩	
凝灰质粉砂岩		含砂泥岩		鲕状灰岩	
铁质粉砂岩		灰岩		泥灰岩	
含钾粉砂岩		薄层灰岩		白云岩	
含炭质粉砂岩		页片状灰岩		颗粒白云岩	
页岩		砂质灰岩		鲕状白云岩	
铝土页岩		泥质灰岩		砂质白云岩	
含锰页岩		核形石灰岩		泥质白云岩	
含钾页岩		铁质灰岩		灰质白云岩	
沥青页岩		锰质灰岩		砾屑白云岩	
油页岩		硅质灰岩		砂屑白云岩	
砂质页岩		白云质灰岩		粉屑白云岩	
粉砂质页岩		碳质灰岩		角砾状白云岩	
钙质页岩		沥青质灰岩		盐岩	
硅质页岩		砾屑灰岩		石膏	

（6）常用岩浆岩花纹及代号应符合表2-4-9（1）、表2-4-9（2）、表2-4-9（3）、表2-4-9（4）和表2-4-9（5）、表2-4-9（6）的规定。

表2-4-9（1）　　　　　　　　常用超基性岩代号、花纹

岩石名称	代号	花纹	说明	岩石名称	代号	花纹	说明
未分超基性侵入岩	Σ		含不同矿物的超基性岩，可在未分超基性岩类花纹基础上附加矿物符号	二辉岩	$\psi\rho$		
橄榄岩	σ			煌斑岩	χ		
纯橄榄岩	φ			未分超基性喷出岩	Ω		
角闪石岩	ψo			苦橄岩	ω		
辉岩	ψ_i			古橄玢岩	$\omega\mu$		

表2-4-9（2）　　　　　　　　常用基性岩代号、花纹

岩石名称	代号	花纹	说明	岩石名称	代号	花纹	说明
未分基性岩	N		含不同矿物的基性岩，可在未分基性岩类花纹基础上附加矿物符号	未分基性喷出岩	B		
斜长岩	$\upsilon\sigma$			玄武岩	β		
辉长岩	υ			苦橄玄武岩	$\omega\beta$		
苏长岩	υo			粗面玄武岩	β		
辉绿岩	$\beta\mu$			碱性玄武岩	$x\beta$		
辉绿玢岩	$\beta\mu$			细碧岩	$\mu\beta$		

表 2 - 4 - 9（3）　　常用中性岩代号、花纹

岩石名称	代号	花纹	说明	岩石名称	代号	花纹	说明
未分中性岩	Δ		含不同矿物的中性岩，可在未分中性岩类花纹基础上附加矿物符号	角闪正长岩	$\xi\psi$		
二长岩	η			正长斑岩	$\xi\pi$		
闪长岩	δ			未分中性喷出岩	A		
辉长闪长岩	$\upsilon\delta$			安山岩	σ		
角闪闪长岩	$\gamma\delta$			玄武安山岩	$\beta\alpha$		
二长闪长岩	$\delta\eta$			安山玢岩	$\alpha\mu$		
闪长玢岩	$\delta o\pi$			英安岩	ζ		
正长岩	ξ			角斑岩	$\chi\tau$		

表 2 - 4 - 9（4）　　常用酸性岩代号、花纹

岩石名称	代号	花纹	说明	岩石名称	代号	花纹	说明
未分酸性岩类（中酸性岩类）	Γ		含不同矿物的酸性岩，可在未区分酸性岩类花纹基础上附加矿物符号	斜长花岗岩	$\gamma 0$		
花岗岩	γ			碱长花岗岩	$\chi\gamma$		
花岗闪长岩	$\gamma\delta$			未分酸性喷出岩	A		
黑云母花岗岩	$\gamma\beta$			流纹岩	λ		
白云母花岗岩	γm			流纹斑岩	$\lambda\pi$		
二长花岗岩	$\eta\gamma$			碱长流纹岩	$\chi\lambda$		
花岗斑岩	$\gamma\pi$			霏细（斑）岩	$\upsilon\pi$		
白岗岩	γl			黑曜岩	$\upsilon\lambda$		

表 2－4－9（5） **常用碱性岩代号、花纹**

岩石名称	代号	花纹	说明	岩石名称	代号	花纹	说明
未分碱性岩	E			未分碱性喷出岩	θ		
霞石正长岩	ε		含不同矿物的碱性岩，可在未区分碱性岩类花纹基础上附加矿物符号	粗面岩	τ		
霞石岩	$\varepsilon\pi$			粗面斑岩	$\tau\pi$		
霞斜岩	ξ			响岩	υ		
霓霞岩	$\varepsilon\chi$			粗安岩	$\tau\alpha$		
霓辉岩	$\xi\pi$						

表 2－4－9（6） **常用火山碎屑岩代号、花纹**

岩石名称	代号	花纹	岩石名称	代号	花纹
集块熔岩	al		熔结凝灰岩	it	
角砾熔岩	bl		集块岩	a	
凝灰熔岩	tl		火山角砾岩	vb	
熔集块岩	la		凝灰岩	tf	
熔角砾岩	lb		沉集块岩	ba	
熔凝灰岩	lt		沉火山角砾岩	bb	
熔结集块岩	ia		沉凝灰岩	bt	
熔结角砾岩	ib				

（7）常用岩脉、矿脉的代号应符合表 2－4－10 的规定。

表 2－4－10　　　　　　　　　　常用岩脉、矿脉的代号

名　称	代号与符号	名　称	代号与符号	名　称	代号与符号
石英脉	q	伟晶岩脉	ρ	玢岩脉	μ
酸性岩脉	γ	中性岩脉	δ	超基性岩脉	Σ
花岗岩脉	γ	正长岩脉	ξ	煌斑岩脉	χ
花岗斑岩脉	$\gamma\pi$	闪长岩脉	δ	蛇纹岩脉	$\phi\omega$
石英斑岩脉	$\lambda o\pi$	二长岩脉	η	碱性岩脉	x
霏细斑岩脉	$\upsilon\pi$	基性岩脉	N	方解石脉	Ca
细晶岩脉	ι	辉长岩脉	ν	矿脉	Cu

（8）常用变质岩花纹及代号应符合表 2－4－11（1）、表 2－4－11（2）、表 2－4－11（3）的规定。

表 2－4－11（1）　　　　　　　　　　常用变质岩代号

名　称	代　号	名　称	代　号	名　称	代　号
板岩	sl	云母片岩	mis	均质混合岩	im
千枚岩	ph	石英片岩	qs	浅粒岩	l_{ti}
片岩	sch	绿片岩	ges	角岩	hs
片麻岩	gn	角闪片岩	hos	角页岩	hf
变粒岩	gnt	大理岩	mb	云英岩	gs
麻粒岩	gnl	石英岩	qz	矽卡岩	sk
变质砂岩	mss	混合岩	mi	榴辉岩	ec
变质火山碎屑岩	mv	花岗片麻岩	gg	榴闪岩	eh
变安山岩	mas	斜长片麻岩	plg	磁铁石英岩	ibr

表 2－4－11（2）　　　　　　　　常 用 变 质 岩 花 纹

变质岩名称	花　纹	变质岩名称	花　纹	变质岩名称	花　纹
板岩		绿泥片岩		矽卡岩（不分）	
钙质板岩		花岗片麻岩		变流纹岩	
硅质板岩		片麻岩		变安山岩	
砂质板岩		二长片麻岩		变玄武岩	
炭质板岩		麻粒岩		变质砂岩	
凝灰质板岩		浅粒岩		变质砾岩	
绢云板岩		变粒岩		长石石英岩	
绿泥板岩		大理岩		石英岩	
千枚岩		大理岩化灰岩		混合岩	
钙质千枚岩		白云石大理岩		渗透状混合岩	
绿泥千枚岩		白云质大理岩		香肠状混合岩	
片岩		角岩（不分）		条纹（痕）状混合岩	
石英片岩		云母角岩（不分）		条带状混合岩	
角闪片岩		绢云母角岩		角砾状混合岩	

表 2-4-11（3）   常用接触变质及围岩蚀变花纹

变质岩名称	花 纹	变质岩名称	花 纹	变质岩名称	花 纹
矽卡岩化	Sk	电气石化	Tou	云英岩化	Gs ※ ※
角岩化	hs	绿帘石化	Ep	高岭土化	K1 土 土 X.
大理岩化	Mb	绢云母化	Ser	叶腊石化	Pyl
蛇纹石化	Sep	硅化	Si	黄铜矿化	Cu ● ●
白云岩化	Dol	滑石化	Sk	黄铁矿化	Fe

（9）常用构造岩花纹应符合表 2-4-12 的规定。

表 2-4-12   常 用 构 造 岩 花 纹

岩石名称	花 纹	说 明	岩石名称	花 纹	说 明
断层泥			压碎角砾岩		
构造角砾岩			碎裂岩		
碎块岩		碎块的岩类可用岩石符号表示	千糜岩		
超糜棱岩			玻状岩		
糜棱岩			压碎岩		

第四节　地　质　构　造　符　号

（1）褶皱符号应符合表 2−4−13 的规定。

表 2−4−13　　　　　　　　　　褶　皱　符　号

名　称	符　号		说　明
	用于小比例尺图	用于大、中比例尺图	
背斜轴线			
向斜轴线			
倒转背斜轴线			箭头指示轴面倾向
倒转向斜轴线			箭头指示轴面倾向
隐伏（推测）背斜轴线			
隐伏（推测）向斜轴线			
倾伏的背斜轴线			
倾伏的向斜轴线			
短轴背斜			
短轴向斜			
穹隆构造			
盆地构造			

（2）断层符号应符合表 2－4－14 的规定。

表 2－4－14　　　　　　　　　　断　层　符　号

名　称	符　号		说　明
	平　面	剖　面	
实测正断层	↓50°		平面上箭头指示断层面倾向，数字表示断层面的倾角
推测正断层	↓50°		
实测逆断层	↓40°		平面上箭头指示断层面倾向，数字表示断层面的倾角
推测逆断层	↓40°		
实测平移断层			
推测平移断层			
实测逆掩断层	↓20°		平面上箭头指示断层面倾向，数字表示断层面的倾角
推测逆掩断层	↓20°		
实测断层线			性质不明
推测断层线			
掩埋断层			性质清楚时可绘性质符号
断层影响带			将岩性符号表示其中即为岩性
断层破碎带			其他构造破碎带亦可应用

（3）节理、裂隙符号应符合表 2－4－15 的规定。

（4）层理、片理等的产状要素符号应符合表 2－4－16 的规定。

表 2 – 4 – 15　　　　　　　**节 理 、裂 隙 符 号**

名　称	符　号	说　明	名　称	符　号	说　明
倾斜节理、裂隙	⫽70°	双短线指倾斜方向，数字为倾角	张节理、裂隙	Jc3 / 60°	
水平节理、裂隙	‖		剪节理、裂隙	Jj5 / ⫽60°	
垂直节理、裂隙	▭		节理密集带		
柱状节理	⬡70°	箭头指示柱体的倾向，数字为倾角	劈理	50°	短线指示倾向，数字为倾角
节理、裂隙面带倾斜擦痕	⫽30°	箭头指向擦痕倾斜方向，数字为倾角	层面裂隙	⊤ / 30°	数字为倾角
节理、裂隙面带水平擦痕	⸗‖				

表 2 – 4 – 16　　　　　　　**层理 、片理等的产状要素符号**

名　称	符　号	说　明	名　称	符　号	说　明
岩层产状	35°	长线表示走向，短线指示倾向，数字为倾角	倾斜片理具流线及流线的倾向	40°	箭头指示流线的倾斜方向，数字为倾角
直立地层产状	┼		倾斜流面构造	20°	尖头指示倾斜方向，数字表示倾角
倒转地层产状	30°	箭头指示倒转后倾向，数字为倒转后倾角	水平流面构造	◆	
层面带擦痕擦痕倾斜方向	30°	箭头指示擦痕倾斜方向，数字为倾角	垂直流面构造	◆	长线表示流面走向
层面带擦痕擦痕方向平行岩层走向	←┼→		倾斜流面具流线及流线的倾向	40°	箭头指示流线的倾向，数字为倾角
层面带擦痕擦痕方向垂直岩层走向	↑		水平流线构造	↗	
片理、叶理及片麻理的走向、倾向、倾角	35°	长线为走向，尖头指示倾向，数字为倾角	倾斜流线构造	→	
水平片理及片麻理	◇		垂直流线构造	←┼	
垂直片理及片麻理	◇	长线表示片理、片麻理的走向			

（5）地层、岩层分界线符号应符合表2-4-17的规定。

表 2-4-17 地层、岩层分界线符号

用于平面图		用于剖面图、柱状图	
名 称	符 号	名 称	符 号
实测整合地层界线	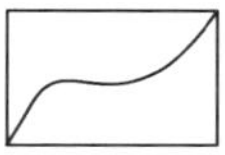	地层角度不整合界线	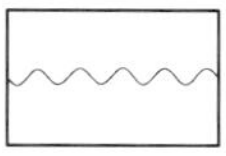
推测整合地层界线	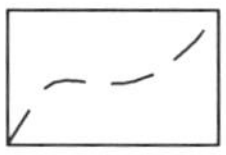	地层平行不整合界线（假整合）	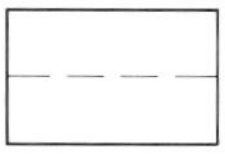
实测角度不整合地层界线（点打在新地层一方，下同）	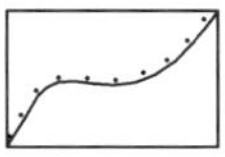	地层整合界线，虚线为推测	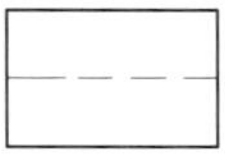
推测角度不整合地层界线	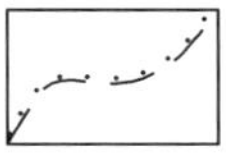		
实测平行不整合地层界线	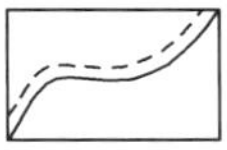		
推测平行不整合地层界线	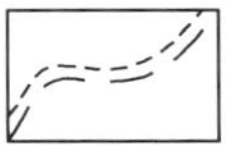		
岩性界线	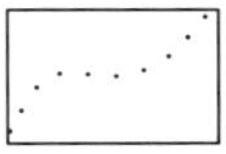		

第五节 地 貌 符 号

（1）河谷、湖泊、海洋地貌符号应符合表2-4-18的规定。

表 2-4-18 河谷、湖泊、海洋地貌符号

名 称	符 号	说 明	名 称	符 号	说 明
V形谷	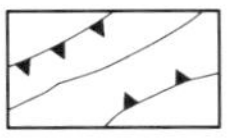		水流切割悬谷	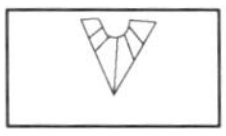	
U形谷、箱形谷	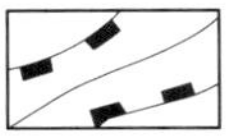		冲沟	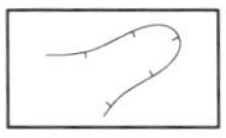	
不对称河谷	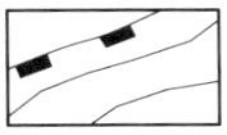		侵蚀阶地	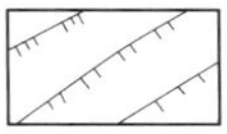	
缓坡谷	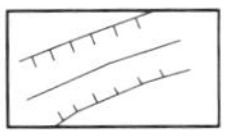		堆积阶地	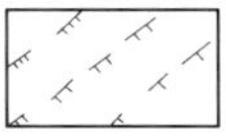	绘于阶地的前缘，齿数表示阶地级数

名 称	符 号	说 明	名 称	符 号	说 明
侵蚀堆积 不分阶地			湖泊及聚水池		
滑坡阶地			河岸天然堤		
冲积扇			牛轭湖		
冲积锥			河岸和漫滩		
洪积扇			裂点		
分水岭界线		1—不 对 称；2— 对 称	间歇河		
海堆积阶地			普通温度的沼泽		
离堆山			湖堆积阶地		数字为相对高度 （m）
古河道		如为埋藏或推测的 两边线用虚线表示	湖蚀阶地		
草地沼泽			瀑布		
泥炭沼泽			决口口门		

（2）岩溶地貌符号应符合表 2-4-19 的规定。

（3）构造剥蚀地貌符号应符合表 2-4-20 的规定。

（4）风成地貌符号应符合表 2-4-21 的规定。

（5）冰川地貌符号应符合表 2-4-22 的规定。

（6）火山地貌符号应符合表 2-4-23 的规定。

（7）人工地貌符号应符合表 2-4-24 的规定。

表 2－4－19　　　　　　　　　岩 溶 地 貌 符 号

名　称	符　号		说　明
	平　面	剖　面	
溶洞	⌒30°	可按实际形状绘出	斜线和数字为溶洞的倾斜方向和倾角，埋藏溶洞以虚线表示，有水者加"～"，有充填者即在符号内绘类似充填物符号或花纹
溶斗（或漏斗）	◎		有水者在符号内加"～"，有充填物的则注上充填物符号或花纹
天然井	⊕		有水者在符号内加"～"，有充填物的则注上充填物符号或花纹
落水洞	⊙		
溶蚀洼地			
溶蚀侵蚀洼地			
石笋、钟乳石、石柱	1 2 3		1—石笋；2—钟乳石；3—石柱
天生桥	⌒		
伏流			水流隐没或水流开始漏失的地点
溶沟或溶槽			
暗河入口，流向，出口			
盲谷			
地下干谷			
峰林，峰丛	1 2		1—峰林；2—峰丛
孤峰，峰丘	1 2		1—孤峰；2—峰丘
岩溶湖			
岩溶地下湖			

表 2 - 4 - 20　　　　　　　　　　**构 造 剥 蚀 地 貌 符 号**

名　称	符　号	名　称	符　号	名　称	符　号
断层阶梯		锯齿状山脊		方山	
断层崖		窄陡山脊		剥蚀残山	
单斜山	陡 缓	平缓山脊			

表 2 - 4 - 21　　　　　　　　　　**风 成 地 貌 符 号**

名　称	符　号	说　明	名　称	符　号	说　明
风蚀残丘			垄岗砂丘		箭头指示移动方向
风蚀阶地			新月砂丘		
风蚀盆地或泽地			风砂堆积阶地		数字为相对高度 /m
砂堆砂丘					

表 2 - 4 - 22　　　　　　　　　　**冰 川 地 貌 符 号**

名　称	符　号	说　明	名　称	符　号	说　明
鳍脊 （锯齿状陡窄山脊）			剥蚀阶地		
鼓丘			常年积雪地区		
冰斗			终积尾积		
槽状冰川谷			蛇形丘		
悬谷			冰积阜		
悬谷口的阶梯			冰川堆积阶地		数字为相对高度 /m
羊背石			冰水堆积阶地		

表 2 - 4 - 23　　　　　　　　　　　　　　　　火 山 地 貌 符 号

名　称	符　号	名　称	符　号	名　称	符　号
死火山		火山口、火山锥		熔岩流	
活火山		火山通道		火山堆积阶地	

表 2 - 4 - 24　　　　　　　　　　　　　　　　人 工 地 貌 符 号

名　称	符　号	名　称	符　号	名　称	符　号
废矿堆		水库及大坝		古墓	
采石场		废矿井			

第六节　物理地质现象符号及代号

（1）适用于剖面图的风化、卸荷带分界线应符合表 2 - 4 - 25 的规定。

表 2 - 4 - 25　　　　　　　　　适用于剖面图的风化、卸荷带分界线

名　称	符　号	名　称	符　号	名　称	符　号
全风化带下限		弱风化带下限		强卸荷带下限	
强风化带下限		微风化带下限		强卸荷带下限	

（2）其他物理地质现象符号应符合表 2 - 4 - 26 的规定。

表 2 - 4 - 26　　　　　　　　　　　其他物理地质现象符号

名　称	符　号	名　称	符　号	名　称	符　号
谷底冲刷		古滑坡推测边界		崩塌	
滑坡[a]		正在活动的滑坡推测边界		陡岸及崩塌堆积[b]	
古滑坡边界		滑坡剪出口		陡岸及崩塌堆积[a]	
正在活动的滑坡边界		推测滑坡剪出口		泥石流	

名　称	符　号	名　称	符　号	名　称	符　号
潜在滑坡带		地震涌砂点		雪崩	
潜在崩塌带		地震崩坍		卸荷裂隙	
湿陷		地震裂谷		盐渍化	
震中及强度 $\dfrac{震级}{发震时间}$	7.5 1976	地裂缝		永冻地区	
地震沉陷范围线		地震鼓包		融冻地区	
地震时砂土液化地段		岩锥		岩石倾倒体[c]	

a　适用于小比例尺。

b　适用于大比例尺。

c　箭头指示倾倒方向。

第七节　水文地质现象代号、花纹

（1）岩石富水性符号应符合表 2-4-27 的规定。

表 2-4-27　　　　　　　　岩 石 富 水 性 符 号

类　型	花　纹	类　型	花　纹	类　型	花　纹
富水性极弱的		富水性中等的		富水性极强的	
富水性弱的		富水性强的			

（2）岩石含水类型代号应符合表 2-4-28 的规定。

表 2-4-28　　　　　　　　岩 石 含 水 类 型 代 号

类　型	代　号	类　型	代　号
孔隙性含水层	Kw	岩溶含水层	Gw
裂隙性含水层	Lw	相对隔水层或不透水层	Gew
孔隙—裂隙性含水层	K-Lw		

（3）岩石渗透性花纹和界限应符合表 2-4-29 的规定。

表 2 - 4 - 29　　　　　　　　　　　　岩石渗透性花纹和界限

渗透性等级	岩　体			土　体		
	花纹	渗透性界限（下限）	透水率 q /Lu	花纹	渗透性界限（下限）	渗透系数 K /(cm/s)
极微透水			$q<0.1$			$K<10^{-6}$
微透水			$0.1\leqslant q<1$			$10^{-6}\leqslant K<10^{-5}$
弱透水			$1\leqslant q<10$			$10^{-5}\leqslant K<10^{-4}$
中等透水			$10\leqslant q<100$			$10^{-4}\leqslant K<10^{-2}$
强透水			$q\geqslant100$			$10^{-2}\leqslant K<1$
极强透水						$K\geqslant1$

注　在绘制花纹的同时还应注明岩石的含水类型。

（4）地下水化学特性花纹和符号应符合表 2 - 4 - 30 的规定。

表 2 - 4 - 30　　　　　　　　　　　　地下水化学特性花纹和符号

名　称	用于分区或分带的花纹	用 于 水 文 点		
		泉	井	钻孔
淡水				
微咸水				
半咸水				
咸水				

（5）水文地质现象和水文地质试验符号应符合表 2 - 4 - 31 的规定。

表 2 - 4 - 31   水文地质现象和水文地质试验符号

名 称	符 号	名 称	符 号
承压水水头高程	$\frac{52.40}{40.85}$	地震后干枯的泉	
潜水位	$\frac{}{15.0}$ （分母为潜水位高程）	地震后出现的泉	
地下水等水位（压）线	-14 -12	地震后流量增加的泉	
地下水流向		自流水钻孔	
地下水分水岭		导水断层	
承压含水层边界	× × × + + × × ×	地下水横越断层	
下降泉	编号 涌水量 高程 1 2	阻水层	
上升泉	1	单孔抽水试验	
湿地泉		多孔抽水试验	
悬挂泉		钻孔注水试验	
季节泉		单孔压水试验	
间歇泉		水井抽水试验	
岩溶泉	1	探坑抽水试验	
温泉		探坑注水试验	TK1 $\frac{0.001}{4.0}$ 2.5
地震后流量减少的泉			

第八节 工程地质现象及工程地质勘察符号、代号

（1）人类工程引起的不良工程地质现象符号应符合表 2 - 4 - 32 的规定。

表 2 - 4 - 32　　　　　　　　　人类工程引起的不良工程地质现象符号

名　称	符　号	说　明	名　称	符　号	说　明
渗漏区		$Q=1.2$ 为渗漏水量，m^3/s	下沉		
涌水区		$Q=3.5$ 为涌水量，m^3/s	隧洞顶板塌陷（冒顶）		
浸没区			隧洞底板隆起		
滴水区		$Q=1.5$ 为涌水量，m^3/s	洞口塌落		
管涌			隧洞底板塌陷		
与地基有关的建筑的变形			隧洞边帮塌落		
错断			隧洞涌水		
边坡坍塌			边坡变形的渠道		

（2）常用勘测及其他符号应符合表 2 - 4 - 33 的规定。

表 2 - 4 - 33　　　　　　　　　常用勘测及其他符号

名　称	符　号		说　明
	平　面	剖　面	
地质点及编号			D11 为地质点编号
观察路线及地质点编号			
地质剖面线与编号			
裂隙统计点			
摄影地点			

名　称	符　号		说　明
	平　面	剖　面	
水样采取地点及编号	SY5		
岩（土）样取样地点	1 ▲　2 ■		1—扰动样；2—原状样
弹模试验点	DM2		
管涌试验点			
散浸点	! ! !		
物探点			
滑坡长期观测站			
河流冲刷长期观测剖面线	A　　B		
风化速度长期观测站			
构造长期观测点			
地基沉陷观测点			
地下水动态长期观测井			
地下水动态长期观测孔			
地下水动态长期观测泉			
气象观测点			
探坑	1　TK4 2 ◢　4.0／2.5	TK4／221　坑号／高程	$\dfrac{编号}{坑深/m}$水位埋深/m
探槽	TC2		
竖井	■ SJ02／54.30		$\dfrac{编号}{深度/m}$
平洞	（1）PD05／120 ◢	（2）PD05／54.30	（1）—$\dfrac{编号}{高程/m}$；（2）—$\dfrac{编号}{深度/m}$
土钻钻孔	●　⊘ 1　2		1—已完成的；2—计划的

续表

名　称	符　号		说　明
	平　面	剖　面	
斜钻孔	80° ⌾（带箭头）		箭头表示倾斜方向，数字为倾角
岩心钻进钻孔	ZK4/221(10) ●1 ⌾2	ZK4/221 〔3〕〔4〕	1—已完成；2—计划；3—岩芯获得率；4—透水率 编号（覆盖层厚度） 孔深
采取岩样钻孔	◉	ZK8 ■1,2 ◆3,4	剖面说明：1—扰动样；2—原状样；3—磨片用岩样；4—颗分岩样
采取土样钻孔	◉		
静力触探试验孔	▽（圆内）	ZK1/150 ↓15	
动力触探试验孔	▼（圆内）		
标准贯入试验孔	⌖		
钻孔摄影	◗（圆内黑块）		
钻孔电视	⊗（圆内交叉）		
静力载荷试验	⊤（黑T形）		
原位剪切试验	⊥ YJ2		
灌浆试验	●●● 1　●● 2		1—直线灌浆；2—连续灌浆
天然气产地	（圆带火焰）		
天然建材产地	1⊘ 2▦ 3▽ 4▽		1—块石；2—砂砾石；3—土料；4—砂料
正在开采的矿山	◆✕◆		
废弃的矿山	◆╱◆		
废弃的矿洞	◆◠◆		
非金属矿产产地及编号	P5		

名　称	符　号		说　明
	平　面	剖　面	
金属矿产产地及编号	<Fe2>		
河流冲刷长期观测剖面线	A　B		
地震震中及震级	M8 2008.5.12		$\dfrac{震级}{发震时间（年.月.日）}$
测流堰			
水文测站			
建筑物轮廓			
建筑物轴线			
设计蓄水位线			
建议开挖线			
重要工业区			

（3）常用勘测代号应符合表 2-4-34 的规定。

表 2-4-34　　　　　　　　　常 用 勘 测 代 号

名　称	代　号	名　称	代　号	名　称	代　号
钻孔	ZK	探坑	TK	地质点	D
大口径钻孔	ZKd	软弱夹层	RJ	原状试样	YY
平洞	PD	断层	F 或 f	扰动试样	RY
竖井	SJ	节理	J	水样	SY
探槽	TC	裂隙	L	物探	WT

（4）工程地质分区界线符号和代号应符合表 2-4-35 的规定。

表 2 - 4 - 35 　　　　　　　　　　 工程地质分区界线符号和代号

名　称	界　线　符　号	代　号
工程地质区	———·——·——	II
工程地质亚区	——··——··——	II 1
工程地质段	——···——···——	II 1-A

（5）常用工程物探图例符号、代号应符合表 2 - 4 - 36 的规定。

表 2 - 4 - 36 　　　　　　　　　　 常用工程物探图例符号、代号

名　　称	符　号	代　号	说　明
总基点		Gz	
分基点		Gf	
正时距曲线	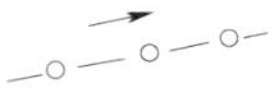		
反时距曲线			
电测深剖面（测线）		DS	
激电法剖面（测线）		DG	
电测剖面（测线）		DP	
充电剖面（测线）		DC	端点两边标方法符号
自然电场法（测线）		DZ	
浅层反射波法（排列）		ZF	
初至折射波法（排列）		ZZ	⌐—爆炸点；·—捡波点
震探测深法（排列）		ZS	
水声勘探		SS	
声波测试		SP	端点两边标方法符号
各种剖面检查段			

第九节　常用地形图图例

（1）地形图中常用测量控制点的图例应符合表 2 - 4 - 37 的规定。

表 2 - 4 - 37 **常用测量控制点图例**

名 称	图 例	说 明	名 称	图 例	说 明
卫星定位等级点： B—等级； 14—点号； 495.263—高程，m	△ B14 495.263		小三角点： 横山—点名 95.93—高程，m	▽ 横山 95.93	小三角点按此符号表示
天文点： 275.31—高程，m	☆ 275.31	独立天文点是表示用天文观测的方法，测定天文经纬度和方位角的点，有高程时应加注记。有大地坐标的天文点用三角点符号表示	水位点： 11.7—高程，m	○ 11.7 17－Ⅴ	
三角点： 凤凰山—点名； 275.31—高程，m	△ 凤凰山 275.31	国家等级的三角点、精密导线点符号	洪、枯、溃水位点： 153.7—高程，m 1963.8—发生年．月	○ 洪 153.7 1963.8	分子加注的洪字表示水位种类

（2）地形图中常用居民点、工矿企业建筑物和工矿企业建筑物和公共设施图例应符合表 2 - 4 - 38 的规定。

表 2 - 4 - 38 **常用居民点、工矿企业建筑物和公共设施图例**

名 称	图 例	说 明
窑洞： a—地面上的； b—地面下的	a ∩ b ∩	窑洞按其外观形式可分为地面上（指在坡壁上挖成）和地面下（指在地面向下挖成平底大坑，再从坑壁挖成）两种：地面上的窑洞按其真方向表示；地面下的窑洞中间加绘符号
矿井井口： a—开采的小矿井； b—废弃的小矿井	a ⚒ 硫 b ⚒	矿井是地下采矿物的场所，开采的矿井均应加注相应的产品名称，如铁、铜、硫等。 小型的机械化程度不高的矿井，不分形式均以小矿井符号表示
露天采掘场	石	指露天开采煤、铁、沙、石、黏土等的小型场地，有明显坎、坡的绘出坎、坡符号。无明显坎、坡的绘出范围，并加相应的产品性质注记。根据需要，场地内的地貌可以等高线表示
储水池、游泳池： a—高于地面的； b—低于地面的； c—有盖的	a 水 b 水 c ⊠	人工修筑的储水池、游泳池、洗煤池等用相应符号表示，并加相应的注明

（3）地形图中常用独立地物的图例应符合表 2-4-39 的规定。

表 2-4-39　　　　　　　　　　　常用独立地物图例

名　称	图　例	说　明
坟地： a—坟群； b—散坟； 5—坟个数	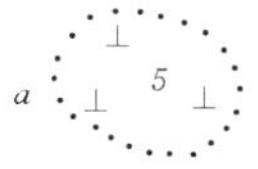	指坟墓比较集中的坟群和公墓，实测范围，散列配置符号，坟的个数根据需要注明
水磨房、水车		指以流水为动力，用以抽水、磨粮的设备
雨量站		
环保监测点		环境保护监测包括地表水、大气、酸雨、噪声、土壤、放射性等项监测。设施的监测站、点均用此符号，注相应的说明，如"大气"、"酸雨"、"噪声"等字

（4）地形图中常用水系和附属设施的图例应符合表 2-4-40 的规定。

表 2-4-40　　　　　　　　　　　常用水系和附属设施图例

名　称	图　例	说　明
河流、溪流、湖泊、池塘、水库： a—水涯线； b—高水界； c—流向； d—潮流向	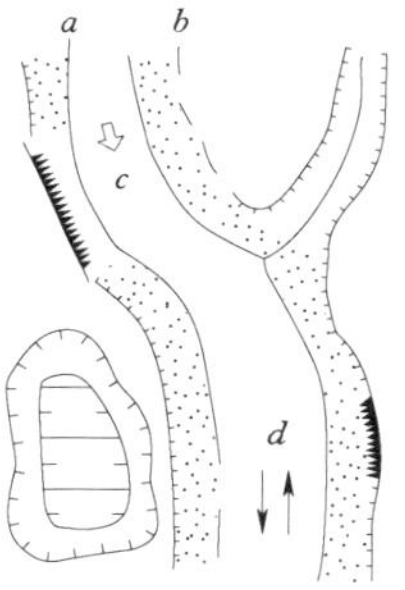	水系是江、河、湖、海、井、泉、池塘、水库、沟渠等自然和人工水体的总称，地形图上必须准确表示，有名称的均要加注，大型桥梁、输水槽、水闸、拦水坝等水工建筑物依比例尺表示，有名称的加注名称 河流、溪流、运河、湖泊、水库、池塘的水涯线一般按测图时（或摄影时）的水位测定，若水位与常水位相差过大时，可加注到测图日期或根据需要以常水位测绘 湖泊、水库、池塘的水域部分，可采用名称注记（无名称的池塘加注"塘"字），也可沿水涯线绘出长短水平晕线，当水域面积较大时，长晕线可不连通；晕线的间隔视面积的大小而定。多色印刷或表示水下地形时，可不绘晕线 高水界系历年洪水的最高平均水位线，视用图需要表示 有固定水流方向的河流、溪流、渠道应表示流向。受潮汐影响的河段需表示潮流向
时令河、时令湖	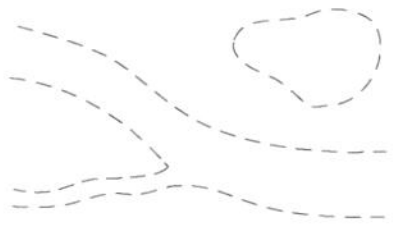	指旱季一般无水或继续有水的季节性河、湖。以其新沉积物（淤泥）的上方边缘为水涯线，以虚线表示，积水部分以实线表示
码头 固定码头 a—顺岸式； b—堤坝式； c—浮码头	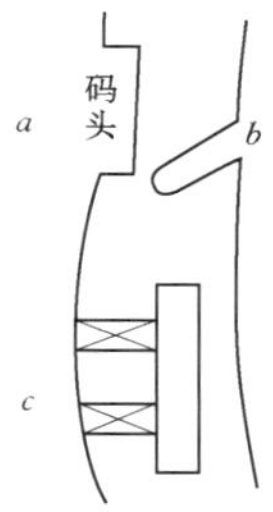	图上实测表示，加注码头名称 各种建筑物以相应的符号表示

续表

名　称	图　例	说　明
陡岸： 有滩陡岸： 　a—土质的； 　b—石质的； 无滩陡岸： 　c—土质的； 　d—石质的	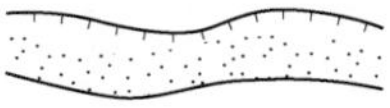	陡岸区分有滩陡岸和无滩陡岸，并按土质的与石质的相应符号表示
水井		
泉		泉在泉口位置配置符号，弯曲线段表示泉水流向。依泉的性质加注"硫"、"矿"、"温"、"喷"等字，并注明泉口水面高程
沼泽： 　a—能通行的； 　b—不能通行的	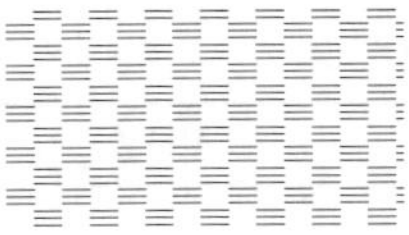	指经常湿润、泥泞或有积水的地段。盐碱沼泽加注"碱"字。沼泽地上的植被用相应的符号散列配置

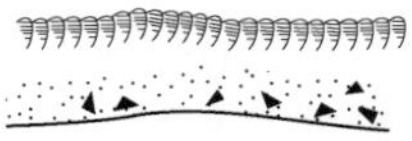

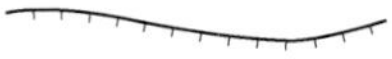

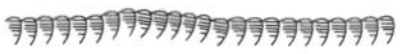

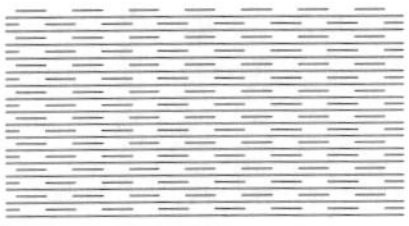

（5）地形图中常用管线和垣栅的图例应符合表 2-4-41 的规定。

表 2-4-41　　　　　　　　　常用管线和垣栅图例

名　称	图　例	说　明
电力线： 　a—高压； 　b—低压	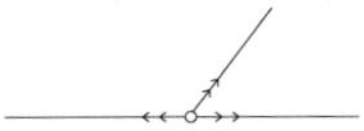	电力线分为输电线和配电线，输电线路均为高压线，配电线路一般为低压。实地测绘可以瓷瓶、杆型、挡距等特征加于判别； 　电杆不区分建造材料、断面形状，均用同一个符号表示。电杆、电线架、铁塔位置均实测表示； 　多种电线在一个杆柱上时只表示主要的； 　电力线、通信线根据需要，可不连线，仅在杆位或转折、分岔处绘出线路方向
电线架	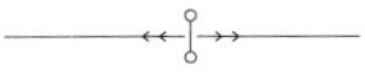	
电线塔（铁塔）： 　a—依比例尺的； 　b—不依比例尺的	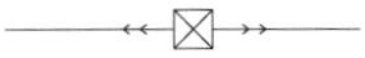	
电线杆上的变压器	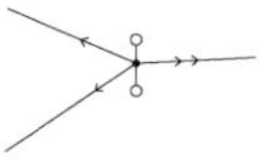	

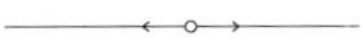

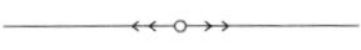

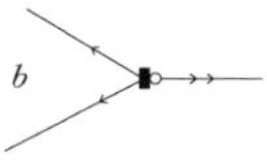

续表

名　　　称	图　　例	说　　明
管线： 架空的： a—依比例尺的； b—不依比例尺的	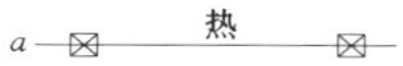 a —⊠—— **热** 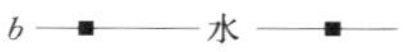 ——⊠ b —■—— **水** ——■	管线的类别简注如下表所示： | 类别	上水	下水	煤气	热力	电力 | | 简注 | 水 | 污或雨 | 煤 | 热 | 电 | | 类别	电　信	工业管道 | | 简注 | 信 （或话、长、广、讯） | 氧、氢、乙炔、 石油、排渣等 |
地面上的	—●—— 排渣 ——●—	根据需要，管线类别注记可简注或者详注，亦可采用代号注出； 架空管道的支架按实际位置表示，当支架密集时，直线部分可取舍； 底下管线在能判别走向的情况下，用此符号表示； 有管堤的管线是指管线敷设于地面，上面修筑土堤保护管道； 各种管线通过河流、沟渠时，在水上通过的以"架空的"符号表示，在水下通过的以"地下的"符号表示
地面下的	——— 污 - - - - -	
有管堤的	水	

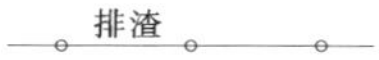

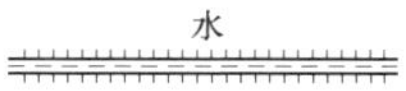

（6）地形图中常用境界的图例应符合表2－4－42的规定。

表2－4－42　　　　　　常　用　境　界　图　例

名　　　称	图　　例	说　　明
国界 a—界桩、界碑及其 编号； b—未定界	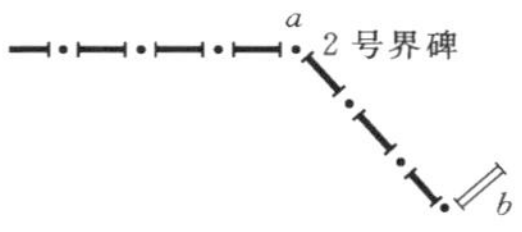 ┣━◆━◆━◆◆ a 2号界碑 b	国界是表示国家领土归属的界线。国界符界桩、界碑应按坐标值展绘，并注出编号 以河流中心线或主航道为界的，国界符号在河流中心线位置或主航道线上间断绘出 以共有河流或线状地物为界的，国界符号应在其两侧不间断地跳绘
省、自治区、直辖市 界和界标	— ·· — ·· — ·· —	省、自治区、直辖市界，自治州、地区、盟、地级市界，县、自治县、旗、县级市界等各级行政区划界应清楚地绘出。界桩、界标等要准确绘出 直辖市、地级市内的区界，用县界符号表示
自治州、地区、盟、 地级市界	— ·· — ·· — ·· —	
县、自治县、旗、县 级市界	— · — · — · —	
乡、镇、国营农林、 牧场界	— · · — · · —	
自然保护区界	⌒ ⌒ ⌒	凡属国家颁布的自然保护区，界线均用此符号表示

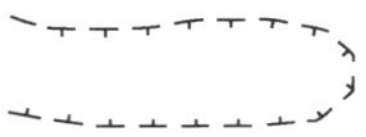

（7）地形图中常用植被的图例应符合表2-4-43的规定。

表2-4-43   常 用 植 被 图 例

名 称	图 例	说 明
地类界、地线范围线（简称范围线）		是区分各类地界线及某些地物轮廓的符号
林地面状的	松6	指郁闭度（树冠覆盖地面的程度）在0.3以上的成林和幼林乔木林地 图上面积在25cm²以上的林地需注出树名及平均树高。幼林在符号范围内加注"幼"字
防护林带		指人工种植的排列较整齐的防护林带
独立树		指有良好方位作用的单棵树木。按阔叶、针叶、果树、棕榈等分别加注
草地		指草类生长比较茂盛，覆盖地面达50%以上的地区，如干旱地区的草原、山地、丘陵地区的草地、沼泽、湖滨的草甸等，不分草的高矮（包括夹杂的与草类同高的灌木），均用此符号表示。草坪也用此符号表示。加注"草坪"二字
耕地水稻田		耕地内的田埂用相应的符号表示。田埂宽度在图上大于1mm的以双线表示
旱地		

第十节   工程地质图用色标准

（1）地质图色彩宜按表2-4-44的规定，颜色编号与RGB值对应关系见表2-2-1。

表2-4-44   地 质 图 用 色 标 准

名 称		地层代号	颜色编号
第四系	全新统	Q_4	C1～C2
	上更新统	Q_3	C3～C4
	中更新统	Q_2	C8～C9
	下更新统	Q_1	C10

名　　称		地层代号	颜色编号
新近系	上新统	N_2	C11～C14
	中新统	N_1	C15～C17
古近系	渐新统	E_3	C18～C20
	始新统	E_2	C21～C23
	古新统	E_1	C24～C27
白垩系	上白垩统	K_2	C28～C31
	下白垩统	K_1	C32～C35
侏罗系	上侏罗统	J_3	C37～C41
	中侏罗统	J_2	C42～C46
	下侏罗统	J_1	C47～C51
三叠系	上三叠统	T_3	C53～C56
	中三叠统	T_2	C57～C59
	下三叠统	T_1	C60～C65
二叠系	上二叠统	P_3	C67～C70
	中二叠统	P_2	C71～C73
	下二叠统	P_1	C74～C79
石炭系	上石炭统	C_3	C80～C83
	中石炭统	C_2	C84～C87
	下石炭统	C_1	C88～C93
泥盆系	上泥盆统	D_3	C95～C100
	中泥盆统	D_2	C101～C103
	下泥盆统	D_1	C104～C109
志留系	顶志留统	S_4	C111～C113
	上志留统	S_3	C114～C116
	中志留统	S_2	C117～C119
	下志留统	S_1	C120～C122
奥陶系	上奥陶统	O_3	C124～C127
	中奥陶统	O_2	C128～C131
	下奥陶统	O_1	C132～C135
寒武系	上寒武统	$\in_1$	C137～C140
	中寒武统	$\in_2$	C141～C144
	下寒武统	$\in_3$	C145～C148
震旦系	中震旦统	Zz_2	C151～C154
	下震旦统	Zz_1	C155～C156

名　　称	地层代号	颜色编号
元古界	Pt₃	C157～C164
	Pt₂	C165～C172
	Pt₁	C173～C178
太古界	Ar	C179～C190

（2）地质图用色宜按地层自老到新、岩浆岩由超基性到酸性，色谱由深到浅绘制。全国统一地质图用色标准应符合表 2-4-45 的规定。

表 2-4-45　　　　　　　岩 浆 岩 用 色 标 准

名　　称		岩性代号	颜 色 编 号
侵入岩	超基性	Σ	C247
	基性	η	C241
	中性	Δ	C235
	酸性	γ	C215
	碱性	E	C255
深成侵入岩	橄榄岩	ψ	C247
	辉长岩	ν	C240
	闪长岩	δ	C193
	正长岩	ε	C256
	花岗岩	γ	C215
喷出岩	苦橄岩	ω	C247
	玄武岩	β	C265
	安山岩	α	C262
	粗面岩	τ	C266
	流纹岩	λ	C259

（3）岩脉、矿脉用色标准应符合表 2-4-46 的规定。

表 2-4-46　　　　　　　岩脉、矿脉用色标准

名　　称	代　号	颜色编号	名　　称	代　号	颜色编号
石英脉	q	C272	玢岩脉	μ	C141
酸性岩脉	γ	C269	辉长岩脉	ν	C264
细晶岩脉	τ	C212	超基性岩脉	Σ	C272
伟晶岩脉	ρ	C274	碱性岩脉	K	C273
中性岩脉	δ	C270	蛇纹岩脉	$\psi\omega$	C272
基性岩脉	N	C271	矿脉	Cu	C215
煌斑岩脉	χ	C109			

第五章 三维地质制图

大型或地质条件复杂的工程，可进行三维地质建模。所谓三维地质建模（3D Geosciences Modeling），就是运用计算机技术，在三维环境中，将空间信息管理、地质解译、空间分析和预测、地学统计、实体内容分析及图形可视化等工具结合起来，将地质内容三维可视化，并形成三维地质模型，通过三维地质建模形成三维地质图形的过程。

构建三维地质模型时，应按实际坐标建立，可从任意视角进行观察，生成三维图形，并可切取剖面图、平切面图等。

第一节 三维地质数据模型

三维地质图形就是使用适当的数据结构在计算机中建立起能反映地质构造的形态、各构造要素之间的关系以及地质体空间分布等地质特征的 3D 图形，用来表达地质构造的形态、特征以及三维空间物性参数分布规律。

空间数据模型是实现三维显示和空间分析的前提和基础，目前使用的各种三维数据结构应用于不同的空间情况，侧重点有所不同，在功能上也存在不小的差异。按 Rongxing Li（1994）的研究，三维地质数据模型主要可分为基于面表示的数据结构和基于体表示的数据结构，随着研究工作的不断深入，又出现了混合数据结构和面向对象的数据结构。

（一）基于面表示的数据结构

基于面表示的数据结构是通过表面信息来描述对象。它包括格网结构（Grids）、形状结构（Shape）、面片结构（Facets）、边界表示（Boundary Representation）和样条函数模型等。如最为常见的规则网格（Grid）、不规则网格（TIN）就是基于面建立地质体表面模型的常用方法。

（二）基于体表示的数据结构

基于体表示的数据结构是通过体信息来描述对象。这类数据结构包括：3D 栅格结构（Arrays）、针状结构（Needle）、八叉树（Oetree）、结构实体几何法（CSG）和不规则四面体结构（TEN）。其中，CSG 适于表示规则形状的对象，3D 栅格结构、八叉树和针状结构适于表示不规则形状的对象，而 TEN 则既可以用来表示规则形状的对象，也可以表示不规则形状的对象。

（三）混合数据结构

混合数据结构之所以成为表达三维地质实体最有效的选择，主要是因为各种不同的数据结构既有其独特的优点，又有不可避免的缺陷，很难发展一种兼有各种数据结构的优点、且适用于各种情况的数据结构，多种数据结构在表达不同对象、面向不同目标、实现多尺度多分辨率表示方面的互补性为其混合提供了基础。三维混合数据结构可分为互补式混合、转换式混合、链接式混合以及集成式混合等几种情况。

（四）面向对象的数据结构

采用面向对象技术表达复杂对象和拓扑关系的优点在于可以实现层次结构和对象嵌套。它不仅支持变长记录，而且支持对象的集合，是理想的三维地质数据模型。经过不断地研究探索，面向对象技术在三维建模中的应用已经取得较大的进展，面向对象的思想已广泛应用于地质概念模型、逻辑模型、系统设计和系统实现，面向对象的数据模型将成为对多种数据结构进行统一和集成的有效手段，面向对象数据库管理系统和面向对象的软件系统已经开始走向市场。

第二节　三维地质建模研究现状及常用软件

20世纪80年代以来，三维地学可视化系统应用于地质建模在国外已经变得非常普遍，各国相继推出了多种代表性的地学可视化建模软件。EarthVision是一个新型地质体建模软件；GOCAD是一个关于地球物理、地质、水库工程应用的三维几何软件；3Dmove主要用于模拟断层运动、斜向剪切及伴生褶皱三维模型；Geosec不仅可以建立地质体的几何形态，而且还可以恢复年代历史，进行运动学分析；GeoToolkit是3D地理信息系统的代表，但只能用于处理简单地质数据；GeoFrance3D是一种框架结构的软件工具，目的是提供对所有采集到或被处理的地质、地球物理数据进行存储、评价和三维形体确定，创造一个观察地壳三维可视化的环境；BASIN是一个模拟沉积盆地建造过程三维系统。

目前我国具有独立自主版权的三维地质模拟软件有北京理正软件设计研究院开发的"地理信息系统—地质专题"；1996年中国科学院地球物理研究所（现为中国科学院地质与地球物理研究所）与胜利石油管理局在国家自然科学基金重点项目"复杂地质体"中，开始追踪研究GOCAD；长春科技大学在阿波罗公司TITANGIS上开发了GeoTransGIS三维GIS，主要用于建立中国乃至全球岩石圈结构模型的三维信息；石油大学开发的RDMS、南京大学与胜利油田合作开发的SLGRAPH都是用于三维石油勘探数据可视化；中国地质大学开发的三维可视化地学信息系统GeoView可实现真三维地学信息管理、处理、计算分析与评价决策支持；长江勘测技术研究所开发的基于IDL平台的"三维地质可视化软件系统"（3D_GVS），实现了三维地质建模及剖面输出等功能；天津大学研究开发的工程地质信息的三维可视化（VisualGeo）系统，基于NURBS技术实现工程地质三维可视化模型的重建，可以进行三维地质剖切图分析、等值线自动生成等可视化分析，并能实现剖面图的多形式输出，实现了工程地质信息的可视化管理与查询。

常用的三维地质建模软件很多，其中发展较为成熟且在水利水电行业应用较广泛的主要有GOCAD、CATIA、Bentley Microstation 、Autodesk Civil3D等。其中CATIA曲面功能强大，适合流线型建模，在汽车、航天航空领域应用较多；Bentley Microstation是信息建模环境，专为公用事业系统、公路和铁路、桥梁、建筑、通信网络、给排水管网、流程处理工厂、采矿等所有类型基础设施的建筑、工程、施工和运营而设计；AutoCAD Civil 3D软件是一款面向土木工程设计与文档编制的建筑信息模型（BIM）解决方案，它的三维动态工程模型有助于快速完成道路工程、场地、雨水/污水排放系统以及场地规划设计；GOCAD 软件是一款主要应用于地质领域的三维可视化建模软件，在地质工程、地球物理勘探、矿业开发、水利工程中有广泛的应用，它既可以进行表面建模又可以进行实体建模，既可以设计空间几何对象，也可以表现空间属性分布，该软件的空间分析功能强大，信息表现方式灵活多样。

本手册以 GOCAD 为例简要介绍三维地质建模方法及流程。

第三节　三维地质建模方法

一、建模方法

GOCAD 三维地质建模主要包括两类：一类是构造模型（Structural Modeling）建模；另一类是三维储层栅格结构（3D Reservoir Grid Construction）建模。

（1）构造模型（Structural Modeling）建模建立地质体构造模型具有非常重要的意义。通过建立构造模型能够模拟地层面、断层面的形态、位置和相互关系；结合反映地质体的各种属性模型的可视化图形，还能够用于辅助设计钻井轨迹。此外，构造模型还是地震勘探过程中地震反演的重要手段。

（2）三维储层栅格结构（3D Reservoir Grid Construction）建模根据建立的构造模型，在 3D Reservoir Grid Construction 中可以建立其体模型；同时地质体含有多种反映岩层岩性、资源分布等特性的参数，如岩层的孔隙度、渗透率等，可对这些物性参数进行计算和综合分析，得到地质体的物性参数模型。

二、建模流程

建模过程主要包括数据资料整理录入、建立空间界面几何模型、建立三维地质模型等几个阶段。

（一）数据资料整理

1. 钻孔、平洞、竖井分布及数据分析

支持三维建模的数据主要为钻孔、竖井、平洞及工程地质测绘数据，图 2-5-1 为某水电站坝址区钻孔及平洞三维分布及地质信息图。

根据工程地质实测数据以及工程地质区内钻孔、平洞、竖井等资料，大致确定地层的分布界限，对钻孔较少区域采取补充钻探或者虚拟钻孔等方法进行处理。

2. 参数分析

由钻孔、竖井、平洞等取样得到的地质参数具有随机性和结构性：随机性指参数在特定点上取值不确定，杂乱无章，但参数总体取值服从一定概率分布规律的一种现象；结构性指参数在空间分布上确定的、有规律的一种表现特征。根据建立不同的参数模型时，要对所选择的参数进行统计分析，使建立的参数模型更加合理。

（二）采用插值方法

离散光滑插值算法（DSI）是针对地质建模特点的插值算法，DSI 根据数据分析得到的离散点建立各个岩层的曲面，并与建立的三维地质剖面进行对照，提取剖面与曲面相异

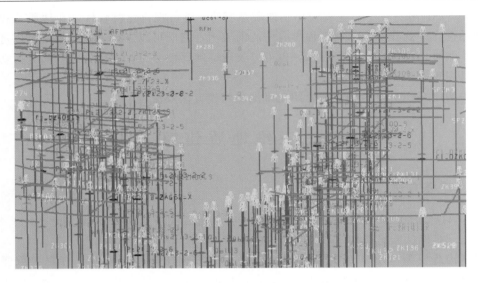

图 2-5-1　某坝址区三维钻孔及平洞示意图

处的点，作为控制点，经过离散光滑插值来拟合曲面，使建立的曲面符合已知数据，提高精确度。

（三）建立三维地质模型

（1）由已建立的各个岩层的曲面，在 GOCAD 的 workflow 中建立地质体的相关层面结构模型。

（2）根据建立的层面结构模型，生成体模型（Sgrid），然后输入参数，建立物性模型。

（四）地质统计分析

在 GOCAD 软件中，地质统计主要分析数据的空间关系。根据输入的参数数据，进行空间数据分析，把分析得到的变量分析保存成文件，然后根据所选择的地质统计方法，如普通 Kriging、简单 Kriging、协同 Kriging 等方法进行估计，最后利用软件提供的有序高斯（SGS）算法进行模拟，根据此，可以形成参数模型的随机模拟。

（五）GOCAD 建立三维地质模型

（1）建立工作区，即根据三维建模范围建立一个"voxet"（图 2-5-2），一方面作为建模工作的参考；另一方面也可在模型建成后作为切割面，将模型"切"整齐。一般情况下建立的地质模型需略大于工作区。

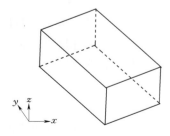

图 2-5-2　地质模型工作区

（2）由地形等高线和实测高程数据建立地形模型，见图 2-5-3。

（3）根据钻孔的分层信息，结合地质平、剖面图，分析确定各岩层的走向、缺失和尖灭位置等信息，抽象出岩层分层信息，并在钻孔不足地区和研究区边界上虚拟出钻孔，提取各子体岩层的分层信息及地层的边界点，形成原始插值数据。再通过添加不同的约束条件，进行插值拟合，得到断层

图 2 - 5 - 3 某坝址区三维地形面图

面、岩层面（曲面）模型，进而对各原始曲面进行局部编辑处理，见图 2 - 5 - 4、图 2 - 5 - 5。

图 2 - 5 - 4 某坝址区主要建筑物与
断层空间关系图

图 2 - 5 - 5 某坝址区基岩地层
三维面示意图

（4）通过 GOCAD 软件内置的三维岩层网格建模流程，由岩层面建立三维岩体模型，见图 2 - 5 - 6。

（5）在以上三维地质模型基础上，生成任意方向的剖面图（见图 2 - 5 - 7、图 2 - 5 - 8）、任意高程的平切面图或等值线图（如基岩顶面等值线图、强风化底板等值线图、强卸荷底界面等值线图、滑坡底界面等值线图等），也可计算地质体体积或表面积。

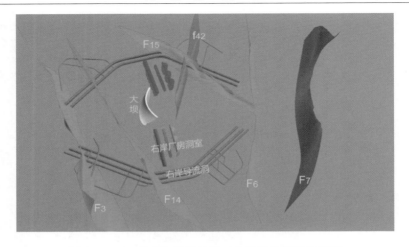

图 2-5-6 某水电站坝址区三维地质体模型示意图

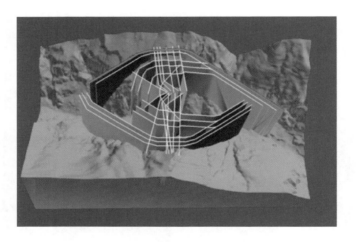

图 2-5-7 三维模型任意切剖面示意图

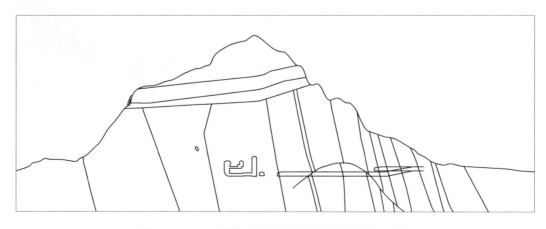

图 2-5-8 三维模型基础上剖切的二维剖面示意图

第三篇　水　工　建　筑　图

第一章　基　本　要　求

第一节　制　图　比　例

水工建筑图的制图比例除应符合水利水电工程制图基础有关要求外，各类图的常用制图比例可按表3-1-1选用。

表3-1-1　　　　　　　　　　水工建筑图常用比例

图　类	比　例
规划图	1∶100000，1∶50000，1∶10000，1∶5000，1∶2000
枢纽总平面	1∶5000，1∶2000，1∶1000，1∶500，1∶200
地理位置图、地理接线图、对外交通图	按所取地图比例
施工总平面图	1∶5000，1∶2000，1∶1000，1∶500
主要建筑物布置图	1∶2000，1∶1000，1∶500，1∶200，1∶100
建筑物体形图	1∶500，1∶200，1∶100，1∶50
基础开挖图、基础处理图	1∶1000，1∶500，1∶200，1∶100，1∶50
结构图	1∶500，1∶200，1∶100，1∶50
钢筋图、一般钢结构图	1∶100，1∶50，1∶20
细部构造图	1∶20，1∶10，1∶5，1∶2，1∶1，2∶1，5∶1，10∶1

第二节　水工建筑图基本图例

水工建筑图基本图例包括水工建筑物平面图例、建筑材料图例、普通钢筋图例、预应力钢筋图例、钢筋的焊接接头图例、原型观测仪器设备图形符号、常用施工机械图例，见表3-1-2～表3-1-11。

表 3 - 1 - 2　　　　　　　　　　　　水工建筑物平面图例

序号	名　　称		图　例	序号	名　　称		图　例
1	水库	大型		12	升船机		
		小型		13	码头	栈桥式	
2	混凝土坝					浮式	
3	土石坝			14	筏道		
4	水闸			15	鱼道		
5	水电站	大比例尺		16	溢洪道		
		小比例尺		17	渡槽		
6	变电站			18	急流槽		
7	水力加工站、水车			19	隧洞	大型	
8	泵站					小型	
9	水文站			20	涵洞（管）	大型	
10	水位站					小型	
11	船闸			21	斜井或平洞		

序号	名　称		图　例	序号	名　称		图　例
22	跌水			34	堤		
23	虹吸	大型		35	防浪墙	直墙式	
		小型				斜墙式	
24	斗门			36	沟	明沟	
25	谷坊					暗沟	
26	鱼鳞坑			37	渠		
27	喷灌			38	运河		
28	矶头			39	水塔		
29	丁坝			40	水井		
30	险工段			41	水池		
31	护岸			42	沉沙池		
32	挡土墙			43	淤区		
33	铁路	正规铁路		44	灌区		
		轻便铁路		45	分（蓄）洪区		

序号	名　称		图　例	序号	名　称		图　例
46	围垦区			54	门式起重机	有外伸臂	
47	过水路面					无外伸臂	
48	露天堆料场	散装		55	斜坡卷扬机道		
		其他材料		56	斜坡栈道（皮带廊等）		
49	高架式料仓			57	露天电动葫芦	双排支架	
50	漏斗式储仓	底卸式				单排支架	
		侧卸式		58	铁路桥		
51	建筑物	新建		59	公路桥		
		原有		60	便桥、人行桥		
		计划		61	施工栈桥		
		拆除		62	道路	公路	
		新建地下				大路	
52	露天式起重机					小路	
53	架空索道						

表 3－1－3   建 筑 材 料 图 例

序号	名 称		图 例	序号	名 称	图 例
1	岩石			11	回填土	
2	石材			12	回填石渣	
3	碎石			13	黏土	
4	卵石			14	混凝土	
5	砂卵石砂砾石			15	钢筋混凝土	
6	块石	堆石		16	二期混凝土	
		干砌		17	埋石混凝土	
		浆砌		18	沥青混凝土	
7	条石	干砌		19	砂、灰土、水混砂浆	
		浆砌		20	金属	
8	水、液体			21	砖	
9	天然土壤			22	耐火砖、耐火材料	
10	夯实土			23	瓷砖或类似料	

续表

序号	名　称		图　例	序号	名　称		图　例
24	非承重空心砖			36	沥青砂垫层		
25	木材	纵断面		37	土工织物		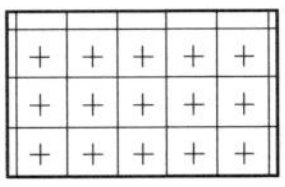
		横剖面		38	钢丝网水泥喷浆、钢筋网喷混凝土		（应注明材料）
26	胶合板			39	金属网格		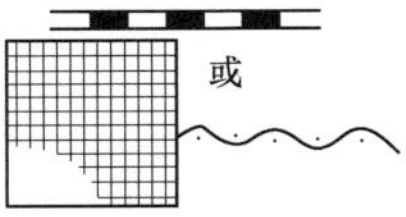 或
27	石膏板			40	灌浆帷幕		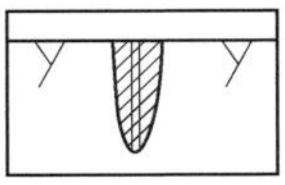
28	钢丝网水泥板			41	笼筐填石		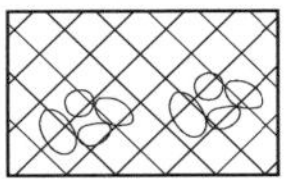
29	松散保温材料			42	砂（土）袋		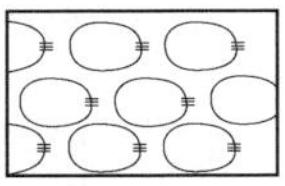
30	纤维材料			43	梢捆		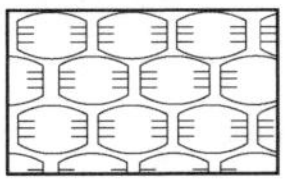
31	多孔材料			44	沉枕		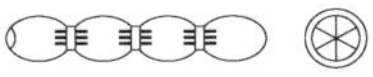
32	橡胶			45	沉排	竹（柳）排	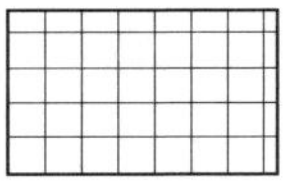
33	塑料					软体排	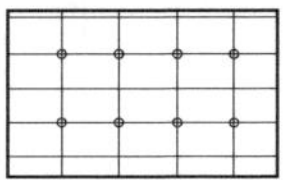
34	防水或防潮材料			46	花纹钢板		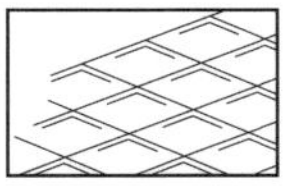
35	玻璃、透明材料			47	草皮		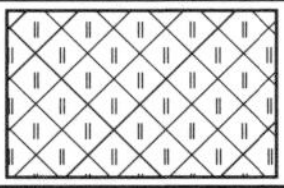

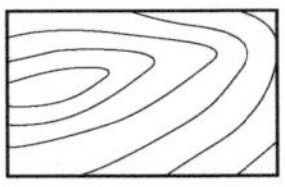

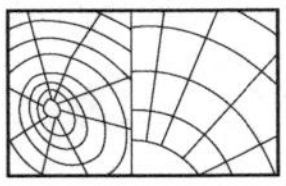

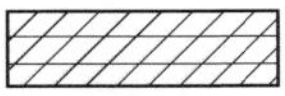

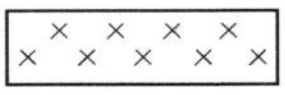

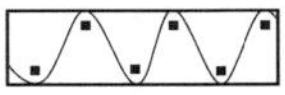

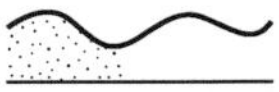

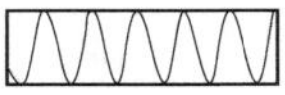

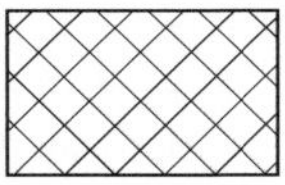

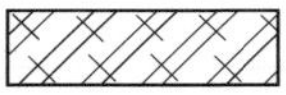

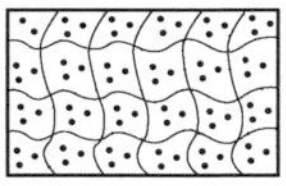

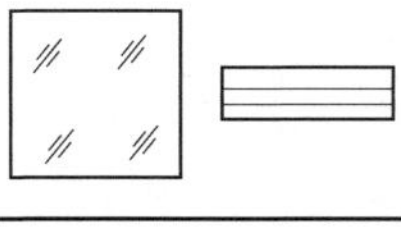

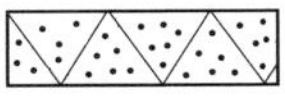

注　1. 本表所列的图例在图样上使用时可以不必画满，仅局部表示即可。同一序号中，画有两个图例时，左图为表面视图，右图为断面图例。只有一个图例时，仅为断面图例。

　　2. 断面图中，当不指明为何种材料时，可将序号"20"中图例（金属）作为通用材料图例。

　　3. 序号"14"中图例（混凝土）适用于素混凝土和少筋混凝土，也可适用于较大体积的钢筋混凝土建筑物的断面。

　　4. 带有"*"号的图例，仅适用于表面视图。

表 3 - 1 - 4 　　　　　　　　　　　普 通 钢 筋 图 例

序号	名　称	图　例	说　明
1	钢筋横断面	●	
2	无弯钩的钢筋端部		下图表示长、短钢筋投影重叠时，短钢筋的端部用45°斜划线表示
3	带半圆形弯钩的钢筋端部		
4	带直钩的钢筋端部		
5	带丝扣的钢筋端部		
6	无弯钩的钢筋搭接		
7	带半圆弯钩的钢筋搭接		
8	带直钩的钢筋搭接		
9	花篮螺丝钢筋接头		
10	机械连接的钢筋接头		用文字说明机械连接的方式（如冷挤压或直螺纹等）

表 3 - 1 - 5 　　　　　　　　　　　预 应 力 钢 筋 图 例

序号	名　称	图　例
1	预应力钢筋或钢绞线	
2	后张法预应力钢筋断面 无黏结预应力钢筋断面	
3	预应力钢筋断面	
4	张拉端锚具	
5	固定端锚具	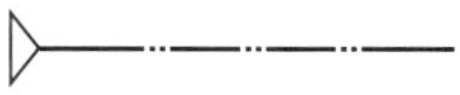
6	锚具的端视图	
7	可动连接件	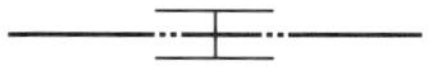
8	固定连接件	

表 3 - 1 - 6　　　　　　　　　　　　　　　**钢筋的焊接接头图例**

序号	名　　称	图　　例
1	单面焊接的钢筋接头	
2	双面焊接的钢筋接头	
3	用帮条单面焊接的钢筋接头	
4	用帮条双面焊接的钢筋接头	
5	接触对焊的钢筋接头 （闪光焊、压力焊）	
6	坡口平焊的钢筋接头	
7	坡口立焊的钢筋接头	
8	用角钢或扁钢做连接板焊接的钢筋接头	
9	钢筋或螺（锚）栓与钢板穿孔塞焊的接头	

表 3－1－7　　　　　　　　　　原型观测仪器设备图形符号

序号	名称	代号	图形符号	序号	名称	代号	图形符号
1	应变计组	S		15	孔隙压力计（渗压计）	P	
2	单向应变计	S^1					
3	双向应变计	S^2		16	土压计	E	
4	三向应变计	S^3		17	裂缝计	K	
5	四向应变计	S^4		18	测缝计	J	
6	五向应变计	S^5		19	岩体变位计（i表示点数）	M^i	
7	六向应变计	S^6		20	基岩变形计（测基岩上一点的变形）	M^1	
8	九向应变计	S^9		21	预应力测力计	D^p	
9	土应变计	S^e		22	水管式孔隙压力仪	Z	
10	应力计	C		23	脉动压力仪底座	F	
11	无应力计	N		24	掺气仪底座	A	
12	温度计	T		25	底流速仪底座	V	
13	表面温度计	T^s		26	集线箱	B	
14	钢筋计	R		27	自动检测装置	D	

序号	名称	代号	图形符号	序号	名称	代号	图形符号
28	电缆	CA		42	引张线	EX	
29				43	视准线	SA	
30				44	测角量边导线	MW	
31				45	弦矢导线	SW	
32	正垂线	PL		46	静力水准线	SL	
33	倒垂线	IP		47	激光准值	LA	
34	垂线中间支点	MS		48	测压管（单管）	UP	
35	垂线中间测点	MP		49	测压管（双管）	DU	
36	垂线测点	PP		50	铅垂钻孔式测压管	BV	
37	三维倒垂线	TL		51	倾斜钻孔式测压管	BO	
38	倾斜仪及其底座	CL		52	预埋 U 形管	PU	
39	水管式倾斜仪	TC		53	带遥测水位计测压管	UW	
40	水管式倾斜仪水箱	TA		54	型板式表面测缝器	ST	
41	量水堰	WE					

序号	名称		代号	图形符号	序号	名称	代号	图形符号
55	三点式表面测缝器		SJ		71	加速度计	AT	
56	水准测量	基准点	LE		72	地震计（强震仪）	SM	
57		工作基点	LS		73	振动计（微震仪）	VM	
58		水准点	BM		74	高程传递仪	HT	
59		坝体观测点	LD					
60		基岩观测点	LR					
61	三角测量	三角网点	TN		75	交会点	IS	
62		工作基点	TB		76	沉陷点	SE	
63		测点（设站）	TS		77	钢管标	SP	
64		测点（不设站）	TP		78	双金属标	DS	
65		定向点	TO					
66	铟钢线位移计		ID		79	反射镜点	RP	
67	测斜仪		TN					
68	分层沉降仪（固结管）		ES		80	测距测站	MD	
					81	棱镜站	PR	
69	土坝测沉深标		ET		82	地下水长期观测孔	OH	
70	速度计		VT		83	长期观测泉	OS	

表 3 – 1 – 8　　　　　　　　　　　　**土 石 方 机 械 图 例**

序号	名　称		图　例	序号	名　称			图　例
1	正铲挖掘机	机械式		7	装载机	履带式		
		液压式				轮胎式		
2	反铲挖掘机	机械式		8	压实机械	拖带式	羊脚碾	
		液压式					振动碾	
3	拉铲挖掘机					自行式	振动碾	
4	抓斗挖掘机						气胎碾	
5	推土机	履带式					蛙式夯	
		轮胎式		9	凿岩机械	露天凿岩机	轮胎式	
6	铲运机	拖式					履带式	
		自行式				多臂钻		
						全断面掘进机（TBM）		

表 3－1－9

运 输 机 械 图 例

序号	名 称		图 例
1	汽车	载重汽车	
		自卸汽车	
		牵引汽车	
2	皮带运输机	移动式	
		固定式	

表 3－1－10

混 凝 土 机 械 图 例

序号	名 称			图 例
1	混凝土搅拌机	自落式	鼓形	
			锥形	
		强制式（双卧轴）		
2	混凝土搅拌车			
3	混凝土泵车			

表 3 - 1 - 11　　　　　　　　　　　**起 重 机 机 械 图 例**

序号	名　称		图　例	序号	名　称		图　例
1	门座式起重机	高架门机		3	龙门式起重机		
		门座起重机		4	缆索起重机	固定式	
						移动式缆索起重机 / 平移式	
						辐射式	
2	塔式起重机	定臂式		5	轮胎式起重机		
		动臂式		6	汽车起重机		
				7	履带式起重机		

第二章　规　划　图

第一节　范　围　类　别

水利水电工程规划图是指用于表示水利水电工程地理位置、流域水系及水文测站布置、河流梯级规划、水库移民征地、水土保持规划等信息的图样，主要类别包括水利水电工程地理位置图（含对外交通）、流域水系及水文测站位置图、水库形势图、移民淹没范围图、河段梯级开发纵断面图、水电站接入系统接线形势图、征地范围图、工程管理保护范围图、水土保持规划方案图等。

第二节　绘制内容及要求

一、水利水电工程地理位置图

水利水电工程地理位置图主要表达工程所在地理位置及对外交通状况。水利水电工程地理位置图应选择适当比例的国家颁布的地图为蓝本，以工程所在省（市）区域为主绘制，绘出本工程所在河流及流域，显著标出本工程所在地理位置，主要对外交通的高速公路、国道、铁路，与工程相关的省道；并以工程为中心，绘出半径 $50\sim500km$ 范围内其他规划的已建、未建水利水电工程位置和其他重要工程所在地点，省、市、流域分界线等。水利水电工程的地理位置见图 3-2-1。

二、流域水系及水文测站位置图

流域水系及水文测站位置图主要表达相关的水文测站位置与工程的相对关系，以及相关的水文测站在流域水系中的位置。流域水系及水文测站位置图应以流域水系图为基础，标明省、地、县行政中心，工程所在河流及流域界，流域内主要河流及支流，工程所在河流已、在建水利工程，并标出水文、气象、水位测站及其名称。流域水系及水文测站位置见图 3-2-2。

三、水库形势图

水库形势图主要表达水库淹没、浸没区域。水库形势图应以行政区划图为基础，绘出水库淹没区，含水库边界、回水线淹没及浸没界线，如有需要还应绘出回水和泥沙淤积断面位置。水库形势见图 3-2-3。

四、移民淹没范围图

移民淹没范围图主要表达水库淹没范围及淹没涉及乡镇。移民淹没范围图应以行政区划图为基础，绘出水库淹没区，标明水库淹没涉及乡镇名，县、乡界线等。明显区分水库淹没涉及乡镇与其他乡镇。移民淹没范围见图 3-2-4。

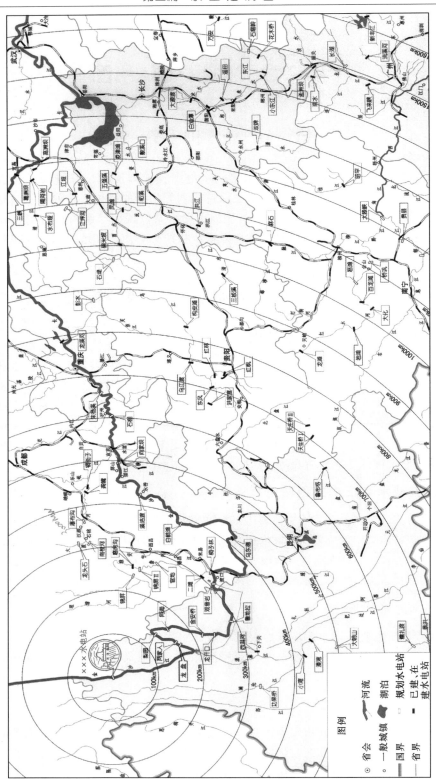

图 3－2－1 水利水电工程的地理位置图

××流域水系及水文站网分布图

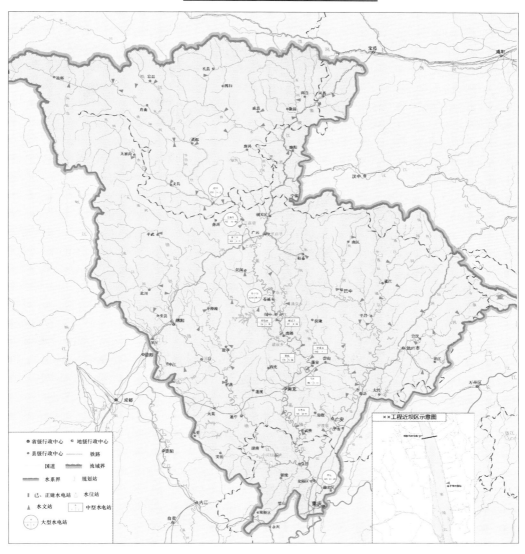

图 3-2-2 流域水系及水文测站位置图

××工程水库淹没示意图

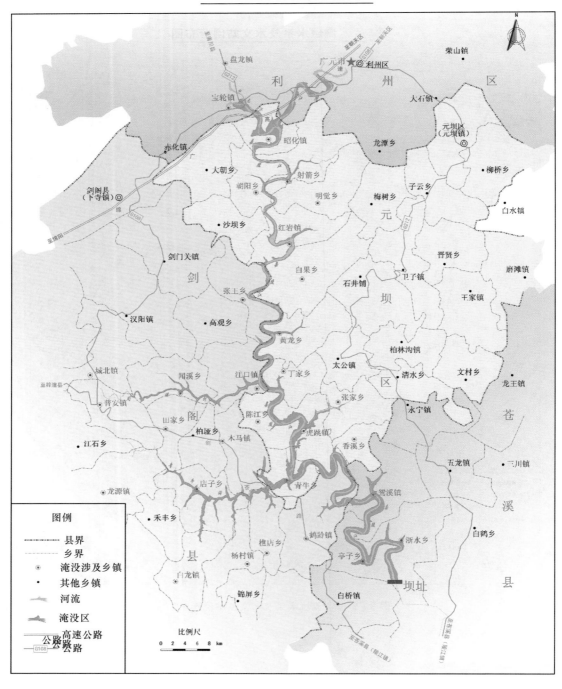

图 3-2-3　水库形势图

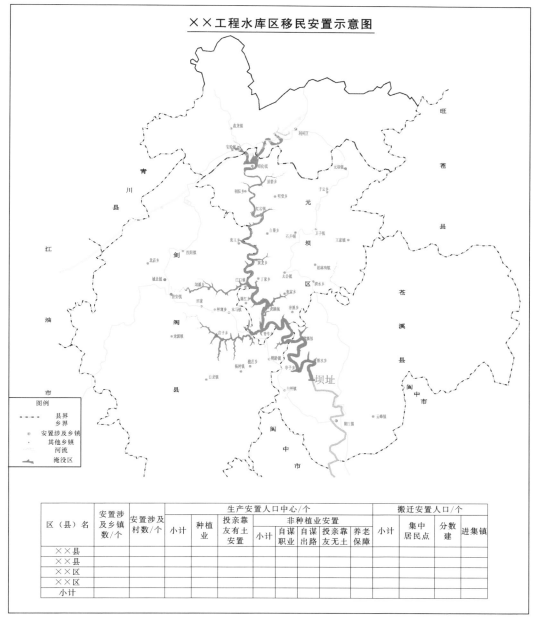

××工程水库区移民安置示意图

区（县）名	安置涉及乡镇数/个	安置涉及村数/个	生产安置人口中心/个									搬迁安置人口/个			
			小计	种植业	投亲靠友有土安置	非种植业安置					小计	集中居民点	分数建	进集镇
						小计	自谋职业	自谋出路	投亲靠友无土	养老保障				
××县														
××县														
××区														
××区														
小计														

图 3-2-4 移民淹没范围图

五、河段梯级开发纵断面图

河段梯级开发纵断面图主要表达工程所在河流各梯级的互相关系。河段梯级开发纵断面图以工程所在河流纵断面为基础，绘出本工程所在河流所有规划和已（在）建梯级名称、正常蓄水位，标明工程所在地的地名，工程距河口里程及河床高程，并显著标出本工程位置。绘制时应采用有效标注方法，便于识别已建工程、在建工程、未建工程。河段梯级开发纵断面见图 3-2-5。

嘉陵江干流梯级纵剖面图

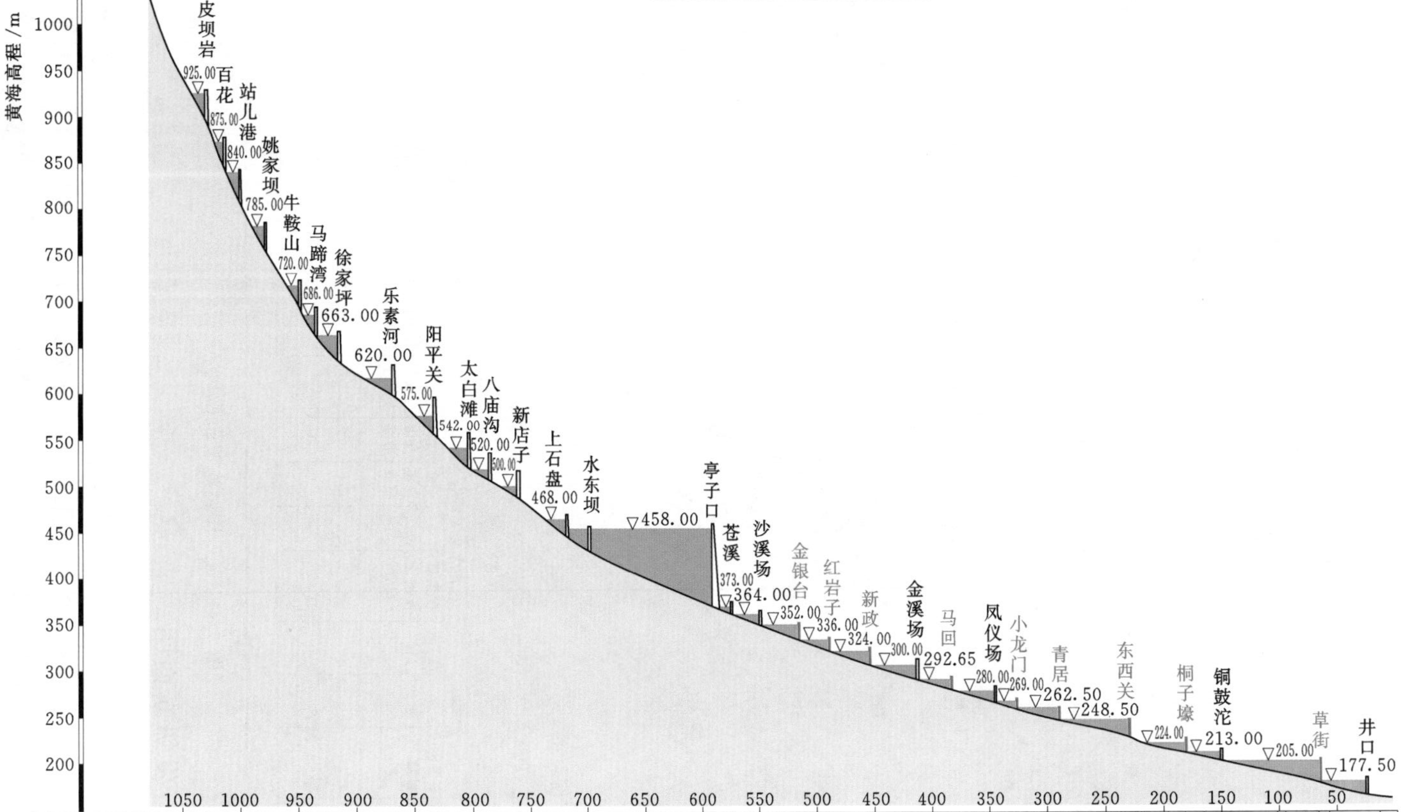

图 3-2-5 河段梯级开发纵断面图

地名	高程/m	里程/m
重庆	159.5	0.0
沙坪坝	162.0	12.0
北碚	173.5	58.0
草街川坝址	174.5	68.2
合川	187.0	95.0
渠河嘴	190.0	103.1
铜鼓	204.0	137.6
武胜	208.4	167.2
石盘胜沱	214.0	184.6
东西塞关沱	216.0	197.4
东塞关下	224.0	220.0
东塞关上	234.0	238.0
西塞关	240.0	255.8
青居下	248.2	288.2
青居上	252.0	305.0
南充市	264.4	321.0
蓬安	287.4	395.5
西河口	296.0	424.3
东南部	323.8	489.0
东河口	342.0	528.0
阆中	346.0	536.0
杏溪	362.0	569.5
亭子口	378.0	598.5
虎跳	400.0	644.6
江口	407.0	655.6
昭化	445.0	714.5
广元	468.0	740.0
新店子	484.7	761.4
大八庙沟	506.8	785.8
滩沟子	520.0	801.3
阳平关	558.8	833.6
乐素河	600.0	867.1
徐家坝	642.0	914.0
马蹄湾	662.0	929.4
牛鞍山	700.8	949.4
坪	760.0	979.0
百花港	807.0	1000.0
皮坝岩	850.0	1013.7
站儿	895.0	1029.0

六、水电站接入电力系统图

水电站接入电力系统图主要表达水电站接入系统的相关参数。水电站接入电力系统图应绘出地理接线及主要变电站及相关电厂的地理位置，标明站点间的距离，变电站电压，线路电压。水电站接入电力系统见图3-2-6。

××水电站接入电力系统接图

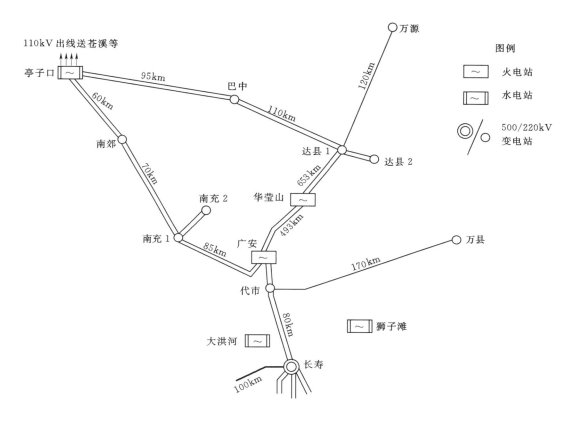

图3-2-6 水电站接入电力系统图

七、征地范围图

征地范围图主要表达受水库淹没影响及工程占地需要征用的土地范围。征地范围图应标出征用土地地点、范围、分类、面积等。工程占地征用土地应标明永久占地或临时占地。征地范围见图3-2-7。

八、工程管理保护范围图

工程管理保护范围图主要表达坝址区工程管理范围及工程保护范围。工程管理及保护范围图应在工程平面布置图基础上标出工程管理区和保护区范围、水位线，并给出工程管

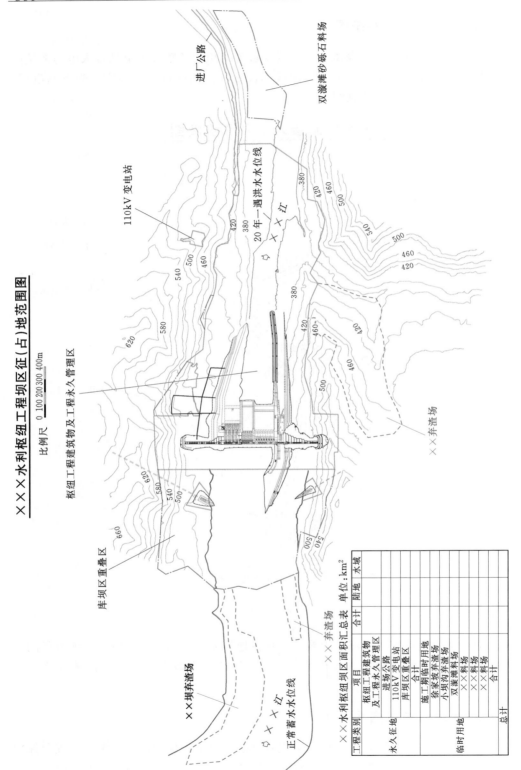

×××水利枢纽工程坝区征(占)地范围图

比例尺 0 100 200 300 400m

工程类别	项目	合计	陆地	水域
永久征地	枢纽工程建筑物 及工程永久管理区			
	进场公路			
	110kV变电站			
	库坝区重叠区			
	合计			
临时用地	施工期临时用地			
	徐家坡弃渣场			
	小坝沟弃渣场			
	双漩滩料场			
	××料场			
	××料场			
	合计			
总计				

×××水利枢纽坝区面积汇总表 单位：km²

图 3 - 2 - 7 水利枢纽工程坝区征（占）地范围示意图

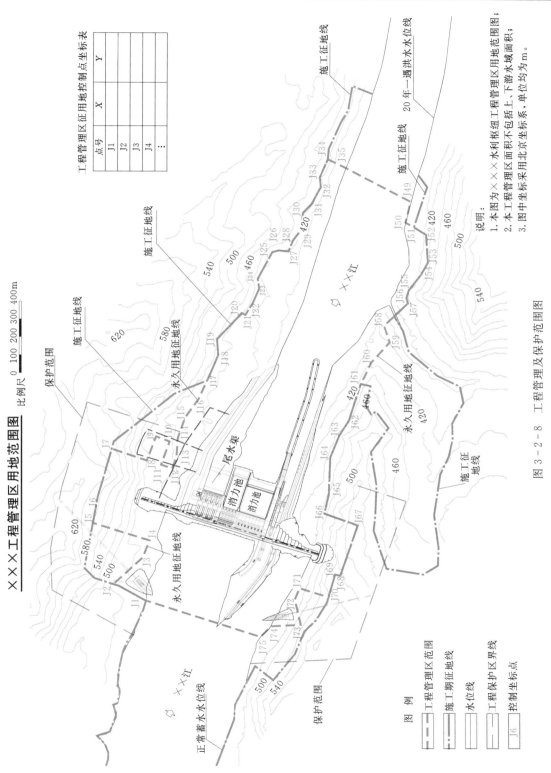

×××工程管理区用地范围图

比例尺 0 100 200 300 400m

工程管理区征用地控制点坐标表

点号	X	Y
J1		
J2		
J3		
J4		
⋮		

图例

	工程管理区范围
	施工期征地线
	水位线
	工程保护区界线
J6	控制坐标点

说明：
1. 本图为×××水利枢纽工程管理区用地范围图；
2. 本工程管理区面积不包括上、下游水域面积，
3. 图中坐标采用北京坐标系，单位均为 m。

图 3-2-8 工程管理及保护范围图

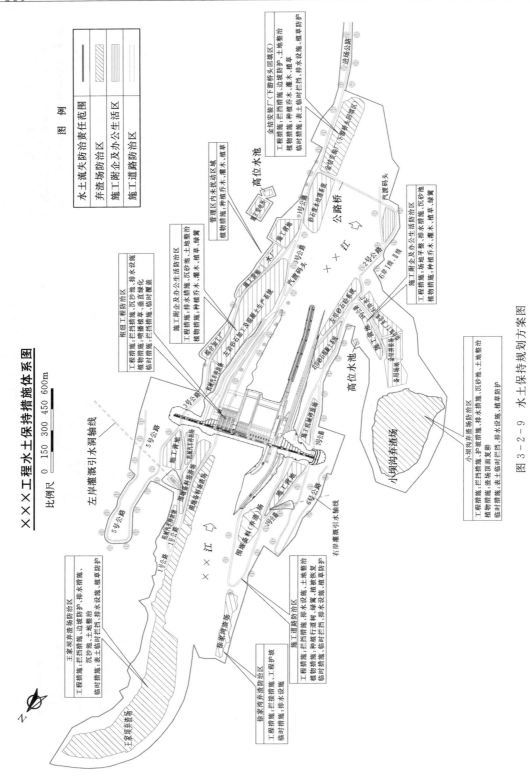

图 3-2-9 水土保持规划方案图

理区和保护区范围控制点坐标。工程管理及保护范围见图 3-2-8。

九、水土保持规划方案图

水土保持规划方案图应按水土保持规划方案及水土保持工程措施分区绘制水土流失防治范围，并标注各分区水土保持工程措施、生物措施、临时措施等。水土保持规划方案见图 3-2-9。

第三章 土 建 图

第一节 范 围 类 别

土建图是指水工图以及与水工有关的建筑结构图，主要类别包括水工图、钢筋图、安全监测图、木结构图等。

第二节 水 工 图

水工图主要包括各类水利工程（水利水电工程枢纽、防洪工程、河道堤防工程、引调水工程、灌溉工程等）总布置图、水工建筑物图、水工结构图、开挖支护图以及地基与基础处理图。

一、水工图制图一般要求

（1）水利水电工程布置图应绘出各主要建筑物的中心线或定位线，标注各建筑物之间、建筑物和原有建筑物关系的尺寸和建筑物控制点的大地坐标。

（2）水工建筑图尺寸标注的详细程度，可根据各设计阶段的不同和图样表达内容的详略程度而定。例如初步设计阶段和项目建议书阶段图样中尺寸标注的详细程度是不一样的。另外，同一个设计阶段中不同类型的图，对尺寸标注的详细程度也不一样，例如布置图和细部构造图中尺寸标注的详细程度不一样。

（3）水工建筑图中文字说明应简明扼要，其位置宜放在图纸右下方。

二、总布置图绘制内容及要求

（一）水利水电工程

水利水电工程枢纽总布置图包括总平面图、上（下）游立（展）视图、典型剖视图（断面）图，要求如下：

（1）总平面图应有地形等高线，测量坐标网，地质符号及其名称，河流名称和流向，指北针，各建筑物及其名称，建筑物轴线，沿轴线桩号，建筑物主要尺寸和高程、地基开挖开口线、对外交通及绘图比例或比例尺等。

（2）建筑物平面图及纵断面图的控制点（转弯点）应标注转弯半径、中心夹角、切线长度、中心角对应的中心线曲线长度。

（3）有迎水面的断面图应标注上下游特征水位、典型泄流流态水面曲线；边坡开挖挖除部位应用虚线注绘原地面线；含地质结构的断面应按图例要求绘制基岩顶面线、岩石风化界线、岩体名称、岩性分界线、地质构造线、地下水位线、相对不透水层界面线；泄水建筑物应对不同建筑物分别加绘泄流能力曲线。

（4）挡水坝平面或断面特征轮廓、泄流面或喇叭口曲线等复杂体形建筑物应加绘特征曲线或坐标表格。

水利水电工程枢纽总布置见图3-3-1。

（二）防洪工程、河道堤防工程

防洪工程、河道堤防工程总布置图应显著标注堤坝及堤坝轴线、沿线防排洪建筑物及名称、沿轴线桩号、图例、比例尺、指北针等。防洪工程总布置见图3-3-2，河道堤防工程总布置见图3-3-3。

（三）引调水工程

引调水工程总布置图应显著标明水源工程及主要参数、渠首工程及主要参数，渠道、沿线主要输水建筑物及主要参数，沿线水库以及必要的图例、比例尺、指北针等。引调水工程总布置见图3-3-4。

（四）灌溉工程

灌溉工程总布置图应显著标明水源工程、灌区界线、干支渠、相关建筑物、水库及必要的图例、比例尺、指北针等，灌溉工程总布置见图3-3-5。

三、水工建筑物绘制内容及要求

（一）混凝土重力坝

混凝土重力坝是由混凝土修筑的大体积挡水建筑物，其基本剖面是直角三角形，主要依靠坝体自重来维持稳定。整体由若干坝段组成，按其功能分为溢流坝段、非溢流坝段。溢流坝段断面图应绘制溢流曲面、闸墩以及地基的帷幕、排水设施等内容，并标注上下游特征水位、坝轴线、上下游坡比及必要高程、桩号和结构尺寸，混凝土重力坝见图3-3-1。

（二）混凝土拱坝

混凝土拱坝是一个空间壳体结构，是指一种在平面上向上游弯曲，呈曲线形、能把一部分水平荷载传给两岸的混凝土挡水建筑物。拱坝的结构作用可视为两个系统，即水平拱和竖直梁系统。混凝土拱坝应绘制拱坝体型定义图和拱坝典型断面图。

拱坝体型定义图应绘制体型平面图、水平拱圈定义图、拱冠梁剖面定义图，给出拱圈中心线的参数方程以及上下游面的差值方程、不同特定高程体型参数表，标注大坝分层高程，大坝轴线以及必要的桩号、坐标等内容。混凝土拱坝见图3-3-6。

（三）土石坝

土石坝指由当地土料、石料或混合料，经过抛填、碾压等方法填筑成的挡水坝。当坝体材料以土和砂砾为主时称土坝，以石渣、卵石、爆破石料为主时，称堆石坝；当两类当地材料均占相当比例时，称土石混合坝。土石坝剖面图应主要绘制坝体填料分区，标注上下游特征水位、坝轴线、上下游坡比及必要高程、桩号和结构尺寸，黏土心墙坝见图3-3-7，混凝土面板堆石坝见图3-3-8。

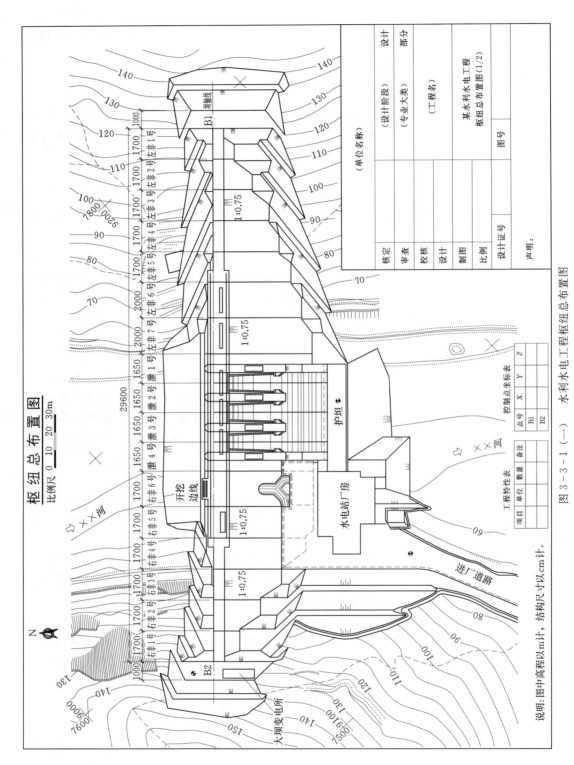

图 3－3－1（一）　水利水电工程枢纽总布置图

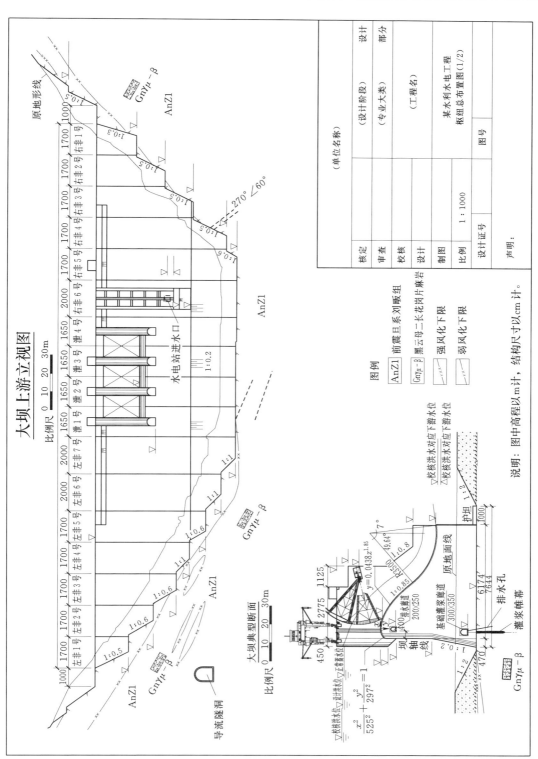

大坝上游立视图

比例尺 0　10　20　30m

大坝典型断面

比例尺 0　10　20　30m

图例

AnZ1 前震旦系刘岭组

Gnγμ－β 黑云母二长花岗片麻岩

强风化下限

弱风化下限

说明：图中高程以m计，结构尺寸以cm计。

图3-3-1（二）　水利水电工程枢纽总布置图（上游立视图、典型断面）

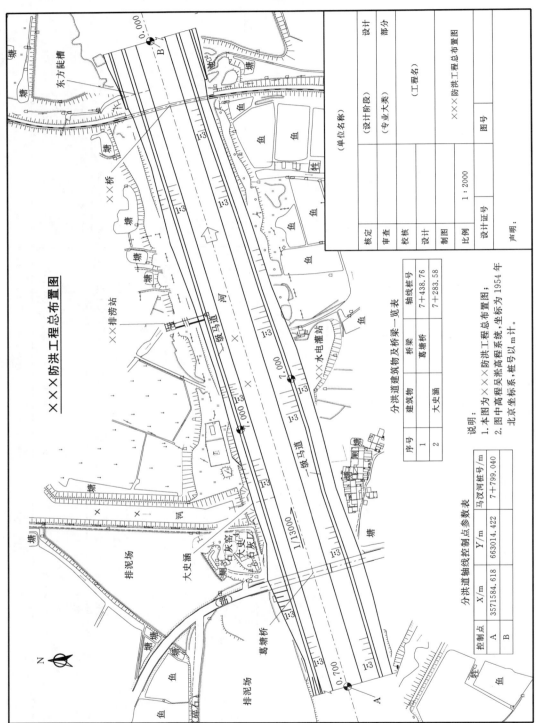

×××防洪工程总布置图

分洪道建筑物及桥梁一览表

序号	建筑物	桥梁	轴线桩号
1		葛塘桥	7+438.76
2	大史涵		7+283.58

分洪道轴线控制点参数表

控制点	X/m	Y/m	马汉河桩号/m
A	3571584.618	663014.422	7+799.040
B			

说明：
1. 本图为×××防洪工程总布置图；
2. 图中高程吴淞高程系统，坐标为 1954 年北京坐标系，桩号以 m 计。

图 3-3-2 防洪工程总布置图

核定		设计		
审查		部分		
校核				
设计		（设计阶段）		
制图		（专业大类）		
比例	1：2000	（工程名）		
设计证号：			×××防洪工程总布置图	
声明：			图号	

（单位名称）

×××干流堤防加固工程平面布置图

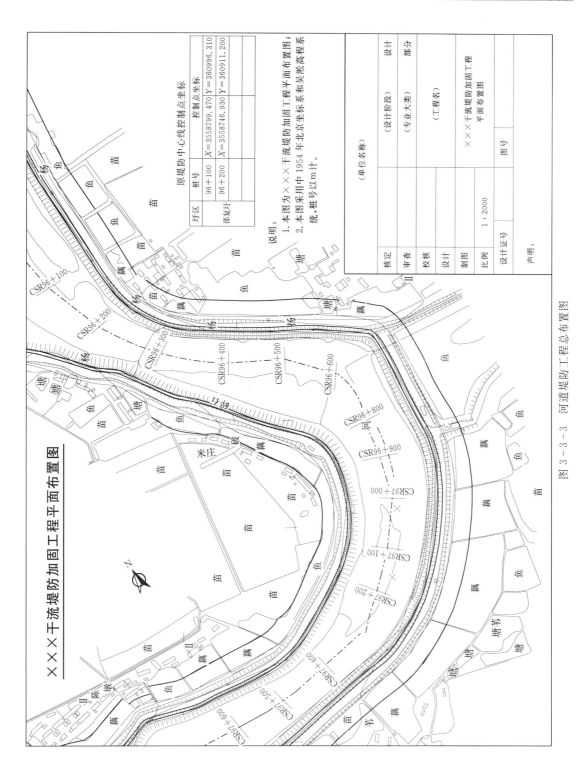

原堤防中心线控制点坐标

	桩号	控制点总坐标
圩区	96+100	X=3558799.470 Y=360996.310
部复圩	96+200	X=3558746.930 Y=360911.200

×××干流堤防加固工程平面布置图

说明：
1. 本图为×××干流堤防加固工程平面布置图；
2. 本图采用中1954年北京坐标系和吴淞高程系统，桩号以m计。

设计	（设计阶段）	（单位名称）
部分	（专业大类）	
	（工程名）	
	×××干流堤防加固工程 平面布置图	
核定		
审查		
校核		
设计	比例	
制图	1：2000	图号
	设计证号	声明：

图 3-3-3 河道堤防工程总布置图

· 229 ·

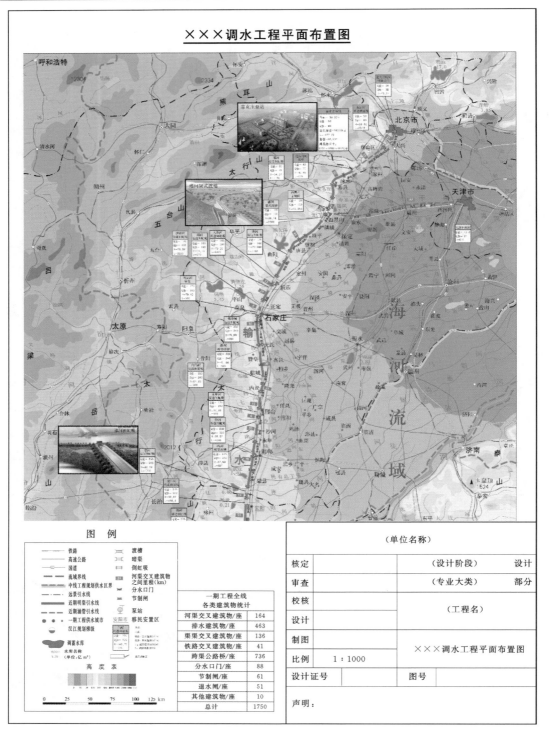

图 3-3-4 引调水工程总布置图

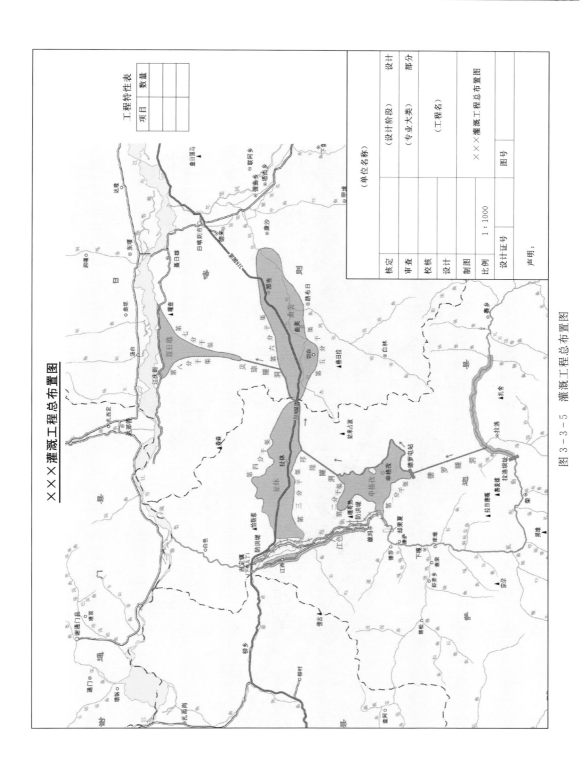

图 3 - 3 - 5 灌溉工程总布置图

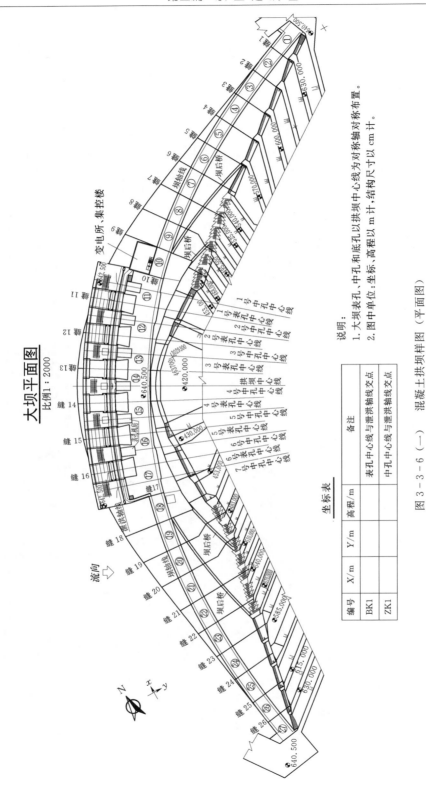

大坝平面图
比例1:2000

坐标表

编号	X/m	Y/m	高程/m	备注
BK1				表孔中心线与泄洪轴线交点
ZK1				中孔中心线与泄洪轴线交点

说明:
1. 大坝表孔、中孔和底孔以拱坝中心线为对称轴对称布置。
2. 图中单位:坐标、高程以 m 计;结构尺寸以 cm 计。

图 3-3-6 (一) 混凝土拱坝样图 (平面图)

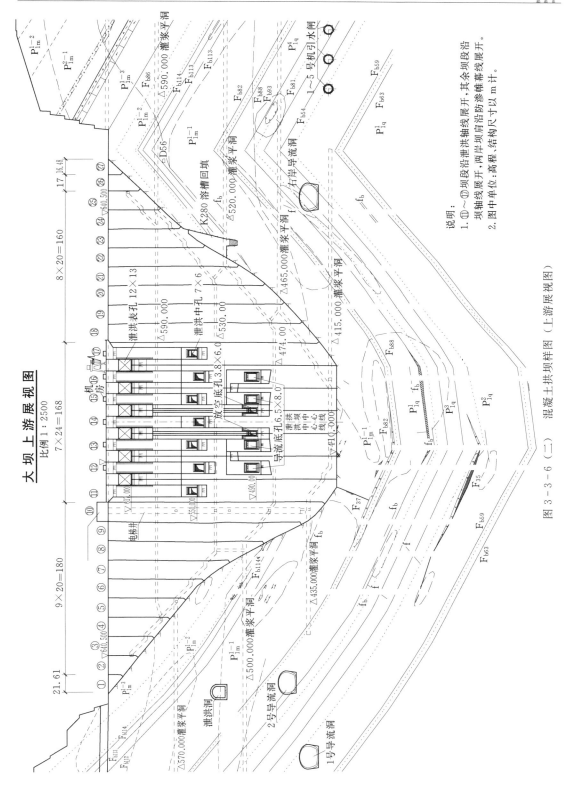

大坝上游展视图

比例 1：2500

说明：
1. ⑩～⑪坝段沿泄洪轴线展开，其余坝段沿坝轴线展开，两岸坝肩沿防渗帷幕线展开。
2. 图中单位：高程，结构尺寸以 m 计。

图 3－3－6（二） 混凝土拱坝样图（上游展视图）

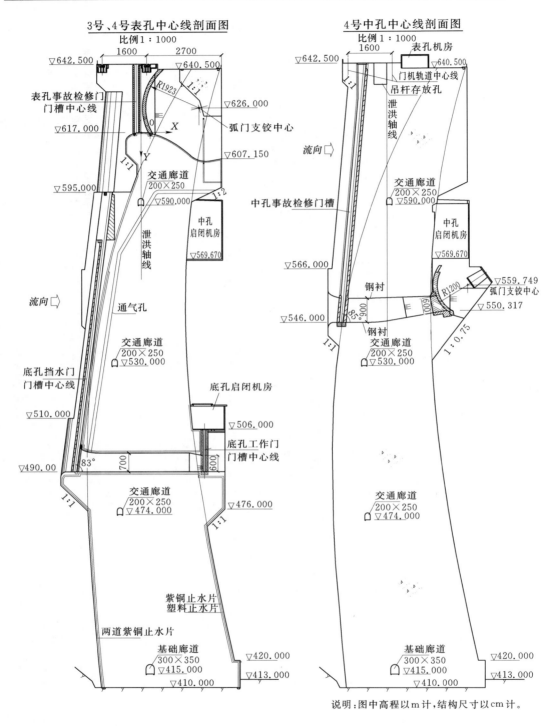

（a）表孔 （b）中孔

图 3-3-6（三） 混凝土拱坝样图（断面图）

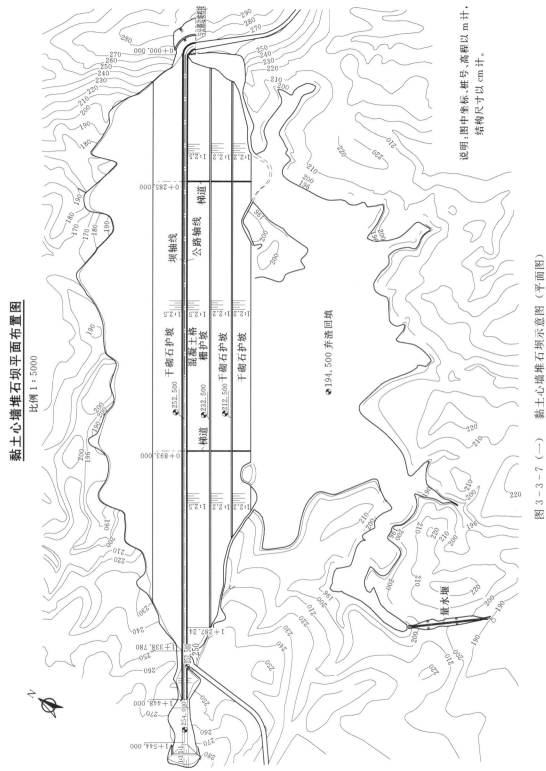

黏土心墙堆石坝平面布置图

比例 1 : 5000

说明:图中坐标、桩号、高程以 m 计,
结构尺寸以 cm 计。

图 3 - 3 - 7 (一) 黏土心墙堆石坝示意图 (平面图)

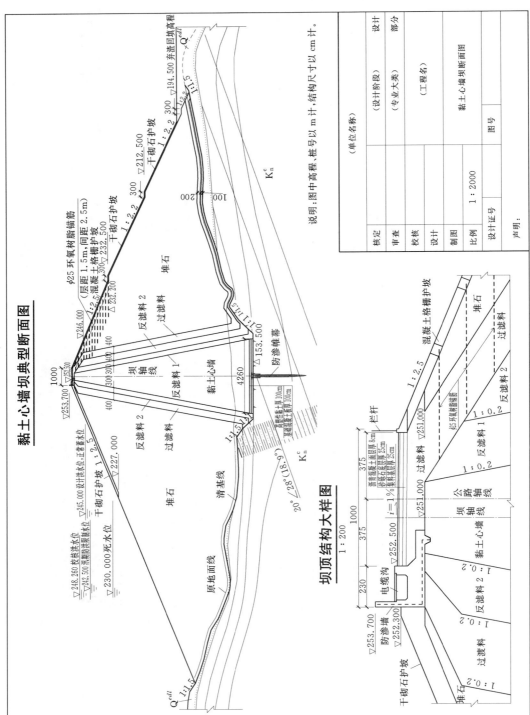

黏土心墙坝典型断面图

坝顶结构大样图

1:200

图 3-3-7（二）　黏土心墙坝样图（断面图）

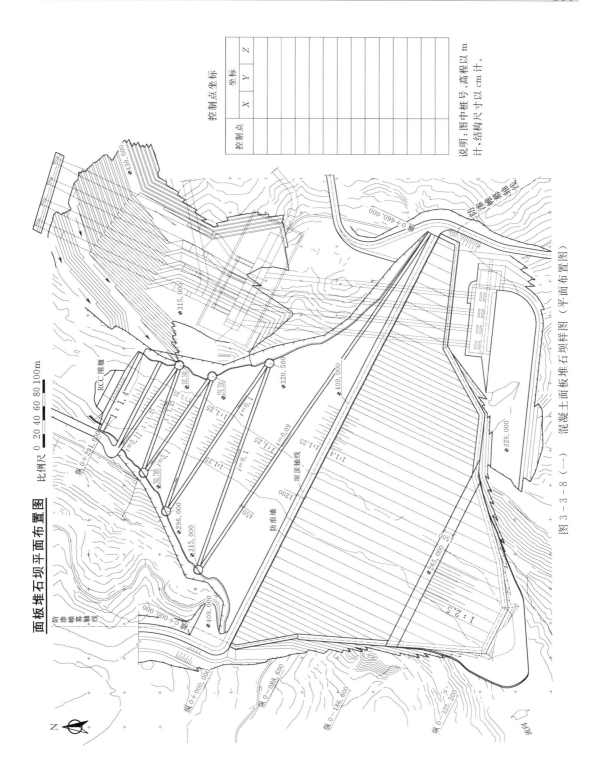

面板堆石坝平面布置图

比例尺 0 20 40 60 80 100m

控制点坐标

控制点	坐标		
	X	Y	Z

说明：图中桩号、高程以 m 计，结构尺寸以 cm 计。

图 3-3-8 （一）　混凝土面板堆石坝样图（平面布置图）

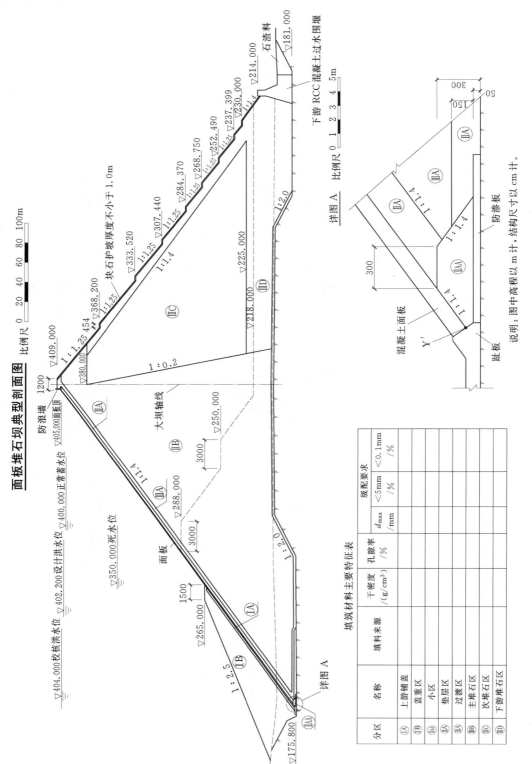

面板堆石坝典型剖面图

填筑材料主要特征表

分区	名称	填料来源	干密度 /(g/cm³)	孔隙率 /%	级配要求		
					d_{max} /mm	<5mm /%	<0.1mm /%
⒜	上游铺盖						
⒝	盖重区						
⒜	小区						
⒜	垫层区						
⒜	过渡区						
⒝	主堆石区						
⒞	次堆石区						
⑶	下游堆石区						

图 3-3-8（二）　混凝土面板堆石坝断面图

（四）水电站厂房

水电站厂房主要包括坝后式、地面式、地下式、河床式等几种厂房型式，设计图纸应从几个重要的视图剖面上绘制厂房的水工、机械、电气等设计方案，主要有机组横剖面图，机组中心纵剖面图，楼层平面布置图，包括发电机层、水轮机层、蜗壳层等，并应符合下列要求：

（1）厂房设计图应有水工结构的型式、尺寸、高程等，包括厂房底板、尾水管、压力管道、蜗壳、机墩、风罩、上下游墩墙、吊车梁、牛腿、各楼层梁板柱、楼梯等结构，还应有建筑物的桩号、基础开挖线等。

（2）厂房设计图应有水道系统，包括压力管道、进水阀、蜗壳、尾水管、尾水闸门等；河床式厂房还应有厂房的进水口，包括拦污栅、清污设备、检修闸门、事故闸门等。

（3）厂房设计图应有主厂房布置，包括主机室内的水轮机、发电机、励磁系统、调速器、油气水系统、起重设备、屋架、其他辅助设备等，还包括安装场的布置。

（4）厂房设计图应有副厂房布置，包括副厂房内的一次回路输变电设备、二次回路控制设备、其他辅助设备等，其中，一次回路主要包括母线、断路器、电流电压互感器、主变压器等设备的布置，二次回路主要包括机组的控制、保护、检测、试验、监测、通信、调度等设备的布置。厂房设计图还应有开关站的布置。

（5）厂房设计图应有重要通道的布置，包括厂内的交通、运输、排水、操作、检修等通道布置，还应有通风、排风、排烟、消防、逃生等通道布置；有排沙、排漂等功能要求的厂房还应有排沙、排漂建筑物的布置。

（6）厂房设计图应有厂房特征水位、主要技术参数表、绘图比例或比例尺等。

各种型式水电站厂房见图 3-3-9～图 3-3-13。

（五）通航建筑物

通航建筑物主要船闸和升船机两种形式。船闸结构布置图应显著标注船闸的轴线、上下游通航水位、挡洪水位和检修水位，闸首、闸室、输水系统及上下游引航道导航、靠船、隔流建筑物的名称，建筑物的主要控制高程和尺寸等，船闸建筑物见图 3-3-14。

升船机结构布置图应显著标注升船机的轴线、上下游通航水位、挡洪水位和检修水位，闸首、船厢室及上下游引航道导航、靠船、隔流建筑物的名称，建筑物的主要控制高程和尺寸等，升船机建筑物见图 3-3-15。

（六）鱼道建筑物

鱼道结构布置图应显著标注鱼道的轴线、上下游运行水位和检修水位，鱼道进口、出口、槽身及集鱼、诱鱼设施的名称，鱼道的坡度、建筑物的主要控制高程和尺寸等，鱼道建筑物见图 3-3-16。

（七）堤防建筑物

堤防指在江、海、湖、海沿岸或水库区、分蓄洪区周边修建的土堤等，其断面图中应绘制断面填筑材料、护坡护脚结构及排水系统，标注特征水位、上下游坡比、堤顶高程以及必要的结构尺寸、文字说明等内容，堤防建筑物见图 3-3-17。

（八）护岸建筑物

挡土墙是常用护岸建筑物型式，其断面图中应绘制出挡墙结构，标注墙体材料、特征水位、墙顶高程以及必要的结构尺寸和文字说明等内容，护岸建筑物见图 3-3-18。

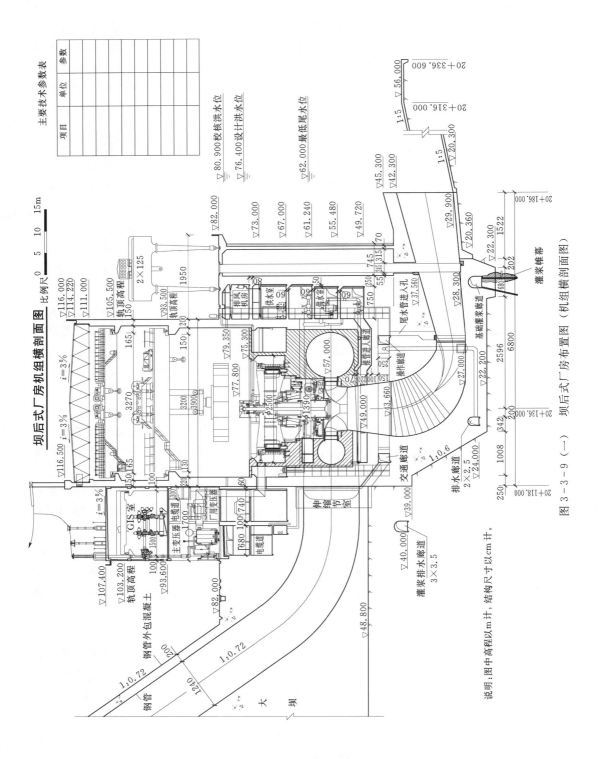

坝后式厂房机组横剖面图

主要技术参数表

项目	单位	参数

图 3 – 3 – 9（一） 坝后式厂房布置图（机组横剖面图）

说明：图中高程以 m 计，结构尺寸以 cm 计。

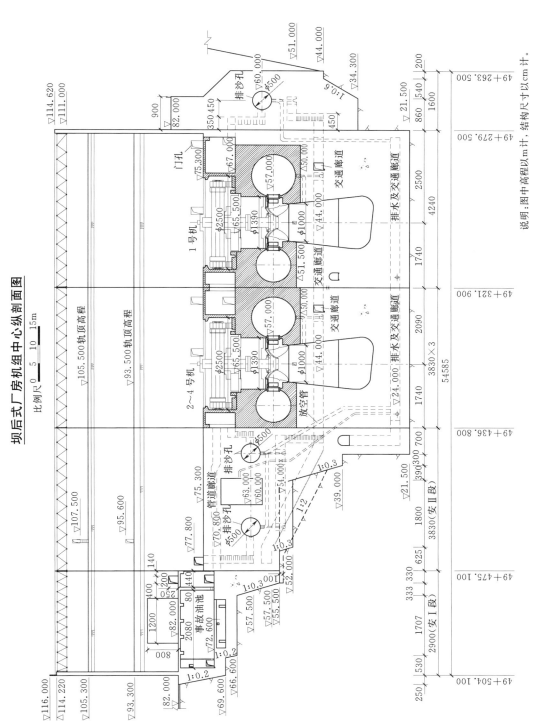

图 3 - 3 - 9 (二) 坝后式厂房布置图 (机组中心纵剖面图)

说明: 图中高程以 m 计, 结构尺寸以 cm 计。

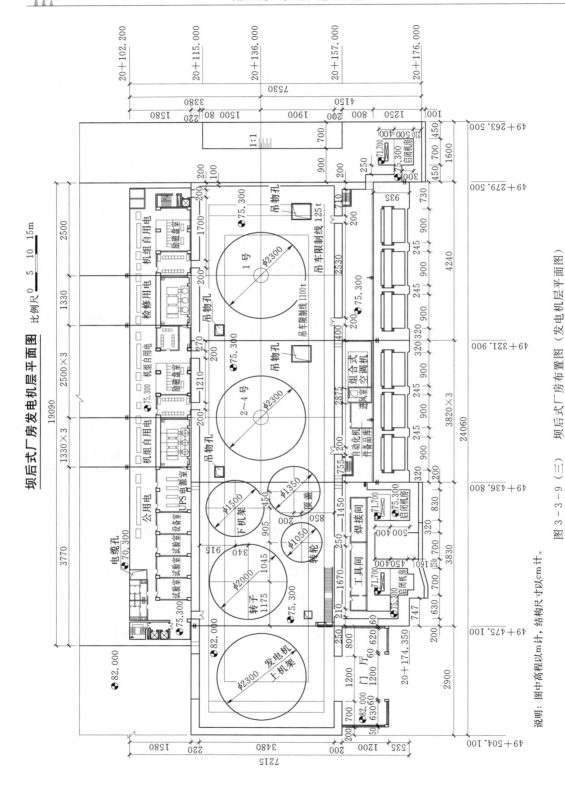

坝后式厂房发电机层平面图 比例尺 0 5 10 15m

图 3-3-9（三） 坝后式厂房布置图（发电机层平面图）

说明：图中高程以m计，结构尺寸以cm计。

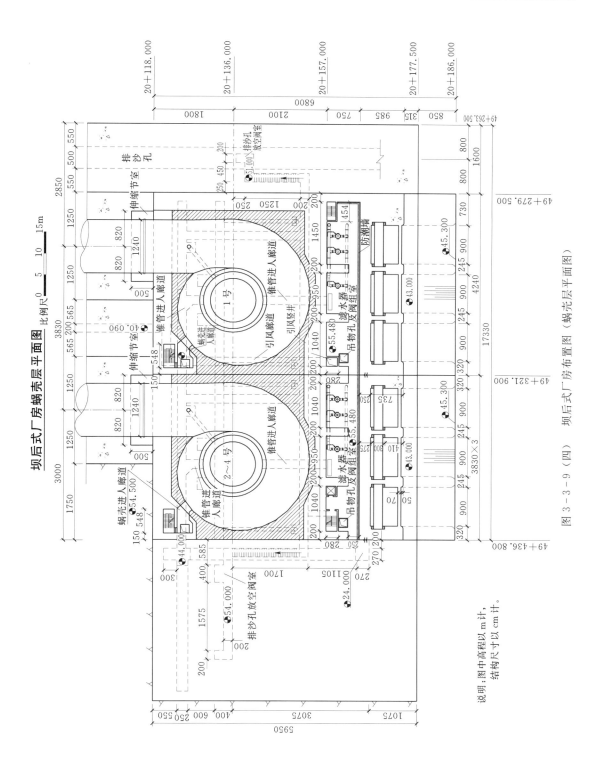

坝后式厂房蜗壳层平面图

比例尺 0 5 10 15m

说明：图中高程以 m 计，
结构尺寸以 cm 计。

图3－3－9（四） 坝后式厂房布置图（蜗壳层平面图）

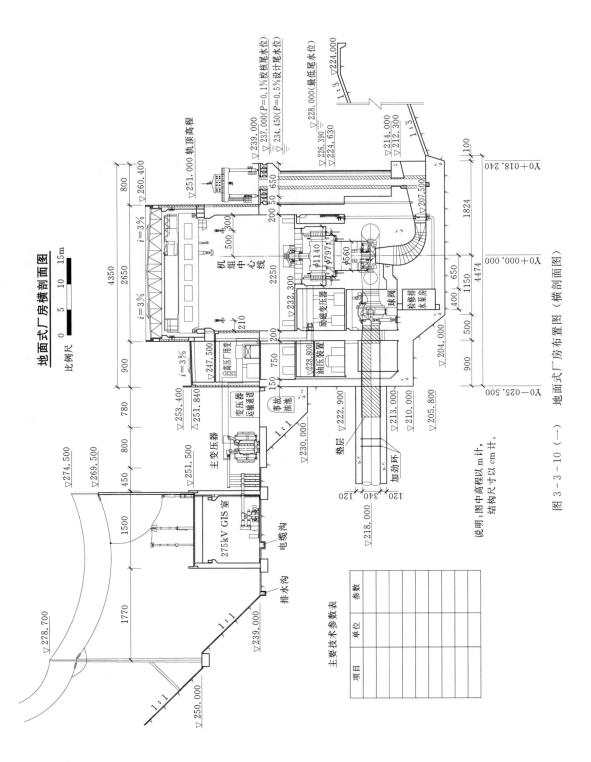

地面式厂房横剖面图

比例尺

0 5 10 15m

主要技术参数表

项目	单位	参数			

说明:图中高程以 m 计,
结构尺寸以 cm 计。

图 3 - 3 - 10 (一) 地面式厂房布置图(横剖面图)

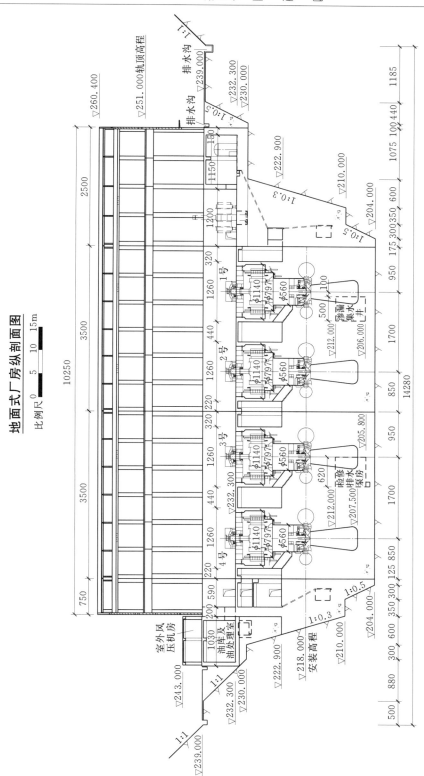

图 3 - 3 - 10 （二） 地面式厂房布置图（纵剖面图）

说明：图中高程以 m 计，
结构尺寸以 cm 计。

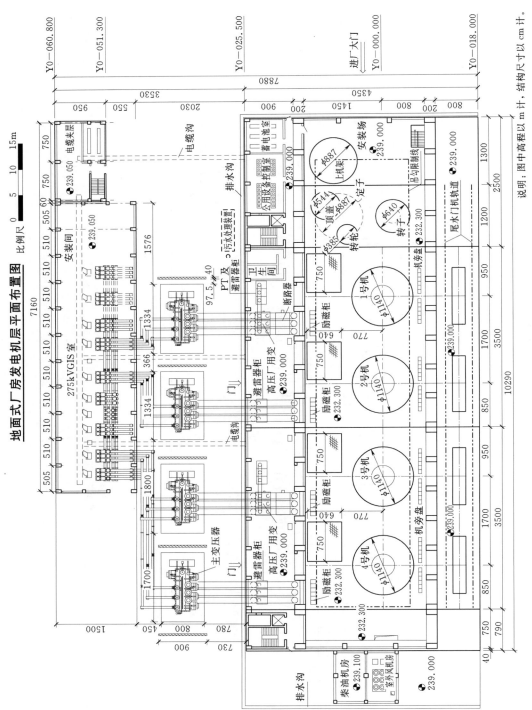

图 3-3-10（三） 地面式厂房布置图（发电机层平面图）

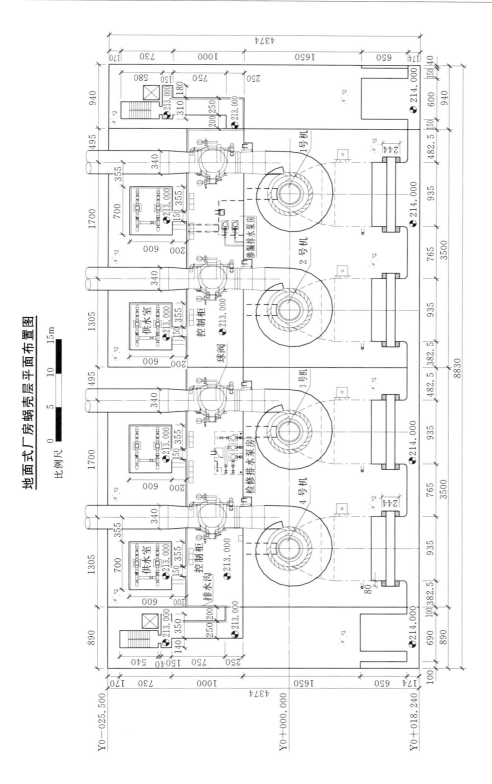

地面式厂房蜗壳层平面布置图

说明：图中高程以 m 计，结构尺寸以 cm 计。

图 3－3－10（四） 地面式厂房布置图（蜗壳层平面图）

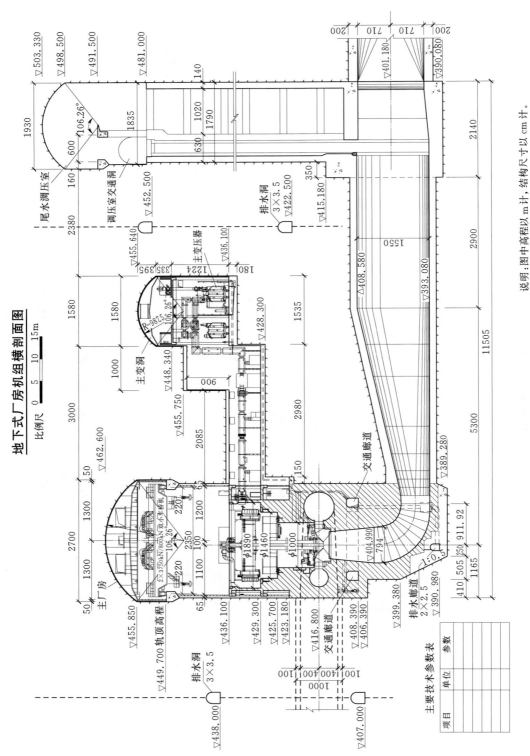

地下式厂房机组横剖面图

比例尺　0　5　10　15m

说明：图中高程以 m 计，结构尺寸以 cm 计。

图 3-3-11（一）　地下式厂房布置图（横剖面图）

主要技术参数表

项目	单位	参数

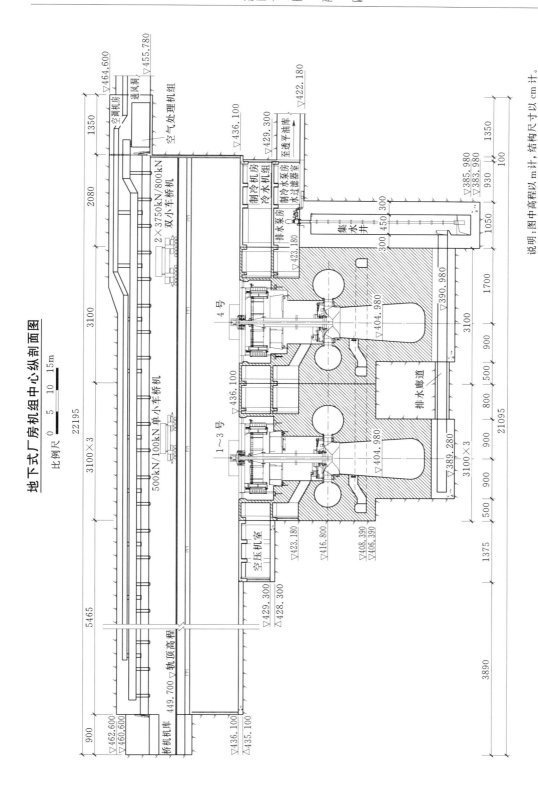

图 3-3-11（二）　地下式厂房布置图（纵剖面图）

说明：图中高程以 m 计，结构尺寸以 cm 计。

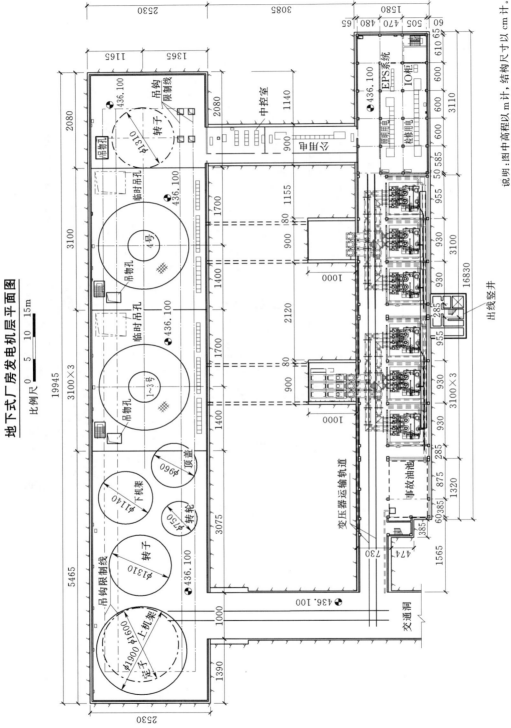

图 3-3-11 (三) 地下式厂房布置图（发电机层平面图）

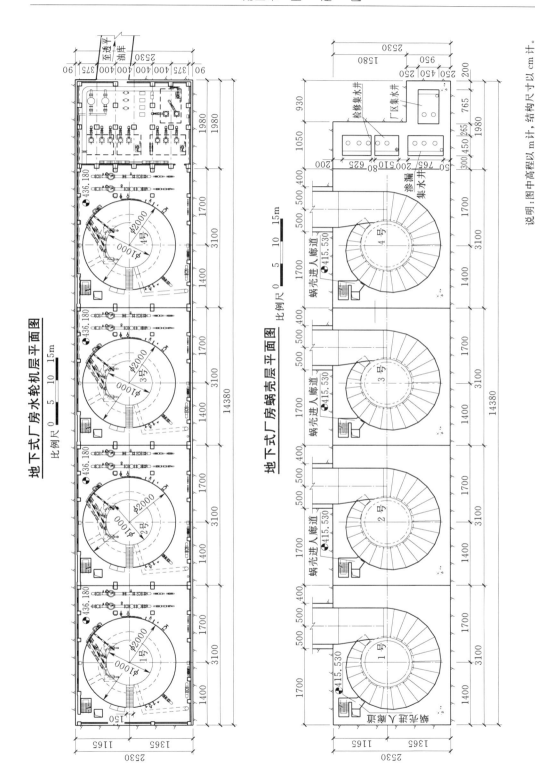

地下式厂房水轮机层平面图

比例尺 0　5　10　15m

地下式厂房蜗壳层平面图

比例尺 0　5　10　15m

说明：图中高程以 m 计，结构尺寸以 cm 计。

图 3 - 3 - 11（四）　地下式厂房布置图（水轮机层、蜗壳层平面图）

河床式厂房横剖面图(贯流式机组)

主要技术参数表

项目	单位	数量

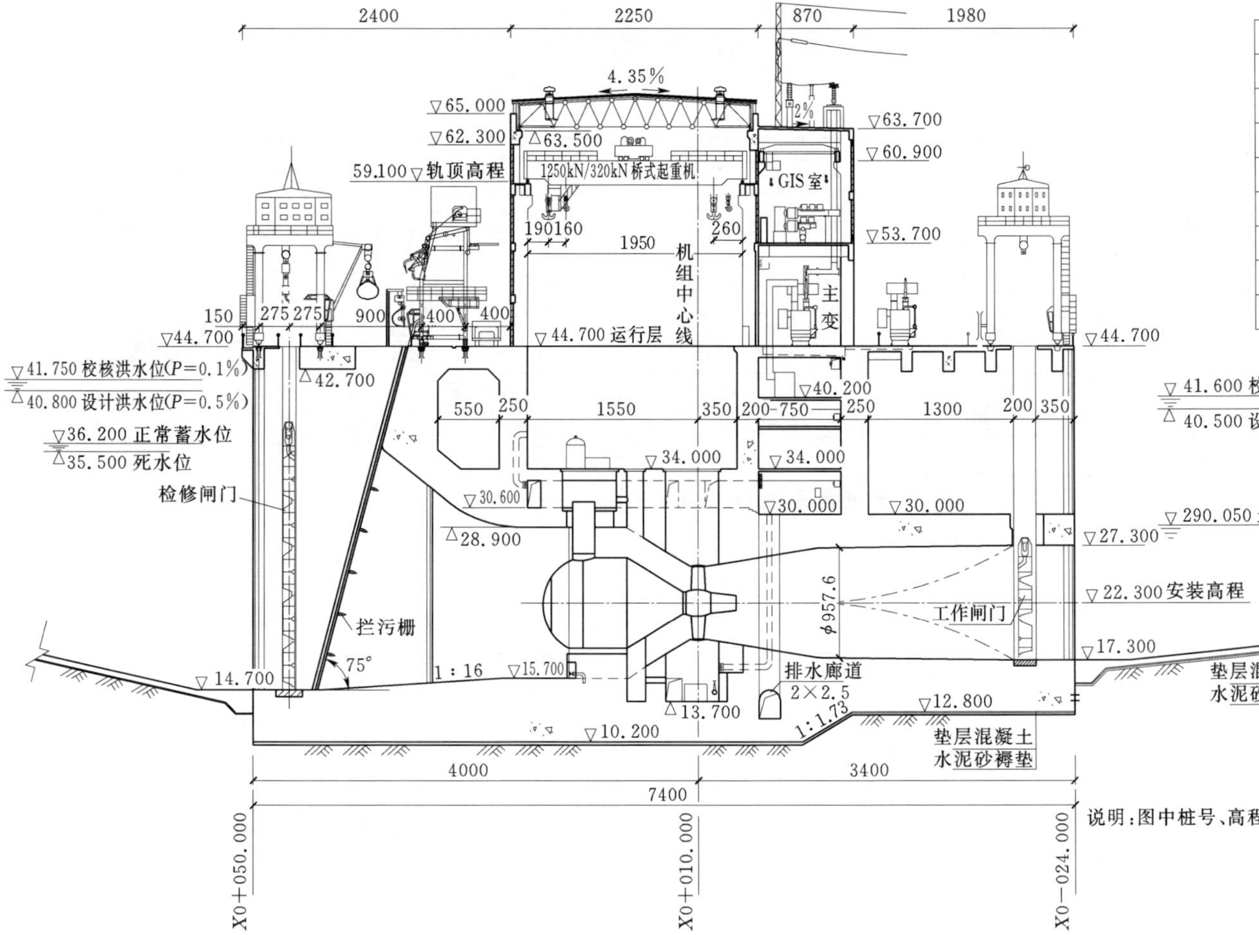

比例尺

0 5 10 15m

说明：图中桩号、高程以m计，结构尺寸以cm计。

图 3-3-12 （一） 河床式厂房布置图（横剖面图）（贯流式机组）

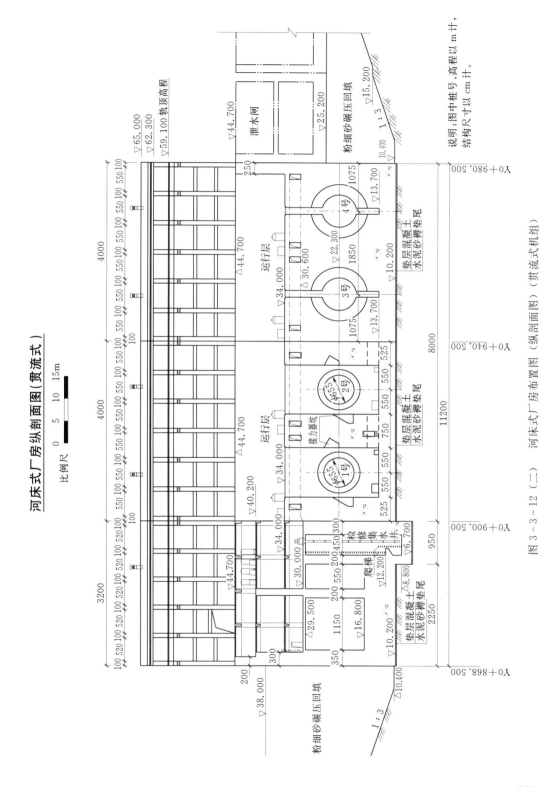

河床式厂房纵剖面图（贯流式）

图 3－3－12（二） 河床式厂房布置图（纵剖面图）（贯流式机组）

说明：图中桩号、高程以 m 计，结构尺寸以 cm 计。

比例尺

0 5 10 15m

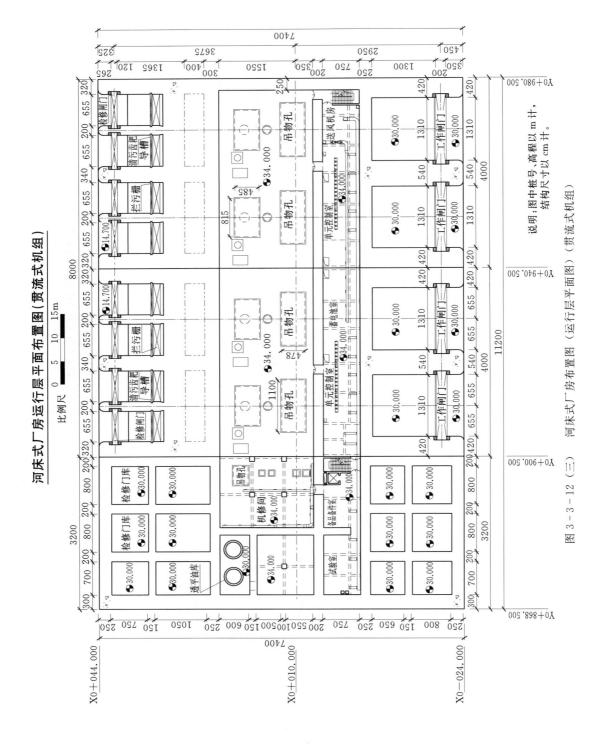

图 3 - 3 - 12 （三）　河床式厂房布置图（运行层平面图）（贯流式机组）

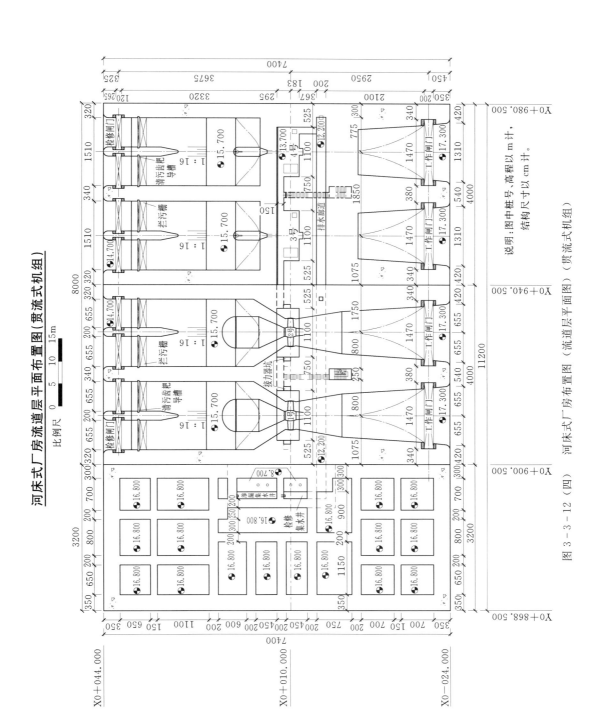

河床式厂房流道层平面布置图(贯流式机组)

比例尺　0　5　10　15m

说明：图中桩号、高程以 m 计，结构尺寸以 cm 计。

图 3 - 3 - 12 （四）　河床式厂房布置图（流道层平面图）（贯流式机组）

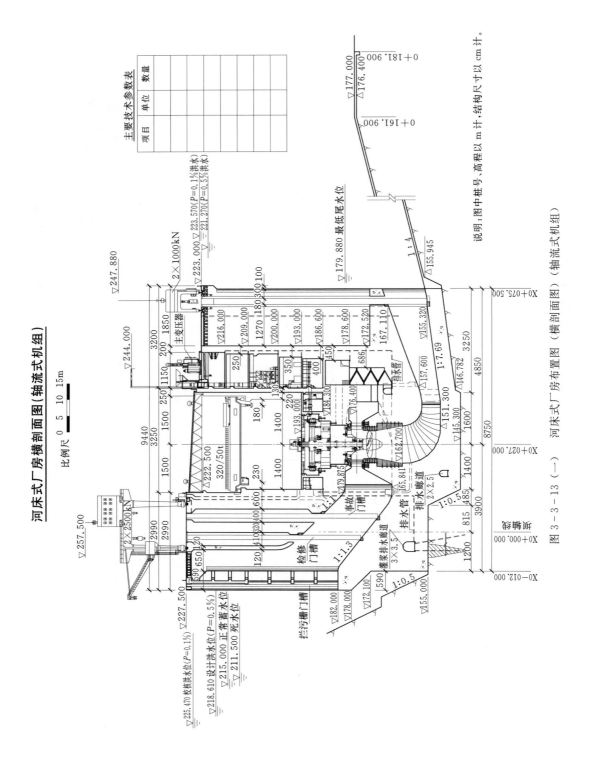

图 3 - 3 - 13 （一）　河床式厂房布置图（横剖面图）（轴流式机组）

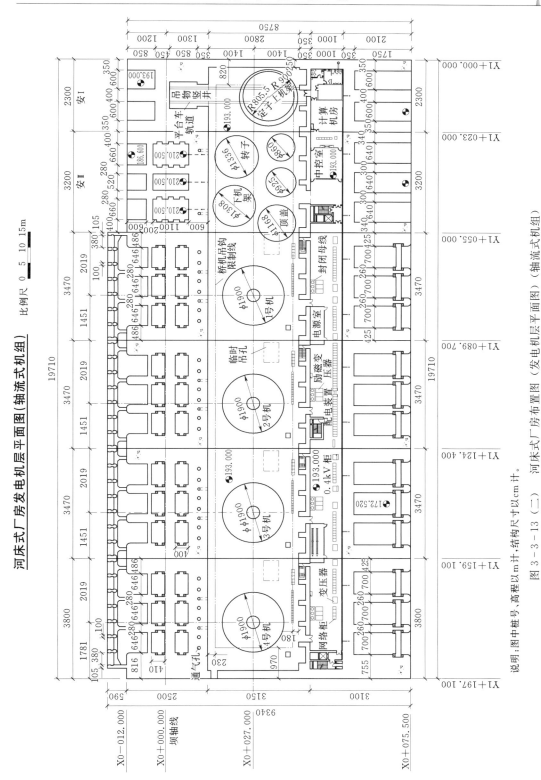

河床式厂房发电机层平面图（轴流式机组）

比例尺 0 5 10 15m

说明：图中桩号、高程以m计，结构尺寸以cm计。

图3-3-13（二） 河床式厂房布置图（发电机层平面图）（轴流式机组）

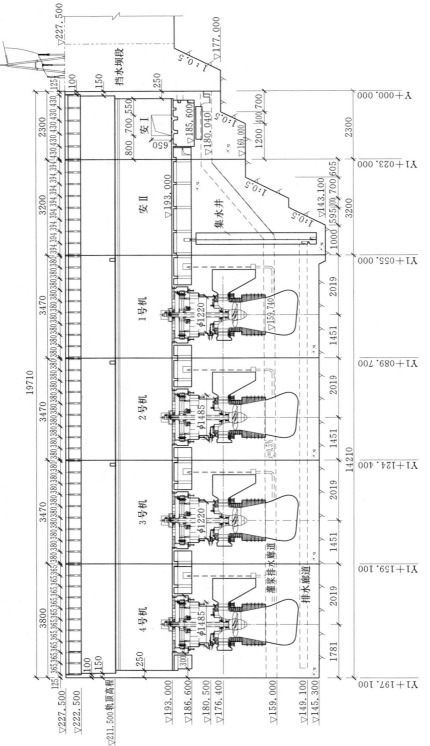

河床式厂房纵剖面图（轴流式机组）

比例尺 0 5 10 15m

说明：图中桩号、高程以 m 计，结构尺寸以 cm 计。

图 3－3－13（三）　河床式厂房布置图（纵剖面图）（轴流式机组）

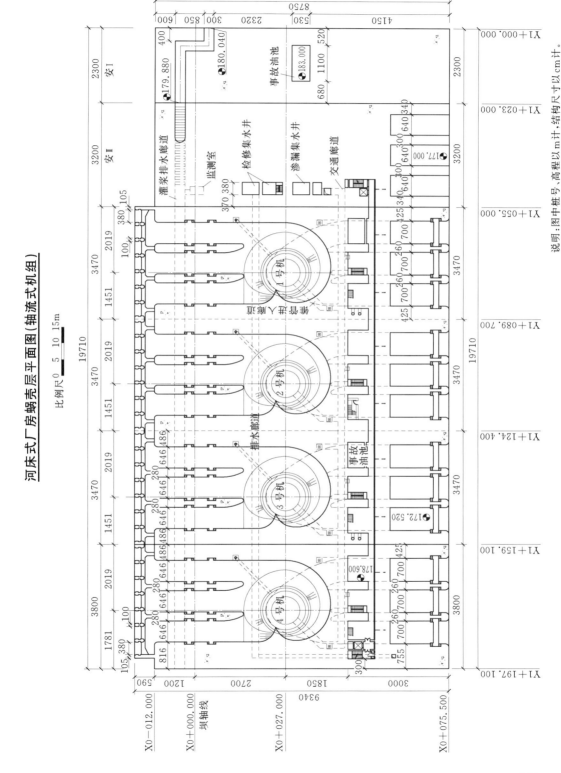

河床式厂房蜗壳层平面图(轴流式机组)

比例尺 0 5 10 15m

图 3－3－13 (四) 河床式厂房布置图 (4/4) (轴流式机组)

说明：图中桩号、高程以 m 计，结构尺寸以 cm 计。

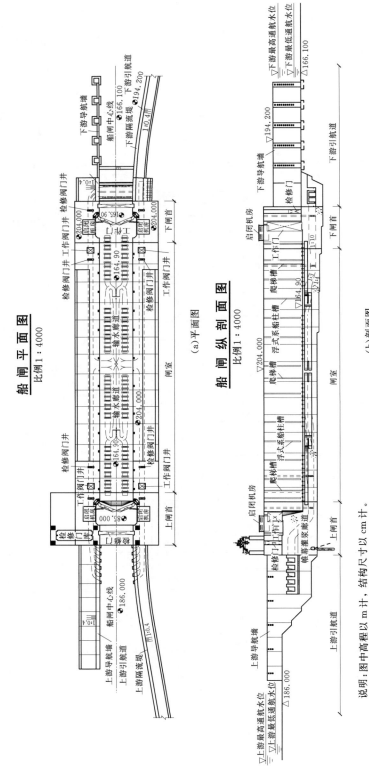

船 闸 平 面 图
比例 1：4000

（a）平面图

船 闸 纵 剖 面 图
比例 1：4000

（b）剖面图

图 3－3－14 船闸建筑物样图

说明：图中高程以 m 计，结构尺寸以 cm 计。

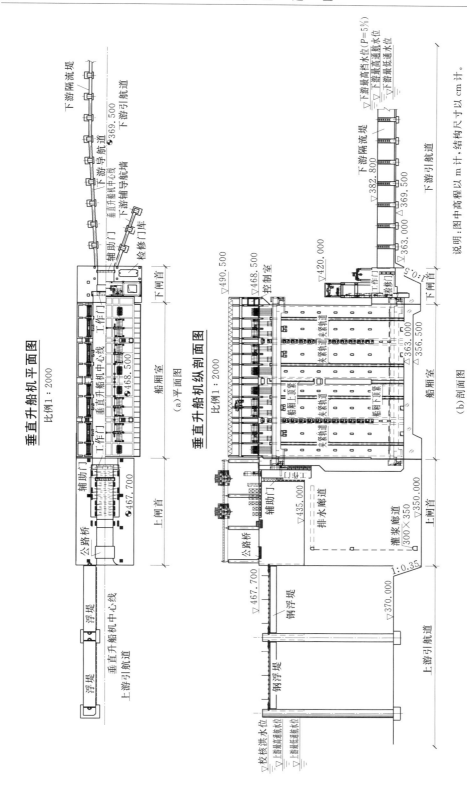

垂直升船机平面图
比例1：2000

(a) 平面图

垂直升船机纵剖面图
比例1：2000

(b) 剖面图

图 3 - 3 - 15 升船机建筑物样图

说明：图中高程以 m 计，结构尺寸以 cm 计。

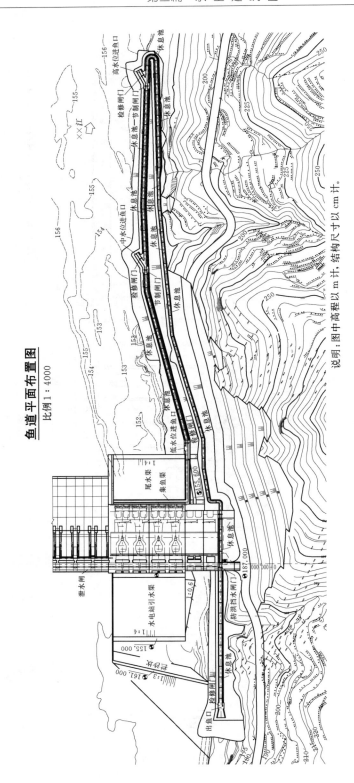

鱼道平面布置图

比例 1：4000

说明：图中高程以 m 计，结构尺寸以 cm 计。

图 3-3-16 鱼道建筑物样图

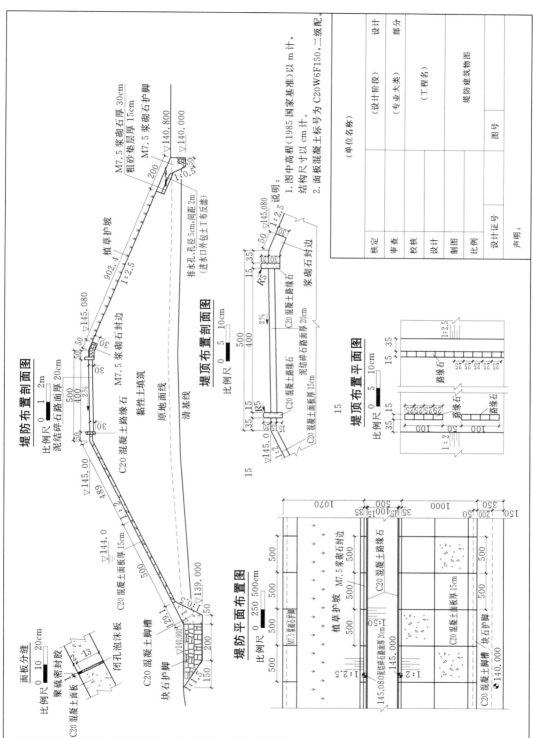

图 3 - 3 - 17 堤防建筑物图

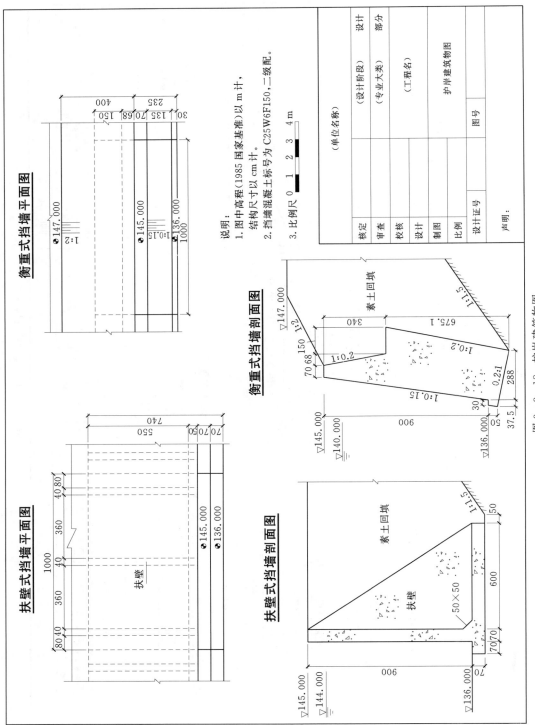

图 3 - 3 - 18 护岸建筑物图

说明:
1. 图中高程(1985 国家基准)以 m 计,
   结构尺寸以 cm 计。
2. 挡墙混凝土标号为 C25W6F150,二级配。

3. 比例尺 0 1 2 3 4 m

衡重式挡墙平面图

扶壁式挡墙平面图

衡重式挡墙剖面图

扶壁式挡墙剖面图

四、水工结构图绘制内容及要求

水工结构图应准确表示结构的尺寸、材质和各部位的相对关系等，复杂细部应放大加绘详图。结构图应分别示出结构的平面和断面、混凝土强度等级分区或土石坝填筑分区、金属结构及机电一期预埋件等，厂房结构图宜示出混凝土浇筑分层分块图。结构图的绘制应符合下列要求。

（1）建筑物的混凝土强度等级分区图，其分区线应用中粗线绘制，绘出相应的图例，标注混凝土有关的技术指标，并附有图例说明，图例线用细实线绘制，见图 3-3-19。

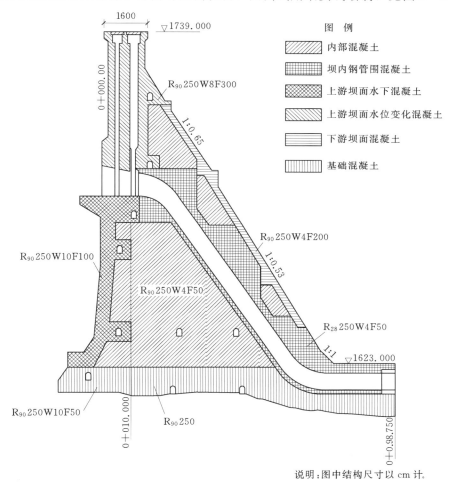

说明：图中结构尺寸以 cm 计。

图 3-3-19　混凝土强度等级分区图

（2）土石坝断面图中筑坝材料的分区线，应用中粗实线绘制，并注明各区材料名称，见图 3-3-20。

（3）混凝土浇筑分层分块图中应注出各浇筑层和块的编号。浇筑层的编号应为带圆圈的阿拉伯数字；浇筑块的编号应为不带圆圈的阿拉伯数字，并且其字号应比层号数字小，见图 3-3-21。混凝土浇筑分层分块图应附有分层分块表，见表 3-3-1。

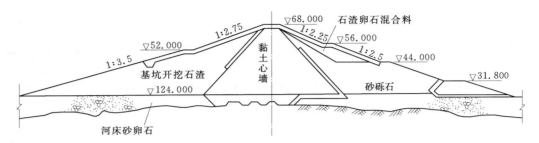

图 3 - 3 - 20　土石坝横断面图

厂房机组段分层分块平面图

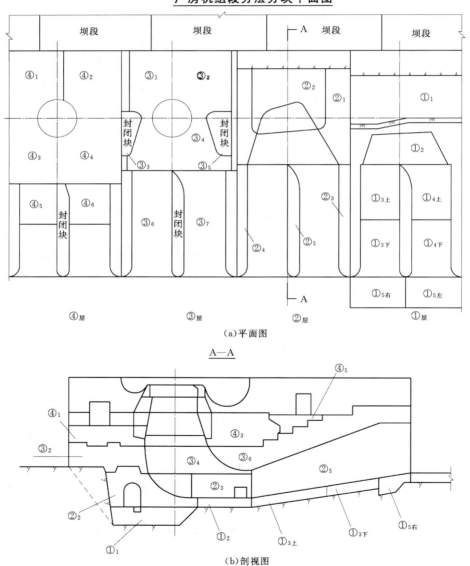

（a）平面图

A—A

（b）剖视图

图 3 - 3 - 21　混凝土浇筑分层分块图

表 3 - 3 - 1　　　　　　　　　　　　混凝土浇筑分层分块表

浇筑量	分块编号	浇筑量		混凝土强度等级	抗渗抗冻指标		分块图中预埋件所在图号
		面积 /m²	体积 /m³		W	F	
①	①₁						
	①₂						
	⋮						
②	②₁						
	②₂						
	⋮						
⋮	⋮						

（4）渠道、堤防等建筑物断面图中的填料、防渗及护坡结构的分区应用中粗实线绘制，并注写各区材料名称，护坡结构可用引出线分层注明材料及厚度，见图 3 - 3 - 22、图 3 - 3 - 23。

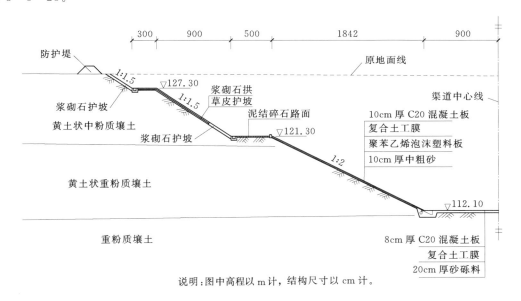

说明：图中高程以 m 计，结构尺寸以 cm 计。

图 3 - 3 - 22　渠道断面图

（5）细部构造详图应包括下列内容。

1）结构缝、温度缝、防震缝等永久缝图，可在结构图或浇筑分块图中表达并用粗实线绘制，在详图中还应注明缝间距、缝宽尺寸和用文字注明缝中填料的名称，见图 3 - 3 -

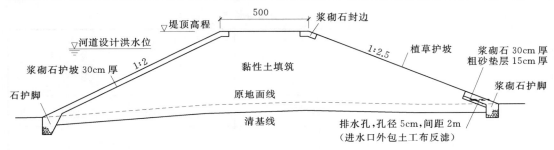

图 3-3-23 堤防断面图（单位：cm）

24。施工临时缝可用中粗虚线表示。

2）止水的位置、材料、规格尺寸及止水基坑回填混凝土要求大样及缝面填缝用的材料及其厚度，见图 3-3-25。

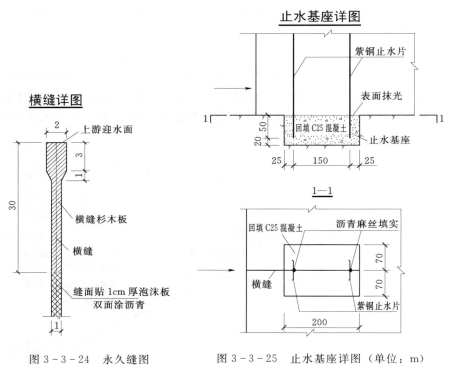

图 3-3-24 永久缝图
（单位：cm）

图 3-3-25 止水基座详图（单位：m）

3）溢流面、闸门槽、压力钢管槽、水泵房等一期、二期混凝土结构及埋件。发电进水口、泄洪孔闸门埋件，通气孔结构、位置及埋件。预制构件槽埋件、预制构件结构、安装位置、编号等。

4）栏杆或灯柱预埋件、排水管、门库、电缆沟、门机轨道二期混凝土槽、取水口等构筑物的结构、位置及预埋件。

（6）典型建筑物水工结构样图。

1）混凝土重力坝结构样图。混凝土重力坝平面图、上游立视图和断面见图 3-3-1，混凝土强度等级分区图和局部结构见图 3-3-26。

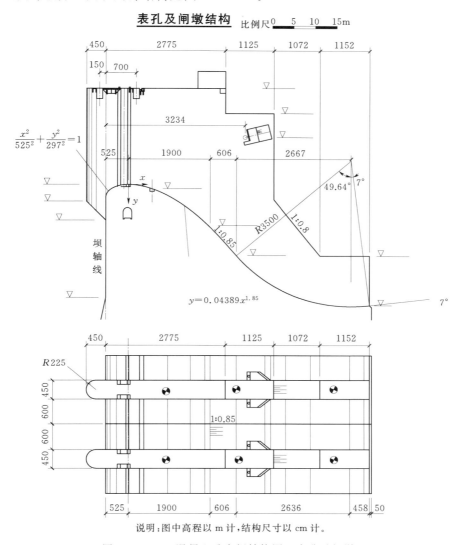

表孔及闸墩结构 比例尺 0　5　10　15m

说明：图中高程以 m 计，结构尺寸以 cm 计。

图 3-3-26　混凝土重力坝结构图（表孔及闸墩）

2）混凝土拱坝结构样图。混凝土拱坝平面、上游展视和断面见图 3-3-6，混凝土强度等级分区和局部结构见图 3-3-27。

3）土石坝结构样图。黏土心墙坝平面、断面见图 3-3-7。

混凝土面板堆石坝平面图，断面见图 3-3-8，结构见图 3-3-28。

4）溢洪道结构样图。溢洪道结构图见图 3-3-29。

5）泄洪洞结构图。泄洪洞结构见图 3-3-30。

6）水电站厂房结构样图。水电站厂房结构图见图 3-3-9～图 3-3-13，风罩结构见图 3-3-31。

7）渠道结构样图。渠道结构见图 3-3-32。

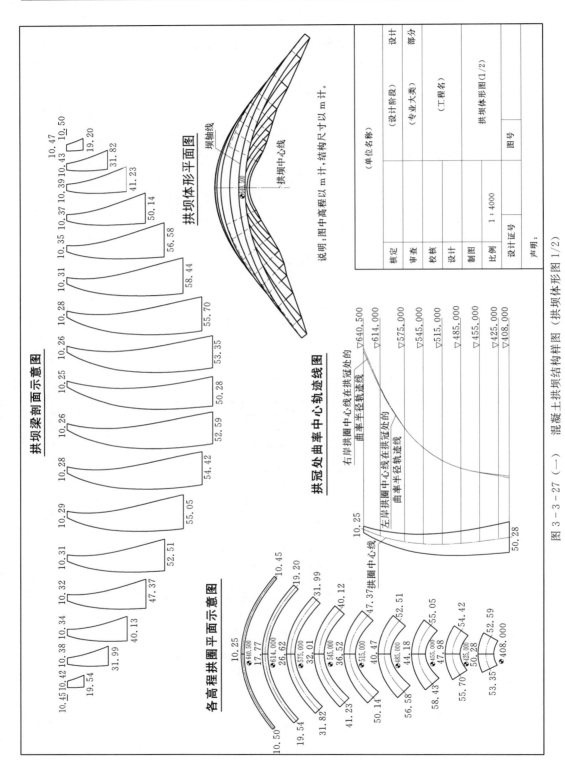

图 3 - 3 - 27 （一）　混凝土拱坝结构样图 （拱坝体形图 1/2）

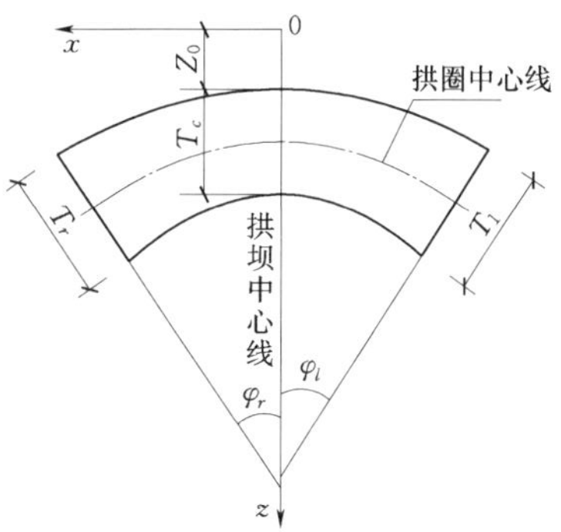

体形参数表

高程/m	Z_0/m	T_c/m	T_l/m	T_r/m	R_d/m	R_{cr}/	φ_l/(°)	φ_r/(°)
640.500								
614.000								
575.000								
545.000								
515.000								
485.000								
455.000								
425.000								
408.000								

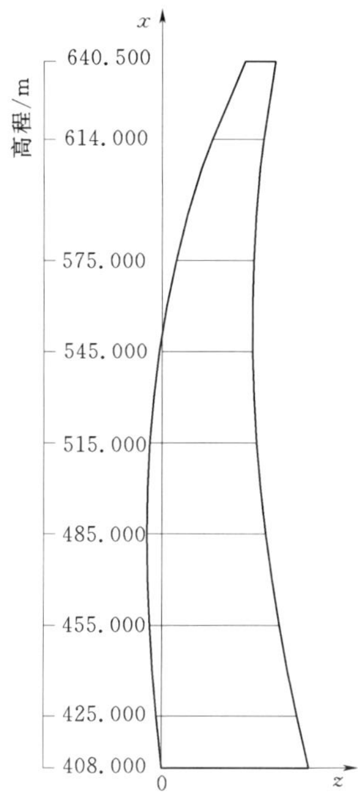

拱冠梁坝顶点坐标 $N=29310.993$，$B=63638.587$
大坝中心线方位 NW61°

说明

1. 建基面拍去高程 410.000m 后，保持拱圈体形不变，仅截去高程 410.000m 以下坝体。

2. 单位除注明外均以 m 计。

拱圈平面示意图

拱圈中心线

拱坝中心线

Z_0　T_c　T_l　T_r

φ_r　φ_l

0　z

x

参数说明

其中 φ 为拱圈中心线指定点的半中心角，
Z_0 为拱圈中心线上游面 Z 坐标；
T_c 为拱冠梁厚度；
T_l 为左拱端厚度（相应于 φ_l）；
T_r 为右拱端厚度（相应于 φ_r）；
T_{lp} 为左岸似拱端厚度（相应于 φ_{lp}）；
T_{rp} 为右岸似拱端厚度（相应于 φ_{rp}）；
R_d 为拱冠梁处左岸侧的拱圈中心线曲率半径；
R_{cr} 为拱圈处右岸侧的拱圈中心线曲率半径；
φ_l 为拱圈中心线左岸拱端半中心角；
φ_r 为拱圈中心线右岸拱端半中心角；
φ_{lp} 为拱圈中心线左岸似拱端半中心角；
φ_{rp} 为拱圈中心线右岸似拱端半中心角。
顶拱左右岸似拱端半中心角分别为 39.7296°和 39.0618°，
底拱左右岸似拱端半中心角分别为 29.1864°和 26.6377°，
其余高程相应值按高程线性插值。

拱冠梁剖面示意图

x

z

640.500
614.000
575.000
545.000
515.000
485.000
455.000
425.000
408.000

高程/m

拱圈中心线参数方程

左岸部分　　$x=R_d\times\tan\varphi$
　　　　　$z=Z_0+T_c/2+R_d/2\times\tan^2\varphi$

右岸部分　　$x=R_{cr}\times\tan\varphi$
　　　　　$z=Z_0+T_c/2+R_{cr}/2\times\tan^2\varphi$

左岸侧为负，右岸侧为正；该点处似拱圈厚度为。
左岸部分　$T=T_c+(T_{lp}-T_c)\times(1-\cos\varphi)/(1-\cos\varphi_{lp})$
右岸部分　$T=T_c+(T_{rp}-T_c)\times(1-\cos\varphi)/(1-\cos\varphi_{rp})$

图 3-3-27（二）　混凝土拱坝结构图样图（拱坝体形图 2/2）

体形参数表（图签部分）

	设计	部分

（设计阶段）
（专业大类）
（工程名）

（单位名称）

核定			图号	
审查				
校核				
设计				
制图			拱坝体形图（2/2）	
比例	1：4000			
设计证号				
声明				

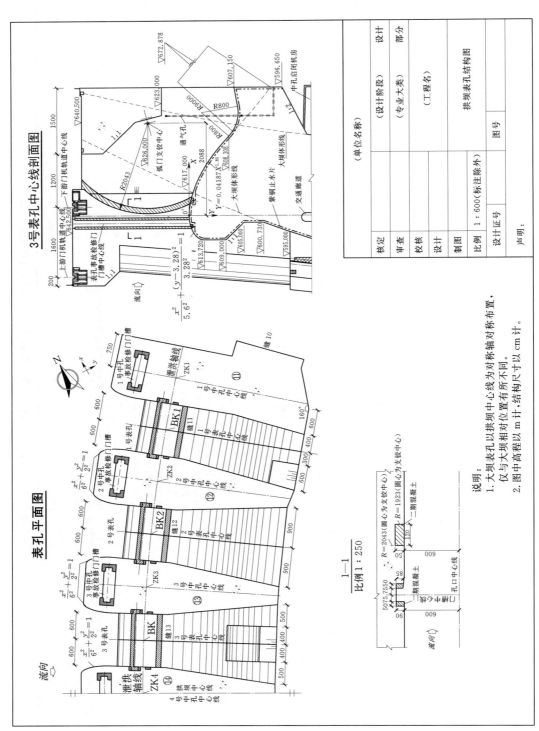

图 3-3-27（三） 混凝土拱坝结构样图（表孔结构图）

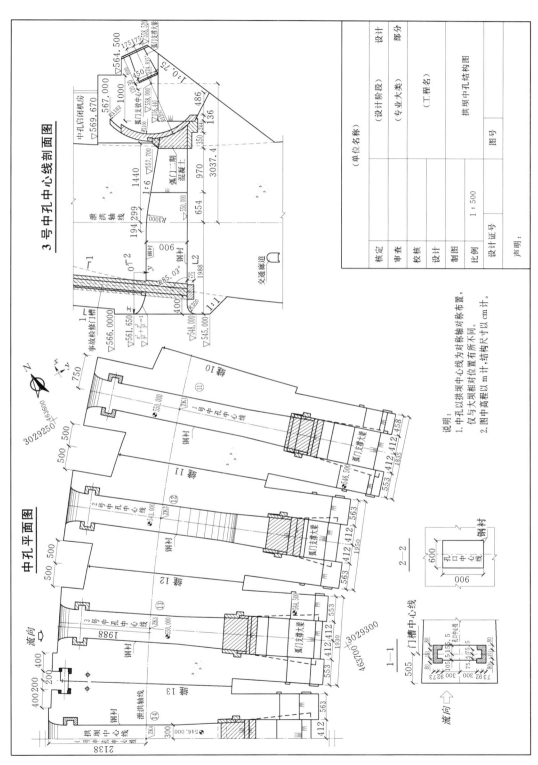

图 3-3-27（四） 混凝土拱坝结构构样图（中孔结构图）

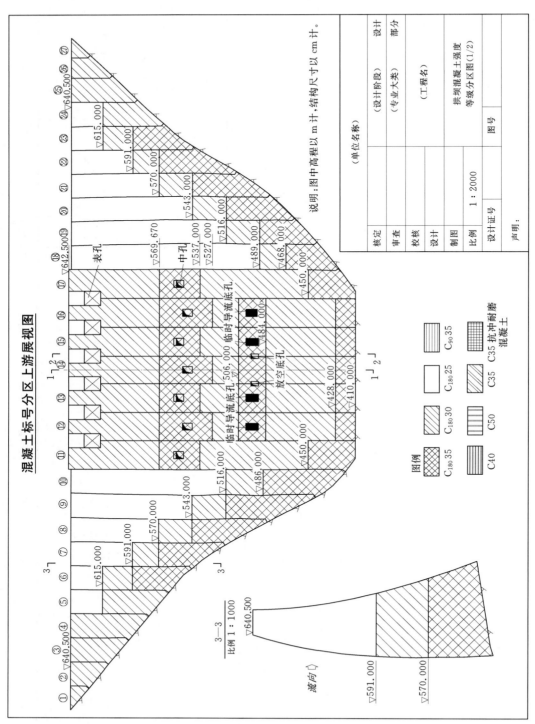

混凝土标号分区上游展视图

图 3－3－27（五）　混凝土拱坝结构样图（强度等级分区图 1/2）

说明：图中高程以 m 计，结构尺寸以 cm 计。

图例

C₁₈₀35	C₁₈₀30	
C₁₈₀35	C₁₈₀25	C₉₀35
C40	C50	C35抗冲耐磨混凝土
		C35

拱坝混凝土强度等级分区图（1/2）

（单位名称）

（设计阶段）　设计
（专业大类）　部分
（工程名）

核定		审查		校核		设计		制图	

比例　1：2000

设计证号　图号

声明：

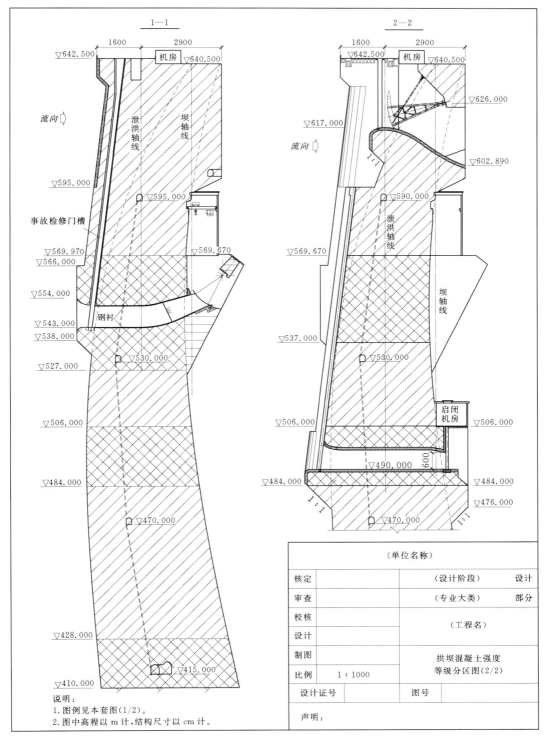

图 3-3-27（六） 混凝土拱坝结构样图（强度等级分区图 2/2）

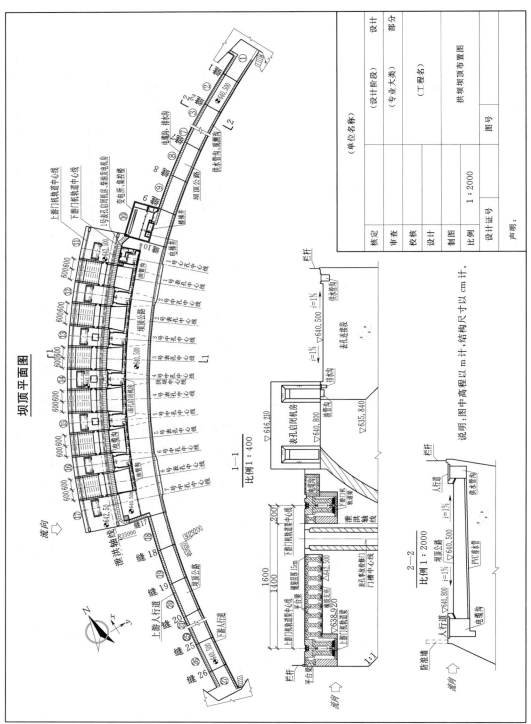

图 3 - 3 - 27（七） 混凝土拱坝结构样图（坝顶布置图）

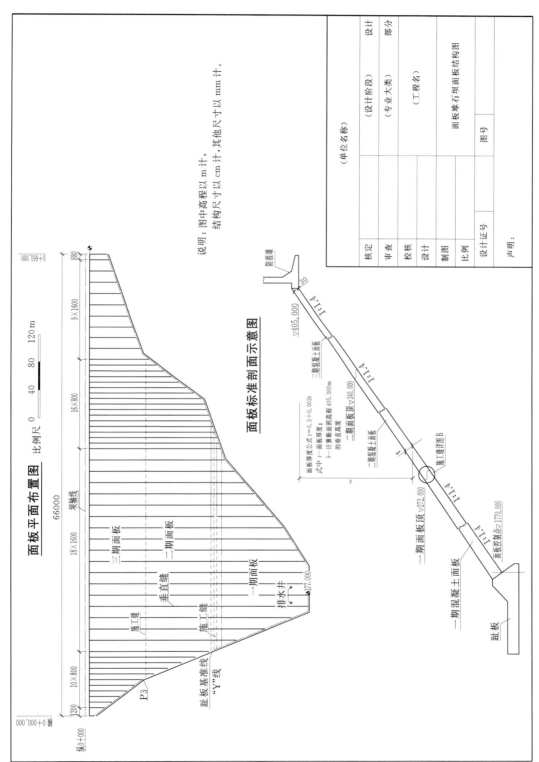

面板平面布置图 比例尺

面板标准剖面示意图

说明：图中高程以 m 计；
结构尺寸以 cm 计，其他尺寸以 mm 计。

图 3-3-28（一） 混凝土面板堆石坝结构样图（面板结构图）

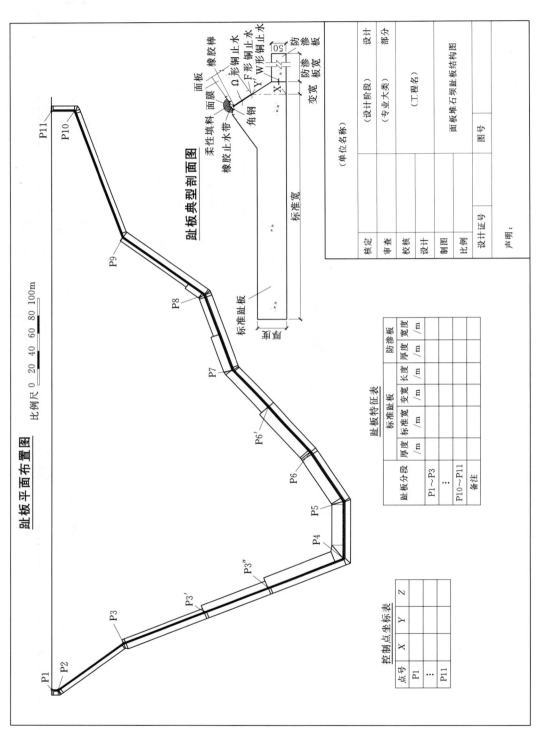

趾板平面布置图

比例尺 0　20　40　60　80　100m

趾板典型剖面图

趾板特征表

趾板分段	标准趾板		变宽趾板	防渗板	
	厚度 /m	标准宽 /m	变宽 长度 /m	厚度 /m	宽度 /m
P1~P3					
⋮					
P10~P11					
备注					

控制点坐标表

点号	X	Y	Z
P1			
⋮			
P11			

混凝土面板堆石坝结构样图（趾板结构图）

（单位名称）		
（设计阶段）设计		
（专业大类）部分		
（工程名）		
面板堆石坝趾板结构图		
图号		
核定		
审查		
校核	设计	
设计		
制图		
比例		
设计证号		声明：

图 3-3-28（二）　混凝土面板堆石坝结构样图（趾板结构图）

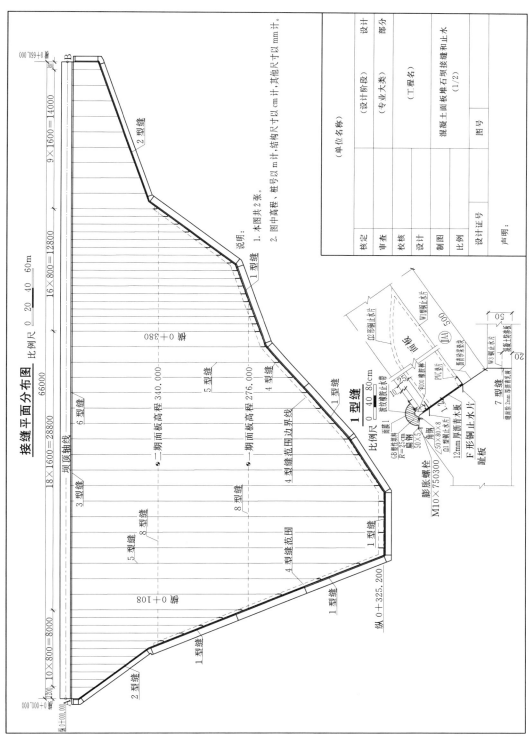

图 3-3-28（三） 混凝土面板堆石坝结构样图（接缝止水图 1/2）

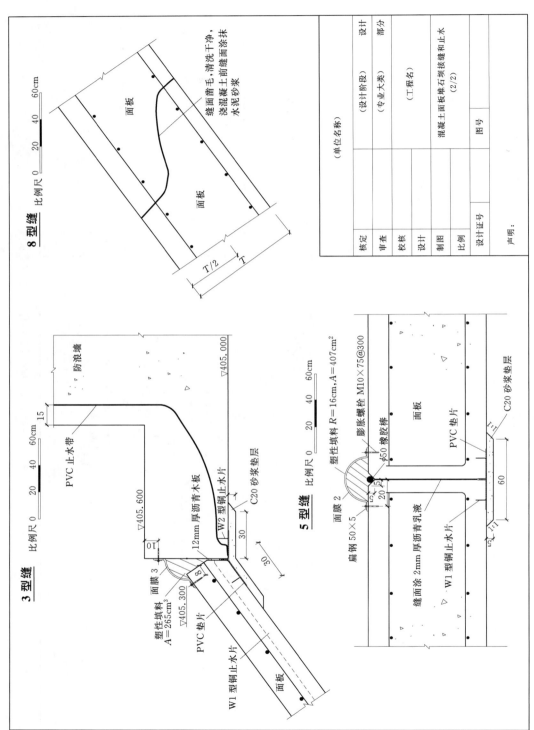

图 3-3-28（四）　混凝土面板堆石坝结构样图（接缝止水图 2/2）

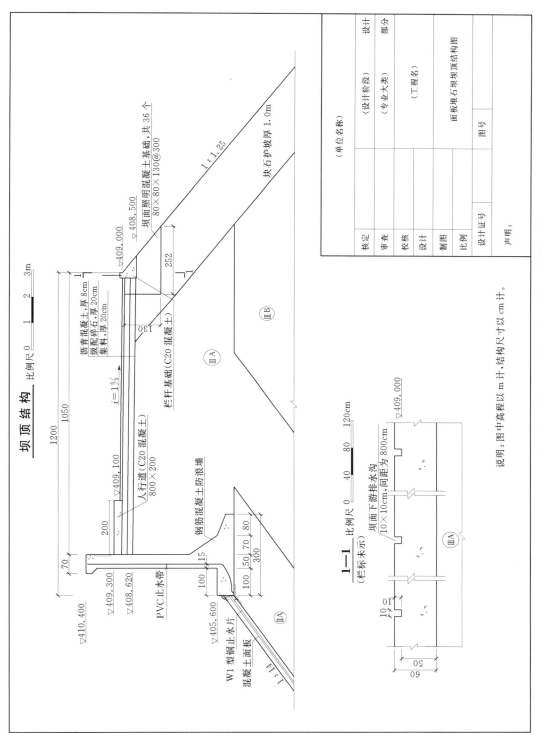

坝顶结构

比例尺 0 1 2 3m

沥青混凝土，厚8cm
级配碎石，厚20cm
集料，厚20cm

坝面照明混凝土基础，共36个
80×80×130@300

▽408.500

▽409.000

块石护坡厚1.0m

1:1.25

栏杆基础(C20混凝土)

人行道(C20混凝土)
800×200

▽409.100

钢筋混凝土防浪墙

i=1%

ⅢA

ⅢB

1200

1050

200

70

15

100 50 70 80
300

100

▽410.400

▽409.300

▽408.620

PVC止水带

W1型铜止水片

混凝土面板

▽405.600

ⅡA

252

130

1:1

1—1
（栏标未示）

比例尺 0 40 80 120cm

坝面下游排水沟
10×10cm，间距为800cm

▽409.000

ⅢA

10

50

60

说明：图中高程以m计，结构尺寸以cm计。

图3-3-28（五） 混凝土面板堆石坝结构样图（坝顶结构图）

表格部分：

设计		
部分		
（单位名称）		
核定		
审查		
校核		
设计		
制图		
比例		
设计证号		图号
声明：		

（设计阶段）

（专业大类）

（工程名）

面板堆石坝坝顶结构图

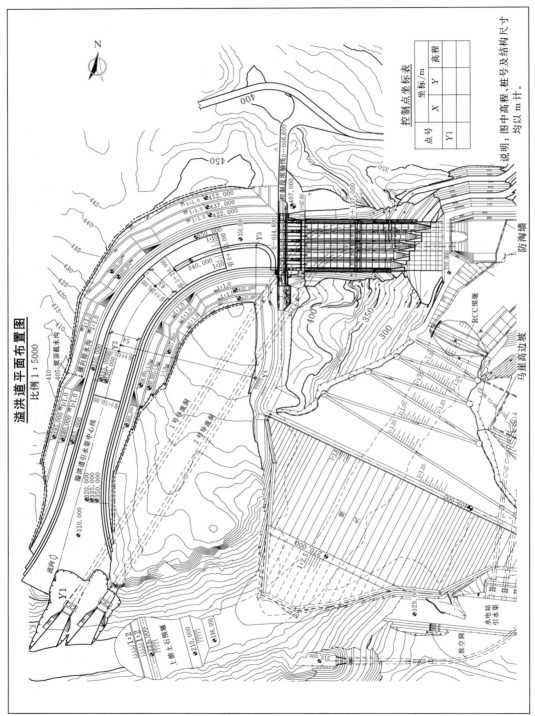

控制点坐标表

点号	坐标/m		高程
	X	Y	
Y1			

说明：图中高程、桩号及结构尺寸均以 m 计。

溢洪道平面布置图

比例 1：5000

图 3 - 3 - 29（一）　溢洪道结构样图（平面布置图）

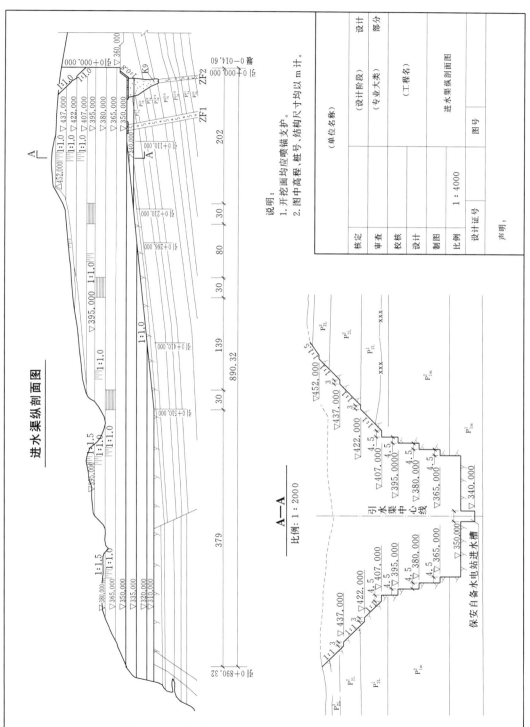

图 3-3-29（二） 溢洪道结构样图（引水渠结构）

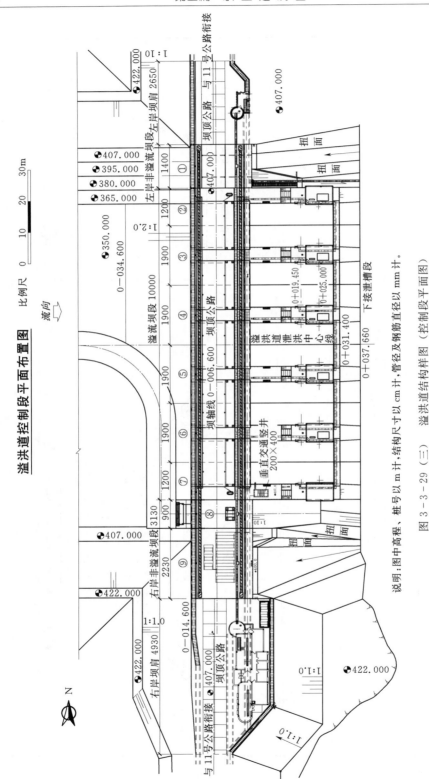

溢洪道控制段平面布置图

比例尺

| 0 | 10 | 20 | 30m |

图 3-3-29（三） 溢洪道结构祥图（控制段平面图）

说明：图中高程、桩号以 m 计；结构尺寸以 cm 计，管径及钢筋直径以 mm 计。

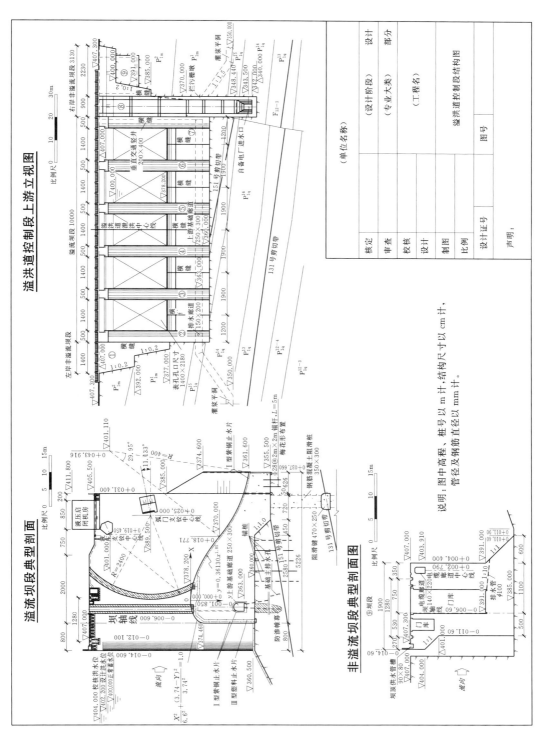

溢洪道控制段上游立视图

溢流坝段典型剖面

非溢流坝段典型剖面图

说明：图中高程、桩号以 m 计，结构尺寸以 cm 计，管径及钢筋直径以 mm 计。

图 3－3－29 （四） 溢洪道结构样图（控制段剖面）

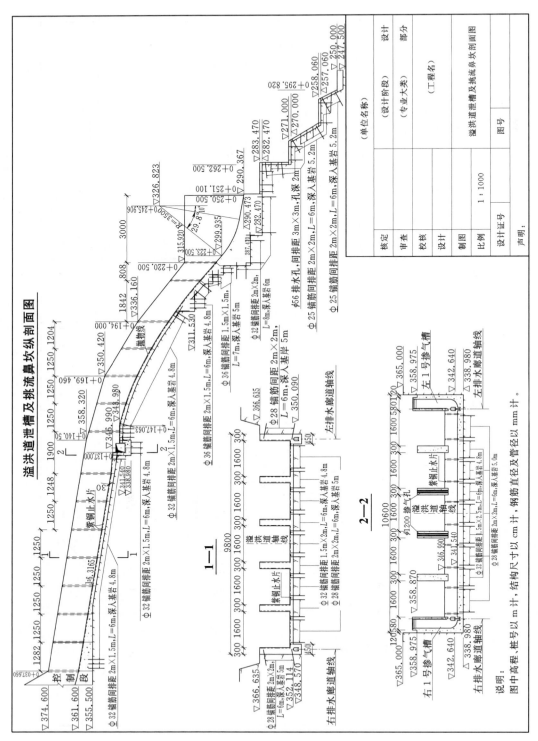

图 3 - 3 - 29（五） 溢洪道结构样图（泄槽及鼻坎段结构）

说明：
图中高程、桩号以 m 计，结构尺寸以 cm 计，钢筋直径及管径以 mm 计。

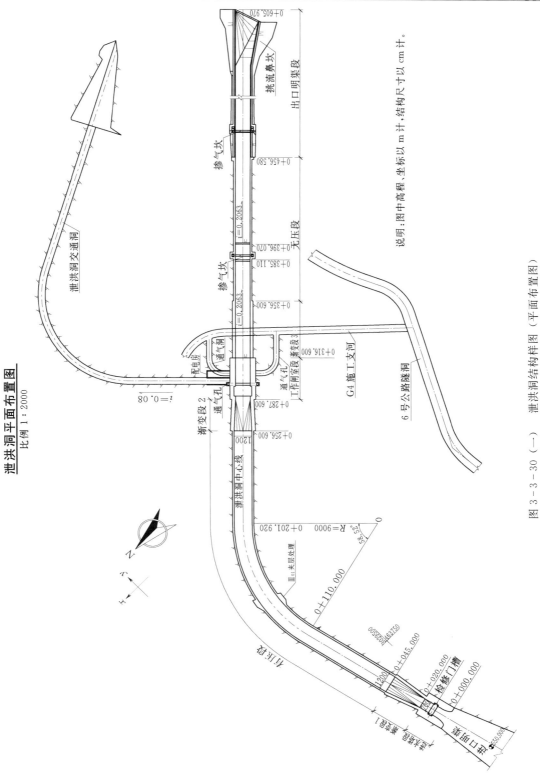

泄洪洞平面布置图

比例 1 : 2000

说明：图中高程、坐标以 m 计，结构尺寸以 cm 计。

图 3 - 3 - 30 （一） 泄洪洞结构样图 （平面布置图）

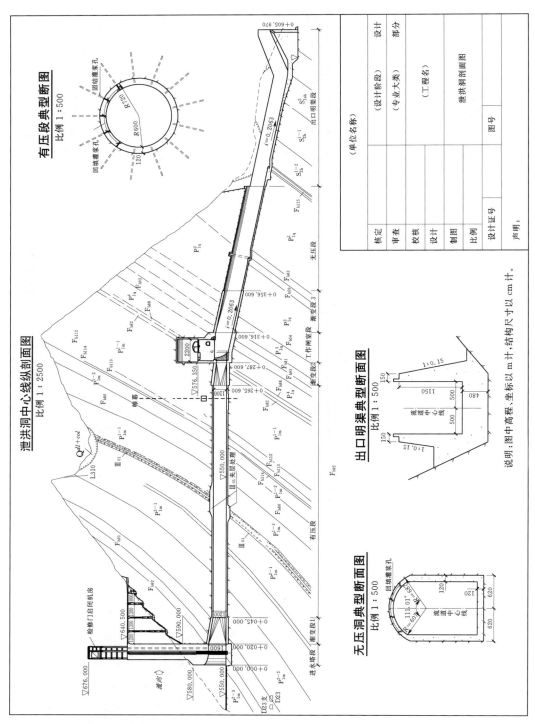

图 3-3-30（二） 泄洪洞结构样图（剖面图）

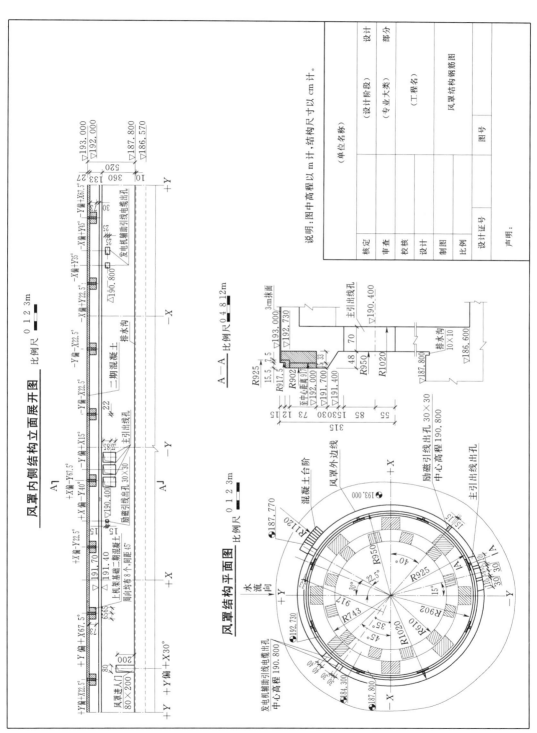

图 3－3－31 水电站厂房风罩结构样图

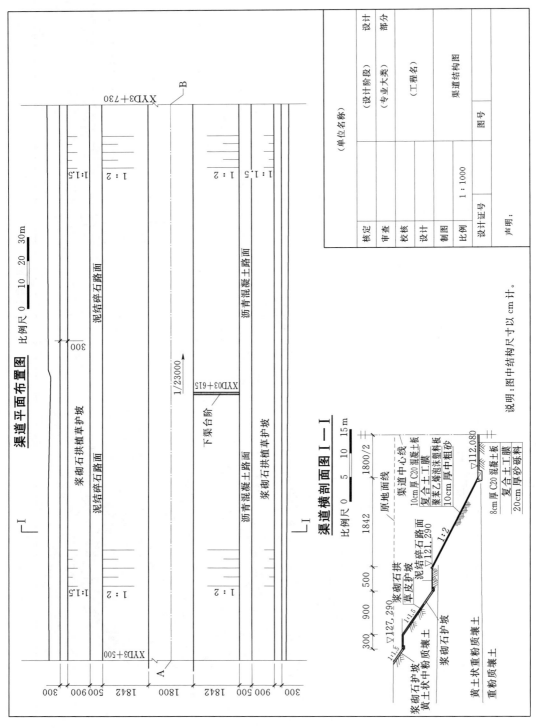

图 3 - 3 - 32 渠道结构样图

五、开挖支护图的绘制内容及要求

(一) 开挖图

开挖图中应有开挖平面、典型断面图，平面图中应示出开挖轮廓线、坡比、开挖平台高程、控制点，并注写控制点坐标表。典型断面图应示出开挖坡比、平台尺寸、平台高程、地层结构等。开挖见图 3 - 3 - 33。

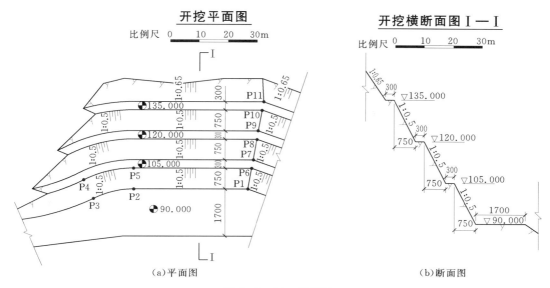

图 3 - 3 - 33 开挖图

(二) 边坡支护图

边坡支护图，边坡支护应有边坡平面、典型断面图，平面图中应以图例分别示出锚杆、喷混凝土、挂网、预应力锚索和排水孔的布置、参数等。各段边坡支护参数不同时，应有各分段典型断面图与之对应，断面图应示出锚杆、锚索、排水孔的方向、长度、间距等参数以及必要的地层结构。边坡支护见图 3 - 3 - 34。

(三) 地下洞室支护图

地下洞室支护图，应有沿洞长纵断面图、典型断面图。高边墙的洞室或大跨度洞室应有边墙及顶拱支护展示图，各纵、横断面均应表示支护参数。地下洞室支护见图 3 - 3 - 35。

六、地基与基础处理图绘制内容及要求

作为水工建筑物地基，无论是软基还是岩基，都需满足建筑物抗滑稳定，应力变形、渗透稳定要求及渗漏量必须控制在允许的范围内。

地基与基础处理图应绘出地层结构、工程处理措施、注写必要的尺寸和文字说明。可自定不同处理措施的图例，在图中列出相应的图例说明。常用的地基与基础处理图要求如下：

(一) 软基处理图

软基处理图应绘出软基处理范围，处理措施的布置，地层结构，说明中应给出处理要求，软基处理见图 3 - 3 - 36、图 3 - 3 - 37。

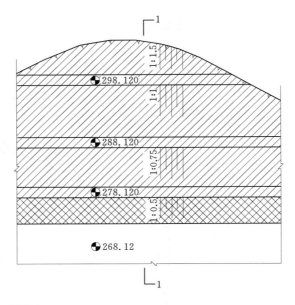

喷护混凝土厚 10cm，挂网 $8 \times 12 \phi 3.2$，锚杆 $\oplus 25$，$L = 10$cm。

锚杆 $\oplus 25$@200cm，$L = 580$cm，间排距 200cm，梅花形布置。

（a）边坡支护平面图

1—1

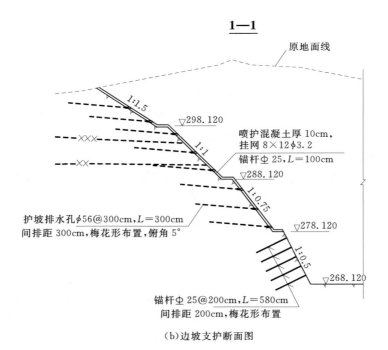

（b）边坡支护断面图

图 3-3-34 边坡支护图

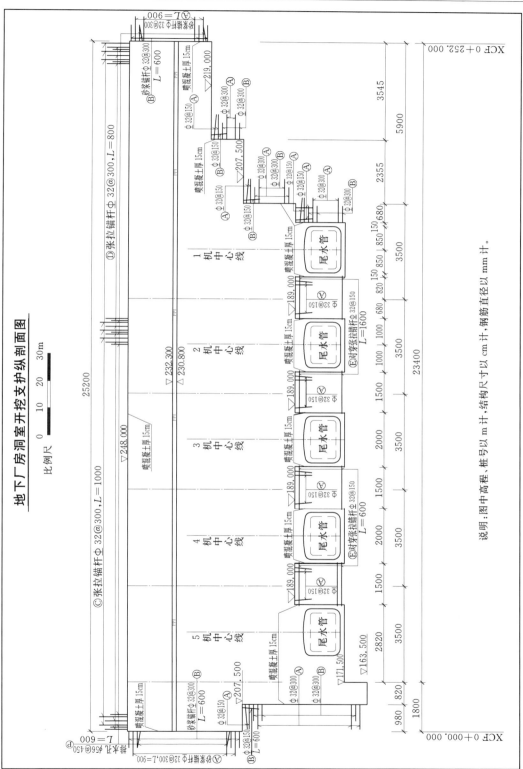

图 3-3-35（一） 水电站地下厂房开挖支护图（纵剖面图）

说明：图中高程、桩号以 m 计，结构尺寸以 cm 计，钢筋直径以 mm 计。

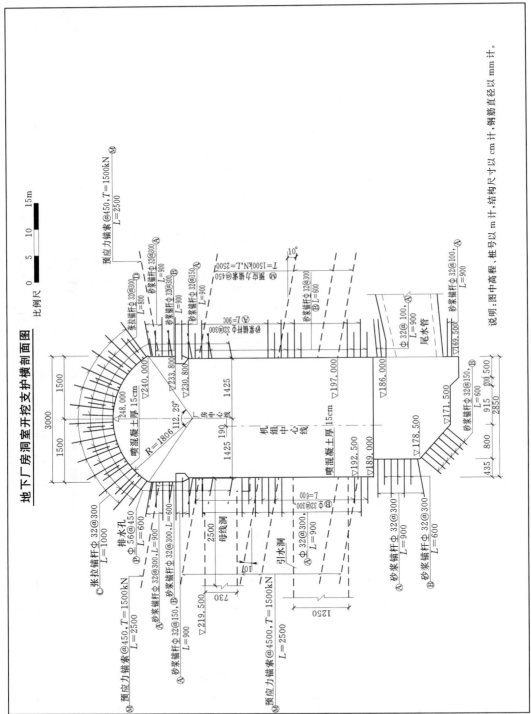

图 3 - 3 - 35 (二) 水电站地下厂房开挖支护图（横剖面图）

泄水闸搅拌桩布置图

比例 1：250

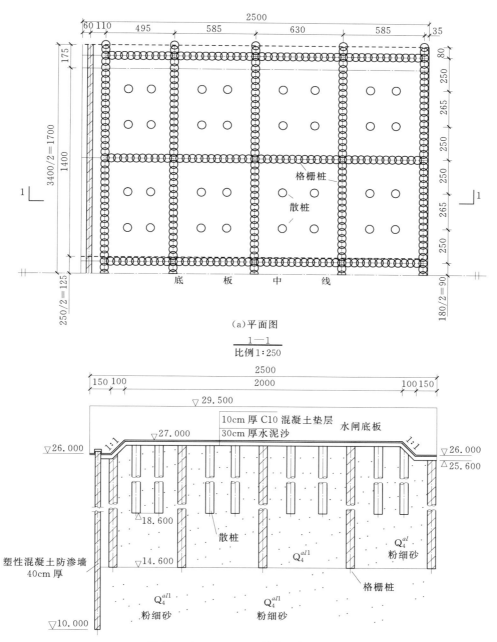

(a)平面图

$\dfrac{1—1}{}$

比例1：250

说明：图中高程以 m 计，结构尺寸以 cm 计。

(b)1—1 断面图

图 3 - 3 - 36 泄水闸软基处理图

水电站厂房地基处理平面图　比例尺 0　2　4m

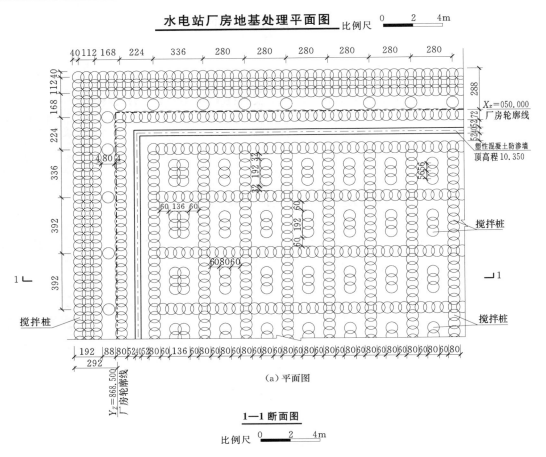

(a) 平面图

1—1 断面图

比例尺 0　2　4m

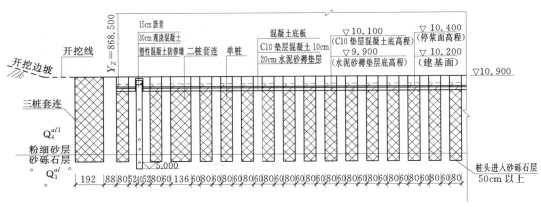

图例

说明：图中高程以 m 计，结构尺寸以 cm 计。

| 搅拌桩 | 桩头挖除 | 空桩 | 混凝土防渗墙 |

(b) 断面图

图 3-3-37　水电站厂房软基处理图

某工程防渗帷幕灌浆及排水平面布置图

比例尺 0　30　60m

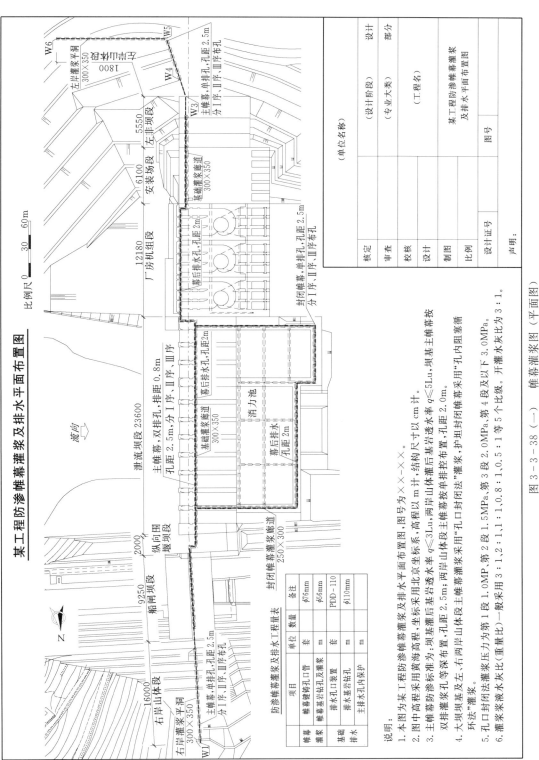

流向

防渗帷幕灌浆及排水工程量表

项目		单位	数量	备注
帷幕 灌浆	帷幕镶铸孔口管	套		$\phi76mm$
	帷幕基岩钻孔及灌浆	m		$\phi56mm$
	排水孔口装置	套		PDD-110
基础 排水	排水基岩钻孔	m		$\phi110mm$
	主排水孔内保护	m		

说明：

1. 本图为某工程防渗帷幕灌浆及排水平面布置图，图号为××××。

2. 图中高程采用黄海高程，坐标采用北京坐标系，高程以 m 计，结构尺寸以 cm 计。

3. 主帷幕灌浆孔等深布置，孔距 2.5m；坝基灌后基岩透水率 $q\leqslant3Lu$，两岸山体按 $q\leqslant5Lu$，坝基主帷幕按双排灌浆孔等深布置，孔距 2.5m；两岸山体段单排布置灌浆孔，孔距 2.0m。

4. 大坝坝基及左、右两岸山体段主帷幕灌浆采用"孔口封闭法"灌浆，护进封闭帷幕采用"孔内阻塞循环法"灌浆。

5. 孔口封闭法灌浆压力为第 1 段 1.0MP，第 2 段 1.5MPa，第 3 段 2.0MPa，第 4 段及以下 3.0MPa。

6. 灌浆浆液水灰比(重量比)一般采用 3:1,2:1,1:1,0.8:1,0.5:1 等 5 个比级。开灌水灰比为 3:1。

（图 3-3-38（一）　帷幕灌浆图（平面图））

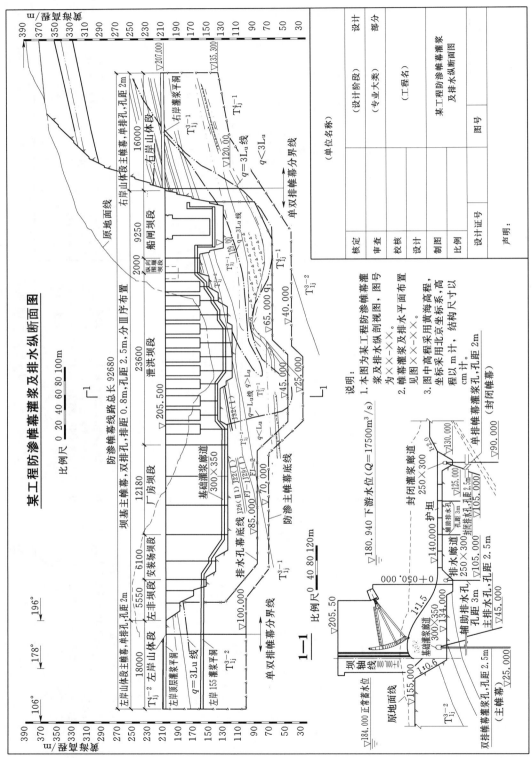

图 3-3-38（二） 帷幕灌浆图（纵断面图）

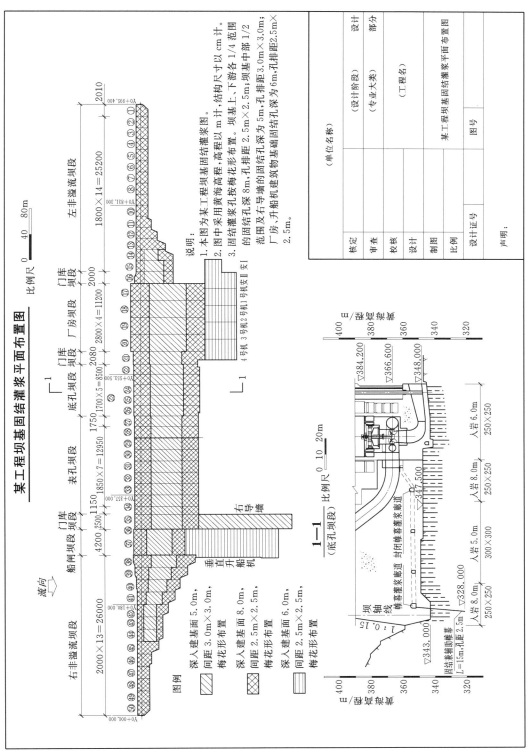

某工程坝基固结灌浆平面布置图

比例尺 0 40 80m

流向 →

右非溢流坝段 2000×13=26000

船闸坝段 4200

门库坝段 2300 1150

表孔坝段 1850×7=12950

底孔坝段 1700 1750

门库坝段 2080

厂房坝段 2800×4=11200

门库坝段 2000

左非溢流坝段 1800×14=25200 2010

Y0+000.000
Y0+180.000
Y0+357.000
Y0+555.500
Y0+831.300
Y0+995.400

垂直升船机

右导墙

4号机 3号机 2号机 1号机 1号支Ⅰ 支Ⅰ

说明:
1. 本图为某工程坝基固结灌浆图。
2. 图中采用黄海高程,高程以 m 计,结构尺寸以 cm 计。
3. 固结灌浆孔按梅花形布置。坝基上、下游各 1/4 范围的固结孔深 8m,孔排距 2.5m×2.5m;坝基中部 1/2 范围及右导端的固结孔深为 5m,孔、排距 3.0m×3.0m;厂房、升船机建筑物基础固结孔深为 6m,孔排距 2.5m×2.5m。

图例:
深入建面 5.0m,间距 3.0m,梅花形布置

深入建面 8.0m,间距 2.5m×2.5m,梅花形布置

深入建面 6.0m,间距 2.5m×2.5m,梅花形布置

1—1

(底孔坝段)

比例尺 0 10 20m

坝轴线

灌浆廊道
封闭帷幕灌浆道

固结兼辅帷幕
L=15m,孔距2.5m

坝顶高程/m
400
380
360
340
320

▽384.200
▽366.600
▽348.000
▽347.500
▽343.000
▽328.000

入岩 6.0m 250×250
入岩 8.0m 250×250
入岩 5.0m 300×300
入岩 8.0m 300×250
入岩 8.0m 250×250

坝顶高程/m
400
380
360
340
320

1:0.15

	(单位名称)		
核定		(设计阶段)	设计
审查		(专业大类)	部分
校核		(工程名)	
设计			
制图		某工程坝基固结灌浆平面布置图	
比例		图号	
设计证号			
声明:			

图 3 - 3 - 39 固结灌浆图

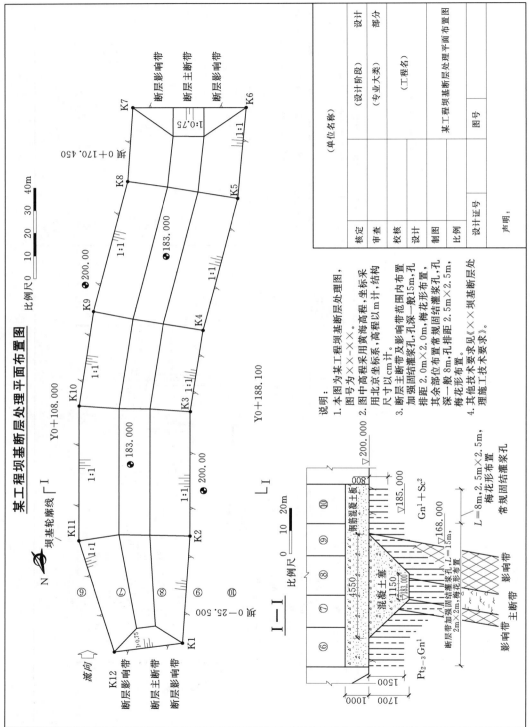

图 3－3－40 断层处理图

（二）帷幕灌浆图

帷幕灌浆图应绘出平面图、纵剖视图。纵剖视图应绘出地层结构、帷幕布孔、孔距、孔序；平面图应示出排间距、孔间距、孔序，图中说明应给出灌浆方法、灌浆压力、分段原则等。帷幕灌浆见图3-3-38。

（三）固结灌浆图

固结灌浆应有平面布孔分区图及典型断面图，应绘出排间距、孔间距、孔序分区及孔深分区，固结灌浆见图3-3-39。

（四）断层处理样图

断层处理图应绘出处理的范围、所采取的措施、与建筑物的相互关系。断层处理见图3-3-40。

第三节 钢 筋 图

在水利水电工程中，很多水工建筑物采用钢筋混凝土结构，因此钢筋图是水工建筑物设计的重要部分。

一、一般规定

（1）钢筋图中钢筋用粗实线表示，钢筋的截面用小黑圆点表示，钢筋采用编号进行分类；结构轮廓用细实线表示，见图3-3-41。

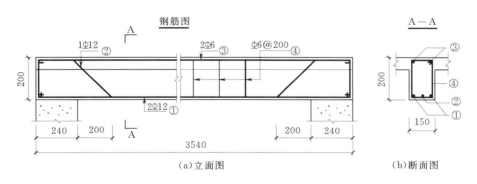

图3-3-41 钢筋图

（2）钢筋图宜附有钢筋表和材料表，格式分别见表3-3-2和表3-3-3。

表3-3-2 钢 筋 表

编号	直径/mm	型 式	单根长/cm	根数	总长/m	备 注
①	Φ12	75 3500 75	365	2	7.30	
②	Φ12	220 220 α 3740 α 230 230 75 75	479	1	4.79	α=135°

续表

编号	直径/mm	型 式	单根长/cm	根数	总长/m	备 注
③	Φ6	3500　160 50　50 160	392	2	7.84	
④	Φ6	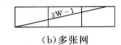 160　110　160　110	64	18	11.52	

表 3 - 3 - 3　　　　　　　　　　　　材 料 表

规格	总长度/m	单位重/(kg/m)	总重/kg	合计/t
Φ12	12.09	0.888	10.736	0.0150
Φ6	19.36	0.222	4.298	

（3）钢筋编号。

1）钢筋应编号，每类（即型式、规格、长度相同的）钢筋只编一个号。编号用阿拉伯数字，编号外的小圆圈和引出线采用细实线。指向钢筋的引出线画箭头指向钢筋截面的小黑圆点的引出线不画箭头见图 3 - 3 - 41。

（a）单张网　　（b）多张网

图 3 - 3 - 42　钢筋焊接网编号

3—网的数量；W—网的代号；

1—网的编号

2）钢筋编号顺序应有规律可循，宜自下而上，自左至右，先主筋后分布筋。

3）钢筋焊接网的编号，可写在网的对角线上或直接标注在网上见图 3 - 3 - 42。

4）钢筋焊接网的数量应与网的编号写在一起，其标注形式见图 3 - 3 - 42（b）。

（4）钢筋标注。

1）钢筋图中应标注结构的主要尺寸见图 3 - 3 - 41。

2）钢筋图中钢筋的标注形式见图 3 - 3 - 3。

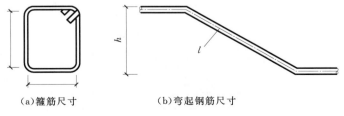

（a）　　　　　（b）　　　　　（c）　　　　　（d）

图 3 - 3 - 43　钢筋标注形式

n—钢筋的根数；Φ—钢筋直径及种类的代号；d—钢筋直径的数值；

@—钢筋间距的代号；s—钢筋间距的数值

注：圆圈内填写钢筋编号。

3）箍筋尺寸指内皮尺寸，弯起钢筋的弯起高度指外皮尺寸，单根钢筋的长度系指钢筋中心线的长度见图 3 - 3 - 44。

（a）箍筋尺寸　　　　　（b）弯起钢筋尺寸

图 3 - 3 - 44　箍筋和弯起钢筋尺寸

4）单根钢筋标注形式，见图 3-3-45。

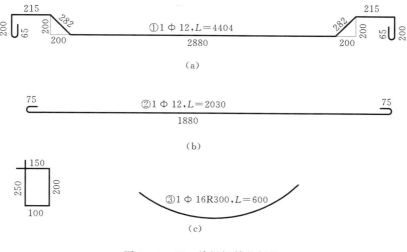

图 3-3-45　单根钢筋的标注

L—单根钢筋的总长

二、钢筋图画法

（1）钢筋图可采用全剖（见图 3-3-41）、半剖（见图 3-3-46 中平面图）、阶梯剖（见图 3-3-46 中的 A 剖视图）、局部剖视（见图 3-3-47）等画法。

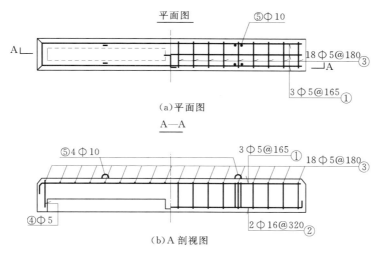

图 3-3-46　半剖及阶梯剖

（2）钢筋层次表达。

1）平面图中配置双层钢筋的底层钢筋应向上或向左弯折，顶层钢筋则向下或向右弯折，见图 3-3-48。

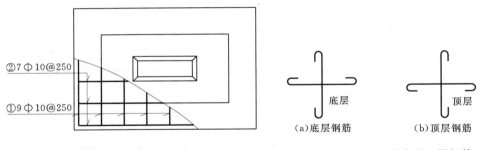

图 3 - 3 - 47　局部剖　　　　　　图 3 - 3 - 48　平面图中的双层钢筋

2）配有双层钢筋的墙体钢筋立面图中，远面的钢筋的弯折应向上或向左，近面钢筋弯折则向下或向右，见图 3 - 3 - 49，在立面图中应标注远面的代号"YM"和近面的代号"JM"。

3）断面图中不能清楚表示钢筋布置，应在断面图中附近增画钢筋，见图 3 - 3 - 50。

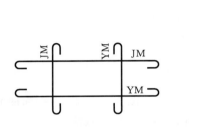

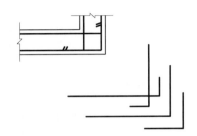

图 3 - 3 - 49　立面图中双层钢筋　　　　图 3 - 3 - 50　钢筋详图

4）钢筋图中不能清楚表示箍筋、环筋的布置，应在钢筋图附近加画箍筋或环筋，见图 3 - 3 - 51。

（3）楼板及板类构件钢筋的平面图，见图 3 - 3 - 12，应符合下列要求：

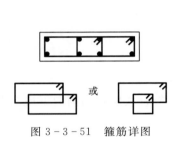

图 3 - 3 - 51　箍筋详图

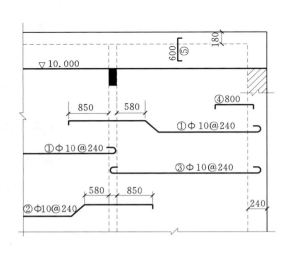

图 3 - 3 - 52　板类构件平面图中的钢筋表示法

1）平面图中的钢筋详图，应表明受力钢筋的配置和弯起情况，并注明钢筋编号、直径、间距。每号钢筋可只画一根为代表，按其形状画在钢筋安放的相应位置上。

2）平面图中的水平向钢筋应按正视方向投射，见图3-3-52中的①～④号钢筋，垂直向钢筋应按右视方向投射如图3-3-52中的⑤号钢筋。

3）板中的弯起钢筋应注明梁边缘到弯起点的距离，见图3-3-52中的①号、②号筋中"580"尺寸；弯筋伸入邻板的长度，见图3-3-52中的①号、②号筋中"850"尺寸。

4）平面图中宜画出分布钢筋。图中不能画出的应在说明或钢筋表备注中注写该钢筋的布置、直径、单根长、间距、根数、总长及质量。

（4）曲面构件的钢筋，可按投射绘制钢筋图，见图3-3-53。

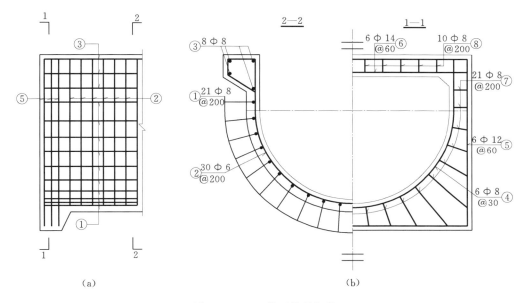

图3-3-53 曲面构件钢筋

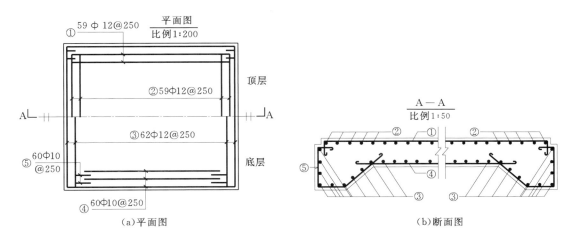

图3-3-54 板类构件的面层和底层钢筋图

（5）对称构件对称方向的两个钢筋断面图可各画一半，合成一个图形，中间以对称线分界，见图3-3-53中的1—1断面图和2—2断面图，或图3-3-54中板类构件的面层和底层钢筋平面图。

三、简化画法

（1）规格、型式、长度、间距均相同的钢筋、箍筋、环筋，其简化画法应符合下列规定：

1）可只画出其第一根和最末一根，用标注的方法表明其根数、规格、间距，见图3-3-55（a）。

2）可用粗实线画出其中的一根来表示，并用横的细实线表示其余的钢筋、箍筋或环筋，横穿线的两端带斜短划线（中粗线）或箭头表示该号钢筋的起止范围。横穿的细线与粗线（钢筋代表线）的相交处用细实线画一小圆圈，见图3-3-55（b）。

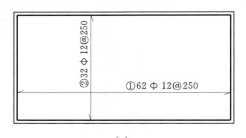

（a）

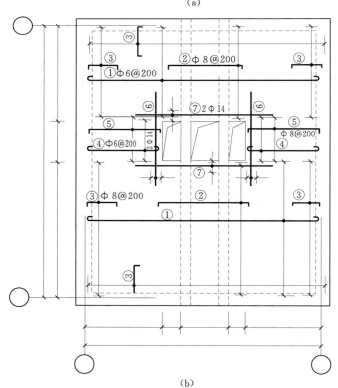

（b）

图3-3-55　相同钢筋的简化画法

（2）非圆弧渐变曲面、曲线钢筋宜分段按给出曲线坐标的方式标注，大曲率半径的钢筋可简化为按线性等差位变化的分组编号的方式标注。

（3）长度不同但间距相同，且相间排列布置的两组钢筋，可分别画出每组的第一根和最末一根的全长，再画出相邻的一根短粗线表示间距，两组钢筋并分别注明其根数、规格和间距，见图 3-3-56。

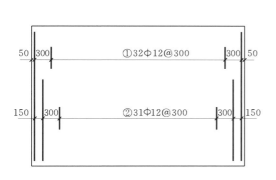

图 3-3-56 相间排列钢筋的简化画法

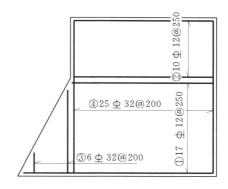

图 3-3-57 钢筋长度为等差时的简化标注

（4）型式、规格相同，长度为按等差数 a 递增或递减的一组钢筋，见图 3-3-57 中的①号、③号钢筋，可编一个号，并在钢筋表"型式"栏内加注" $\Delta=a$ "，在"单根长"栏内注写长度范围。

（5）若干构件的断面形状、尺寸大小和钢筋布置均相同，仅钢筋编号不同可采用图 3-3-58 的画法，并在钢筋表中注列各不同钢筋编号的钢筋型式、规格、长度、根数等。

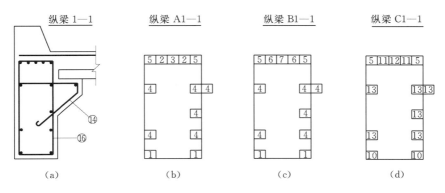

图 3-3-58 仅钢筋编号不同时的简化画法

第四节 安 全 监 测 图

为及时掌握水工建筑物的工作情况及变化，需对水工建筑物全生命周期进行安全监测，及时发现不安全迹象，以采取工程措施防患于未然，为此在工程设计时就需开展安全监测设计。不同类型的水工建筑物监测的内容与重点也不同。

一、基本要求

（1）平面图应用相应的图形符号表示监测网站、监测设施的埋设位置，标明监测设施的编号；编号顺序依次为监测设施代号、序号、所在的部位；图中应标明图形符号说明。

（2）平面图应表示出监测断面的位置，并用阿拉伯数字标出该监测断面的编号。

（3）断面图应表示出监测设施的埋设位置及高程，并标明监测设施的编号。

（4）监测设施的埋设安装方法可用详图来表示。

（5）仪器电缆用双点画线画出，末端用单箭头绘制。

（6）图形符号应采用细实线绘制。

（7）工程量表应注明监测设施的数量及参数、电缆的数量、二次仪表的型号及数量、观测站的型号与数量等。

二、原型观测仪器设备图形符号及使用方法

原型观测仪器设备图形符号见表3-1-7。

（一）图形符号说明

（1）表3-1-7只对原型观测中常用的观测仪器设备规定了图形符号和代号。对水力学、振动监测、地震观测的一部分规定了图形符号。不考虑其他部门已有规定的观测项目，如水文测验、气象观测、地形测量等。

（2）表3-1-7所规定的图形符号，为示意性单线图。

（3）表3-1-7所规定的图形符号，均用其英文名称的大写字头或者名称中的某一字母统一规定其相应的文字代号。内部观测的代号为一个英文字母。外部观测的代号为两个英文字母。

（二）图形符号使用规定

（1）应变计组（见表3-1-7序号1）。

其中 i——应变计向数（$i=1$，2，3，$\cdots$，9）；

　　　　N——代表无应力计。

该符号可用于布置图或各向应变绘制不下的其他图样中。

（2）应变计（见表3-1-7序号2~8）。为了使应变计组的符号有一致性，且能在不同视图中表示出来，规定：

1）每种应变计的图形符号有三个图形，按投影关系绘出。

2）符号中细实线圆弧上的应变计，表示平行于该投影面的应变计，但不表示出其端部圆盘；对不平行于该投影面的应变计，需画出其投影，并需画出其端部圆盘的投影。垂直于某投影面的应变计，其投影用空心小圆圈表示。

3）符号中圆弧和端部圆盘均用细实线画出，应变计用粗线画出。

（3）测缝计（见表3-1-7序号18）。当测缝计布置于缝上时，"缝"画在两细实线之间，此时可将符号中两细实线之间的距离稍加大。

（4）岩体变位计（岩体多点位移计）（见表3-1-7序号19）。符号中的等边三角形表示一个测点，绘制时，其位置和点数应与实际情况一致，位置应用尺寸注明。

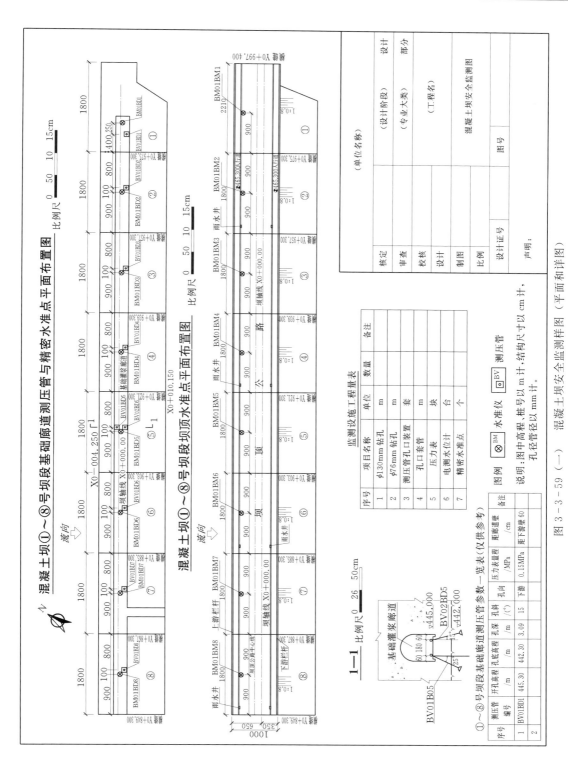

图 3-3-59（一） 混凝土坝安全监测样图（平面和详图）

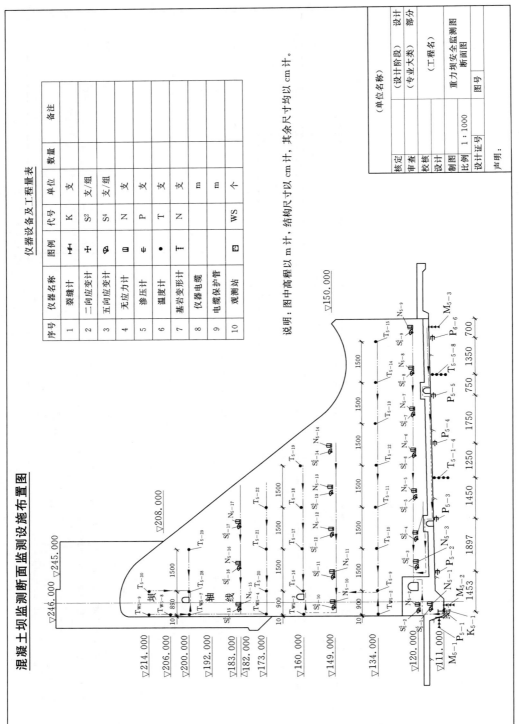

图 3-3-59（二） 混凝土坝安全监测样图（断面图）

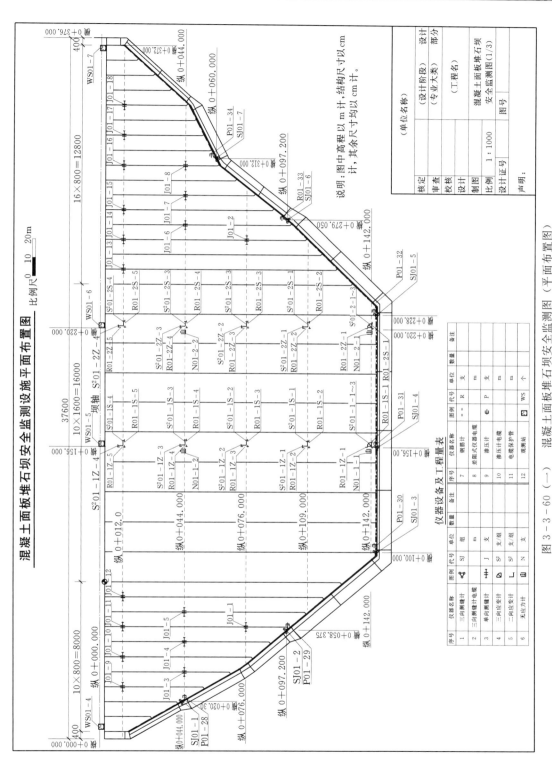

图 3 - 3 - 60 (一) 混凝土面板堆石坝安全监测图 (平面布置图)

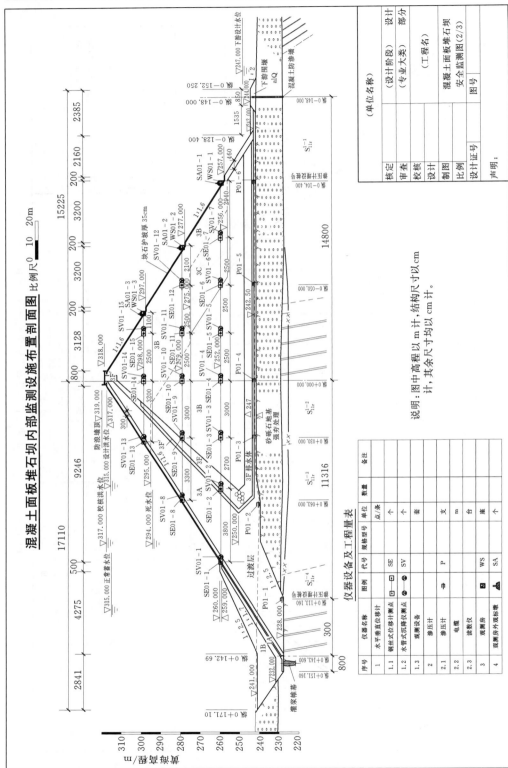

图 3-3-60（二） 混凝土面板堆石坝安全监测图（断面图）

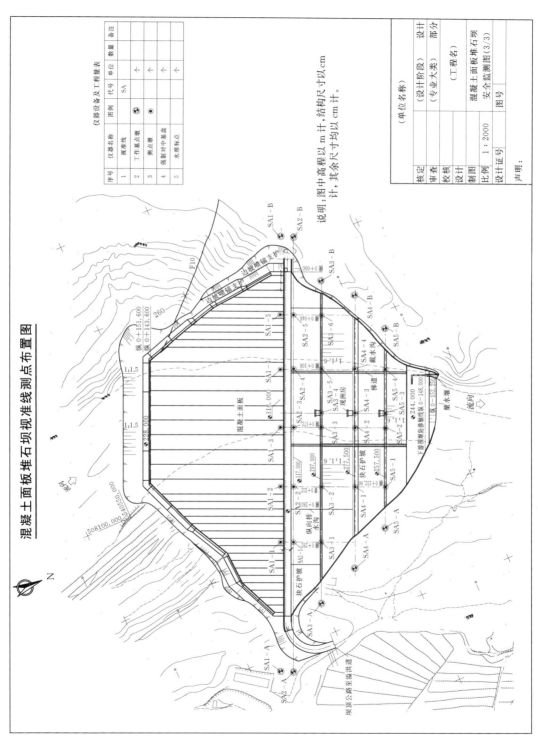

混凝土面板堆石坝视线测点布置图

说明：图中高程以 m 计，结构尺寸以 cm
计，其余尺寸均以 cm 计。

序号	仪器名称	图例	代号	单位	数量	备注
1	视准线					
2	工作基点墩	⊛	SA	个		
3	测点墩	⊙		个		
4	强制对中基盘			个		
5	水准标点			个		

仪器设备及工程量表

（设计阶段） 设计

（专业大类） 部分

（工程名） 混凝土面板堆石坝

安全监测图(3/3)

（单位名称）

图号

核定

审查

校核

设计

制图

比例 1：2000 设计证号

声明：

图 3 - 3 - 60（三） 混凝土面板堆石坝安全监测图（视准线测点布置图）

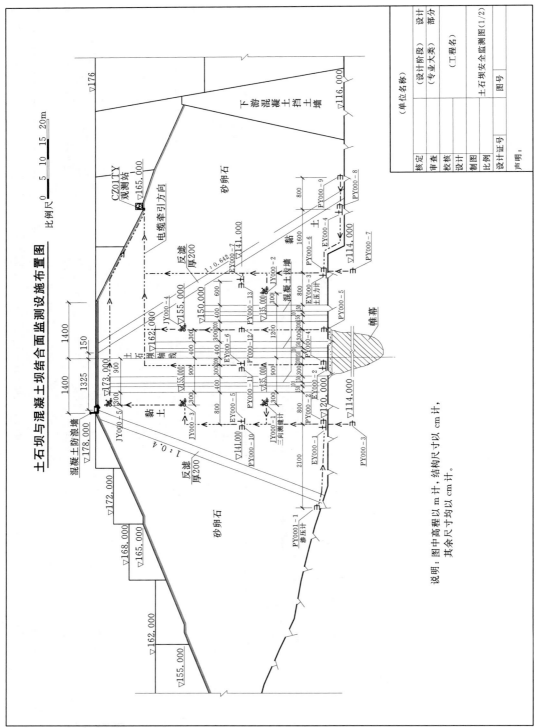

图 3－3－61（一） 土石坝安全监测图（土石坝与混凝土坝结合面监测设施布置图）

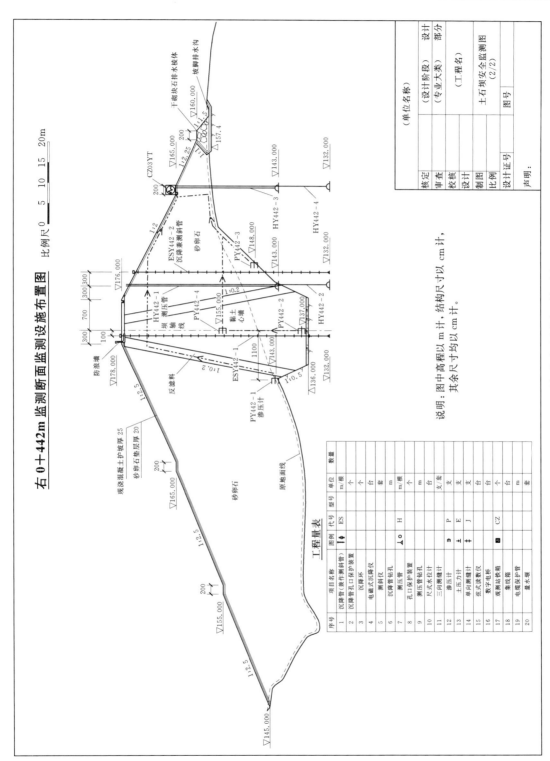

右0+442m 监测断面监测设施布置图

比例尺 0　5　10　15　20m

工程量表

序号	项目名称	图例	代号	型号	单位	数量
1	沉降管（兼作测斜管）		ES		m/根	
2	沉降管孔口保护装置				个	
3	电磁式沉降仪				台/套	
4	沉降环				套	
5	测斜仪				台	
6	沉降管钻孔				m/根	
7	测压管			H		个
8	孔口保护装置				m	
9	测压管钻孔				m	
10	尺式水位计				台	
11	三向测缝计			P		支/架
12	渗压计			E		支
13	土压力计			J		支
14	单向测缝计					支
15	弦式读数仪					台
16	数字电桥				CZ	台
17	观测站铁箱					个
18	集线箱					台
19	电缆保护管					m
20	量水堰					套

说明：图中高程以 m 计，结构尺寸以 cm 计，
其余尺寸均以 cm 计。

图 3-3-61（二） 土石坝安全监测图（断面图）

（5）基岩变形计（见表3-1-7序号20）。符号中间的短横线应画在其符号高度的2/3处。

（6）水管式孔隙压力仪（见表3-1-7序号22）。符号中左端的长方框表示测头，正方框中带小圆圈的图形表示测站，中间的虚线代表水管。

（7）正垂线、倒垂线（见表3-1-7序号32、33）。符号中垂线的悬挂点和锚固点本身就是支点。▲——锚固点和悬挂点，为等边三角形。

（8）垂线测点（见表3-1-7序号36）。测点符号在遥测、光学仪器观测时均适用。

（9）视准线（见表3-1-7序号43）。符号中△表示仪器的基底，为等腰三角形；▲表示固定觇标，为等腰三角形；○表示测点。

（10）激光准直（见表3-1-7序号47）。符号中黑方框表示接收端；中空方框符号表示激光发射端。

（11）倾斜钻孔式测压管（见表3-1-7序号51）。符号中的箭头指向测压管倾斜方向。

（12）三点式表面测缝器（见表3-1-7序号55）。符号中的三点为等边三角形，符号中的直线表示缝，符号中的 $i=1$、2、3，依次表示单向、两向和三向测缝点。

（13）测斜仪（见表3-1-7序号67）。符号中间位置的直线表示电缆；短斜线表示探头位置，线的倾角为30°。画图时，符号两侧的直线段与孔壁重合。

（14）分层沉降仪（见表3-1-7序号68）。符号中▲为锚固点，为等边三角形；竖直线上的短横线表示横梁或测点位置（绘制时其位置和根数应与实际情况一致）。

三、安全监测图样图

（1）混凝土坝安全监测样图见图3-3-59。

（2）混凝土面板堆石坝安全监测样图见图3-3-60。

（3）土石坝安全监测样图见图3-3-61。

第四章　木　结　构　图

木结构是由木材或由木材和少量钢材构成的承重骨架。在水利水电工程中，木结构主要用于工程施工中的木模板、木支撑和施工工厂设施中的木结构建筑。在园林建筑中，最常见的木结构是木屋架。

第一节　木构件断面常用表示方法

木结构常用的木材。通常分为圆木、半圆木、方木和木板等。为区别于其他材料，木结构断面图均应画出横纹线或顺纹线。木材的断面尺寸一般用引线引出标注，其中 d 表示直径数字，b 和 h 表示宽度和厚度数字。常用木构件的木材横截面画法见表 3 - 4 - 1。

表 3 - 4 - 1　　　　　　　　　　木构件横截面画法及标注

序号	名称	图例	说明
1	圆木	$1/2\phi$ 或 d	
2	半圆木	ϕ 或 d	1. 木材的断面均应画出横纹线或顺纹线； 2. 立面图一般不画木纹线，但木键的立面均需画出木纹线
3	方木	$b \times h$	
4	木板	$b \times h$ 或 h	

第二节　木构件连接的表示方法

木结构中，木材之间、木材与钢材的连接，都需要有连接件，如螺栓、钢钉、螺钉、扒钉等，标准图例见表 3 - 4 - 2。

第三篇 水工建筑图

表 3－4－2   木构件连接画法标准图例及尺寸标注

序号	名 称	图 例	说 明
1	钉连接正面画法 （看得见钉帽）	$n\phi d \times l$	
2	钉连接背面画法 （看不见钉帽）	$n\phi d \times l$	
3	木螺钉连接正面画法 （看得见钉帽）	$n\phi d \times l$	
4	木螺钉连接背面画法 （看不见钉帽）	$n\phi d \times l$	
5	螺栓连接	$n\phi d \times l$	1. 当采用双螺母时应加以注明； 2. 当采用钢夹板时，可不画垫板线
6	杆件连接		仅用于单线图中
7	齿连接	单齿 双齿	

· 318 ·

一、螺栓连接

螺栓连接由螺杆、螺母和垫板组成。在木结构图中用标准的图例表示，从见表3-4-2中序号5看出。采用钢夹板时，可以不用垫板，因此无需画出垫板线。l是螺杆的有效长度，n是连接件数量。

二、钉连接

钉连接主要有钢钉连接和木螺钉连接两种，见表3-4-2中序号1～4图例。钉连接在水利水电施工模板、木桁架等中使用较多，并且钉的数量和在结构中的布置均有一定的随意性，因此，在绘制钉连接时，可仅在钉连接处标注其规格及示意性的钉的布置，钉的实长投影可不画出。

三、扒钉连接

为保证木杆件的位置固定，可采用扒钉连接，其图例和尺寸标注见表3-4-2。需注意的是扒钉的长度l不包括两端直钩的长度。当一木结构中的扒钉为同一型号时，可只标注其中的一个，但需注明其数量n。扒钉标注见图3-4-1。

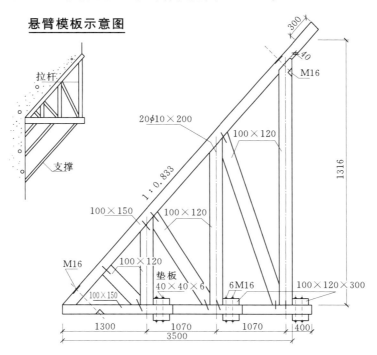

图3-4-1 木结构中的扒钉标注（单位：mm）

四、齿连接

除以上几种连接方式外，木结构还常用齿连接。画图时应注意：齿的承压面应与上弦压杆（斜杆）的轴线垂直，并使压杆轴线通过承压面中心。当下弦拉杆（水平杆）是方木时，下弦杆净截面的中心线、上弦杆轴线、支座中心线应汇交于一点。单齿连接的齿深 h' 不大于下弦杆高 h 的 1/3，也不应小于 20mm。双齿连接二齿深至少应大于一齿深 20mm。齿的剪面长 l，不小于齿深的 4.5 倍。齿连接必须设保险螺栓、附木（厚度不小于 $h/3$），防腐处理的垫木。齿连接方式图例和尺寸注法见表 3-4-2 中序号 7。

第三节　常用木结构画法

一、桁架式结构

桁架式结构图一般包括简图及详图。

桁架式结构的几何尺寸图一般用较小比例的单线图表示，主要用于表明屋架的结构形式、跨度、各杆件的几何轴线长度和跨中的起拱值。单线图应用粗实线绘制，图中的尺寸可参照图 3-4-2 所示的形式标注。单线图一般配置在结构图的左上角，见图 3-4-3 中的屋架简图。

木结构的节点和杆件对接处应绘制其详图，见图 3-4-2。详图主要表明屋架各杆件的用料大小、连接方式、节点构造以及详细尺寸等，一般用立面图表达，杆件对接部位还需要局部断面图。对于对称桁架，为了表达清楚屋脊和下弦杆的中间节点，通常略为多画一些。

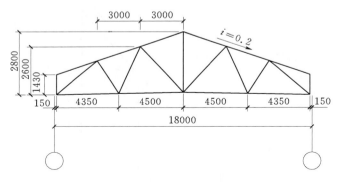

图 3-4-2　单线图尺寸标注（单位：mm）

二、模板结构

圆拱模板，在反映其轴线实长的视图中可采用半剖或局部剖，使杆件为可见。在该视图中可不画面板各木条间的缝线，见图 3-4-4。

平面模板或半径较大的弧形模板，其平行于面板的视图应使杆件为可见，见图 3-4-5。

木模板结构图中应标注面板厚度，连接板尺寸，杆件尺寸和各桁架的间距，见图 3-4-4、图 3-4-5。

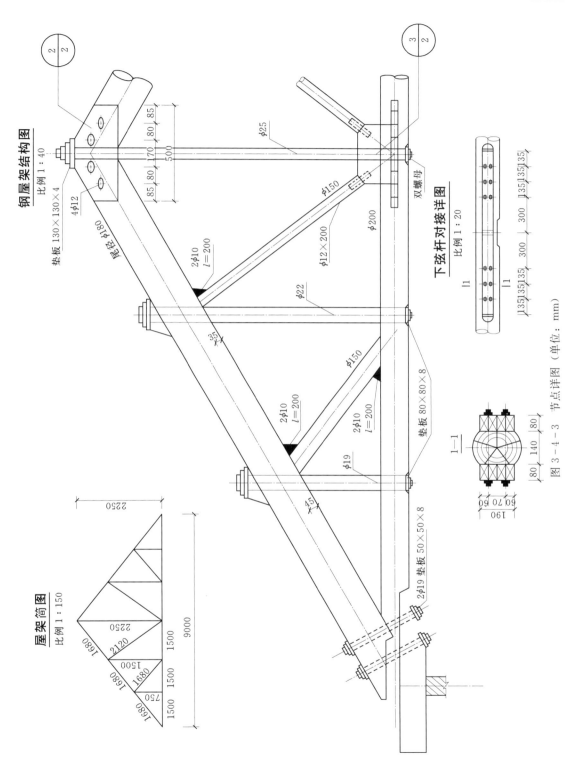

钢屋架结构图
比例 1：40

下弦杆对接详图
比例 1：20

屋架简图
比例 1：150

图 3 - 4 - 3 节点详图（单位：mm）

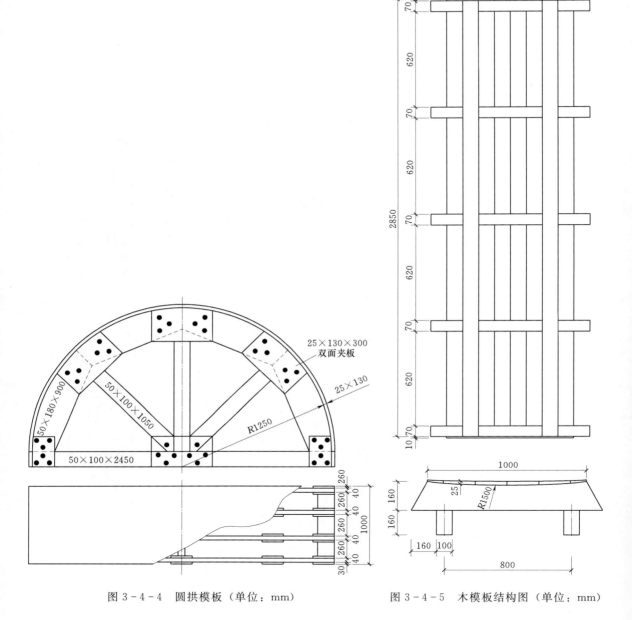

图 3-4-4　圆拱模板（单位：mm）

图 3-4-5　木模板结构图（单位：mm）

第四篇　水　力　机　械　图

第一章　图　的　种　类

　　水力机械设计图分为系统原理图、工程布置图及加工制造图。系统原理图是主要用来表示设备、装置、仪器、仪表及其连接管路等的基本组成、连接关系以及系统的作用和状态的一种简图。常用的系统原理图有：技术供水系统原理图、排水系统原理图、压缩空气系统原理图、油系统原理图、水力监视测量系统原理图、消防给水系统原理图和液压操作系统原理图等。某水电站的压缩空气系统原理见图4-1-1。工程布置图主要表达各种设备、管道、土建结构等的相互位置关系、详细尺寸和安装要求等。主要包括：管路布置图、设备布置图和设备基础图等。某水电站机组管路布置见图4-1-2。加工制造图主要用于水利水电工程中设备、零部件及非标准件等的制作。加工制造见图4-1-3。

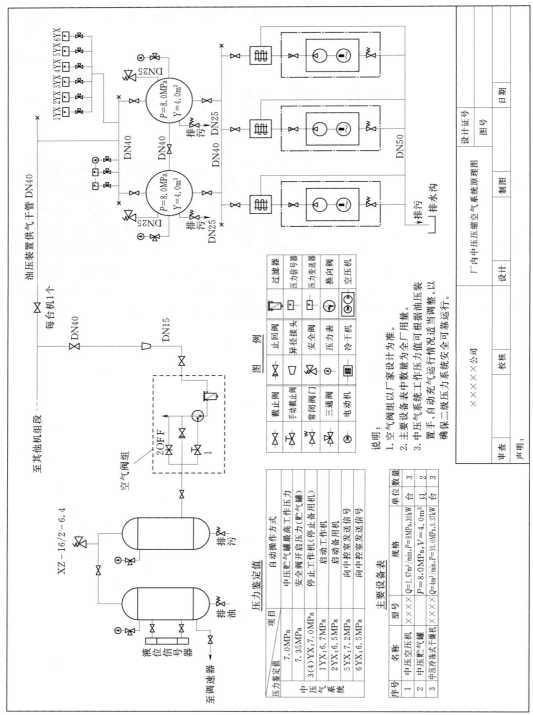

图 4-1-1　压缩空气系统原理示例

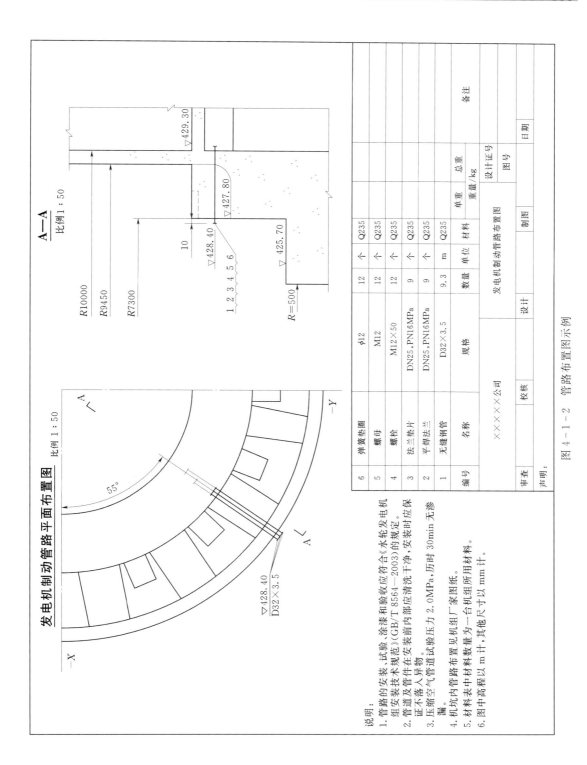

图 4-1-2　管路布置图示例

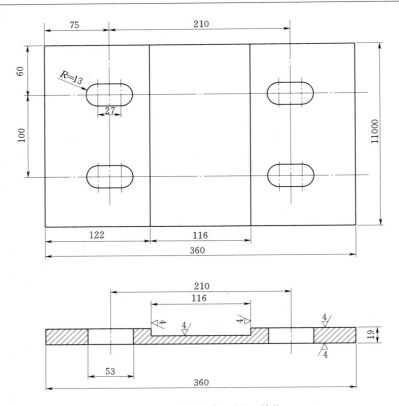

图 4-1-3 凹型钢垫板加工图（单位：mm）

第二章 制 图 基 本 知 识

第一节 厂 房 轴 线

通过水轮机（或水泵）中心沿厂房长度方向的轴线为厂房纵轴线，垂直于厂房纵轴线的轴线为横轴线。机组坐标采用笛卡尔坐标系统，X 轴为沿厂房纵轴方向，Y 轴为沿厂房横轴方向，并规定厂房主机设备水流高压侧为 $+Y$ 方向。贯流式、卧轴机（泵）组的轴线与厂房长度方向有时有一定的夹角，厂房中水流进水方向有的也不与厂房长度方向垂直，而是保持一定的角度，因此通过机（泵）组轴线不能用来定义厂房纵轴线。水力机械图中常用的厂房纵、横剖视图的定义，可参见《水利水电工程制图标准 基础制图》（SL 73.1—2013）中的有关规定。此规定与常用习惯是一致的。

X，Y 轴见图 4-2-1。

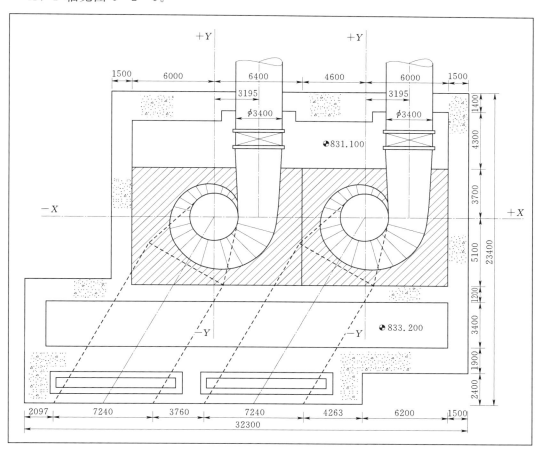

图 4-2-1 X、Y 轴示例（单位：mm）

第二节 简 化 绘 制

  绘制布置图时，机组主要部件结构尺寸可简化绘制；管路一般采用单线绘制；其他元件及设备用符号用简图绘制。绘制布置图时，应标明连接方式，如焊接、法兰连接或丝扣连接，视图采用实际视图。绘制系统原理图时，采用主视图（即正视图）。简化图样画法是制图发展的方向，常用设备的简图可参见本篇第七章。采用简化图样画法的同时，还应满足业主和施工的要求，且使设计人员有一个适应和改进提高的过程。

第三章 图 用 材 料 表

图用材料表，布置在图标题栏上方，其内容、格式和尺寸宜选用以下两种形式其中一种，线宽采用 0.5mm。见表 4 - 3 - 1，表 4 - 3 - 2。

表 4 - 3 - 1　　　　　　　　　图 用 材 料 表 形 式 一　　　　　　　单位：mm

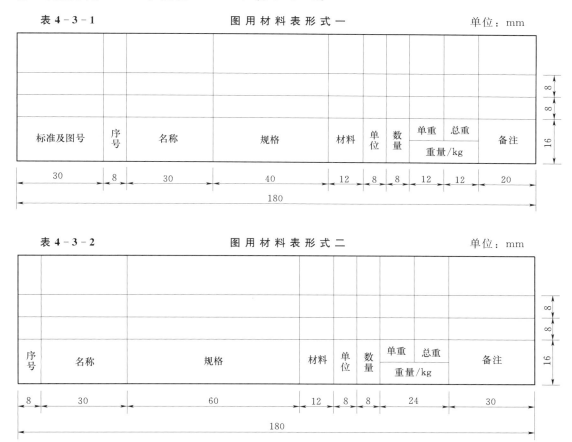

第四章 管路及附件绘制

第一节 线宽和一般要求

根据《水利水电工程制图标准 基础制图》（SL 73.1—2013）图线宽度的规定：图线宽度的尺寸系列应为 0.18mm、0.25mm、0.35mm、0.5mm、0.7mm、1.0mm、1.4mm、2.0mm。结合工程实践、习惯和一些规定，单线绘制管路的线条宽度宜采用 0.5mm 或 0.7mm。

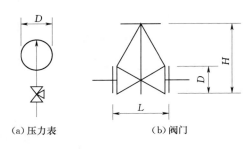

图 4-4-1 压力表、阀门简化画法

布置图中不同材料、不同管径和去向的管路，应采用文字、代号、标注加以说明。单线绘制管路应考虑到管路及连接件的实际尺寸、安装的实际空间位置，以免相互干扰。单线管路中阀门、管路附件及表计等的外形尺寸，应根据其实际尺寸按比例采用规定的简化画法，一般用 0.25mm 实线绘制。图 4-4-1（a）压力表中的 D 为压力表表盘最大外径。图 4-4-1（b）阀门若采用法兰连接，则 D 为法兰的外缘直径；若采用焊接或螺纹连接，则 D 为阀门端头最大的外圆直径，H 为螺杆最大升高。

复杂管路布置图中的局部详图，当采用单线难以表达清楚时，可用双线绘制。在大直径管道上敷设小管可采用标注箭头并注明管径及数量，加绘放大比例局部剖面，如图 4-4-2。

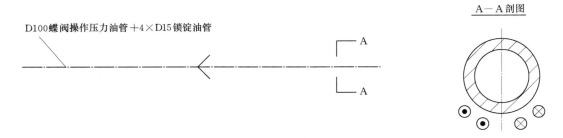

D100蝶阀操作压力油管＋4×D15锁锭油管

A—A 剖图

图 4-4-2 复杂管路布置

第二节 管路中断画法

管路在本图中中断，转至其他图上或由其他图转至本图时，其画法见图 4-4-3。也可以采用表4-5-3中规定的去向地址编码表示管路的明确去向，其画法见图4-4-4。

图4-4-3 管路中断画法一　　　　　图4-4-4 管路中断画法二

管路在本图中断，转至其他图上时，或者由其他图上引来时，两种情况的画法相同，仅用文字注明加以区别，见图4-4-5和图4-4-6。

图4-4-5 管路中断转至其他图上的画法　　图4-4-6 管路由其他图转来本图时的画法

第三节　管路弯折视图画法

管路弯折视图画法可按表4-4-1中的规定绘制。

表4-4-1　　　　　　　　　　　管路弯折视图画法

序号	画　法	序号	画　法	序号	画　法
1		3		5	
2		4		6	

系统原理图中管路的弯折采用折线画法，布置图中宜采用弧弯线画法。

第四节　管路连接组合画法

管路连接的组合画法可见表4-4-2～表4-4-5中的各种画法，所列出的示例系管路采用双线与单线绘制时的相应画法。

表 4 - 4 - 2 管路连接组合画法示例 1

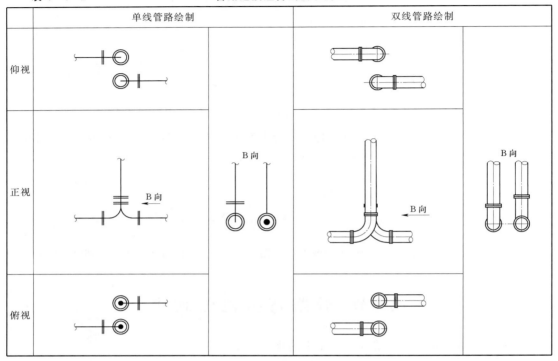

表 4 - 4 - 3 管路连接组合画法示例 2

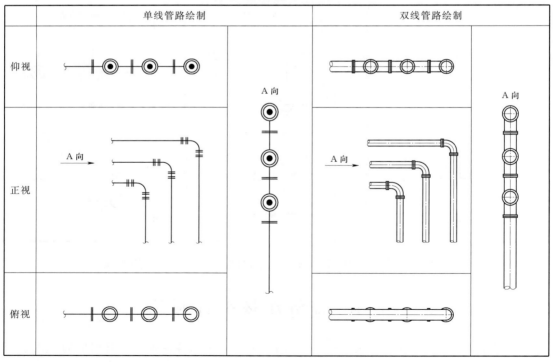

表 4－4－4　　　　　　　　　　管路连接组合画法示例 3

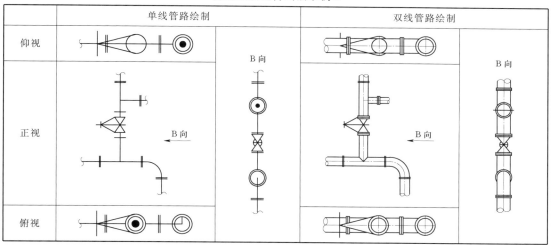

	单线管路绘制	双线管路绘制
仰视		
正视		
俯视		

表 4－4－5　　　　　　　　　　管路连接组合画法示例 4

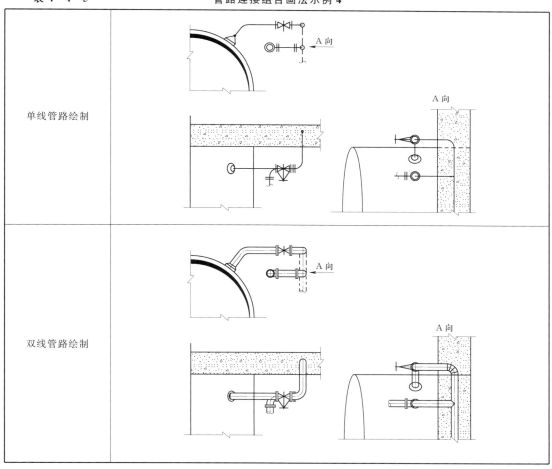

单线管路绘制	
双线管路绘制	

第五章 图 的 标 注

第一节 布置图中尺寸基准规定

布置图中尺寸的基准规定如下：

（1）尺寸标注基准的选择应便于施工放样。

（2）主机及其附属设备的主要尺寸应以机组中心线和机组坐标 X、Y 轴为尺寸基准进行标注。

（3）厂房内的辅助设备及管路应以该设备所在的房间界线尺寸或相应桩号和高程为尺寸基准进行标注。

（4）布置图中可用坐标方式标注尺寸。

第二节 管路中常用介质类别及用途

管路中常用的介质类别及用途如下：

（1）管路中介质及用途代号用两个英文字母来表示，第一个字母表示介质类别，其英文字母采用表 4-5-1 中的规定，未纳入者按其原则派生。第二个字母表示用途，用相应的英文名称的第一或第二位大写字母表示。

表 4-5-1　　　　　　　　　　管 路 中 介 质 代 号

序　号	字　母	类　别	英 文 名 称
1	A	空气	Air
2	S	蒸汽	Steam
3	O	油	Oil
4	W	水	Water

（2）常用介质的类别及用途代号见表 4-5-2。

表 4-5-2　　　　　　　　管路中常用介质类别及用途代号

序号	代号	名　称	英 文 名 称
1	OH	高压操作油（$P \geqslant 10\text{MPa}$）	Hight Pressure Operating Oil
2	OM	中压操作油（$P = 1.0 \sim 10\text{MPa}$）	Medium pressure Operating Oil
3	OR	回（排）油	Return Oil
4	OS	供油	Oil Supply
5	OL	漏油	Leakage Oil

序号	代号	名　称	英　文　名　称
6	AH	高压气（$P \geqslant 10MPa$）	High Pressure Compressed Air
7	AM	中压气（$P = 1.0 \sim 10MPa$）	Medium Pressure Compressed Air
8	AL	低压气（$P < 1.0MPa$）	Low Pressure Compressed Air
9	AE	排气	Air Exhaust
10	WS	技术供水	Water Supply
11	WF	消防给水	Fire Water
12	WD	排水	Water Drain

第三节　管　路　标　注

一、一般形式

管路代号标注的一般形式为：

管中介质代号-管路规格-管路去向地址编码

管路去向的标注，既可采用文字说明，见图4-4-5；又可采用"去向地址编码"标注形式。其中"管路地址编码"能如实说明管路的具体去向，见图4-5-1。

管路代号标注的一般形式中，管中介质代号和管路规格，根据需要均可单独使用。但"管路去向地址编码"应与前两项配合使用，不应单独标出。同一管路，需要在两幅以上图表达时，其管路去向地址编码应一致，并以管路流向终点的去向地址编码来表示。

例如，公称直径为DN200流向终点为2号机组的推力轴承的技术供水管路，当采用管路去向地址编码标注管路去向时，其标注形式见图4-5-1。

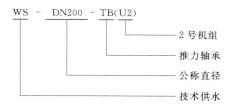

图4-5-1　管路标注说明

二、管路去向地址编码

管路去向地址编码可按表4-5-3中的规定，表4-5-3中的去向代号只规定了一部分，未规定部分可根据其原则进行派生。当英文字母重复时，可用英文名称中的前几位字母组合。

表4-5-3　　　　　　　　　　管路去向地址编码

序号	去向代号	名　称	英　文　名　称
1	AB	安装场	Assembly Bay
2	GF	发电机层	Generator Floor
3	MF	电动机层	Motor Floor
4	BF	母线层	Busbar Floor

序号	去向代号	名　称	英 文 名 称
5	SCF	蜗壳层	Spiral Case Floor
6	TF	水轮机层	Turbine Floor
7	PF	水泵层	Pump Floor
8	GP	发电机机坑	Generator Pit
9	TP	水轮机机坑	Turbine Pit
10	MTR	主变室	Main Transformer Chamber
11	DGC	尾水闸门室	Draft Tube Gate Chamber
12	DTT	尾水隧洞	Draft Tube Tunnel
13	ORI	厂内油罐室	Oil Storage Room in Power House
14	ORO	厂外油罐室	Oil Storage Room out Power House
15	IOS	绝缘油罐室	Insulating Oil Storage
16	TOS	透平油罐室	Turbine Oil Store Room
17	OL	油化验室	Oil Laboratory
18	OPR	油处理室	Oil Purification Room
19	WSR	供水泵室	Water Supply Pump Room
20	DPR	排水泵室	Drainage Pump Room
21	VR	通风机室	Ventilation Room
22	IVG	阀坑（室）	Inlet Valve Gallery
23	WI	取水口	Water Intake
24	SW	集水井	Sump Well
25	PG	管路廊道	Pipe Gallery
26	CWD	排水沟	Catch Water Ditch
27	PT	管沟	Pipe Trench
28	TUR	水轮机	Turbine
29	SCA	蜗壳进口	Spiral Case Inlet
30	TW	尾水	Tail Water
31	TB	推力轴承	Thrust Bearing
32	TGB	水轮机导轴承	Turbine Guide Bearing
33	BAM	叶片调节机构	Blade Adjusting Mechanism
34	SS	主轴密封	Shaft Seal
35	GAC	发电机空气冷却器	Generator Air Cooler
36	GGB	发电机导轴承	Generator Guide Bearing
37	MT	主变压器	Main Transformer
38	OC	油冷却器	Oil Cooler
39	AC	空气压缩机	Air Compressor
40	AV	储气罐	Air Vessel
41	BC	制动柜	Brake Cabinet
42	DB	制动器	Damper Brake
43	PU	泵	Pump
44	FH	消火栓	Fire Hydrant

序号	去向代号	名　　称	英　文　名　称
45	GFN	发电机消防喷头	Generator Firefighting Nozzle
46	GOF	重力加油箱	Gravity Oil Feed Tank
47	HIC	水力仪表盘	Hydraulic Instrument Cabinet
48	IVC	进水阀控制柜	Inlet Valve Control Cabinet
49	GV	调速器	Governor
50	MOG	调速器机械柜	Mechanical Cabinet of Governor
51	IVO	进水阀油压装置	Inlet Valve Oil Pressure Unit
52	LOT	漏油装置	Leakage Oil Tank
53	OSH	受油器	Oil Supply Head
54	OT	油桶	Oil Tank
55	SOT	污油桶	Shabby Oil Tank
56	OOT	运行油桶	Operating Oil Tank
57	COT	净油桶	Cleanly Oil Tank

三、管路规格

无缝钢管、焊接钢管、有色金属等管路，宜采用"外径×壁厚"标注，如 $D108 \times 4$。低压流体输送用焊接钢管、铸铁管、塑料管等宜采用公称直径 DN 标注，见图 $4-5-2$。

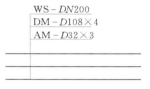

图 4-5-2　管路规格标注

四、管路标高

管路标高应符合下列规定：

（1）管路安装高程应标注海拔高。

（2）管路标高系指其中心线的高程，以 m 为单位。

（3）同时表示几个不同的标高，可按图 $4-5-3$ 的方式标注。

（4）管路的标高符号一般情况下按基础制图分册中所规定的立面图中用等腰三角形"▽"符号表示，也可用文字符号"EL"表示（立面图、平面图以及文字说明中均适用）。

（5）有坡度的管路，应将标高标注在管段的始端、末端或转弯及交叉点处，见图 $4-5-4$。

图 4-5-3　多管路同时标高　　　　图 4-5-4　管路坡度标注

第六章 图 形 符 号

第一节 图 形 符 号 使 用

水利水电工程水力机械系统原理图和布置图中。

（1）图形符号中的文字和指示方向不应单独旋转某一角度。

（2）图形符号中当需要标出仪器、仪表、阀门的类型符号和序号时，其名称的文字符号见第五节。

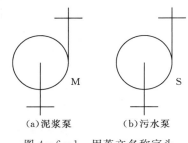

(a)泥浆泵　　(b)污水泵

图4-6-1　用英文名称字头
表示不同用途的水泵图形

（3）用同一图形符号表示用途不同的仪表、设备，可在图形的右下角用大写英文名称的字头表示，见图4-6-1。

（4）阀类中的常开或常闭是对机组处于正常运行的工作状态而言。可在阀门符号的右上角用文字表示阀门的开启或关闭状态，常开阀用"ON"表示；常闭阀用"OFF"表示。表示常开的文字"ON"可省略不标注。

（5）元件的名称、型号和参数（如压力、流量、管径等），可在系统原理图和布置图的设备材料表中表明。

（6）未规定的图形符号，可根据其说明和图形符号的规律，按其作用原理进行派生，并在图纸上作必要的说明。

（7）图形符号中的大小以清晰、美观为原则。系统原理图中可根据图纸幅面的大小变化而定；布置图中可根据设备的外形结构尺寸按比例绘制。

第二节 管 路 管 件 图 形 符 号

一、各类管路图形符号

各类管路的图形符号，可按表4-6-1绘制。

表4-6-1　　　　　　　　　　管 路 图 形 符 号

序号	名称	符 号	说 明
1	单行管路	——————————	
	双行管路	——S————S——	
	三行管路	——S-S——S-S——	
	不可见管路	- - - - - - - - - - - -	
	假想管路	— - ·· — ·· — ·· —	

序号	名称	符　　号	说　　明
2	柔性管、软管		
3	保护管		起保护管路的作用，防止撞击、剪切、污染等，如管路过缝处理等
4	保温管		起隔热、防结露作用，如空气冷却器环形水管
5	套管		如穿墙、穿楼板套管等
6	多孔管		
7	交叉管		指两管交叉不连接
8	相交管		指两管路相交连接
9	带接点的管路		
10	弯折管		表示管路朝向观察者弯折
11			表示管路背离观察者弯折
12	介质流向		一般标注在靠近阀门的图形符号处，箭头形式按《机械制图　尺寸注法》（GB/T 4458.4—2003）的规定绘制
13	坡度	1：500　　3°	坡度符号：长：高＝4：1

二、管路连接图形符号

管路连接的一般形式，可按表4－6－2绘制。

表4－6－2　　　　　　　　　　管　路　连　接　图　形　符　号

序号	名　　称	符　　号	说　　明
1	螺纹连接		
2	法兰连接		
3	承插连接		

三、管件图形符号

管件图形符号可按表 4-6-3 绘制。

表 4-6-3 **管 件 图 形 符 号**

序号	名 称		符 号	说 明
1	弯管	仰视		本项列举了焊接、螺纹连接、法兰连接三种不同连接形式的弯管在三个方向的投影表示方法
		主视		
		俯视		
2	三通			
3	四通			
4	同心异径头			
5	偏心异径头	同顶		
6		同底		
7	活接头			
8	快速接头			
9	软管接头			
10	双承插管接头			
11	外接头			
12	内外螺纹接头			
13	螺纹管帽			管帽螺纹为内螺纹
14	堵头			堵头螺纹为外螺纹
15	法兰盖			
16	盲板			

四、伸缩器图形符号

伸缩器的图形符号可按表4－6－4绘制。

表 4－6－4　　　　　　　　　伸 缩 器 图 形 符 号

序号	名　称	符　号	说明	序号	名　称	符　号	说明
1	波形伸缩器			4	弧形伸缩器		
2	套筒伸缩器			5	球形铰接器		
3	矩形伸缩器			6	可挠曲的橡胶接头		

五、管架图形符号

管架图形符号可按表4－6－5绘制。

表 4－6－5　　　　　　　　　管 架 图 形 符 号

序号	名称	符　号					
		一般形式	支（托）架	吊架	弹性支（托）架	弹性吊架	说明
1	固定管架						
2	活动管架						
3	导向管架						

第三节　阀门、自动化元件及设备图形符号

一、控制元件图形符号

控制元件的图形符号，可按表4－6－6绘制。

表 4－6－6　　　　　　　　　控 制 元 件 图 形 符 号

序号	名　称	符　号	说　明
1	手动元件 （包括脚动）		
2	弹簧元件		

序号	名 称		符 号	说 明
3	重锤元件			
4	浮球元件			
5	活塞元件			包括气动和液动
6	电磁元件			材料表中表明单、双线圈
7	薄膜元件	不带弹簧		
8		带弹簧		
9	电动元件			
10	控制及信号连接			

二、阀门、自动化元件及设备的图形符号

油、水、气、阀门、自动化元件及设备的图形符号，可按表4-6-7绘制。表中规定的油、气、水、阀门、自动化元件及设备图形符号，适用于绘制系统原理图，也适用于绘制布置图。

（1）闸阀、截止阀符号系采用《技术制图 管路系统的图形符号 阀门和控制元件》（GB 6567.4—2008）的规定，符号本身不能表示出阀门是常开或常闭。手动阀常开时可不须注明，常闭时应在图形符号右上角注上文字代号 OFF。

（2）测点及测压环管符号，应用时根据测点的具体位置而确定用来测静压或动压，并在图纸上加以说明。

（3）户内、户外油罐，符号的上下圆锥外形线与锥底的夹角约为15°。

（4）压力油罐，符号中液面的高度约为罐高的1/3处。

（5）深井水泵，符号中下部的短横线数为叶轮数，视具体情况而定。

（6）表4-6-7中序号55～65为阀门和控制元件图形符号的组合画法。

表 4 - 6 - 7 　　　　　　　　　　　　 阀门、自动化元件及设备图形符号

序号	名　　称		符　　号	说　　明
1	闸阀			
2	截止阀			
3	节流阀			
4	球阀			
5	蝶阀			
6	隔膜阀			
7	旋塞阀			
8	止回阀			流动方向由空白三角形流向非空白三角形
9	三通阀			
10	三通旋塞			
11	角阀			
12	安全阀	弹簧式		
13		重锤式		
14	取样阀			
15	消火阀			

序号	名　　称		符　　号	说　　明
16	减压阀			小三角形一端为高压端
17	疏水阀			
18	莲蓬头	有底阀		
19		无底阀		
20	盘形阀			
21	真空破坏阀			
22	电磁阀			
23	电磁配压阀	立式		
24		卧式		
25	地漏	有碗扣		
26		无碗扣		
27	喷头			
28	测点及测压环管			

序号	名 称		符 号	说 明
29	节流装置	可调		
30		不可调		
31	取水口拦污栅			
32	油呼吸器			
33	过滤器（油、气）			
34	油水分离器（汽水分离器）			
35	冷却器 （油、气、水）			
36	油罐（户内、户外）			
37	油罐（卧式）			
38	油（水）桶			
39	移动油箱			

序号	名 称	符 号	说 明
40	压力油罐		
41	储气罐		
42	潜水电泵		
43	深井水泵		
44	射流泵		
45	制动器		
46	角式针阀		
47	电动四通球阀		
48	Y形管道过滤器		
49	自吸泵		

序号	名　称	符　号	说　明
50	水力旋流器		
51	浮球阀		
52	冷干机		
53	复合式排气阀		
54	雨淋阀		
55	法兰连接明杆闸阀		
56	法兰连接暗杆闸阀		
57	法兰连接电动阀		
58	螺纹连接电磁阀		
59	手动截止阀		
60	带法兰的液压截止阀		
61	法兰连接的手动球阀		
62	带法兰的弹簧调节的减压阀		

序号	名　称	符　号	说　明
63	法兰连接的气动薄膜阀		
64	法兰连接的手动旋塞阀		
65	角式止回阀（手动）		
66	溢流阀		
67	拍门		
68	水控阀		

第四节　设备及元件图形符号

仅适用于绘制系统原理图的设备及元件图形符号可按表4-6-8绘制。

（1）滤水器图形符号中，横隔板的位置约在菱形高度的1/4处。

（2）油泵、手压油泵、空气压缩机、真空泵，其符号中的三角形为等边三角形，三角形的高约占圆形直径的1/4。

（3）表4-6-8中序号12～16符号中的横线，约在符号高度的2/5处。

表4-6-8　　　　设备及元件图形符号（仅适用于系统原理图）

序号	名　称	符　号	说　明
1	液动滑阀 （两位四通）		
2	液动配压阀		
3	事故配压阀		

序号	名　称	符　号	说　明
4	分段关闭阀		
5	进水阀		
6	滤水器		
7	油泵		
8	手压油泵		
9	空气压缩机		气泵可统一用空气压缩机的符号
10	真空泵		
11	离心水泵		
12	真空滤油机		
	高真空滤油机		
13	离心滤油机		
14	压力滤油机		

序号	名 称	符 号	说 明
15	移动油泵		
16	柜、箱（装置）		
17	静电吸附装置		
18	管道泵		
19	潜水排污泵		

第五节 仪器、仪表图形符号

（1）适用于系统原理图的仪器、仪表图形符号可按表 4-6-9 绘制，也可用基本图形与文字相配合的方式按表 4-6-10 绘制。这两种表示方法可根据需要采用，但同一图纸内应采用一种表示方法。

表 4-6-9 仪器、仪表图形符号

序号	名 称		符 号	说 明
1	剪断销信号器		B	
2	压差信号器		D	
3	示流信号器	单向	F	
4		双向	F	
5	浮子式液位信号器		L	

续表

序号	名　称	符　号	说　明
6	油水混合信号器	M	
7	转速信号器	n	
8	压力信号器	P	
9	压力传感器	P	- - - 信号线
10	压差传感器	D	- - - 信号线
11	位置信号器	S	
12	温度信号器	T	
13	电极式水位信号器		其电极的长短和数量按需要而定
14	示流器		
15	插入式流量计	F	
16	测流装置	Q	
17	水位计		
18	水位传感器		
19	指示型水位传感器		
20	二次显示仪表	*	＊表示仪表的名称见表 4-6-11 ～表 4-6-13

续表

序号	名　称	符　号	说　明
21	远传式压力表		
22	压力表	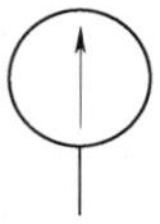	
23	电接点压力表	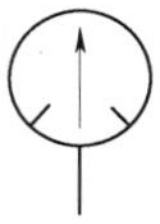	
24	真空表	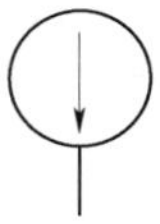	
25	压力真空表	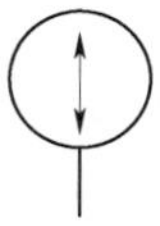	
26	温度计	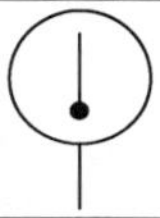	

（2）系统原理图的仪器、仪表图形符号采用基本图形与文字相配合的方式绘制方法：仪器、仪表基本图形符号见表 4-6-10。表 4-6-10 中图形为圆形时表示表计，为矩形时表示其他自动化元件。表 4-6-10 中类型符号"＊"用 3 个英文以下字母表示。其第一个字母表示工作原理，见表 4-6-11。第二个英文字母表示功能一，见表 4-6-12。第三个英文字母表示功能二，见表 4-6-13。仪器、仪表、阀门类型文字示例见表 4-6-14。表 4-6-10 中仪器、仪表序号"R"的第一位数字表示管路系统类别，见表表 4-6-15。"R"的第二位及以后数字表示仪表顺序编号。采用基本图形与文字相配合的仪器、仪表图形符号示例见表 4-6-16。

表 4-6-10　　　　　　　　仪器、仪表基本图形符号

序号	名　称	图 形 符 号	说　明
1	控制室盘（柜）上仪表	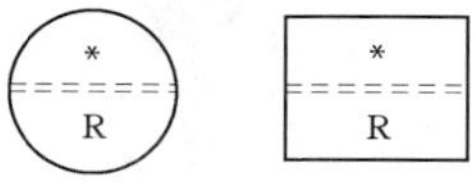	＊表示仪表类型符号；R 表示仪表序号；说明见表 4-6-11～表 4-6-15
2	机旁盘（柜）上仪表	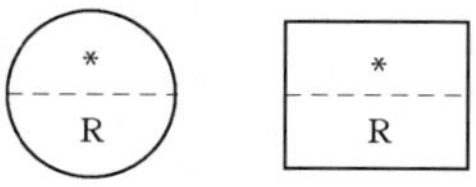	＊表示仪表类型符号；R 表示仪表序号；说明见表 4-6-11～表 4-6-15

序号	名　　称	图 形 符 号	说　　明
3	就地装设仪表	⊗ * R（圆）　　 * R（方框）	* 表示仪表类型符号； R 表示仪表序号； 说明见表 4 - 6 - 11～表 4 - 6 - 15

表 4 - 6 - 11　　　　　　　　　　仪器、仪表工作原理代号

序号	字母	种 类 特 性	特 性 举 例	
1	A	由部件组成的组合件（规定用其他字母代表的除外）	结构单元	控制屏、台、箱
			功能单元	计算机终端
			功能组件	发射/接收器
			电路板	效率测量装置
2	B	用于将工艺流程中的被测量在测量流程中转换为另一量	传感器	压力传感器
			测速发电机	电磁流量计
			扩音机	磁带或穿孔读出器
3	G	用于电流的产生和传播	发电机、励磁机	振荡器
			信号发生器	振荡晶体
4	J	用于软件	程序 程序单元	程序模块
5	P	测量仪表 时钟 指示器 信号灯 警铃	视频或字符显示单元 压力表 温度计	—
6	S	用于控制电路的切换	手动控制开关	按钮
			过程条件控制开关	剪断销信号器
			电动操作开关	电接点压力表
			拨动开关	导叶开度位置接点
7	U	用于流程中其他特性的改变（用 T 代表的除外）	整流器	A/D 或 D/A 变换器
			逆变器	调制器，调解器
			变频器	电码变换器
			无功补偿	电动发电机组
8	Y	用于机电元器件的操作	操作线圈	阀门
			联锁器件	液压阀
			阀门操作	电磁线圈

表 4-6-12 仪器，仪表功能一代号

序号	英文代号	类别名称	英文名称	序号	英文代号	类别名称	英文名称
1	A	空气	Air	10	N	转速	Rate of Rotation
2	B	断裂	Break	11	P	压力	Pressure
3	D	压差	Difference	12	Q	流量	Quantity
4	D	分配	Distribution	13	S	摆动	Swing
5	E	效率	Efficiency	14	S	定位	Setting
6	E	紧急事故	Emergency	15	T	温度	Temperature
7	F	流向	Flow	16	V	振动	Vibration
8	L	液面	Level	17	V	真空压力	Vacuum
9	M	油水混合	Mix				

表 4-6-13 仪器、仪表功能二代号

序号	英文代号	类别名称	英文名称	序号	英文代号	类别名称	英文名称
1	A	报警	Alarm	6	L	低	Low
2	D	双	Dual	7	M	电磁	Megnetic
3	I	指示	Indicator	8	R	记录	Recorder
4	H	高	Hight	9	S	单	Single
5	L	液动	Liquid-operated	10	U	超声波	Ultrasonic

表 4-6-14 仪器、仪表、阀门文字符号

序号	文字符号	中文名称	英文名称
1	BD	压差传感器	Differential Pressure Transducer（Sensor）
2	BL	液位传感器	Liquid Level Transducer（Sensor）
3	BP	压力传感器	Pressure Transducer（Sensor）
4	BQ	流量传感器	Quantity of Flow Transducer（Sensor）
5	BS	机组摆动传感器	Unit Swing Transducer（Sensor）
6	BV	机组振动传感器	Unit Vibratino Transducer（Sensor）
7	SB	剪断信号器	Breaking Pin Switch
8	SN	转速信号器	Rotating Speed Switch
9	SL	液位信号器	Liquid Level Switch
10	SP	压力信号器	Pressure Switch
11	ST	温度信号器	Temperature Switch
12	PP	压力表	Pressure Meter
13	PIR	温度记录仪	Recording Themometer
14	YVV	真空破坏阀	Vaccum Break Valve
15	YVD	电磁配压阀	Electromagentic Distribution Valve
16	YVL	液压阀	Liquid-operated Valve
17	YEM	紧急停机电磁阀	Emergency Stoping Electromagentic Valve

表 4－6－15 管 路 系 统 代 号

序号	系统代号	系统名称	序号	系统代号	系统名称	序号	系统代号	系统名称
1	1	技术供水系统	4	4	透平油系统	7	7	消防给水系统
2	2	排水系统	5	5	绝缘油系统	8	8	机组液压操作系统
3	3	气系统	6	6	水力监视测量系统	9	9	进水阀液压操作系统

表 4－6－16 仪器、仪表图形符号示例

序号	符号	示 例 说 明
1	PV 41	真空压力指示仪表（真空压力表），透平油系统，序号1，就地安装
2	PP 21	压力指示仪表（压力表），排水系统，序号1，就地安装
3	PTR 49	温度记录仪，透平油系统，序号9，装于控制室表盘上
4	PTA 31	温度报警器，气系统，序号1，装于机旁盘上
5	BP 82	压力传感器，机组液压操作系统，序号2，就地安装
6	SPI 85	压力指示信号器（接点压力表），机组液压操作系统，序号5，就地安装
7	PFD 11	双向示流器，技术供水系统，序号1，就地安装
8	SFD 12	双向示流信号器，技术供水系统，序号2，就地安装
9	SB 84	剪断销信号器，机组液压操作系统，序号4，就地安装
10	SS 81	定位信号器（闸板复位信号器），机组液压操作系统，序号1，就地安装
11	SM 42	油中混水信号器，透平油系统，序号2，就地安装
12	PL 51	液位指示器，绝缘油系统，序号1，就地安装
13	SLA 51	液位报警器，绝缘油系统，序号1，装于机旁盘
14	SPA 81	压力报警器，机组液压操作系统，序号1，装于控制室表盘上
15	PD 61	压差指示器，监视测量系统，序号1，装于控制室表盘上
16	BD 61	压差传感器，监视测量系统，序号1，就地安装

第七章　常　用　设　备　简　图

第一节　一　般　规　定

设备简图根据设备的结构原理、工作位置等进行简化，主要突出其外形结构主要部分及与其他设备间的连接关系，并将有关的安装定位尺寸和起控制性作用的尺寸标出。不同类型的同一设备可按所规定的简图绘制，并在设备表中注明其型号。若设备的外形差别较大，可根据上述的简化原则进行派生。

第二节　常　用　设　备　简　图

图 4 - 7 - 1～图 4 - 7 - 27 为一些常用设备简图，包括：混流式水轮机、轴流式水轮机、斜流式水轮机、贯流式水轮机、冲击式水轮机、重锤式液压蝶阀、蝴蝶阀（立轴式、卧轴式）、微阻缓闭止回阀、球阀、油压装置（组合式、蓄能罐式）、电气液压调速柜、一体式调速器、双重液压调速器、空压机、单吸离心泵、管道泵、中开泵、潜水泵、漏油装置、固定式滤水器、转动式滤水器、自动滤水器、气罐、油罐、桥机等。

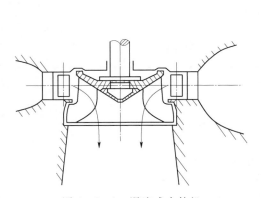

图 4 - 7 - 1　混流式水轮机

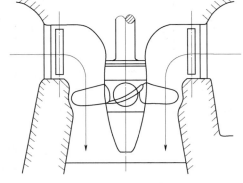

图 4 - 7 - 2　轴流式水轮机

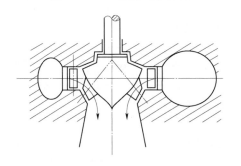

图 4 - 7 - 3　斜流式水轮机

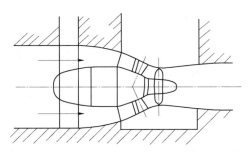

图 4 - 7 - 4　贯流式水轮机

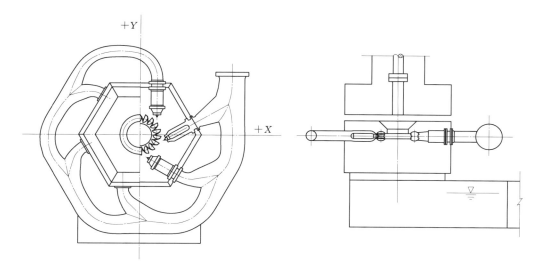

图 4－7－5　冲击式水轮机

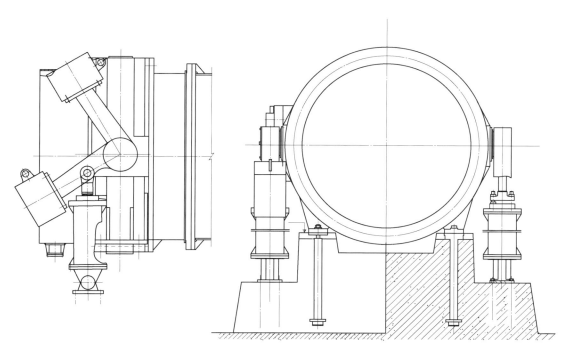

图 4－7－6　重锤式液压蝶阀

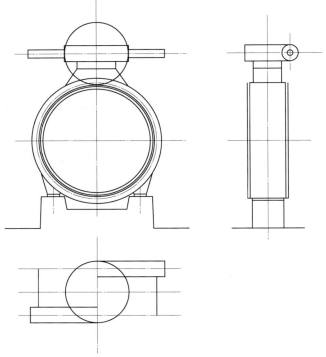

图 4 - 7 - 7　蝴蝶阀（立轴式）

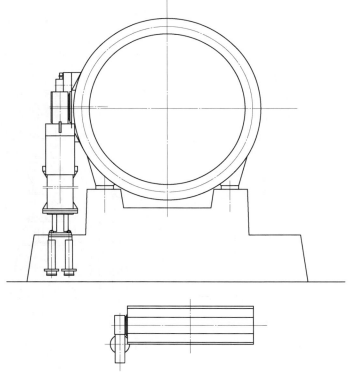
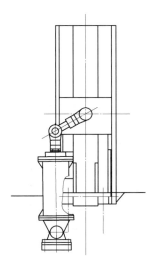

图 4 - 7 - 8　蝴蝶阀（卧轴式）

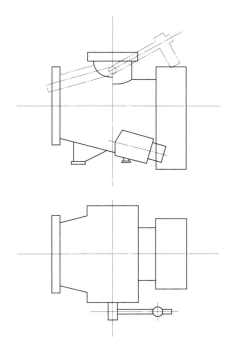

图 4 - 7 - 9 微阻缓闭止回阀

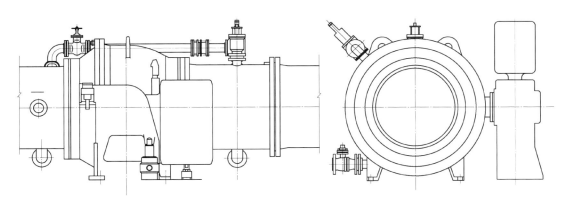

图 4 - 7 - 10 球阀

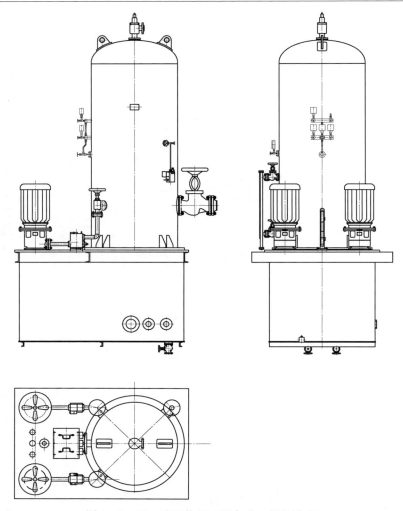

图 4-7-11　油压装置（组合式、蓄能罐式）

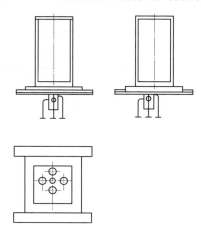

图 4-7-12　电气液压调速柜

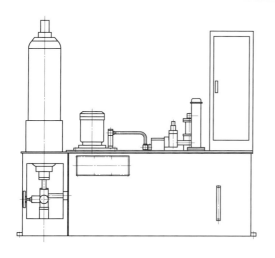
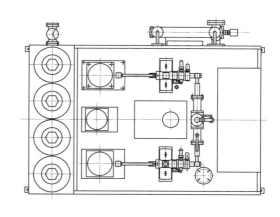

图 4 - 7 - 13　油压装置（蓄能罐式）

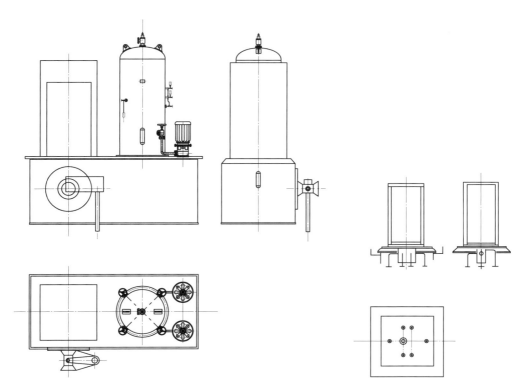

图 4 - 7 - 14　一体式调速器　　　　　　图 4 - 7 - 15　双重液压调速器

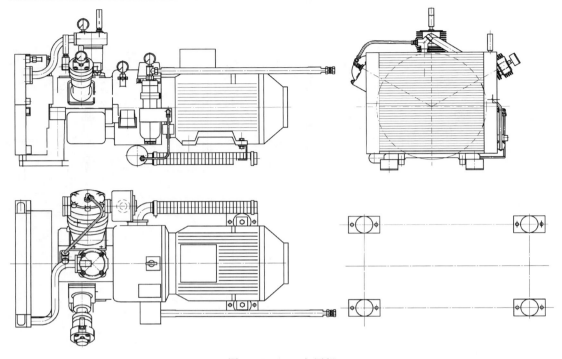

图 4 - 7 - 16　空压机

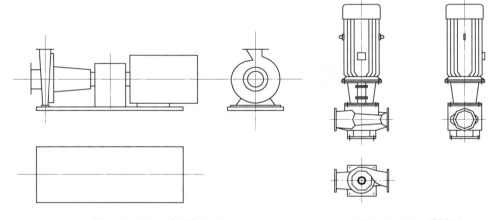

图 4 - 7 - 17　单吸离心泵　　　　　　图 4 - 7 - 18　管道泵

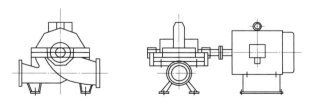

图 4 - 7 - 19　中开泵

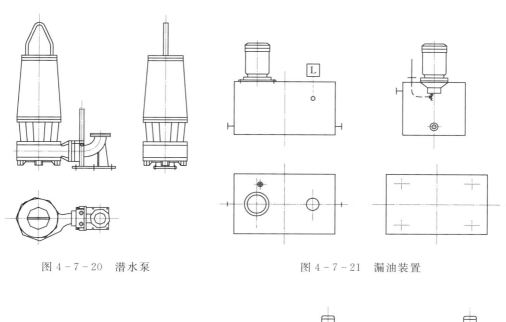

图 4-7-20 潜水泵　　　　　　　图 4-7-21 漏油装置

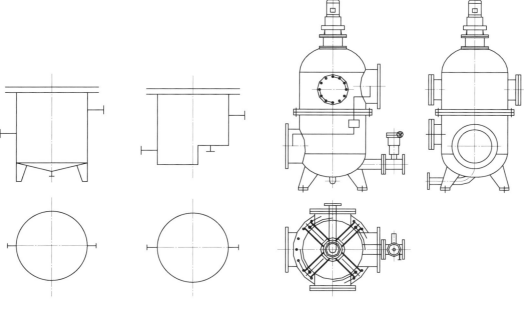

图 4-7-22 固定式　　4-7-23 转动式滤水器　　图 4-7-24 自动滤水器
　　　　滤水器

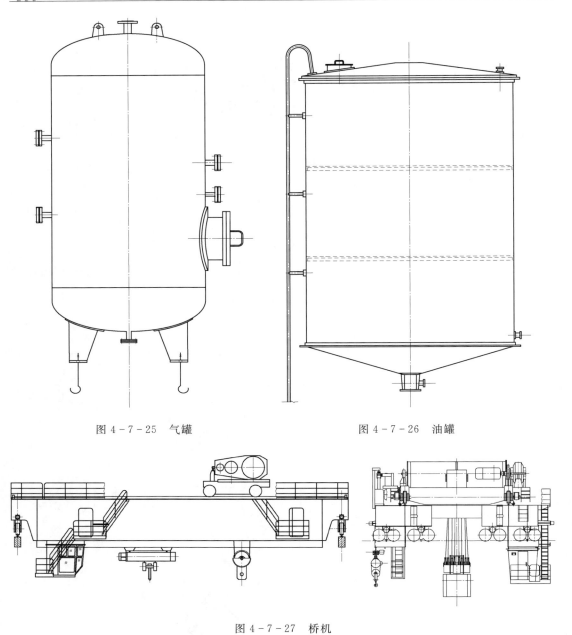

图 4 - 7 - 25 气罐

图 4 - 7 - 26 油罐

图 4 - 7 - 27 桥机

第八章 三 维 设 计

三维设计软件，若已建立了常用辅助设备库及管线库可方便地进行水力机械设备的布置。

相对于传统的二维设计，三维设计不需要考虑如何把一个设备用线条绘制出来，而把注重于设备选型、设计和布置，最后根据需要生成由样式表控制的工程图，即"三维设计，二维出图"，能显著提高设计效率。

第一节 基 本 要 求

一、设计环境选择

水力机械的三维设计环境采用定制的环境配置文件，用户应在统一的用户环境下进行操作。由管理员统一定制的环境配置文件，统一管理的设备库文件可以保证设备元件符号的一致性，有利于保证设计成果质量。

二、坐标系和轴线

对于包含土建结构的水力机械部分设计，坐标系采用土建坐标系，定位轴线采用土建专业发布的定位轴线。

三、生成工程图的总体要求

采用三维设计生成的工程图应符合下列总体要求。

（1）工程图以三维模型通过投影产生，其投影和尺寸与三维模型完全相关。

（2）特殊的示意图和原理图可以在工程图环境下直接进行绘制。

（3）工程图应具有自身的完整性，保证独立表达设备管路等所需的全部技术要求。

（4）各种非视图类制图对象的定位原点应与相应的视图对象相关联，例如尺寸、表面粗糙度、焊接符号等。

第二节 设 备 及 管 路

水力机械辅助设备及管道部分三维设计一般采用 PID 图驱动及手动两种方法进行。

一、采用 PID 图（原理图）驱动方法

采用 PID 图驱动方法绘制三维图的流程见图 4-8-1。

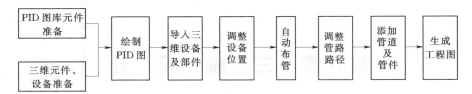

图 4 - 8 - 1　PID 驱动方法绘制三维图流程

具体有下列步骤。

（1）建立 PID 元件库及三维设备元件库（包括管道、管件和设备等），一般情况下，这一步由系统维护人员建立和完善。

（2）绘制 PID 原理图，将相应部件的图示添加到图中，调整好布局；再选择合适的管线将系统中各部件连接起来，见图 4 - 8 - 2。

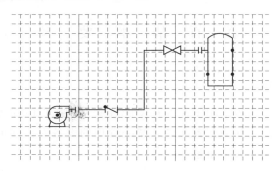

图 4 - 8 - 2　PID 原理图

（3）根据原理图依次选择设备及部件的具体规格类型并导入到布置空间中，见图 4 - 8 - 3。

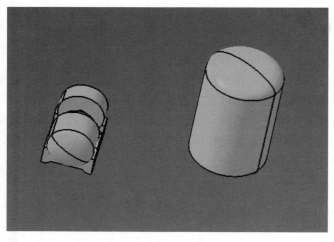

图 4 - 8 - 3　放置布置

（4）根据实际情况调整设备的布置，见图 4 - 8 - 4。

（5）系统自动根据 PID 图布置管路路径，见图 4 - 8 - 5。

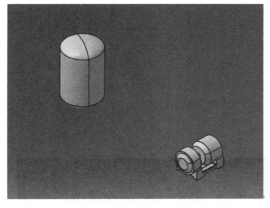

图 4-8-4 调整设备布置

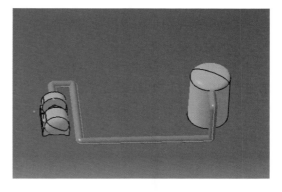

图 4-8-5 自动布置管路

（6）系统自动生成的管路路径不一定能完全符合要求，还需要对管路路径进行一定调整，见图 4-8-6。

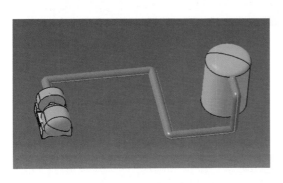

图 4-8-6 调整管路布置

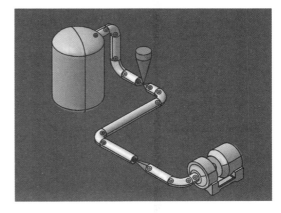

图 4-8-7 添加管件、管道

（7）根据已经完成的管路路径添加相应的管道及管件并进行局部调整达到理想效果，在添加管道管件时能自动添加配对法兰及垫片等附件而无需手动添加，见图 4-8-7。

选择合适的视图及剖面生成二维工程图，在生成二维图时可根据配置文件来控制二维图的输出样式，如线型线宽、颜色、字体字号等，见图 4-8-8。

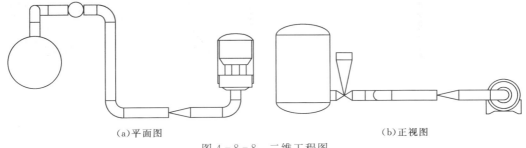

（a）平面图   （b）正视图

图 4-8-8 二维工程图

二、手动方法

手动方法先根据需要添加相关设备，再布置管路，流程见图4-8-9。

具体有下列步骤。

（1）建立三维设备元件库（包括管道、管件和设备等），一般这一步由系统维护人员来建立和完善（同PID驱动方法）。

（2）添加需要的设备到布置空间中并布置到指定位置，见图4-8-10。

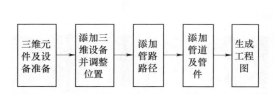

图4-8-9　手动三维设计方法流程

图4-8-10　设备布置

（3）绘制管路路径，见图4-8-11。

（4）根据已经完成的管路路径添加相应的管道及管件并进行局部调整达到理想效果，在添加管道管件时能自动添加配对法兰及垫片等附件而无需手动添加，见图4-8-12。

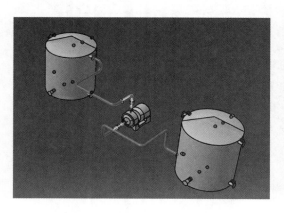

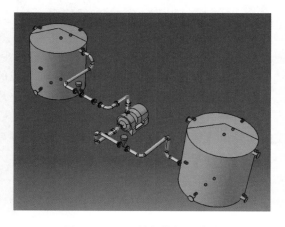

图4-8-11　绘制管路路径

图4-8-12　添加管件、管道

（5）选择合适的视图及剖面生成二维工程图，在生成二维图时可根据配置文件来控制二维图的主要输出样式，如线型线宽、颜色、字体字号等，见图4-8-13。

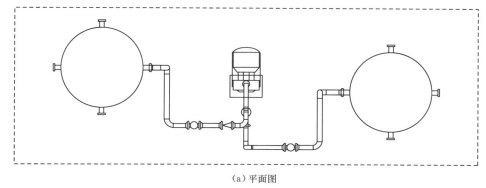

（a）平面图

（b）正视图

图 4－8－13 二维工程图

第三节 水轮发电机组

一、术语与定义

（1）标注。无需手工或外部处理即可见的尺寸、公差、注释、文本和符号。

（2）标注面。标注所在的概念性平面。

（3）装配模型。由两个或多个零部件装配而成的模型总称。

（4）关联实体。与标注关联的产品定义中的相关部分。

（5）关联组。由用户定义的相关数据元素的集合。

（6）关联性。数据元素间的关联关系。

（7）属性。表达产品定义或产品模型特性所需的不可见的尺寸、公差、注释、文本或符号，但这些信息可查询得到。

（8）数据。为适合人或计算机进行通信、解释或处理而以某种正式方式表达的信息。

（9）基准体系。两个或三个单独基准构成的有序组合，这些基准可以是单基准也可以是公共基准。

（10）设计模型。数据集的一部分，包括模型几何级辅助几何。

（11）数据元素。数据集中的几何元素、模型特征、模型特征组、标注、关联组或属性。

(12) 视图。二维图样中各自独立，且相互存在一定关联关系，表达构件形状特征的图形，是图样各种画法所产生的总称。

(13) 投影视图。构件向投影面投影所得的图形。

(14) 图样修饰。通过图形创建、编辑和修饰等功能对图形补充完善以及根据要求直接对图形的属性进行调整的过程。

(15) 子图。二维图样中的一种功能，用于存储通用及图形符号库的创建，并能被视图所引用。

(16) 标准定制。一种系统参数管理功能，通过系统参数的标准化定制，达到用户工作系统的统一协调。

(17) 选项。一种环境参数管理功能，通过设置环境参数，以达到的操作和使用环境的统一。

(18) 模板。一种文件类型，通过标准化定制和使用，达到统一协调，并提高用户工作效率。

(19) 库（族）。一种专家知识库支持功能，用于存储和分类批量特征对象，并提供相关信息的查询和调用。

二、一般要求

(1) 规范性。使用三维设计软件绘制的二维图样，应符合相关规程规范制图要求，不能满足要求的应按本标准的要求执行，并进行绘图标准的定制及绘图环境的设置。

(2) 完整性。使用维设计软件绘制二维图样，应充分利用软件的绘图功能、图形符号和标注形式，并根据设计、生产、检验和用户等实际需要进行图样修饰，使用尽可能少的视图、剖切、放大和标注，完成、清晰、准确地表达产品结构、各部分（构件）的形状及相互关系。

(3) 协调性。使用维设计软件绘制的二维图样，在视图的表达、图形符号的使用以及标注形式上应统一协调，即一套或同一张图样中不应出现两种或两种以上的表达方式。

(4) 配套性。使用维设计软件绘制二维图样，应建立完整配套的标准图形库、通用附注库，并通过调用标准图形库、通用附注库的方式来补充完善三维设计软件的图形符号、标注形式及注语。

(5) 有效性。应通过绘图标准定制和绘图环境设置，来有效管理三维设计软件图样的绘制。

(6) 正确性。使用维设计软件绘制二维图样，应正确、规范、合理地使用绘图功能，以保证图样文件及二维图样的正确性。

(7) 关联性。通过三维设计软件投影功能生成的二维图样，应与其对应三维模型关联，以确保三维模型的更改能有效更新到二维图样中。

三、CATIA 软件绘图方法简介

（一）草图绘制

草图绘制的常用特征参数包括：草图绘制面位置、草图几何、草图尺寸，见表

4－8－1。

表 4－8－1 草 图 绘 制 常 用 参 数

参　　数	描　　述	限　制　条　件
草图绘制面位置	草图绘制面的位置和方向	
草图几何	草图几何信息	应位于一个平面内
草图尺寸	草图的尺寸和约束	应完整约束

（二）拉伸绘制

拉伸绘制的常用特征参数包括：草图特征、拉伸起始面、拉伸终止位置（或拉伸距离）、拉伸方向、拉伸方式等，见表 4－8－2。

表 4－8－2 拉 伸 常 用 参 数

参　　数	描　　述	限　制　条　件
草图特征	提供完整的草图特征信息	草图信息应完整，对于体特征草图应封闭
拉伸起始面	拉伸起始面的位置	
拉伸终止位置（或拉伸距离）	拉伸终止位置，也可以是拉伸距离	
拉伸方向	指定拉伸特性的生成方向	草图面的法线方向（正向或反向）
拉伸方式	指定拉伸特征的生长方式	单向、双向

（三）旋转绘制

旋转绘制的常用特征参数包括：草图特征、旋转轴线、旋转起始面（或起始角）、旋转终止位置（或终止角）、旋转方向、旋转方式，见表 4－8－3。

表 4－8－3 旋 转 常 用 参 数

参　　数	描　　述	限　制　条　件
草图特征	提供完整的草图特征信息	草图信息应完整，对于体特征草图应封闭
旋转轴线	提供旋转轴信息	与草图特征共面，且位于其一侧
旋转起始面（或起始角）	旋转起始面的位置或起始角	
旋转终止位置（终止角）	旋转终止位置，也可以是旋转终止角	旋转角大于 0，但不大于 360°
旋转方向	指定旋转特性的生成方向	绕旋转轴线的切向
旋转方式	指定旋转特征的生长方式	单向、双向

（四）扫掠绘制

扫掠绘制的常用特征参数包括：扫掠轨迹线、草图特征及规定方向、扫掠起始点及方向、扫掠终止点，见图 4－8－4。

表 4 - 8 - 4 　　　　　　　　　　　　扫 掠 常 用 参 数

参　数	描　述	限　制　条　件
扫掠轨迹线	提供完整的扫掠轨迹信息	通常为平面内的切向曲线
草图特征及规定方向	提供完整的草图信息和在扫掠过程中草图的规定方向	草图信息应完整，扫掠中的草图方向应确定
扫掠起始点及方向	扫掠轨迹线上的起始位置和方向	
扫掠终止点	扫掠特征在轨迹线上的终止位置	

（五）放样绘制

放样绘制的常用特征参数包括：截面个数 n、各截面草图、每个放样截面的空间位置、放样类型，见表 4 - 8 - 5。

表 4 - 8 - 5 　　　　　　　　　　　　放 样 常 用 参 数

参　数	描　述	限　制　条　件
截面个数 n	放样截面的数量	不小于 2
各截面草图	完整的各截面草图信息	每个草图信息均应完整，对于体特征的每个草图均应封闭
每个放样截面的空间位置	放样截面的初始位置和截面间位置关系	各草图截面在空间不允许交叠
放样类型	指定放样的类型是平行截面放样还是旋转截面放样	平行平面、旋转平面或一般平面等

（六）抽壳绘制

抽壳绘制的参数包括：抽壳厚度 S、抽壳面 SF，见表 4 - 8 - 6。

表 4 - 8 - 6 　　　　　　　　　　　　抽 壳 常 用 参 数

参　数	描　述	限　制　条　件
抽壳厚度 S	抽壳厚度	$S>0$ 或 $S<0$
抽壳面 SF	抽壳面	

（七）起模绘制

起模绘制的常用特征参数包括：中性面（边）、起模度、起模面、起模方向，见表 4 - 8 - 7。

表 4 - 8 - 7 　　　　　　　　　　　　起 模 常 用 参 数

参　数	描　述	限　制　条　件
中性面（边）	中性面（边）	
起模度	起模角度	$30>$起模度>0
起模面	起模面	一个或多个
起模方向	起模方向	

四、水轮发电机组绘制步骤（以地下厂房立式混流机组为例）

在工程设计前期阶段，为配合土建专业，水力机械专业需提供的有水轮机组流道尺寸图、发电机机坑尺寸图等。水轮发电机组本身的三维结构非常复杂，前期阶段可暂不考虑三维设计，待招投标后，由机组制造厂家提供水轮机组的三维造型模型。

水轮发电机组三维流道及机坑尺寸绘制有下列步骤。

（1）通过机组选型计算，确定机组机坑尺寸及水轮机流道尺寸。

（2）通过机组选型计算并与土建专业协商，确定机组安装高程。

（3）通过选型计算的机组机坑尺寸、流道尺寸以及与土建确定好的安装高程，确定相关基准面坐标系。

（4）在各相关基准面上绘制各部分部件的草图，并由确定的机坑尺寸和流道尺寸绘制三维模型。

（5）将各部分三维模型组装成一个整体，并提交给土建专业。

五、水轮发电机组主要部件绘制方法

1. 水轮发电机组基准面坐标系

水轮发电机组基准面坐标见图 4-8-14。系绘制方法：

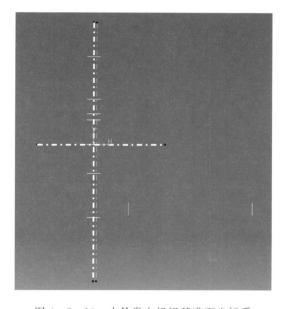

图 4-8-14　水轮发电机组基准面坐标系

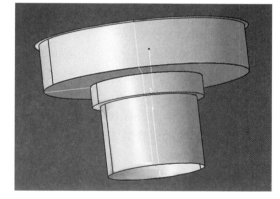

图 4-8-15　发电机机坑

（1）沿垂直方向，绘制一根虚线，作为水轮机组中心线。

（2）沿水平方向，绘制一根虚线，作为水轮机蜗壳中心线。

（3）根据机组选型计算成果，在所绘制的虚线上作出不同部件的基准面高程平面。

2. 发电机机坑

发电机机坑见图 4-8-15。绘制方法：

(1) 沿垂直方向，绘制一条虚线，作为发电机机坑的轴线。

(2) 根据计算尺寸，在选定的水平面上作草图。

(3) 根据所作草图，采用拉伸的方式，沿垂直方向作出机坑面。

(4) 作出水平部件的基础面，并与机坑面进行缝合连接。

3. 蜗壳

蜗壳见图 4-8-16。绘制方法：

(1) 沿垂直方向，作一条虚线，作为蜗壳的轴线。

(2) 根据计算尺寸，确定蜗壳流道中心线的位置，并在水平面上，将蜗壳流道中心线作出。

(3) 在与蜗壳中心线完全垂直的面上作基准面，在这些基准面上做出蜗壳的流道截面草图。

(4) 根据流道截面形状，采用扫掠的方式，将蜗壳面画出来。

(5) 根据蜗壳的实际造型情况，再进行相应的修改。

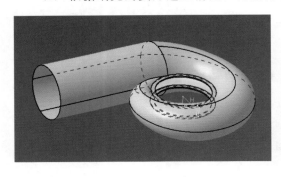

图 4-8-16 蜗壳

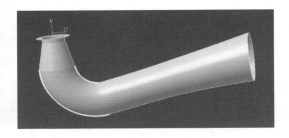

图 4-8-17 尾水管

4. 尾水锥管绘制方法

尾水锥管见图 4-8-17。绘制方法：

(1) 沿垂直方向，作一条虚线，作为尾水锥管的轴线。

(2) 根据计算情况，在垂直面上作出尾水锥管投影梯形的一半。

(3) 将所制作的投影梯形沿轴线旋转 360°。

(4) 根据尾水锥管的实际情况，再进行相应的修改。

5. 尾水管绘制方法

尾水管见图 4-8-17。绘制方法：

(1) 沿垂直方向，作一条虚线，作为机组尾水管轴线。

(2) 根据计算尺寸，确定尾水管流道中心线的位置，并在垂直面上，将尾水管流道中心线作出。

(3) 在与尾水管中心线完全垂直的面上作基准面，在这些基准面上做出尾水管的流道截面草图。

(4) 根据流道截面形状，采用扫掠的方式，将尾水管面画出来。

(5) 根据尾水管的实际造型情况，再进行相应的修改。

6. 水轮发电机组三维模型的组装

绘制完水轮发电机组各部件的三维模型之后，需将各部件组装起来，见图 4-8-18。

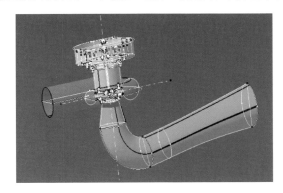

图 4-8-18 水轮发电机组总装

（1）将各部件分别导入轮发电机基准面坐标系。

（2）根据部件所在位置的不同，将各部件放置于基准面坐标系的不同位置，并采用相合的方法，将各部件与坐标系对齐。

（3）各部件均导入后，再采用缝合的方法，将各部件缝合成一个整体。

第五篇 电 气 图

第一章 电气图制图基本要求

水利水电工程电气制图的原则遵循标准《水利水电工程制图标准 电气图》(SL 73.5—2013) 的要求，下面介绍各种电气图的绘制方法。

第一节 电气图的种类和常用表示方法

一、常用电气图种类

在水利水电工程电气制图中，最常见的电气图有：系统图（或框图）、布置图、电路图、安装图、端子表（图）、设备元件（材料）表、流程图等，少数情况下，也用到逻辑图。

(1) 系统图（或框图）。用符号（图形符号和文字符号）或带注释的框，概略表示一个系统的基本组成、相互关系及其主要特征的简图，主要包括电站接入系统图、电气主接线系统图、厂用电系统图、计算机监控系统图、直流系统图、照明系统图、接地系统图、继电保护配置图，励磁系统图、火灾自动报警及联动控制系统图、视频监控系统图、微波通信系统图、电力系统规划图等。

(2) 布置图。用于表示各种电气设备位置排列或某一柜上元器件的位置排列的简图，包括一次设备布置图、中控室布置图、照明设备平面布置图、通信设备平面布置图、开关柜布置图、盘面布置图等，其中，电缆布置图（电缆敷设图）表示电力电缆、控制电缆、通信电缆等的敷设位置及其走向或各断面中电缆的分布情况。

(3) 电路图。用符号（图形符号和文字符号）并按工作顺序或主从关系详细表示各电路各设备之间的基本组成、连接关系、电气原理，但不考虑其实际位置的简图，习惯上有时称为原理接线图、展开图、接口图。在电路图中，各回路的作用与功能在该回路的上方（垂直画法时）或右方（水平画法时）用文字说明。

(4) 安装图。用于表示各种电气设备现场安装时，其埋设部件的方式和安装要求的简图，主要包括主变、断路器、盘、箱、柜、电缆桥架安装图等。

(5) 端子表（图）。用于表示各设备、装置、柜之间的接线端子用电缆（或导线）相互连接的图，用以进行接线和检查的简图或表格。端子表（图）可单独使用，也可与电路图组合使用。它一般示出项目的相对位置、远端项目代号、两侧端子号、电缆型号和截面、长度、芯号及使用芯数、屏蔽及接地等信息。

（6）设备元件（材料）表。把电路图或布置图中各组成部分的名称及特征数据列成表格，表示各元器件型号、数量、重量、产地等信息，有时包括价格。主要包括一次订货图、设备表、设备明细表、设备材料表，另外设备清册、图纸目录、电缆统计书等也归于此图种中。

（7）流程图。使用图形符号和文字符号相结合的方式，全面描述某个控制系统的工作全过程，水利水电工程常用的流程图包括机组开停机流程图、励磁系统控制流程图等。

（8）逻辑图。使用逻辑符号描述某个过程的逻辑关系和因果关系的简图，主要用于图示设备生产过程中程序的逻辑关系，在水利水电工程设计中使用较少。逻辑图可单独使用，如继电保护跳闸矩阵表，也可与流程图组合使用，如机组事故停机流程图。

二、常用的表示方法

根据国际电工标准 IEC 的规定，电气图中各组件在图中的表示方法分为分散法和组合法，其中分散法又包括连接表示法、半连接表示法和不连接表示法。功能相关的部分表示法采用连接法、半连接法、或不连接法。功能无关的部件则采用"组合法"。根据图的用途、图面布置、表达内容、功能关系等，可选用其中一种表示法，也可将几种表示法结合运用。

（1）简单电路中，可采用连接表示法。把功能相关的图形符号集中绘制在一起，驱动与被驱动部分用机械连接线连接，见图 5-1-1 中用连接表示法表示的 K1。

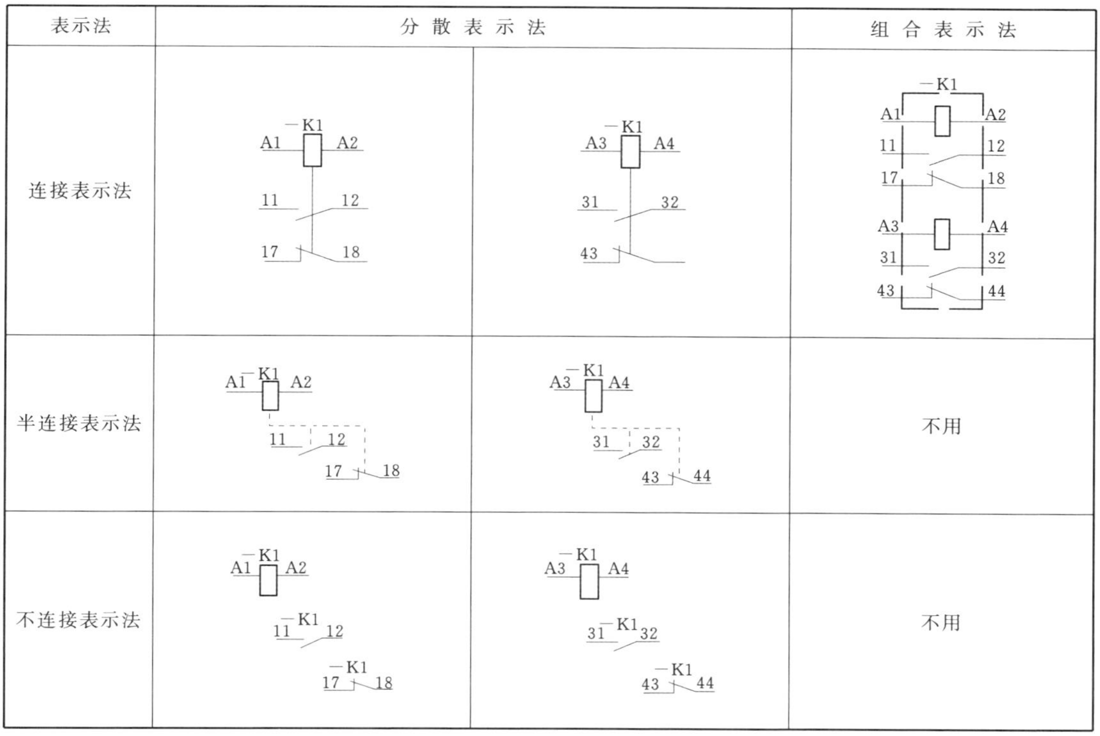

图 5-1-1　组件表示法

（2）较复杂电路中，可采用半连接表示法。把功能相关的图形符号在简图上分开布置，并用机械连接线符号表示它们之间的关系，见图5－1－1中用半连接表示法表示的K1。半连接法采用机械连接符号（虚线）来表示项目各部分之间的关系，以减少电路连接的往返和交叉，图面清晰，易于识别。但图面上需绘出一些穿越图面的机械连接法，有时机械连接线还出现折弯、分支或交叉等。

（3）复杂电路中，可采用不连接表示法，即将功能相关的图形符号彼此分开画出，不用机械连接线连接，但各符号旁需标注相同的项目代号，见图5－1－1中用不连接表示法表示的K1。不连接表示法将同一项目图形符号的各个部分或某些部分分开布置在图的不同部分，可减少电路连接的往返和交叉，图面上也不出现机械连接符号，但为了便于寻找和检索同一项目的图形符号的不同部分，如有必要还可采用插图或表格的方法。

（4）设备或成套装置中，功能无关的部件在图上可采用组合表示法，将组成部分的所有图形符号在简图上绘制在一起，并用围框框出，见图5－1－1中用组合表示法表示的K1。组合表示法的优点在于易于寻找项目，易于绘制接线图，但一般仅适用于较简单的电气图，对于较复杂的电气图，往往会引起往返和交叉的连接过多，使读图困难。

第二节 图 形 符 号

根据写实程度，电气图可分为详图和简图。详图是使用接近写实的手法，描绘电气设备的外形、布置和安装方式等，如电气设备布置的平面图和剖视图。简图则是使用抽象的简图符号，描述电气系统的设备连接、系统功能和工作原理等，如电气主接线图、继电保护配置图。

本篇第八章电气图常用图形符号中，已经列举了水利水电工程中常用的简图符号，并将这些图形符号与《电气简图用图形符号》（GB/T 4728）和IEC标准《IEC 60617 data-base 2009》做了比对。在使用过程中，需优先使用等同中国国家标准或IEC标准的符号，若第八章中没有对应的内容，则可按照该标准规定的原则，使用限定符号和其他符号组合创建图形符号。

第三节 文 字 符 号

文字符号用于标注电气设备、装置和元器件的名称、功能、状态和特征，分为基本文字符号和辅助文字符号。

基本文字符号又分为单字母和双字母符号，单字母符号按拉丁字母将各种电气设备归入23大类，见表5－1－1。双字母符号的第一个字母按表5－1－1选用，而第二个字母根据其功能、状态和特征按表5－1－2选用。

表 5－1－1 仪器、仪表工作原理代号

序号	字母	种类特性	特性举例	
1	A	由部件组成的组合件（规定用其他字母代表的除外）	结构单元	控制屏、台、箱
			功能单元	计算机终端
			功能组件	发射/接收器
			电路板	效率测量装置
2	B	用于将工艺流程中的被测量在测量流程中转换为另一量	传感器	压力传感器
			测速发电机	电磁流量计
			扩音机	磁带或穿孔读出器
3	G	用于电流的产生和传播	发电机、励磁机	振荡器
			信号发生器	振荡晶体
4	J	用于软件	程序；程序单元	程序模块
5	P	测量仪表；时钟；指示器；信号灯；警铃	视频或字符显示单元；压力表；温度计	
6	S	用于控制电路的切换	手动控制开关	按钮
			过程条件控制开关	剪断销信号器
			电动操作开关	电接点压力表
			拨动开关	导叶开度位置接点
7	U	用于流程中其他特性的改变（用 T 代表的除外）	整流器	A/D 或 D/A 变换器
			逆变器	调制器，调解器
			变频器	电码变换器
			无功补偿	电动发电机组
8	Y	用于机电元器件的操作	操作线圈	阀门
			联锁器件	液压阀
			阀门操作	电磁线圈

表 5－1－2 常 用 辅 助 文 字 符 号

序号	文字符号	名 称	英文名称
1	A	电流	Current
2	A	模拟	Analog
3	AC	交流	Alternating Current
4	A AUT	自动	Automatic
5	B BRK	制动	Braking
6	BK	黑	Black
7	BL	蓝	Blue
8	BW	向后	Backward
9	C	控制	Control
10	D	延时（延迟）	Delay
11	D	差动	Differential

序号	文字符号	名　称	英文名称
12	D	数字	Digital
13	D	降	Down，Lower
14	DC	直流	Direct Current
15	E	接地	Earthing
16	F	快速	Fast
17	GN	绿	Green
18	H	高	High
19	IN	输入	Input
20	L	左	Left
21	L	限制	Limiting
22	L	低	Low
23	LA	闭锁	Latching
24	M	主	Main
25	M	中	Medium
26	M	中间线	Mid－wire
27	M MAN	手动	Manual
28	N	中性线	Neutral
29	OFF	断开	Open，off
30	ON	断开	Close，on
31	P	压力	Pressure
32	P	保护	Protection
33	PE	保护接地	Protective
34	PEN	保护接地与中性线共用	Protective Earthing Neutral
35	PU	不接地保护	Protective Unearthing
36	R	记录	Recording
37	R	右	Right
38	R	反	Reverse
39	RD	红	Red
40	R RST	复位	Reset
41	S	信号	Signal
42	ST	起动	Start
43	S SET	置位，定位	Setting
44	STP	停止	Stop
45	SYN	同步	Synchronizing
46	T	温度	Temperature
47	T	时间	Time
48	V	速度	Velocity
49	V	电压	Voltage
50	WH	白	White
51	YE	黄	Yellow
52	W	工作	Work

辅助文字符号是为了进一步表示电气功能设备或元器件的功能、状态和特征，它放在基本文字符号后面，组成双字母或多字母符号。辅助文字符号一般是其功能、状态、特征的英文名称缩写。

为简化技术文件、图纸标记和方便记忆，设备的文字符号一般不超过三位字母。文字符号冠以前缀符号"－"后也可作为技术文件和图纸中的种类代号。在工程中常用其英文缩写或习惯名称，而不是先归入 23 类电气项目种类单字母代号，但用汉语拼音作文字符号或种类代号，会被逐步淘汰。

第四节　项　目　代　号

项目是电气图中用来表示基本件、组件、设备或系统（如电阻器、继电器、发电机、电源装置、开关装置、配电系统等）的图形符号。项目是一个泛称，电气图任何一个实际物体都可称为项目。

项目代号是用于表示项目的层次关系、实际位置和功能等信息的一种特定代码。完整的项目代号包括高层代号、位置代号、种类代号和端子代号。项目代号需以一个系统、成套装置或设备的依次分解为基础编制。

一、高层代号

高层代号是在一个结构或功能上具有多层次的完整系统或成套设备中，用于表示项目隶属关系的代码，其前缀符号为"＝"。"高层"是指功能隶属关系，不是指空间关系的高低或上下，高层代号是表示种类代号示出的项目从属于哪一个项目（即属于哪个系统或设备），以明确所示项目的隶属关系。"高层"概念是相对的。当一个系统依照其结构和功能从大到小逐次分解成许多部分时，上一级对下一级项目都可称为高层项目，都可冠以高层代号。

二、位置代号

位置代号是用于表示项目所处位置的代码，其前缀符号为"＋"。项目所处的位置可以是开关室、控制室、柜列、分柜、抽屉，甚至某一块印刷电路板。位置代号的作用是能迅速找到该设备或元器件在系统中的具体物理位置，以便查找、维修、更换等。

三、种类代号

种类代号是用于表示项目种类的代码，其前缀符号为"－"。种类代号用以识别项目的种类，其种类与项目在电路中的功能无关，如各种电阻器都可视为同种类的项目。

在使用项目代号时，种类代号是最基本、最主要的代码，必不可少，并且标示在该图形符号近旁。种类代号的字母为本篇第一章第三节文字符号中规定的单字母符号 23 大类归类后的字母，也可以满足规定的双字母符号。而高层代号和位置代号可按工程实际隶属关系或实际位置在工程中自行规定，并在文件或图纸中注明。

种类代号如果采用双字母符号，则需满足的规定为：双字母符号由一个表示种类的单字母符号与另一字母组成，其组合形式需以单字母符号在前，另一字母在后的次序表示，双字母符号的第一个字母需按表 5-1-1 中的规定选用，第二个字母可根据其功能、状态和特征等选定。如"TV"表示电压互感器，其中"T"为用于流程中电压的改变的单字母符号，"V"表示电压。

四、端子代号

端子代号是用于表示端子顺序位置的代码，其前缀符号为"："，一般为阿拉伯数字。

第五节 功 能 代 号

功能代号是用于表示电气设备功能的代码，由装置代号、前缀和后缀组成。功能代号多用于电气制图中的系统图和电路图。当表示多功能设备、装置和元器件时，功能代号中还可使用"—"和"/"等辅助符号。

一、装置代号

装置代码被赋予了特定功能含义的阿拉伯数字，表示设备、装置和元器件的特定功能。装置代号的常见用法见表 5-1-3。

表 5-1-3　　　　　　　　　　装置代号的常见用法

序号	装置代号	常 见 用 法
1	21	距离保护，如 21L 线路距离保护
2	24	过激磁保护，如 24T 变压器过激磁保护
3	25	同步装置，如 25GCB 发电机出口断路器同步装置
4	27	低电压保护，如 27/51 低压过流保护
5	32	逆功率保护，如 32G 发电机逆功率保护
6	37	低功率保护，如 37G 抽水蓄能机组低功率保护
7	38	轴承保护，如 38/51 轴电流保护
8	40	失磁保护，如 40G 发电机失磁保护
9	46	负序过流保护，如 46Q 断路器保护、46R 转子表层过负荷保护
10	49	温升保护，如 49T 变压器温升保护
11	50	电流速断保护，如 50T 变压器电流速断保护
12	51	过流保护或过负荷保护，如 51G 发电机过流保护，51T 变压器过流保护、51ET 励磁变过流保护、51ST 厂用变过流保护
13	52	交流断路器
14	59	过电压保护，如 59G 发电机过电压保护，59L 线路过电压保护，59C 电容器过电压保护
15	60	不平衡电压或电流保护，如 60G 发电机中性点零序横差保护、60C 并联电容器组不平衡电流保护
16	63	压力释放保护，如 63T 变压器压力释放保护
17	64	接地保护，64G 发电机定子一点接地保护、64E 发电机转子一点接地保护

序号	装置代号	常 见 用 法
18	67	方向过流保护，如 67L 线路方向过流保护
19	78	失步保护，如 78G 发电机失步保护
20	79	重合闸，如 79L 线路重合闸
21	80	瓦斯保护，如 80TH 变压器重瓦斯保护、80TL 变压器轻瓦斯保护
22	81	频率保护，如 81G 发电机频率保护
23	85	载波或光纤保护，如 85/21L 高频距离保护
24	87	差动保护，如 87G 发电机差动保护、87GUP 发电机裂相差动保护、87T 变压器差动保护、87GT 发变组差动保护、87B 母线差动保护
25	95	备用，可用于电流互感器二次回路断线保护
26	96	备用，可用于电压互感器二次回路断线保护

二、前缀和后缀

前缀和后缀是辅助说明，根据需要标注，使用字母和数字表示。

（一）前缀需满足的要求

（1）数字前缀可用于在多单元的设施或设备中区别与每个单元相关的装置功能。例如在一个管道泵站中，1～99 用于表示与整个泵站运行相关的装置功能，101～199 用于表示与单元 1 运行相关的装置功能，201～299 就用于表示与单元 2 运行相关的装置功能，依次类推，用类似的数字序列来表示泵站中与各个单元运行相关的装置功能。

（2）字母 RE 可作为前缀的类似数字序列，用来表示由监控系统直接控制其功能的中间继电器，如 RE1、RE5 和 RE94。

（二）后缀需满足的要求

（1）表示某种辅助设备的后缀见表 5 - 1 - 4，此类字符用于表示下列某种辅助设备。

表 5 - 1 - 4 　　　　　　　　辅 助 设 备 的 后 缀

C	合闸继电器或合闸接触器	PB	按钮
CL	合位继电器（当主设备处于合闸位置时被激励）	R	上升继电器
CS	控制开关	U	"上升"位置转换继电器
D	"下降"位置转换继电器	X	辅助继电器
L	下降继电器	Y	辅助继电器
O	分闸继电器或分闸接触器	Z	辅助继电器
OP	分位继电器（当主设备处于分闸位置时被激励）		

注　在断路器控制中有一种被称为 X—Y 继电器的控制方式，X 继电器的主接点用于激励合闸线圈或激励采用其他方式的合闸装置，例如通过释放储能来使断路器合闸。Y 继电器的接点用于提供断路器防跳特性。

（2）表示作用量的后缀见表 5 - 1 - 5，此类字符用于指示装置响应的对象环境或电气量，或装置所处的介质。

表 5－1－5 作 用 量 的 后 缀

A	空气/安培/交流	L	水平/液体
C	电流	P	功率/压力
D	直流/放电	PF	功率因数
E	电解液	Q	油
F	频率/流量/故障	S	速度/吸力/烟雾
GP	气体压力	T	温度
H	爆炸/谐波	V	电压/伏特/真空
I0	零序电流	VAR	无功功率
I－、I2	负序电流	VB	振动
I+、I1	正序电流	W	水/瓦特
J	差动		

（3）表示主设备的后缀见表 5－1－6。

表 5－1－6 主 设 备 的 后 缀

A	报警/辅助电源	H	加热器/机架
AC	交流	L	线路/逻辑
AN	正极	M	电机/测量
B	电池/鼓风机/母线	MOC	机械操作开关
BK	制动	N	网络/中性点
BL	闭锁（阀门）	P	泵/比相
BP	旁路	R	电抗器/整流器/室
BT	母线接头	S	同步/二次/滤网/集油槽/吸气（阀门）
C	电容/冷凝器/调相机/载波电流/机壳/压缩机	T	变压器/晶闸管
CA	负极	TH	变压器高压侧
CH	检验（阀门）	TL	变压器低压侧
D	泄放（阀门）	TM	远程装置
DC	直流	TOC	手车操作开关
E	励磁机	TT	变压器第三级电压侧
F	馈线/磁场/灯丝/过滤器/风扇	U	机组
G	发电机/接地		

（4）表示部分主设备的后缀见表 5－1－7，此类字符用于表示主设备的某个组成部分，但不包括辅助开关、位置接点、限位开关和扭矩限制开关。

（5）其他后缀见表 5－1－8，此类字符用于表示上述 1～4 类后缀中没有囊括，但在设备中具有下述显著特征、特性或工况的装置。

表 5 - 1 - 7　　　　　　　　　　部 分 主 设 备 的 后 缀

BK	制动	MS	速度调节或同步电机
C	线圈/冷凝器/电容器	OC	分闸接触器
CC	合闸线圈/合闸接触器	S	螺线管
HC	保持线圈	SI	密封
M	操作电机	T	目标
MF	离心电机	TC	跳闸线圈
ML	限载电机	V	阀

表 5 - 1 - 8　　　　　　　　　　其 他 后 缀

A	加速/自动	O	开/完成
B	闭锁/后备	OFF	关
BF	断路器失灵	ON	运行
C	闭合/冷的	P	极化
D	减速/引爆/向下/分离	R	右/升起/重合闸/接受/远程/反向
E	紧急情况/接合	S	发送/摆动
F	失败/向前	SHS	半高速
GP	主要目的	T	测试/跳闸/跟踪
H	热/高	TDC	延时闭合接点
HIZ	高阻抗故障	TDDO	延时继电器线圈脱开
HR	手动复归	TDO	延时断开接点
HS	高速	TDPU	延时继电器线圈吸合
L	左/现地/低/较低/超前	THD	谐波总畸变
M	手动	U	向上/下面

（6）在只使用一个后缀时，可以在装置代号后直接连续书写，如 49G、50T；在使用两个或多个后缀时，后缀之间需用短中横线或左斜画线分隔，如 20D - CS，20D/CS。

（7）对于（4）和（5）中描述的后缀，当不能或不必用于组成装置功能的名称时，在图中可以直接写于装置代号的下方，并以横线分隔。

第二章 系统图画法及要求

系统图用来反映系统的基本组成、相互关系及其主要特征，水利水电工程常用的系统图大致可以分为三类：接线类电气系统图、系统结构类电气系统图和系统配置类电气系统图。接线类电气图着重反映电气系统的接线方式；系统结构类电气图着重反映组成结构；系统配置类电气图着重反映功能配置。

第一节 接线类电气系统图

接线类电气系统图用于表示电气系统的接线方式，直接反映传送电能的网络。根据描述对象的不同，常见的接线类电气图包括：电力系统地理接线图、主接线图、高压厂用电接线图、低压厂用电接线图、直流电源系统接线图和 UPS 电源系统接线图等。

一、电力系统地理接线图

电力系统地理接线图主要显示该系统中发电厂、变电站的地理位置，电力线路的路径，主要设备设施信息，以及它们相互间的电气连接。由地理接线图可获得对该系统的宏观印象。

（一）主要图示内容

电力系统地理接线的图示主要内容包括：电力系统各个发电厂、变电站、输电线路及其地理位置；电网结构；主要设备设施电气信息；图例。

电力系统中发电厂包括：水电站、火电站、核电站（如有）、风电场（如有）、太阳能电站（如有）等。

（二）制图要点

地理接线图中各个电压等级的变电站和输电线路，如 500kV、220kV、110kV 等，应用不同线宽的线型表示，以示区分。若是彩图，各个电压等级的变电站和输电线路，还需同时用不同颜色表示。水电站、火电站、核电站（如有）、风电站（如有），则用相应水电站图例符号区分。对电力系统各个元件，一般用实线表示，需要区分已建和规划元件时，已建元件用实线，规划元件虚线。图中元件的主要电气信息，包括输电线路长度、变电站主变压器容量和台数等应注明。

（三）样图

某水电站接入电力系统地理接线图举例，见图 5-2-1。

二、主接线图

电气主接线主要是指在发电厂、变电所、电力系统中，为满足预定的功率传送和运行

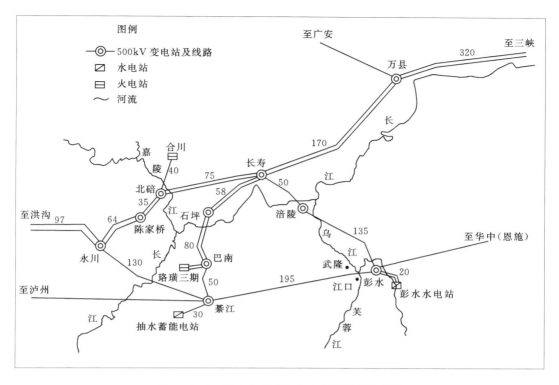

图 5-2-1 某水电站接入电力系统地理接线图

等要求而设计的、表明高压电气设备之间相互连接关系的传送电能的电路。制图方式采用单线图。

（一）主要图示内容

主接线的图示主要内容包括：水电站内主要电气设备；各设备的电气连接关系；发电机中性点接地；励磁电源、源自发电机端的厂用电源引接；主要电气设备表。

主要电气设备包括：发电机、主变压器、断路器、隔离开关、接地开关、电流互感器、电压互感器、避雷器、高压母线、高压出线、发电机主引出线和中性点引出线等。

（二）制图要点

发电机与主变压器之间接线主要有单元接线、扩大单元接线、联合单元接线等，高压侧接线主要有单母线接线、双母线接线、一倍半接线、角形接线、桥形接线等。图中各种电气设备的名称、型号规格、数量需要在主要电气设备表中列出，主要电气设备表中设备的序号，应和图中标示在每种设备旁的序号一一对应。主接线图中各种电气设备的图例符号，按规范及通用符号表示，一般不在图中示意图例。此图在预可研、可研、招标、施工各个设计阶段均需提交，可根据不同设计阶段，提交相应深度的图。

（三）样图

某水电站电气主接线举例，见图 5-2-2。

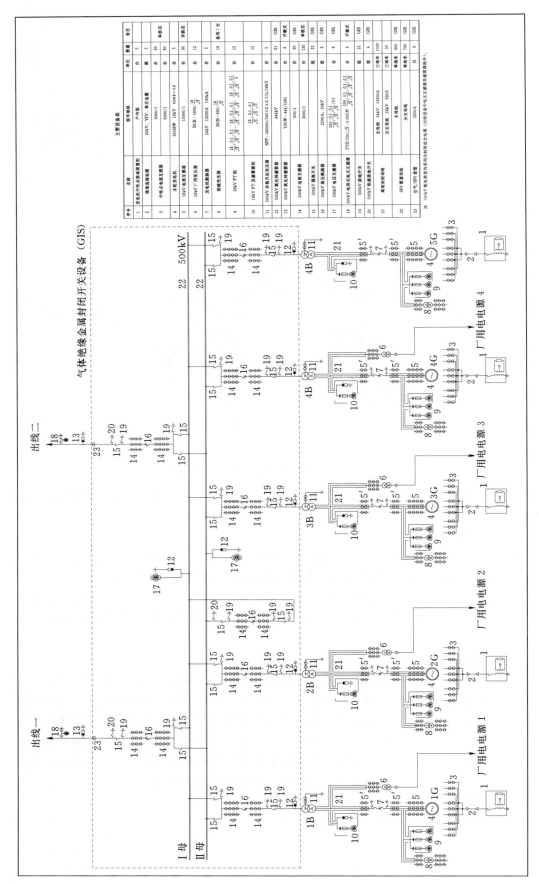

主要设备表

序号	名称	型号规格	单位	数量	备注
1	发电机中性点接地装置柜	户内型	台	5	
2	接地连接电缆	20kV、YJV、单芯电缆	根	5	单芯式
3	中性点电流互感器	3000/1	台	30	
		6000/1	台	60	
4	水轮发电机	350MW 18kV cosφ=0.9	台	5	
5	18kV电流互感器	15000/1	台	30	单铁芯
6	18kV厂用变压器		台	12	双铁芯
7	发电机避雷器	BCB-1800/3	台	16	
8	励磁变压器	24kV 13200A 100kA	台	5	备用1台
9		DCB-990/18万	台	15	
10	18kV PT柜	18/√3万 0.1/√3万 0.1/√3万 0.1/√3万	台	15	
11	500kV双绕组变压器	SFP-39000/550/X2±2.5%/18kV	台	5	GIS
12	500kV氧化锌避雷器	444kV	台	6	开启式
13	500kV氧化锌避雷器	Y20W-444/1065	台	30	GIS
14	500kV电流互感器	3000/1	台	135	单铁芯
15	500kV隔离开关		组	23	GIS
16	500kV出线断路器	2500A、50kV	台	8	GIS
17	500kV电压互感器	550/√3万 0.1/√3万 0.1/√3万 0.1	台	6	开启式
18	500kV电容式电压互感器	TYD 550/√3-0.005 H 550/√3万 0.1/√3万 0.1	台	6	GIS
19	500kV接地开关		组	4	GIS
20	500kV快速接地开关		台	4	GIS
21	离相封闭母线	主母线 24V 13200A	三相米	1030	
22		分支母线 24V 630A	三相米	50	
	SF6管道母线	主母线	单相米	300	GIS
		分支母线 2500A	单相米	790	GIS
23	空气/SF6套管		只	6	GIS

注：500kV电气设备均采用附图所注配电设备（所内设备和电压互感器及避雷器除外）。

图 5-2-2 电气主接线图

三、高压厂用电接线图

高压厂用电接线图用于表示电站内厂用及坝区 10kV 电压或 6kV 及以上发电机端电压供电系统的电气连接关系。制图方式采用单线图。

（一）主要图示内容

高压厂用电接线的图示主要内容包括：电站内厂用及坝区供电 6kV 及以上电压电气设备；各设备的电气连接关系；6kV 及以上电压电力电缆的规格和长度；主供电源和备用电源的引接；0.4kV 供电点的接线；主要电气设备表。

图中电气设备包括：厂用及坝区供电 6kV 及以上电压开关柜、高压厂用变压器、低压厂用变压器、备用柴油发电机组等。

（二）制图要点

水电站高压厂用电接线主要采用单母线单分段或多分段接线，大型、特大型水电站需要单独出图，中小型水电站也可表示在主接线图中。图中各种电气设备也需在主要电气设备表中列出，且和图中标示在每种设备旁的序号一一对应，图中一般不示意图例。此图在可研、招标、施工各个设计阶段均需提交。

（三）样图

某水电站高压厂用电接线，见图 5-2-3。

四、低压厂用电接线图

低压厂用电接线图用于表示电站内 0.4kV 供电系统开关柜设备的电气连接关系，及动力分电箱的电气连接关系和 10kV 或 6kV 高压侧电源的来源。制图方式采用单线图。

（一）主要图示内容

低压厂用电接线的图示主要内容包括：电站内厂用及坝区供电 0.4kV 开关柜和动力分电箱电气设备；各设备的电气连接关系；0.4kV 各回路断路器参数及电流互感器变比；0.4kV 电力电缆的规格和长度；10kV 或 6kV 供电电源的来源和配电变压器型号规格。

（二）制图要点

图中 0.4kV 各个供电回路的用途、回路断路器及电流互感器参数需要表述清楚，回路的负荷也需尽可能表示。

电站低压厂用电接线主要采用单母线单分段或单母线接线，大、中、小型水电站均需要单独出图。图中因各回路已标示断路器等设备参数，故不再列主要电气设备表。采用标准图例符号，图中一般不再示意图例。此图仅在招标、施工设计阶段需提交。

（三）样图

某水电站低压厂用电接线图举例，见图 5-2-4。

五、直流电源系统接线图

直流电源系统接线图用于表示直流电源系统的结构和主要设备配置，采用简图的方式制图。

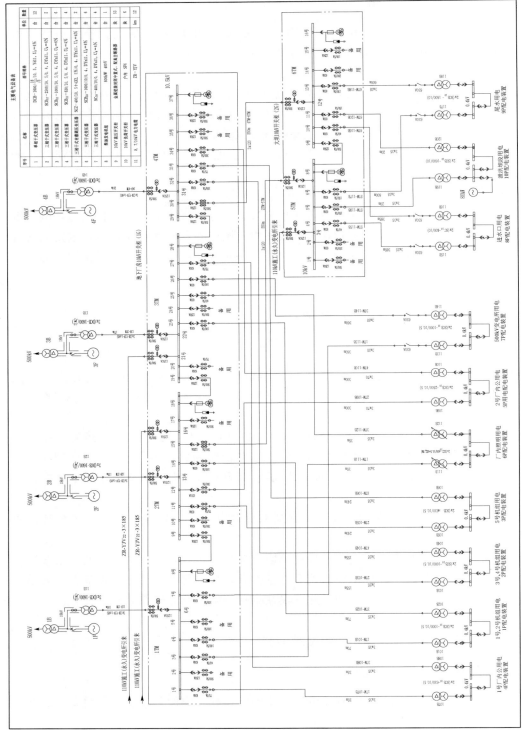

图 5-2-3 高压厂用电接线图

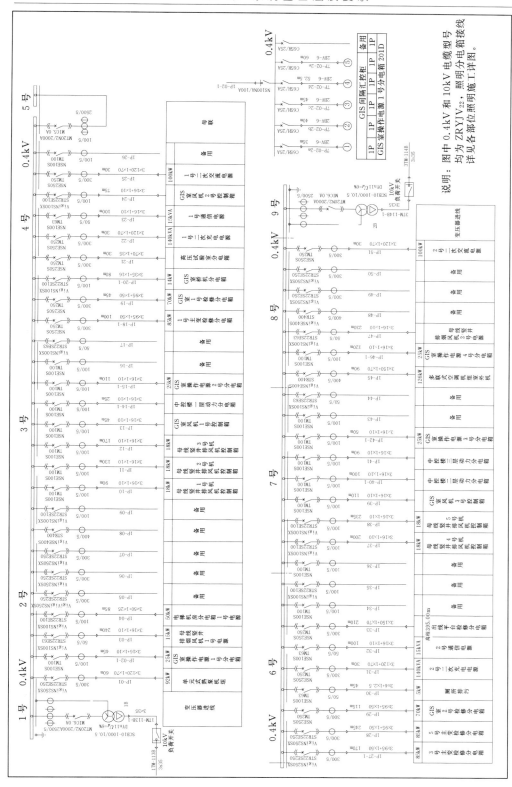

图 5-2-4 低压厂用电接线图

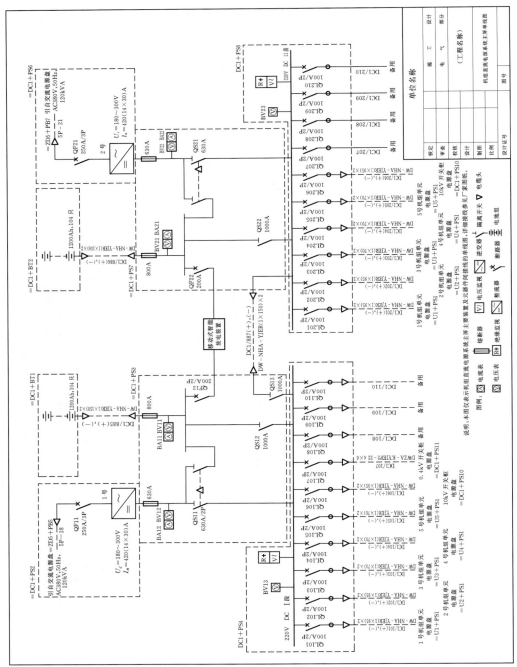

图 5－2－5 机组直流电源系统主屏接线图

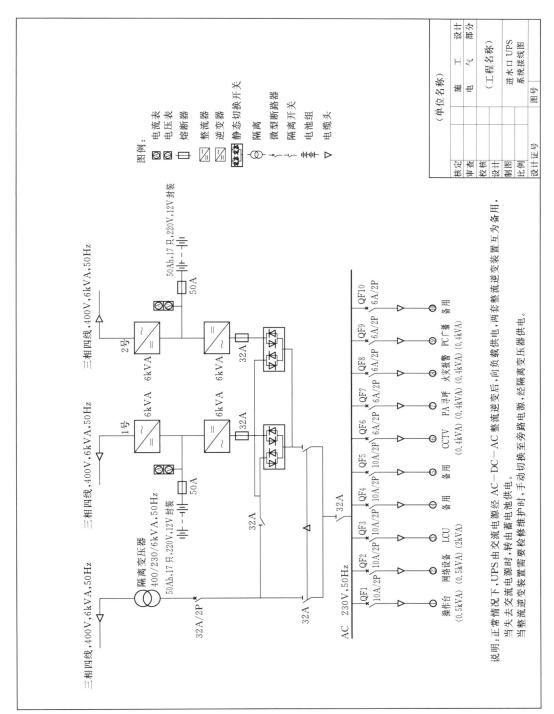

图 5-2-6 进水口 UPS 电源系统接线图

（一）主要图示内容

直流电源系统接线图的主要图示内容包括：进线电源及容量；直流系统接线型式；直流系统主要设备及参数，如电压等级，电源模块功率和数量，调压设备配置，直流断路器或熔断器额定工作电流，电池组数量，单体电池容量、电压等级和数量，直流馈出线开关容量和数量，直流系统监控设备配置和直流电缆截面等。

（二）制图要点

（1）直流电源馈出线一般按回路进行编号，编号常与馈出线开关编号保持一致，并需逐一标注负荷名称和容量。

（2）大型直流电源系统一般采用分布式供电系统，具有主配电系统和多个子配电系统，此时，需根据设备分布情况分别绘制主系统和各子系统的接线图。

（三）样图

水电站直流电源系统接线图举例，机组直流电源系统主屏接线见图 5-2-5。

六、UPS 电源系统接线图

UPS 电源系统接线图用于表示 UPS 电源系统的结构和主要设备配置，采用简图的方式制图。

（一）主要图示内容

UPS 电源系统接线图主要图示内容包括：进线电源及容量；UPS 系统结构及接线型式；UPS 系统主要设备及参数，如 UPS 功率，电压等级，主母线截面，电源模块功率和数量，交流断路器或熔断器额定工作电流，切换装置，隔离变压器容量，电池容量和数量，UPS 馈出线和 UPS 系统监控设备等。

（二）制图要点

（1）UPS 电源馈出线一般按回路进行编号，编号常与馈出线开关编号保持一致，并需逐一标注负荷名称和容量。

（2）当采用 UPS 与直流电源系统合并的一体化电源方式时，需要将 UPS 和直流电源系统的系统主接线图合并绘制。

（3）必要的时候，需增加说明文字，描述 UPS 电源的工作方式，以及交、直流电源的变换过程。

（三）样图

水电站 UPS 电源系统接线图举例，见图 5-2-6 所示的进水口 UPS 电源系统接线图。

第二节 系统结构类电气系统图

系统结构类系统图主要用于表示监控、通信、励磁、图像监控和火灾报警等系统的组成结构、拓扑结构或原理结构等内容。常见的系统结构类电气图包括：计算机监控系统结构图、网络拓扑结构图、励磁系统原理结构图、图像监控系统图、火灾报警系统图、通信系统图和通信系统用户配线图等。

一、计算机监控系统结构图

计算机监控系统结构图用于表示监控系统的组成结构，包括主要组成设备、功能分区和设备组网等情况，采用简图的方式制图。

（一）主要图示内容

计算机监控系统结构图主要图示内容包括：监控系统主要组成设备，如计算机工作站，网络设备，现地测控设备，二次系统安防设备和时钟同步设备等；网络结构；功能分区；设备主要布置区域；与外部系统的接口方式，包括通信规约和接口设备等；图例。

（二）制图要点

（1）计算机监控系统结构需按层次关系分层绘制，且同时标注设备的主要布置区域。不同的网络传输介质应用图符分别表示，并给出图例，以便准确反映网络拓扑结构。

（2）结构图中设备名称、数量和型号等信息应直接标注在设备图符附近，一般不使用设备清单，且图例一般也仅限于区分通信介质，而不用于反映设备类型。

（3）当与外部系统的接口没有确定时，如上级调度系统，需增加相应文字说明。

（三）样图

水电站计算机监控系统结构见图 5-2-7。

二、网络拓扑结构图

网络拓扑结构图用于表示监控、保护、测量系统数据交换网、时钟对时网等网络的拓扑情况，采用简图的方式制图。

（一）主要图示内容

网络拓扑结构图主要图示内容包括：网络系统参数；网络结构；接口形式；网络设备，一般包括组网设备和入网设备；图例。

（二）制图要点

（1）网络拓扑图应着重描述网络结构，不使用设备清单，应直接在设备图符附近标名称、数量和型号等信息。

（2）不同的通信介质，应用图符分别表示，并给出图例。

（3）整体方案阶段的网络拓扑图侧重于描述整体网络结构，如网络划分、不同性质网络之间的连接等。施工方案阶段的网络拓扑图侧重与描述具体设备的入网方式，如组网和入网设备网络接口形式与数量等。

（三）样图

网络拓扑图举例，保护信息管理系统网络拓扑结构见图 5-2-8。

三、励磁系统原理结构图

水利水电工程主要采用静态自并励励磁系统，励磁系统原理结构图用于反映励磁系统的基本原理和组成结构，包括起励、整流、调节、灭磁等主要环节，采用简图的方式制图。

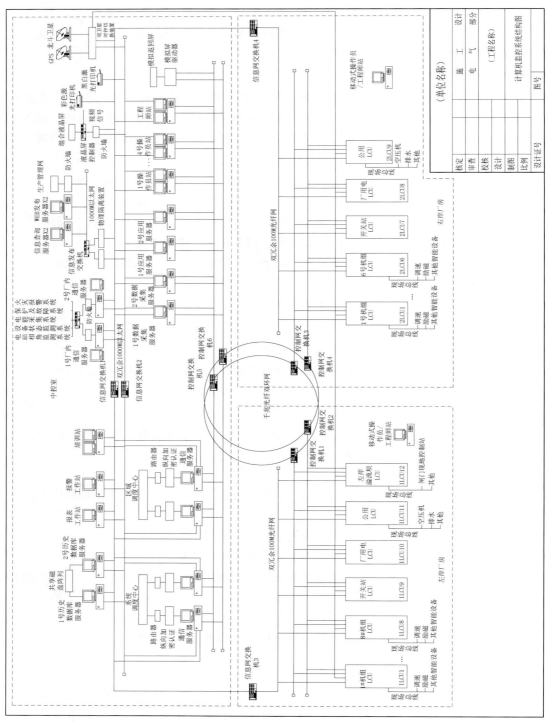

图 5-2-7 计算机监控系统结构图

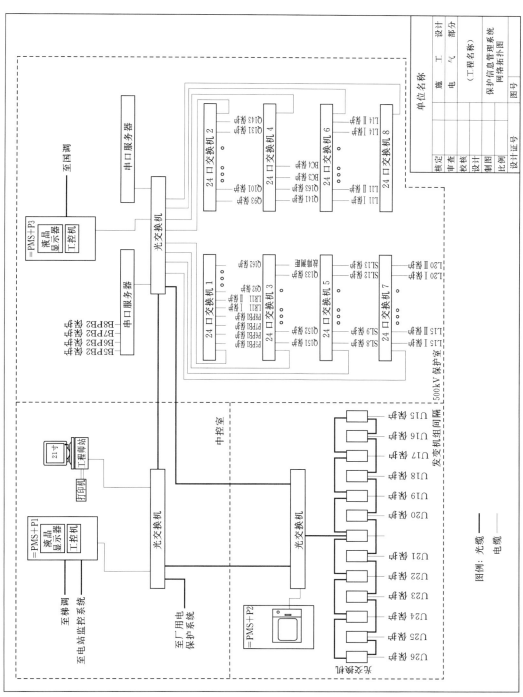

图 5 - 2 - 8 保护信息管理系统网络拓扑结构图

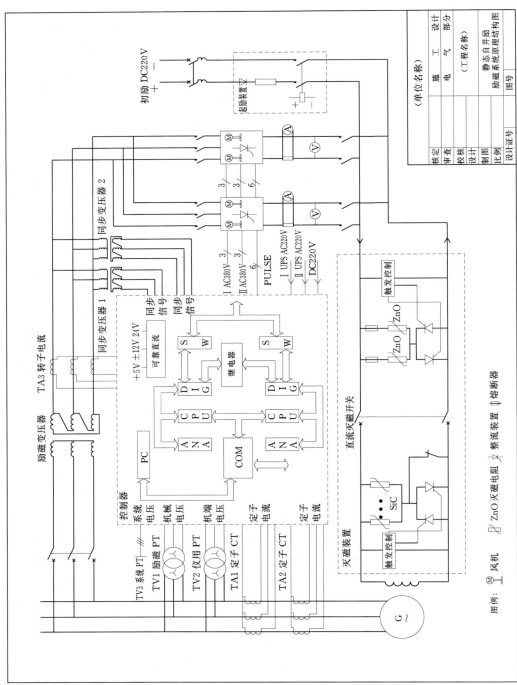

图 5-2-9 静态自并励励磁系统原理结构图

（一）主要图示内容

励磁系统原理结构图主要图示内容包括：励磁系统主回路接线，如起励回路、电气量测量回路、整流回路、灭磁回路和励磁绕组等回路的接线；冷却系统；调节器基本控制原理；图例。

（二）制图要点

（1）调节器的基本控制原理可以使用简单的流程图、逻辑图，表示数据流程、协调关系和冗余备用的情况，不需详细表示控制策略和步骤。

（2）励磁系统原理结构图中，设备参数可以省略。

（三）样图

水力发电机励磁系统原理结构图举例，静态自并励励磁系统原理结构见图 5 - 2 - 9。

四、图像监控系统图

图像监控系统图用于表示图像监控网络结构和系统主要设备配置，采用简图方式制图。

（一）主要图示内容

图像监控系统图的主要图示内容包括：图像监控系统主要设备，如显示终端，摄像机，视频矩阵，硬盘录像机，控制台和网络交换机等设备；网络结构；功能分区；图例。

（二）制图要点

（1）图像监控系统图宜按层次关系和功能分区分别绘制。不同的网络传输介质应用图符分别表示，并能准确反映网络拓扑结构。

（2）结构图可使用设备清单，也可直接在设备图符附近标名称、数量和型号等信息。

（三）样图

水电站图像监控系统图举例，见图 5 - 2 - 10。

五、火灾报警系统图

火灾报警系统图用于表示火灾报警系统的网络结构和系统主要设备配置，采用简图方式制图。

（一）主要图示内容

火灾报警系统图的主要图示内容包括：火灾报警系统主要设备，如主站设备，控制台，分区控制器，各种火灾信号探测器，总线，消防电话，系统电源等；网络结构；功能分区；图例。

（二）制图要点

（1）火灾报警系统结构图通常按层次关系和消防分区分别绘制。网络总线需包括电源总线、信号总线和控制总线，并能准确反映网络拓扑结构。

（2）结构图可使用设备清单，也可直接在设备图符附近标名称、数量和型号等信息。

（三）样图

水电站火灾报警系统图举例，见图 5 - 2 - 11。

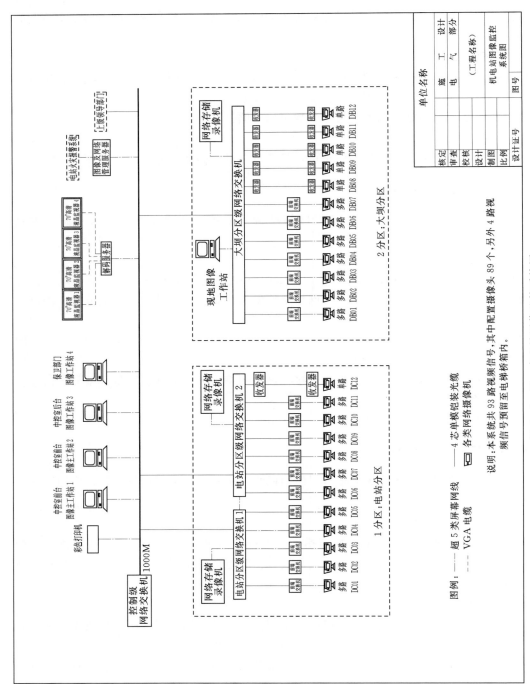

图 5-2-10 水电站图像监控系统图

图例：———— 超 5 类屏幕网线 ———— 4 芯单模铠装光缆
      ---- VGA 电缆   □ 各类网络摄像机

说明：本系统共 93 路视频信号，其中配置摄像头 89 个，另外 4 路视频信号为预留至电梯桥架箱内。

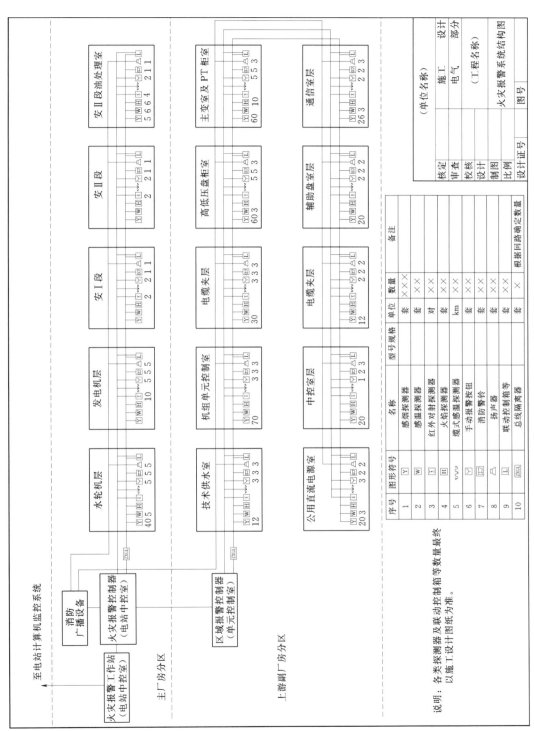

图 5-2-11 火灾报警系统图

说明：各类探测器及联动控制箱等数量最终以施工设计图纸为准。

序号	图形符号	名称	型号规格	单位	数量	备注
1	Ⓨ	感烟探测器		套	××××	
2	Ⓦ	感温探测器		套	××	
3	Ⓡ	红外对射探测器		对	××	
4	Ⓗ	火焰探测器		套	××	
5	⌇⌇	缆式感温探测器		km	××	
6	Ⓜ	手动报警按钮		套	××	
7	Ⓑ	消防警铃		套	××	
8	凸	扬声器		套	××	
9	Ⓛ	联动控制箱等		套	××	
10	⊠X	总线隔离器		套	×	根据回路确定数量

六、通信系统图

通信系统图用于表示工程通信系统的总体方案，采用简图的方式制图。

（一）主要图示内容

通信系统图主要图示内容包括：通信系统类型；通信系统主要设备及参数，如载波机及其耦合方式等；光纤通信设备及其速率等；程控交换设备及其容量等；通信通道复用设备及其数量、带宽；卫星通信设备；通信双方接口形式；图例。

（二）制图要点

（1）常用通信方式有多种，包括微波通信、载波通信、光纤通信等，通常只需在同一通信系统图中将各种方式集中表示即可。当通信规模较大时，才需分别绘制每种通信方式的系统图。

（2）通信系统图不用反映实际的通信接口分配，仅需反映接口形式。通信接口分配在通信系统用户配线图中表示。

（三）样图

水电站枢纽通信系统图举例，见图 5 - 2 - 12。

七、通信系统用户配线图

通信系统用户配线图用于表示工程通信系统通信通道的实际使用情况，采用简图方式制图。

（一）主要图示内容

通信系统用户配线图的主要图示内容包括：通信系统主要设备及参数，如设备型号、接口数量、带宽等；通信通道的配置及使用情况；图例。

（二）制图要点

通信通道应能表示从高速通道到末端用户的完整回路。各个通信设备的通道应逐一编号，并对应表示相应用户。

（三）样图

水电站通信系统用户配线图举例，安装场上副通信机房通信系统用户配线见图 5 - 2 -13。

第三节　系统配置类电气系统图

系统配置类系统图主要用于表示监控、保护、同期、计量和测量等系统的功能配置、互感器需求等内容。常见的系统配置类电气图包括：电气二次单线图、继电保护配置图、互感器配置图和调度编号图等。

一、电气二次单线图

电气二次单线图用于综合表示工程中监控、保护、同期、计量等二次系统的配置情况，采用简图方式制图。

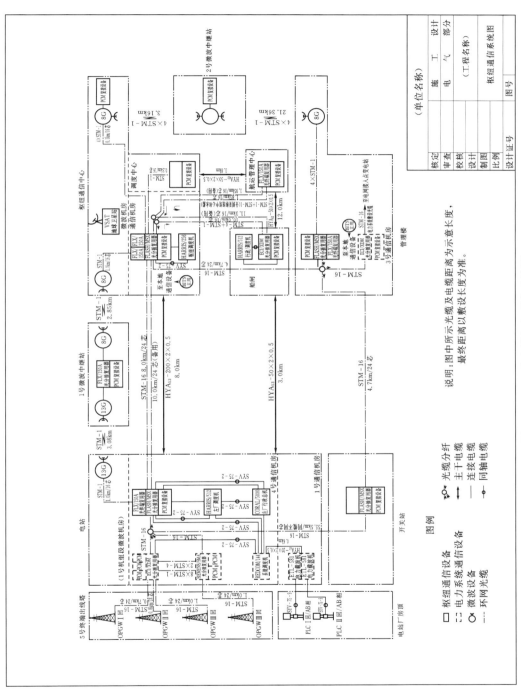

图 5－2－12 水电站枢纽通信系统图

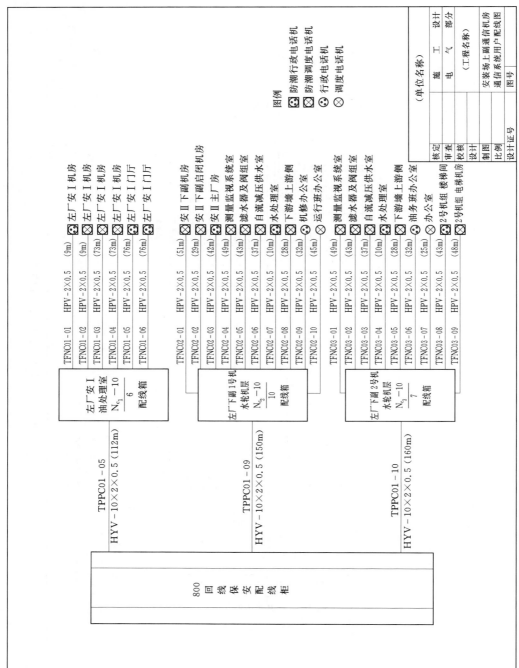

图 5 - 2 - 13 安装场上副通信机房通信系统用户配线图

（一）主要图示内容

电气二次单线图的主要图示内容包括：简化的电气主接线图；继电保护配置，如原件保护的主要配置情况、保护组屏情况等；计量配置，如电能计量点设置情况、电能表测量功能等；测量配置，如测量点设置情况、测量设备测量功能等；同期配置；电流和电压互感器使用情况及其参数，如变比、准确级和容量。

（二）制图要点

（1）主接线可以根据工程典型结构简化，不需要画完整的接线，例如多台机组可以简化为单台机组的完整电气接线，开关站多个同类间隔可以简化为一个间隔的完整电气接线。但简化后的主接线应包括工程所有种类的电气设备。

（2）继电保护功能配置通常使用功能代号表示，以简化图面。

（3）当互感器数量较少时，可以在互感器及其负荷间使用连线来表示用途；当互感器数量较多时，需将互感器统一编号，以便利用编号描述互感器绕组的使用情况，以提高图面的整洁度。

（4）电压互感器二次回路空气开关宜在图中表示，以区分不同的电压回路。

（三）样图

水电站电气二次单线图举例，机组电气二次单线见图5-2-14。

二、继电保护配置图

继电保护配置图用于反映各电气设备继电保护功能的配置情况，采用简图方式制图。

（一）主要图示内容

继电保护配置图的主要图示内容包括：电气主接线；保护功能说明；保护用电流互感器和电压互感器参数，如编号、变比、容量和准确级。

（二）制图要点

（1）电气主接线采用单线图表示，除保护用互感器外，不用注释设备参数。保护配置图可以使用完整的主接线，也可以仅表示与保护对象相关的部分主接线。

（2）保护功能应分对象类型分别说明，继电保护功能配置通常使用功能代号表示。同类对象的保护功能配置情况可只列举其一。

（3）互感器各二次绕组的用途应分别标注。

（三）样图

水电站机组继电保护配置图举例，机组继电保护配置见图5-2-15。

三、互感器配置图

互感器配置图用于反映电压和电流互感器的参数及具体用途，采用简图方式制图。

（一）主要图示内容

互感器配置图的主要图示内容包括：简化的电气主接线；电流互感器和电压互感器参数及用途，如编号、变比、容量和准确级。

（二）制图要点

（1）电气主接线采用简化的单线图表示，除互感器外，不用注释设备参数。通常同时

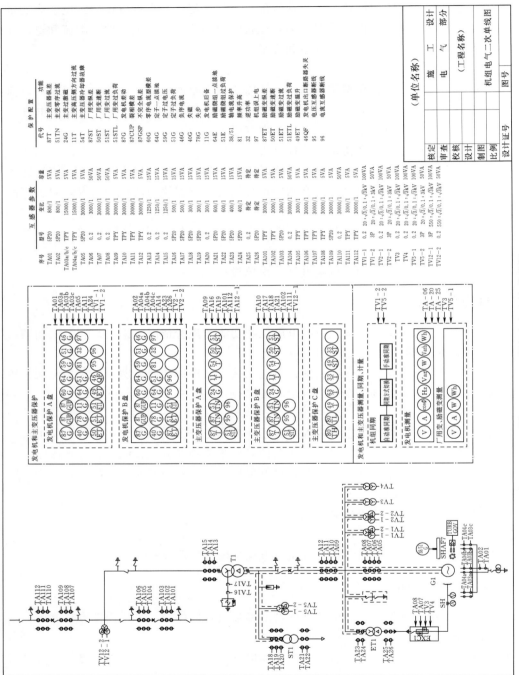

图 5 - 2 - 14　机组电气二次单线图

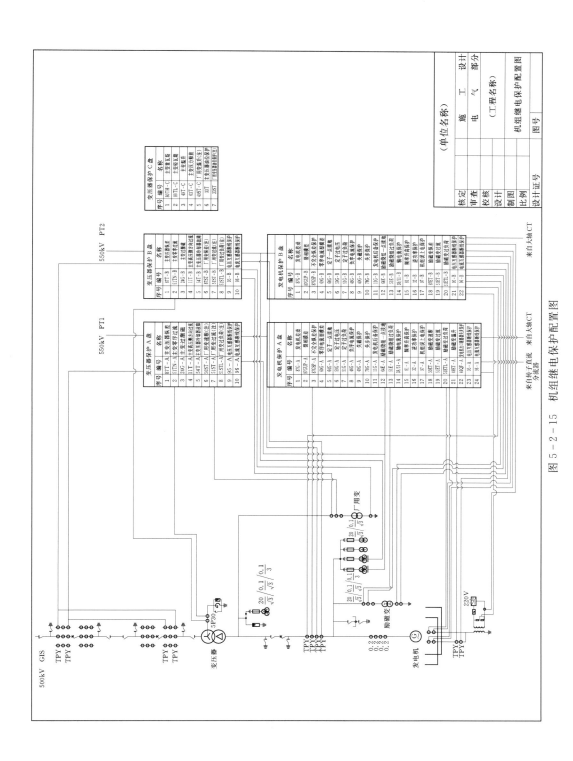

图 5－2－15 机组继电保护配置图

标注互感器二次回路所在设备的项目代号。

（2）电压互感器二次回路空气开关需在图中表示，以区分不同的电压回路。

（3）电流互感器各绕组用途需分别表示。

（三）样图

水电站互感器配置图举例，开关站互感器配置见图 5-2-16。

四、调度编号图

调度编号图用于描述与电力调度相关的电气设备编号，采用简图方式制图。

（一）主要图示内容

调度编号图的主要图示内容包括：简化的电气主接线；调度编号；电站设备编号。

（二）制图要点

（1）电气主接线只表示调度对象，不属于调度管理的电气设备可以不反映。调度编号应由调度管理部门核实后下达。

（2）为了便于工程建设单位和业主运行单位对照设备名称，通常将工程建设初期编制的设备编号同时标注在调度编号图上。

（3）编号应就近标示在对应电气设备图形符号附近，且不应相互干扰或造成理解上的二义性。

（三）样图

水电站调度编号图举例，见图 5-2-17。

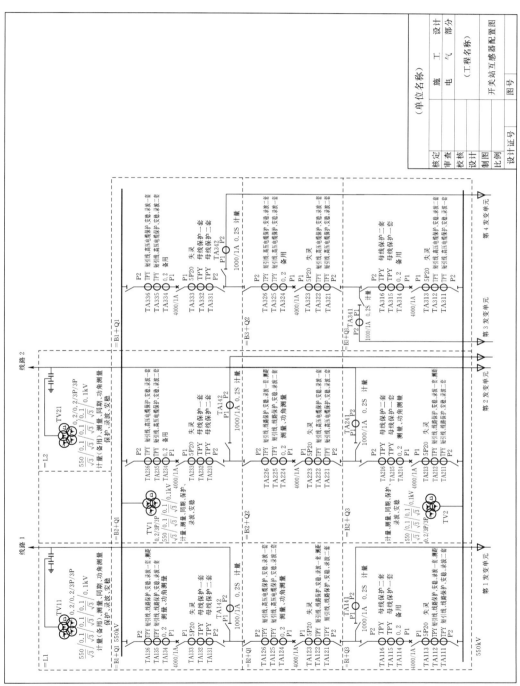

图 5－2－16　开关站互感器配置图

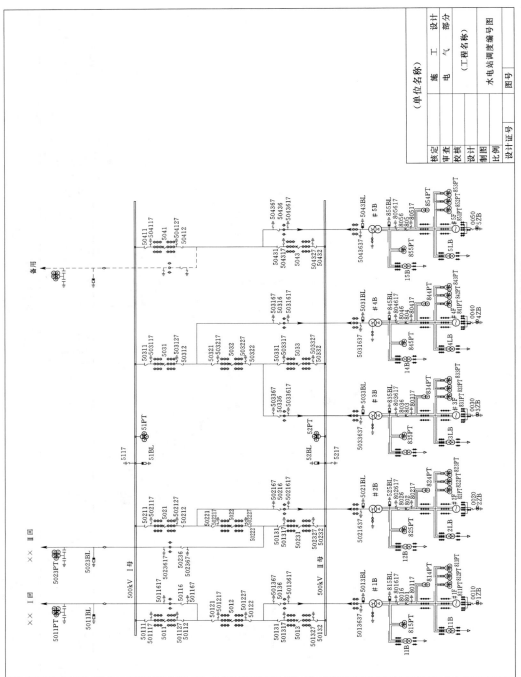

图 5 – 2 – 17 水电站调度编号图

第三章 布置图画法及要求

布置图用于反映电气设备在工程中的布置情况，通常分为总布置图和具体设备布置图两类。总布置图是反映工程中电气设备布置的整体情况，以及电气设备与工程建筑、道路等设施之间的空间关系，水利水电工程中常用的电气总布置图包括：开关站总布置图，变电站总布置图等。具体设备布置图是反映某电气设备具体定位情况，以及与所处周围设施的空间关系。

第一节 开关站设备布置图

开关站设备布置图用于表示水电站内高压开关设备的空间位置关系，制图方式采用简图。

（一）主要图示内容

水电站高压开关设备布置的图示主要内容包括：水电站内高压开关设备外轮廓；开关站与水电站枢纽位置关系；运输通道或吊物孔；安装检修主通道和巡视通道；电气设备一览表。

图中的高压开关设备包括：断路器、隔离开关、接地开关、电流互感器、电压互感器、避雷器、套管、主母线、分支母线、绝缘子、汇控柜及控制柜等。

（二）制图要点

开关站设备分空气绝缘敞开式和气体绝缘金属封闭式，两种设备型式的制图完全不同，目前国内水电站多采用气体绝缘金属封闭式开关设备（GIS）。布置图中，除考虑开关站设备自身尺寸外，还需和水电站总体布置协调，并考虑设备的运输、安装、检修、巡视及消防等通道。此图在可研、招标、施工各个设计阶段均需提交，可根据不同设计阶段，提交相应深度的图。

（三）样图

（1）某水电站 GIS 开关站设备布置见图 5-3-1。

（2）某水电站敞开式开关站电气设备布置见图 5-3-2。

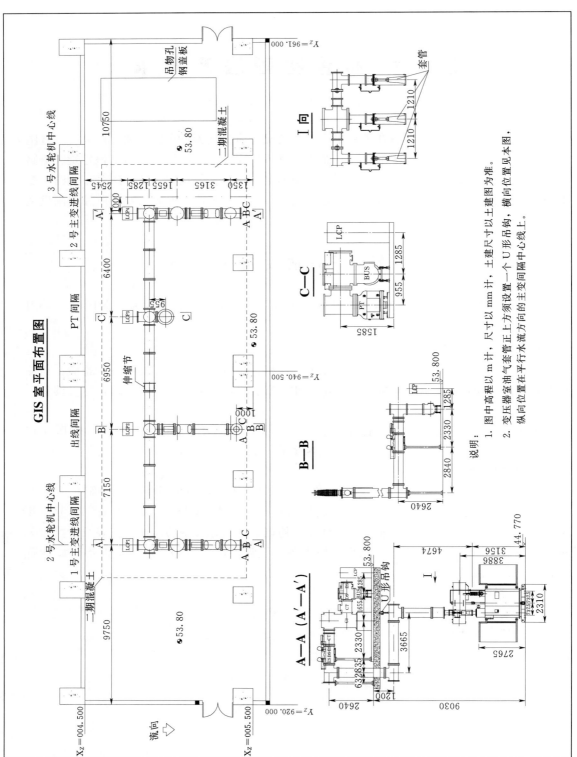

图 5 – 3 – 1　某水电站 GIS 开关站设备布置图

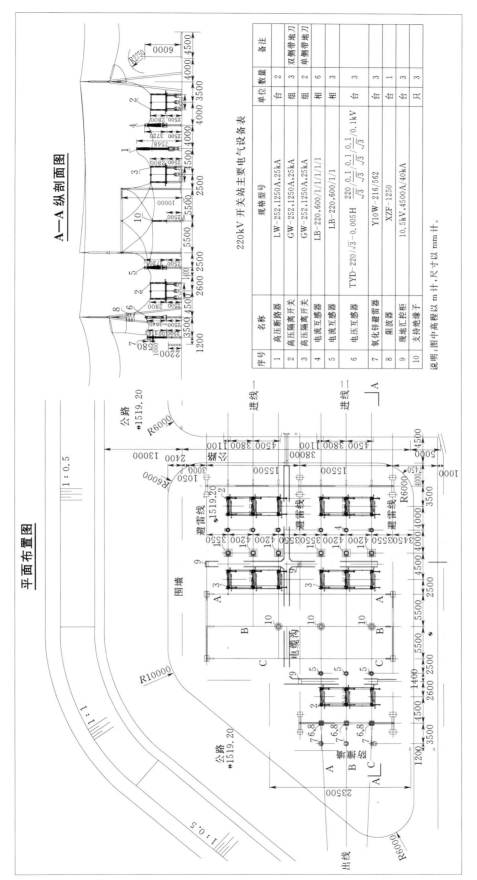

220kV 开关站主要电气设备表

序号	名称	规格型号	单位	数量	备注
1	高压断路器	LW－252,1250A,25kA	台	3	
2	高压隔离开关	GW－252,1250A,25kA	组	3	双侧带地刀
3	高压隔离开关	GW－252,1250A,25kA	组	2	单侧带地刀
4	电流互感器	LB－220,600/1/1/1/1	相	6	
5	电压互感器	LB－220,600/1/1	相	3	
6	电压互感器	TYD－220/√3－0.005H $\dfrac{220}{\sqrt{3}}\dfrac{0.1}{\sqrt{3}}\dfrac{0.1}{\sqrt{3}}/0.1kV$	相	3	
7	氧化锌避雷器	Y10W－216/562	台	3	
8	阻波器	XZF－1250	台	1	
9	就地汇控柜	10.5kV,4500A/40kA	台	3	
10	支持绝缘子		只	3	

说明：图中高程以 m 计，尺寸以 mm 计。

图 5－3－2 某水电站敞开式开关站电气设备布置图

第二节　升压变电站设备布置图

升压变电站设备布置图用于表示水电站内主变压器和高压开关等电气设备的空间位置关系，制图方式采用简图。

（一）主要图示内容

水电站升压变电站电气设备布置的图示主要内容包括：水电站内主变压器、高压开关设备及其连接线的外轮廓；变电站与水电站枢纽的位置关系；运输通道或吊物孔；安装检修主通道和巡视通道；电气设备一览表。

图中的高压开关设备内容同开关站设备布置图。图中除示意主要电气设备外，还需示出给变电站供电的配电盘室、设备试验室、通风空调室等辅助用房位置。若电站中控室布置在升压变电站内，也需示出。

（二）制图要点

升压变电站设备布置图，主要用于主变压器和高压配电装置相对于枢纽主体建筑物单独布置的水电站。此图设计了完整的升压变电站，已包括了水电站开关站设备布置图的全部内容，提交了此图，则不再提交开关站设备布置图。此图在可研、招标、施工各个设计阶段均需提交，可根据不同设计阶段，提交相应深度的图。

（三）样图

某水电站升压变电站设备布置见图 5-3-3～图 5-3-5。

第三节　10kV（6kV）开关柜布置图

10kV（6kV）开关柜布置图用于表示水电站内 10kV 或 6kV 开关柜等电气设备的空间位置关系，制图方式采用简图。

（一）主要图示内容

10kV（6kV）开关柜布置的图示主要内容包括：水电站高压厂用或发电机端 10kV（6kV）开关柜、母线桥（如有）、励磁变压器（如有）、检修及风机动力分电箱等设备的外轮廓；操作及巡视通道；主要设备清单表。

（二）制图要点

图中 10kV（6kV）开关设备元件包括断路器、主母线、分支母线、电流互感器、电压互感器、避雷器等，这些设备均安装在开关柜内，开关柜外轮廓图不能——示意。图中除示意主要电气设备及其操作巡视通道外，还可根据工程情况，示出励磁变压器（如有）、动力分电箱（如有）的进出线电气埋管。

10kV（6kV）开关柜布置，在预可研、可研设计阶段，需要配合厂房专业土建设计进行填图，不需提交单独布置图，此时，设备尚未招标定厂，10kV（6kV）开关柜设备尺寸可根据工程经验，单面柜按深度不超过 2m、宽度不超过 1m 进行布置。设备招标设计阶段，需提出单独布置图，开关柜设备尺寸根据可研阶段成果进行初步布置；在设置电缆夹层、开关柜布置在楼板上的工程，遇土建结构梁柱时，优先采用将电压互感器、避雷

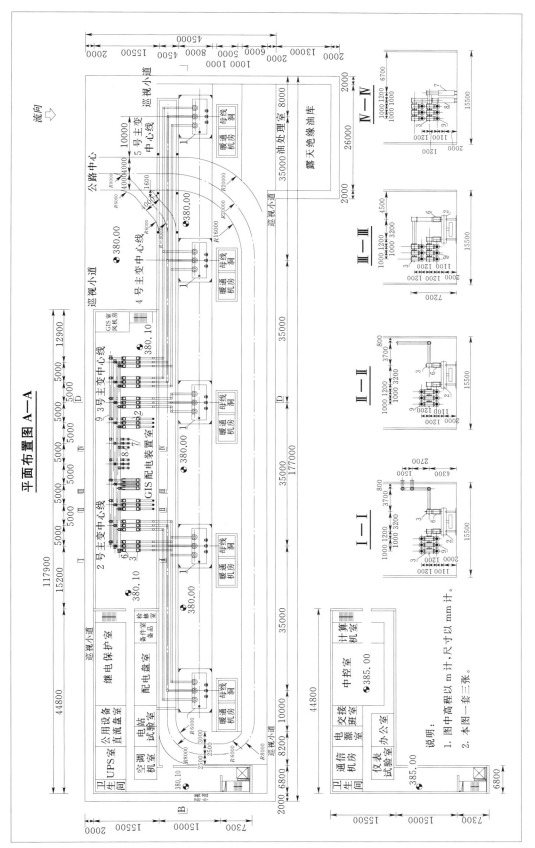

图 5-3-3 某水电站升压变电站设备布置图

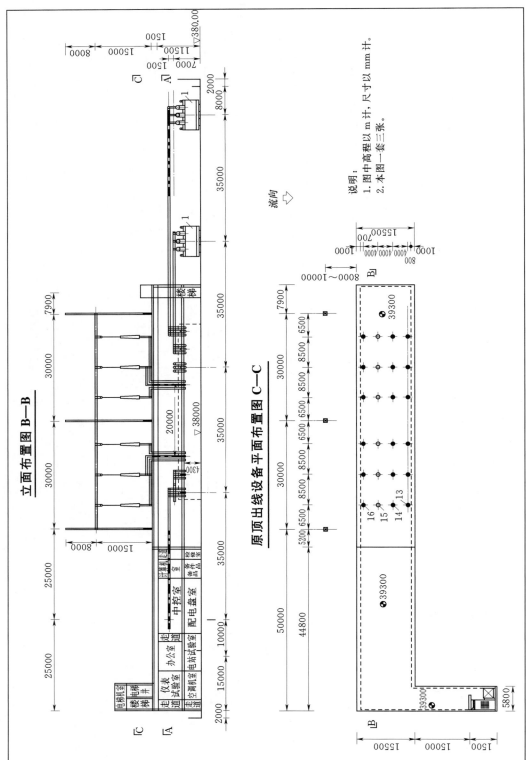

图 5 - 3 - 4　某水电站升压变电站设备布置图

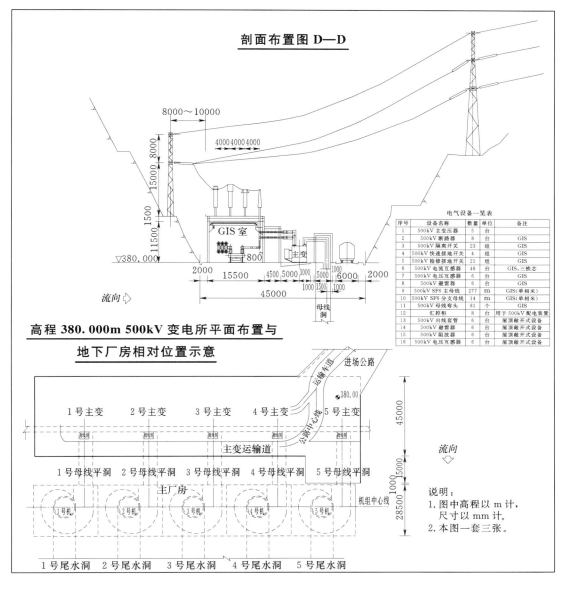

图 5-3-5 某水电站升压变电站设备布置图

器柜布置在梁柱上，方便其他开关柜电缆下出线，必要时设置空柜方便出线。施工设计阶段，需根据选定的设备制造厂家资料，提出单独布置图，供施工安装用。

（三）样图

某水电站 10kV（6kV）开关柜布置见图 5-3-6。

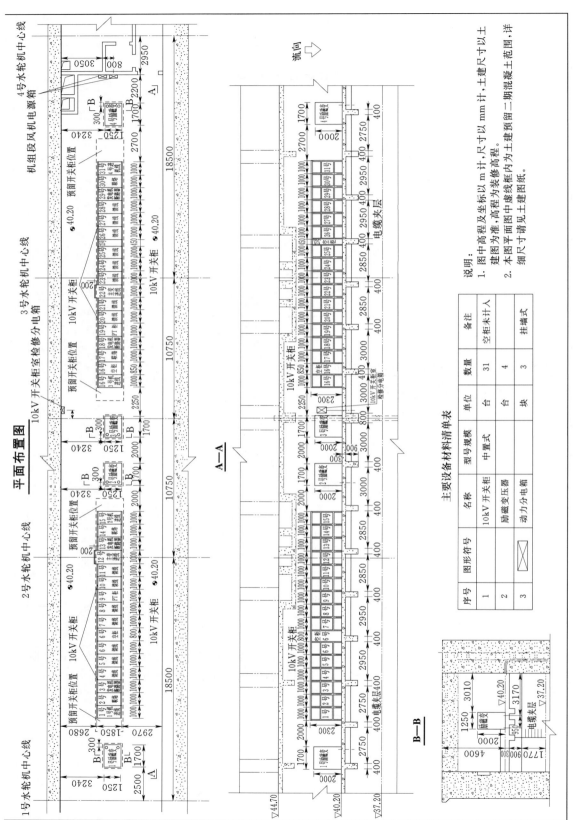

图 5-3-6 某水电站 10kV（6kV）开关柜布置图

第四节 0.4kV 配电设备布置图

0.4kV 配电设备布置图用于表示水电站内 0.4kV 开关柜、10kV/0.4kV 配电变压器等电气设备的空间位置关系，制图方式采用简图。

（一）主要图示内容

0.4kV 配电设备布置的图示主要内容包括：水电站厂用及坝区用电 0.4kV 开关柜、10kV/0.4kV 配电变压器、母线桥（如有）、10kV 负荷开关柜（如有）、动力分电箱等设备的外轮廓；操作及巡视通道；主要设备清单表。

（二）制图要点

布置图中 0.4kV 开关设备元件包括断路器、主母线、分支母线、中性线、电流互感器等，这些设备均安装在开关柜内，开关柜外轮廓图不能一一示意。图中除示意主要电气设备及其操作巡视通道外，还可根据工程情况，示出动力分电箱（如有）的进出线电气埋管。

0.4kV 开关柜布置，在预可研、可研设计阶段，需要配合厂房专业土建设计进行填图，不需提交单独布置图。此时，设备尚未招标定厂，0.4 开关柜设备尺寸可根据工程经验，单面柜按深度 1m、宽度 1m 进行布置，配电变压器一般带保护外壳，尺寸可查一般厂家样本上相应额定容量尺寸。设备招标设计阶段，需提出单独布置图，开关柜和配电变压器设备尺寸可根据可研阶段成果进行初步布置；在设置电缆夹层、开关柜布置在楼板上的工程，开关柜下出线电缆孔洞遇土建结构梁柱时，可设置空柜方便出线。施工设计阶段，需根据选定的设备制造厂家资料，提出单独布置图，供施工安装用。

（三）样图

某水电站 0.4kV 配电设备布置见图 5-3-7。

第五节 防雷保护范围图

防雷保护图用于反映待保护的电气设备及建筑物在所配置的避雷针、避雷线及女儿墙避雷带保护范围内。该图分为两个部分，一个是避雷针、避雷线对电气设备的保护，一个是女儿墙避雷带的配置。

一、避雷线、避雷针保护范围图

避雷线、避雷针保护范围图用于反映需保护的电气设备在其保护范围内（由于水电站出线门构至出线终端塔的导地线由外送设计单位进行设计，本类型图仅用于反映避雷线、避雷针和避雷线柱对出线门构电站侧的高压配电装置、导线的保护范围，而不考虑对出线门构线路侧架空导线的保护）。

（一）主要图示内容

避雷线、避雷针保护范围图主要图示内容包括：高压配电装置的具体布置位置；避雷线或避雷针的布置位置；避雷线、避雷针或避雷线柱在高压配电装置和导线高度的保护半径。

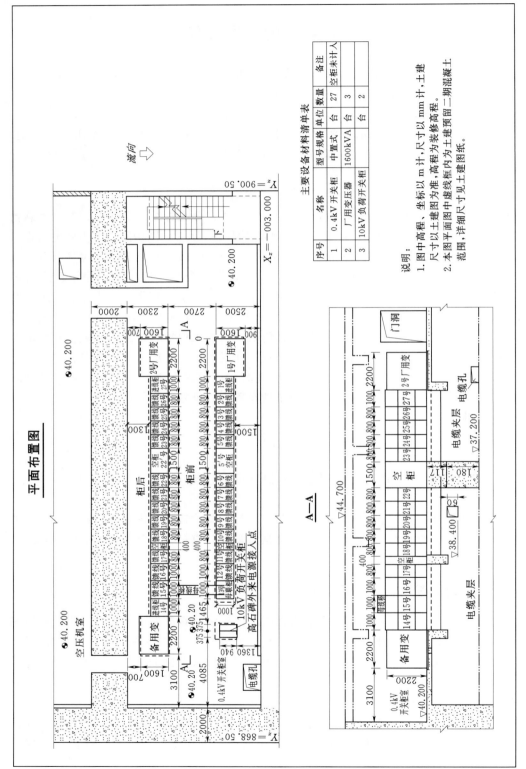

图 5-3-7 某水电站 0.4kV 配电设备布置图

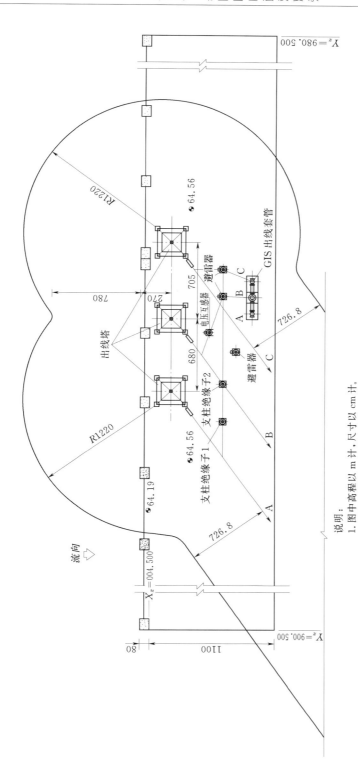

说明：
1. 图中高程以 m 计，尺寸以 cm 计。
2. 出线塔的 A、C 相装有避雷线。
3. 以高程 64.56m 为出线塔基础面和避雷器及电压互感器基础面，则避雷线挂点离地面平台高 4.4m。面平台高 64.56m，户外高压配电装置最高点离地面平台高 14m，户外高压配电装置及出线避雷线对线下户外高压配电装置的保护范围。
4. 图中所示的保护范围为避雷线及出线避雷线柱对线下户外高压配电装置的保护范围。

图 5-3-8 某水电站屋顶避雷线保护范围图

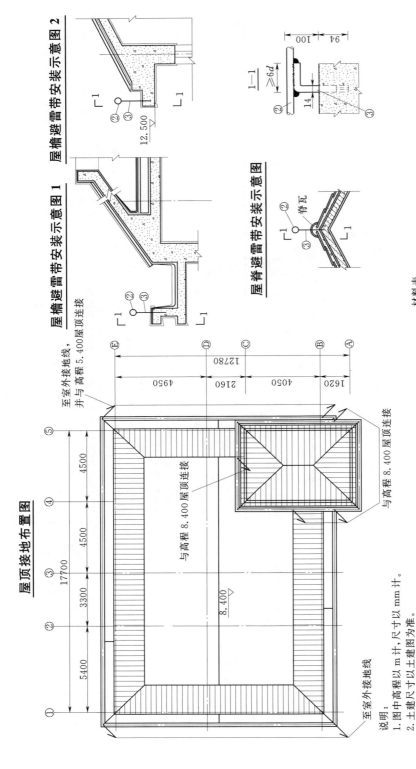

材料表

序号	名称	类型	单位	数量	备注
1	扁钢	30×4	m	50	用以避雷带引下
2	避雷带	φ14 圆钢	m	352	
3	支撑圆钢	φ14 圆钢，L=300	套	320	用于固定避雷带

说明：
1. 图中高程以 m 计，尺寸以 mm 计。
2. 土建尺寸以土建图为准。
3. 接地干线及屋顶避雷带的施工方式详见"拉地施工图册"。
4. 屋脊避雷带安装时就近与避雷带连接。避雷带引下线敷设在外墙抹面层中，所有突出屋面的金属物体均与避雷带连接。
5. 接地线裸露部分均应热镀锌。
6. 图例说明：
　　＼　表示接地线在下引接
　　——　表示屋脊、屋檐墙避雷带

图 5 - 3 - 9　某变电站控制楼屋顶避雷带安装布置图

（二）制图要点

在绘制该图前，需进行详细的防雷保护计算，以核实需保护范围内的高压配电装置和导线是否完全处于避雷线、避雷针或避雷线柱保护范围内；图中可通过勾画出保护范围边界图，以显示高压配电装置和导线均处于避雷保护范围内。

（三）样图

某水电站屋顶避雷线保护范围见图5-3-8。

二、屋顶女儿墙避雷带配置图

屋顶女儿墙避雷带配置图用于反映建筑物屋顶避雷带的配置情况，以及避雷带与主接地网的连接方式。

（一）主要图示内容

屋顶女儿墙避雷带配置图的主要图示内容包括：避雷带的具体布置位置；避雷带的型号及安装要求；避雷带与接地网的连接方式。

（二）制图要点

配置图中，避雷带的网格大小需满足相关标准的要求；若利用建筑物钢筋混凝土中的钢筋作为接地引下线时，应按相关标准的要求对钢筋进行特殊处理。

（三）样图

某变电站控制楼屋顶女儿墙避雷带安装配置见图5-3-9。

第六节　接　地　布　置　图

水利水电工程接地图纸设计必需充分利用水下自然接地体。接地图纸按接地目的分为设备接地、散流地网、均压地网和防雷冲击接地的集中地网，接地图纸一般按部位分别出图。

（一）主要图示内容

接地布置图主要图示内容有：接地图册、枢纽屋外接地装置布置图（包括大坝、进水口、溢洪道等）、屋内接地装置布置图、特殊接地装置布置图。接地图设计在计算基础上进行。计算内容主要包括：主接地网面积、集中接地体及设备引下线等截面选择计算；接地电阻计算、接地网的接触电势及跨步电压等。当接地电阻、最大接触电势或跨步电压不满足要求时需按照采取解决措施后的条件进行验算。

（二）制图要点

接地图册制图要点：为方便接地施工，水利水电工程一般需先出接地图册。接地图册需依据所采用接地材料、工程实际需要进行设计，一般均需反映信息如下：扁钢、圆钢搭接方式；接地线沿墙敷设方式；嵌敷接地干线及支线连接方式；女儿墙避雷带及引下线（见本章第五节"防雷保护范围"）；垂直接地体的埋设方式；接地井电气详图；设备外壳接地方式等内容。

枢纽室外接地装置布置制图要点：需根据土建开挖和基础图绘出主接地网水平接地体的平面布置，主接地网与其他接地部位，如大坝、进水口、压力钢管等连接示意位置（如果有）；需区分地网采用人工接地网及自然接地网；需说明接地线塔接、过缝处理的要求；通过计算确

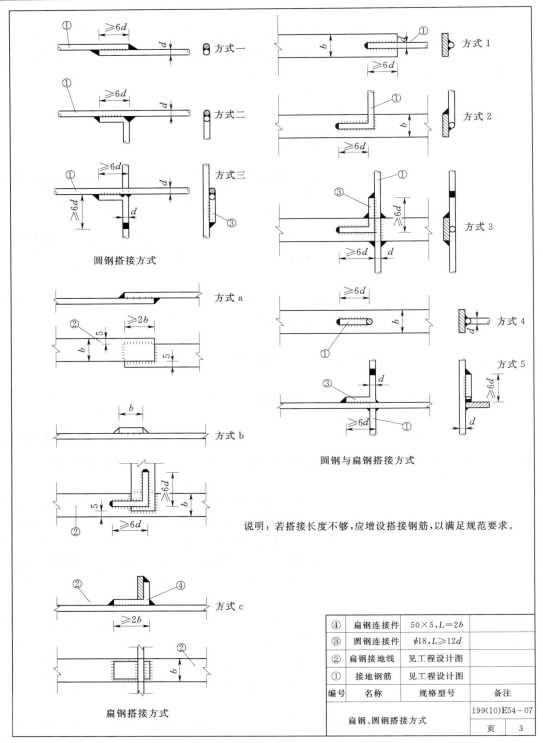

说明：若搭接长度不够，应增设搭接钢筋，以满足规范要求。

编号	名称	规格型号	备注
④	扁钢连接件	$50 \times 5, L=2b$	
③	圆钢连接件	$\phi 18, L \geqslant 12d$	
②	扁钢接地线	见工程设计图	
①	接地钢筋	见工程设计图	

扁钢、圆钢搭接方式	199(10)E54-07
	页 3

图 5-3-10 某水电站接地图册中扁钢、圆钢搭接方式图

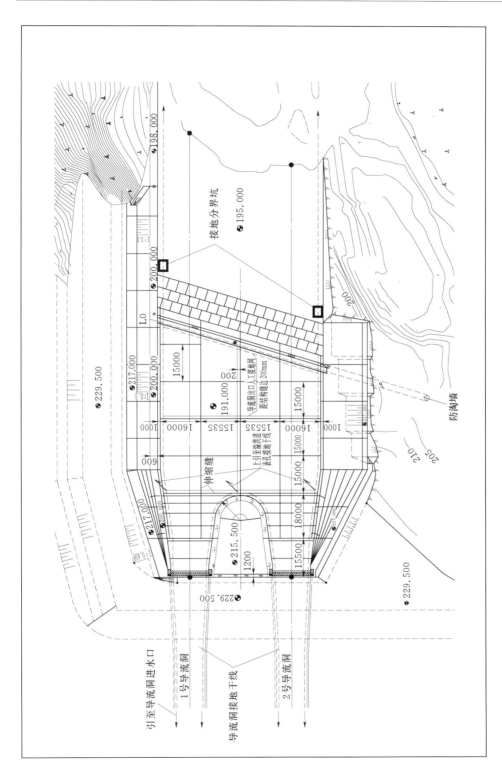

图 5-3-11 某水电站枢纽室外接地装置布置图（单位：mm）

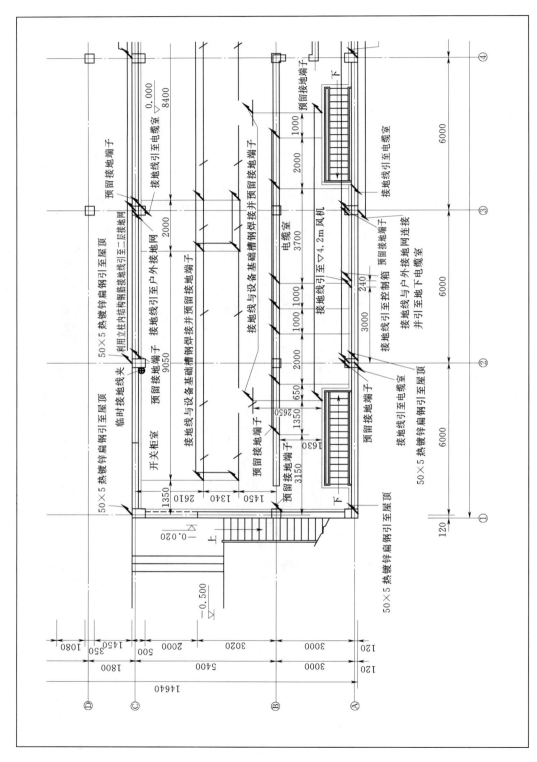

图 5 - 3 - 12 某水电站屋内接地装置布置图（单位：mm）

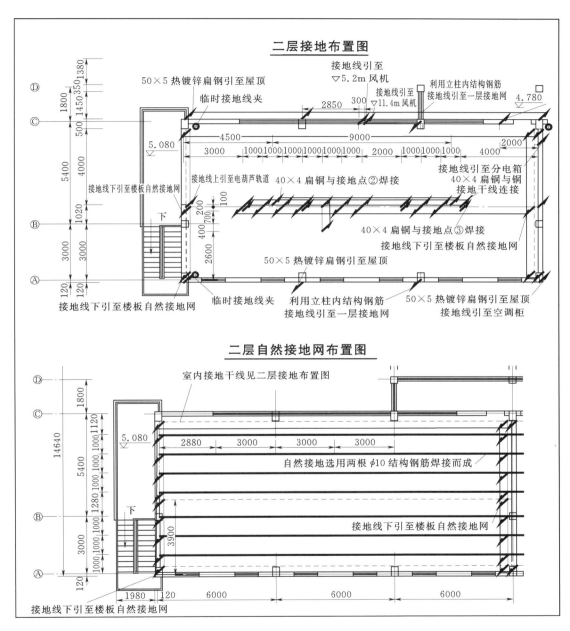

图 5 - 3 - 13　某水电站 GIS 室接地装置布置图（单位：mm）

定接地线的规格，列出设备材料表，并注明名称、型号及规格、单位、数量及备注。

屋内接地装置布置图（设备接地）制图要点：需绘出与屋内机电设备或基础连接示意位置，建筑物接地干线的走向布置，与主接地网的连接点引接方式；绘出临时接地端子的设置，设备及接地体的图例说明；通过计算确定接地线的规格，列出设备材料表，并注明名称、型号及规格、单位、数量及备注。

特殊接地装置包含 GIS、H－GIS 设备、高土壤电阻率地区等特殊接地方式的接地布置及安装要求。该类接地布置图需制图要点：为保证人员的安全，降低接触和跨步电势，需布置均压网，该网通常利用楼板结构钢筋焊接形成；需绘出与屋内机电设备或基础连接示意位置，建筑物接地干线的走向布置，与主接地网的连接点及引接方式；需绘出临时接地端子的设置，设备及接地体的图例说明；通过计算确定接地线的规格，列出设备材料表，并注明名称、型号及规格、单位、数量及备注。

（三）样图

（1）某水电站接地图册中扁钢、圆钢搭接方式画法见图 5－3－10。

（2）某水电站枢纽室外接地装置（散流地网），见图 5－3－11。

（3）某水电站屋内接地装置布置（设备接地）见图 5－3－12。

（4）某水电站 GIS 室接地装置布置见图 5－3－13。

第七节　照明布置及埋件图

照明布置及埋件图用于反映工程中各个照明区的照明器具的配置、布置和控制情况。

（一）主要图示内容

照明布置及埋件图主要图示内容包括：灯具的类型及布置情况；开关与灯具的控制关系及开关的位置；应急照明布置情况；照明指示灯的位置；插座的布置位置；相关照明分电箱接线图；照明线路的走线及埋管情况；照明器材、插座、指示灯、开关、分线盒、电缆管、电缆电线等工程量的统计表；照明器材、插座、指示灯、开关等设备的具体定位尺寸。

（二）制图要点

在进行绘制该图前，需掌握各个照明区的功能及最低照度要求，有无应急照明及应急照明照度要求，核对照明线路的压降能否满足要求，核对所选开关的开断能力和灵敏度能否满足要求；照明线路的敷设需根据具体情况进行区分，如线路在砖墙内埋电缆管暗敷，穿楼板和墙体时需预埋水煤气套管，电线在吊顶及活动地板中需穿阻燃 PVC 管；对电灯开关的安装位置及插座的安装高度进行说明；对电缆管的弯曲半径进行说明；对标志灯安装位置及发光时间进行说明；对蓄电池室、柴油机房等有爆炸危险的场所的电灯开关及插座禁止安装进行特别说明。

（三）样图

某水电站照明布置及埋件见图 5－3－14。

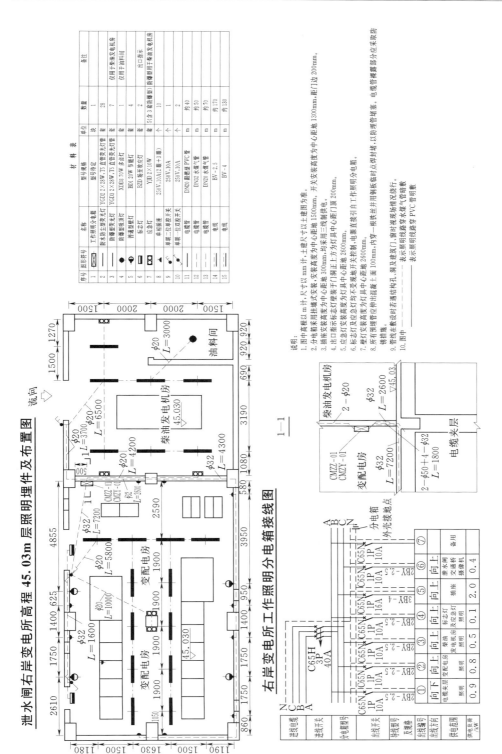

材料表

序号	图形符号	名称	型号规格	单位	数量	备注
		工作照明分电箱	型号待定	个	1	
1	▨	防水防尘型荧光灯	YGD2 2×28W T5 直管荧光灯管	套	23	仅用于柴油发电机房
3	▬	防潮型荧光灯	YGD3 2×28W T5 直管荧光灯管	套	7	
4	●	防潮型吸顶灯	XID03 70W 多击灯	套	7	仅用于油料间
5	●	普通型吸顶灯	BD1 20W 节能灯	套	4	
6	▭	标志灯	BZD 壁装显示灯	套	2	出口指示
7		应急灯	YJD 2×10W	套	5（含 3 套防爆型）	防爆型用于柴油发电机房
8	◁▷	两联开关	250V,10A(2 联+3 联)	个	10	
9		单联一位跷板开关	250V,10A	个		
10		单联一位翘板开关	250V,10A	个	40	
11		电缆管	DN20 镀锌穿 PVC 管	m	约 50	
12		电缆管	DN32 水煤气管	m	约 70	
13		电缆管	DN20 水煤气管	m	约 170	
14		电线	BV-2.5	m	约 130	
15		电线	BV-4	m		

泄水闸右岸变电所高程 45.03m 层照明埋件及布置图

1-1

右岸变电所工作照明分电箱接线图

说明：
1. 图中高程以 m 计，尺寸以 mm 计，土建尺寸以土建图为准。
2. 分电箱采用挂槽式安装变装高度为中心距地 1500mm，开关装高度为中心距地 1300mm，距门边 200mm。
3. 插座采用暗装高度为中心距地 300mm 均采用三线制供电。
4. 出口指示标志灯敷装高度为对具中正上方门框上方对具中心距门顶 200mm。
5. 应急灯安装高度应为对具不受现地开关控制，电源直接引自工作照明分电箱。
6. 标志灯安装高度为对具中心距地 2600mm。
7. 单灯开关预埋管应中出现隐伸墙底面中距地 2600mm。
8. 所预埋管敷设时若普通结构凝土上面 100mm，内穿一根铁丝并用钢板做时点封结，以防埋管堵塞。
9. 管线在敷设时穿建筑门窗时线路敷穿水煤气管明数。
10. 图中 ━━━━ 表示照明线路敷穿 PVC 管明数。

图 5-3-14　某水电站照明布置及埋件图

第八节 屏柜设备布置图

屏柜设备布置图用于表示监控、保护、励磁、调速、通信等低压电气设备在工程建筑物中的所处位置，采用简图方式制图。

（一）主要图示内容

屏柜设备布置图的主要图示内容包括：屏柜布置位置；屏柜参数，如名称和尺寸；各种功能房的平面尺寸，如控制室、继电保护室、直流电源室、电池室、通信设备室、电梯井道和实验室等。

（二）制图要点

（1）屏柜设备布置图主要使用俯视图，如有必要，可增加剖视图。

（2）根据不同阶段的设计需求，设备布置图侧重点有所不同。整体方案阶段的设备布置图用于研究工程宏观布置，如可行性研究，主要侧重于描述工程整体方案，该阶段的屏柜设备布置图一般随工程机电设备总布置图一同绘制，不单独出图，图示内容的依据是预估的设备数量和参数。施工方案阶段的设备布置图是用于工程实施，如施工设计，主要侧重描述具体的实施方案，该阶段的屏柜设备的布置图一般需要分部位单独绘制，图示内容应根据实际厂家资料确定。

（3）设备名称可以就近标注于设备图形符号附近，也可将设备编号后，列表说明。

（三）样图

可行性研究阶段设备布置图的举例见厂房布置图，施工阶段屏柜设备布置图举例，如图 5-3-15 所示的中控室和机房设备安装布置图。

第九节 屏柜设备屏面布置图

屏面布置图用于表示屏柜主要设备及其在屏柜中的布置情况，采用详图方式制图。

（一）主要图示内容

屏面布置图主要图示内容包括：屏柜外形尺寸；正面设备布置；背面设备布置；顶部设备布置；底部电缆孔布置；主要设备材料清单。

（二）制图要点

（1）屏面布置图一般同时使用正视图和后视图进行描述，如有必要，可以增加俯视图。

（2）在组屏方案设计过程中，屏面布置图上的设备布置可以不标注定位尺寸，但应列出主要设备材料清单，清单中至少应说明设备代号、型号、主要技术参数和数量等。在设备制造阶段中的，则不但应该标注屏柜正面设备的定位尺寸，而且还应标注背面的各个端子排、空气开关等屏内设备的布置位置。

（三）样图

屏柜设备屏面布置图举例，线路保护屏屏面布置见图 5-3-16。

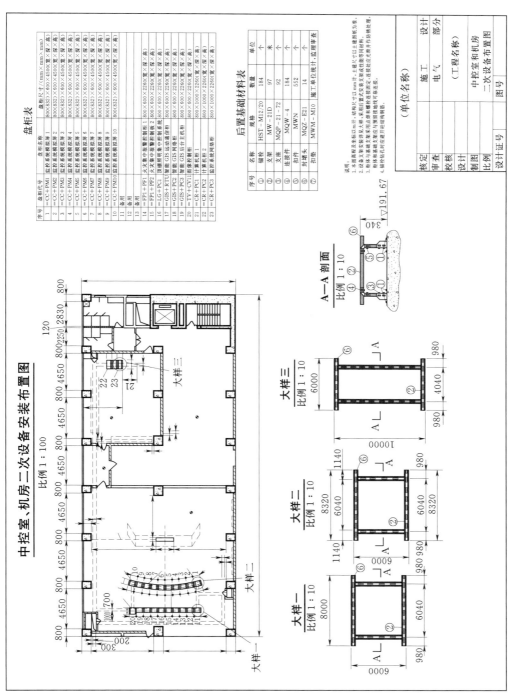

图 5－3－15 中控室和机房设备安装布置图

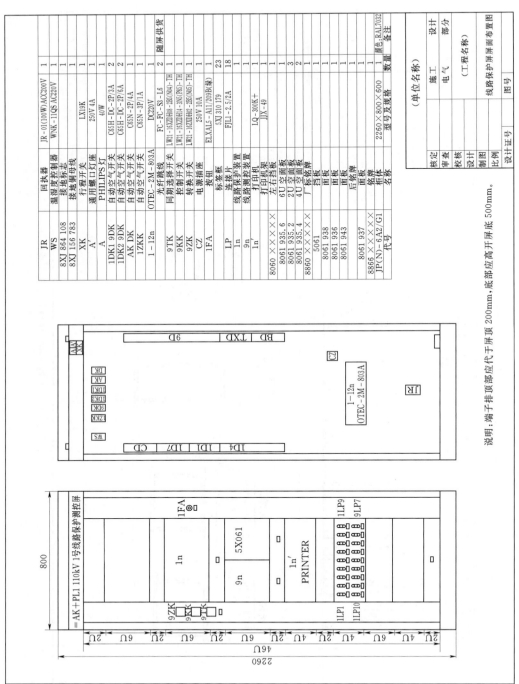

代号	名称	型号及规格	数量	备注
JR	温湿度控制器	JR-01(100W)ACC200V	1	
WS	回路器	WNK-11QS AC220V	1	
8XJ 864 108	温湿度控制器		1	
8XJ 156 783	接地标志		1	
XK	接地铜母线		1	
A'	行程开关	LX19K	1	
A	通用螺口灯座	250V 4A	1	
A	PHILIPS灯	40W	1	
1DK1 9DK	自动空气开关	C65H-DC-2P/3A	2	
1DK2 9DK	自动空气开关	C65H-DC-2P/6A	2	
AK DK	自动空气开关	C65N-2P/4A	1	
1ZKK	自动空气开关	C65N-3P/1A	1	
1~12n	OTEC-2M-803A	DC220V	1	随屏供货
	光纤跳线	FC-FC-S3-L6	2	
9TK	同期选择开关	LW21-16XZDH08-2BS(N04)-TH	1	
9KK	控制开关	LW21-16XZDH14-3NS(P8S)-TH	1	
9ZK	转换开关	LW21-16ZZDH02-2BS(N05)-TH	1	
CZ	电源插座	250V 10A	1	
1FA	按钮	ELXAL5-A11/209BK(紫)	1	
	标签框	5XJ 310 179	23	
LP	连接片	FJL1-2.5/2A	18	
1n	线路保护装置		1	
9n	线路测控装置		1	
1n'	打印机架		1	
8060 ××××××	左右挡板	LQ-300K+	1	
8061 935. 6	6U空面板	JJX-49	1	
8061 935. 2	2U空面板		3	
8061 935. 4	4U空面板		2	
8860 ××××××	厂家铭牌		1	
5061	铭牌板		1	
8061 938	挡板		1	
8061 936	面板		2	
8061 943	面板		2	
	铭牌		1	
8061 937	后面板		1	
	面板		1	
8866 ××××××	柜体	2260×800×600	1	颜色:RAL7032
JP(N)-6A2/G1				

(单位名称)	
施工	设计
电气	部分
(工程名称)	
线路保护屏面布置图	
图号	

核定		设计	
审查		校核	
校核		设计	
设计		制图	
比例			
设计证号			

说明:端子排顶部应代于屏顶200mm,底部应高开屏底500mm。

图 5-3-16 线路保护屏面布置图

第四章 电路图画法及要求

电路图用于详细表示各电路各设备之间的基本组成、连接关系、电气原理，但不考虑其实际位置，习惯上有时称为原理接线图、展开图、接口图等。其中，接口图用于反映设备间的连接关系，尤其屏柜间的接口和连接关系；而原理接线图则不仅反映接口关系，还进一步反映监控和保护等系统的复杂电气原理。

第一节 屏柜设备接口图

屏柜设备接口图用于表示不同屏柜间的接口和连接关系，采用简图方式制图。

（一）主要图示内容

接口图的主要图示内容包括：对接对象；接口内容，如电源、模拟量信号、开关量信号和网络接口等；接线端子号或网络接口编号。

（二）制图要点

（1）在不需描述具体电气原理时，可用接口图表示监控、保护、计量、励磁、调速等电气系统设备间的接口关系。

（2）接口图仅反映设备电缆连接时，端子排上电缆的连接，以及相关的信号描述，不需解释功能原理。

（3）接口图与电缆接线图的共同点是两者都能反映一对一的端子连接，而区别是前者注重于对接口内容的描述，后者注重于对接电缆及其接线情况的描述。

（4）如果需要对厂家设备做现场调整，则应图示后，加注说明。同时，为了便于理解，一般将设备厂家出厂图纸作为附件随接口图一并提供。

（三）样图

屏柜接口图举例，机组故障录波信号回路接口见图 5 - 4 - 1。

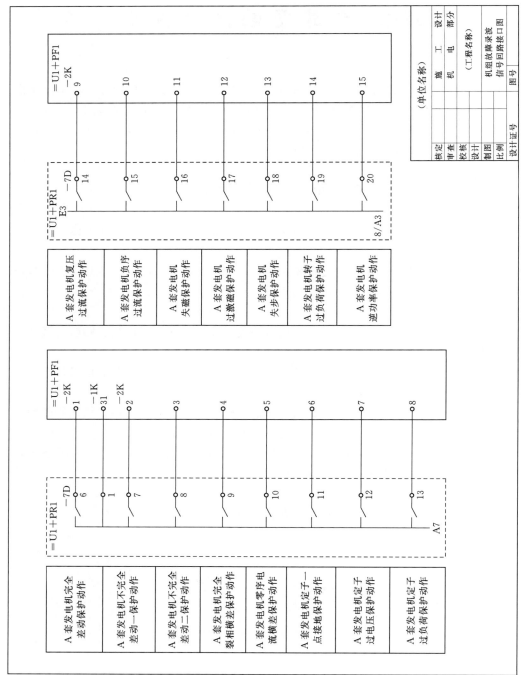

图 5-4-1 机组故障录波信号回路接口图

第二节　监控系统原理接线图

监控系统原理接线图的种类较多，通常包括：同期原理接线图，电气测量原理接线图，水机保护原理接线图和现地控制设备原理接线图等。

一、同期原理接线图

同期原理接线图用于表示同期设备的外部接线，反映同期操作的外部条件，采用简图方式制图。

（一）主要图示内容

同期原理接线图的主要图示内容包括：同期电压信号源；电压信号幅值和角度补偿回路，如转角变压器的接线形式、变比等；同期条件；自动/手动同期对象选择回路；自动/手动同期操作出口回路。

（二）制图要点

（1）宜根据不同类型的同期点分别绘制同期原理接线图，如机组同期原理接线图和开关站同期原理接线图。

（2）同期条件中涉及的信号应逐个标明含义，包括操作把手、转换开关等操作设备的操作档位应逐一说明。

（三）样图

同期原理接线图举例，机组自动同期装置原理接线见图 5－4－2。

二、电气测量原理接线图

电气测量原理图用于表示监控系统测量设备的外部原理接线，包括信号采集和输出回路，采用简图方式制图。

（一）主要图示内容

电气测量原理图的主要图示内容包括：电源；信号源，主要指电流和电压互感器；测量设备；信号参数，包括名称，信号输出类型及接口等。

（二）制图要点

（1）对于共用互感器的测量回路，需要完整标识整个电流串联回路或变压并联回路，互感器的测量回路其他要求见本篇第四章第三节。

（2）需分别说明测量设备的功能，对于多功能测量装置的输出需逐一描述。

（3）信号输出应标注接口形式，通常按接口图的制图方式说明接口关系。

（三）样图

电气测量原理接线图举例，如图 5－4－3 所示的开关站电气测量原理接线图。

三、水机保护原理接线图

水机保护原理接线图用于表示水轮发电机组本体保护的继电器逻辑及其接线，采用简图方式制图。

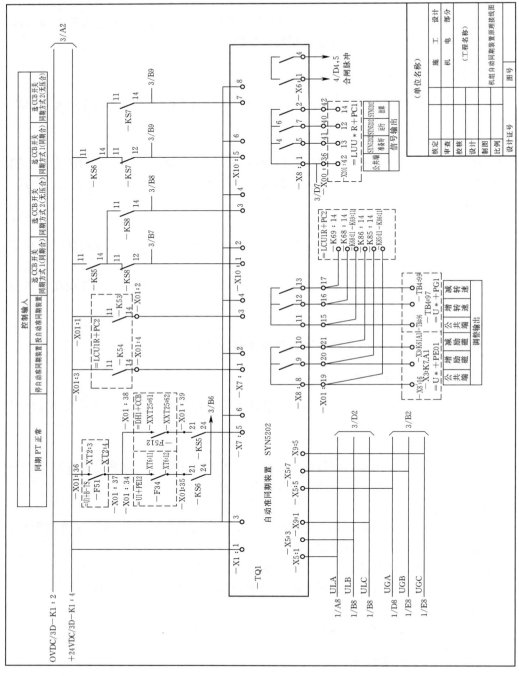

图 5 - 4 - 2　机组自动同期装置原理接线图

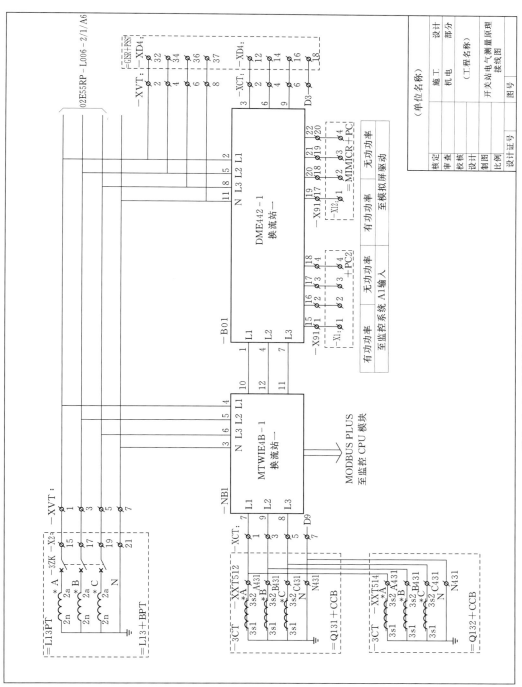

图 5 - 4 - 3 开关站电气测量原理接线图

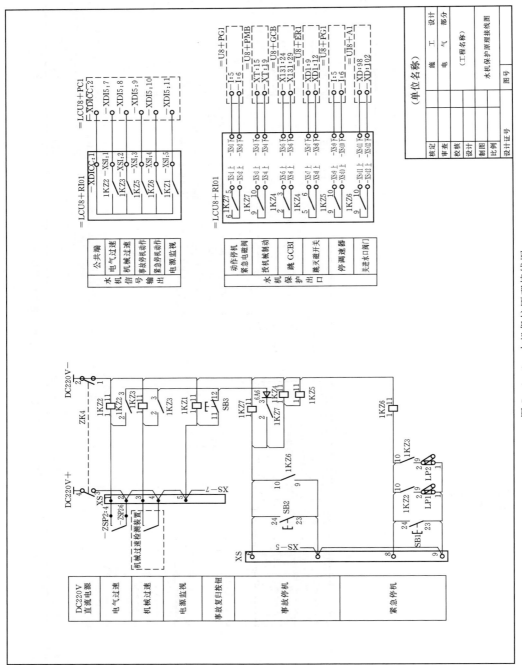

图 5－4－4　水机保护原理接线图

（一）主要图示内容

水机保护原理接线图的主要图示内容包括：电源回路；触发信号，包括温度信号、转速信号、压力信号、电气保护动作信号、手动操作信号等；继电器动作逻辑电路；保护动作出口回路。

（二）制图要点

（1）可按事故种类分别绘制接线原理。

（2）继电器逻辑回路应完整包括启动条件、联动关系和执行结果等各个环节。

（3）保护动作出口回路通常按接口图的制图方式表示。

（三）样图

水机保护原理接线见图5-4-4。

四、现地控制设备原理接线图

现地控制设备原理接线图用于反映水利水电工程中机组、泵组和启闭机等设备及其辅助系统的现地控制电气原理，其中辅助系统通常包括透平油系统、冷却油系统、工业用气系统、技术供水系统和闸门启闭系统等。

（一）主要图示内容

现地控制设备原理接线图的主要图示内容包括：控制电源；控制对象，一般包括电压等级、接线方式等基本参数，对于电动机负载还需要描述其功率和启动方式；控制信号，包括输入、输出信号和继电器逻辑回路等；现地手动和自动控制装置的控制回路原理；设备清单。

（二）制图要点

（1）若采用继电器控制，需完整描述继电器逻辑回路应完整包括启动条件、联动关系和执行结果等各个环节。若采用自动装置控制，如可编程控制器，则仅需描述输入、输出信号，而不需反映程序逻辑。

（2）多个控制对象的现地控制回路需分别表示。

（三）样图

现地控制设备原理接线图举例，主变冷却水系统控制柜信号回路原理接线见图5-4-5。

五、操作联锁原理接线图

操作联锁原理接线图用于反映断路器、隔离开关和接地开关的操作闭锁条件，采用简图方式制图。

（一）主要图示内容

操作联锁原理接线图的主要图示内容包括：操作对象；闭锁条件，如内部条件和外部条件，其中内部条件指断路器、隔离开关、接地开关之间的闭锁条件，外部条件指安全操作控制系统提供的闭锁条件。

（二）制图要点

（1）可以不反映隔离开关操作回路，只图示相应闭锁条件，但需要指明闭锁条件与相应操作回路的联系。

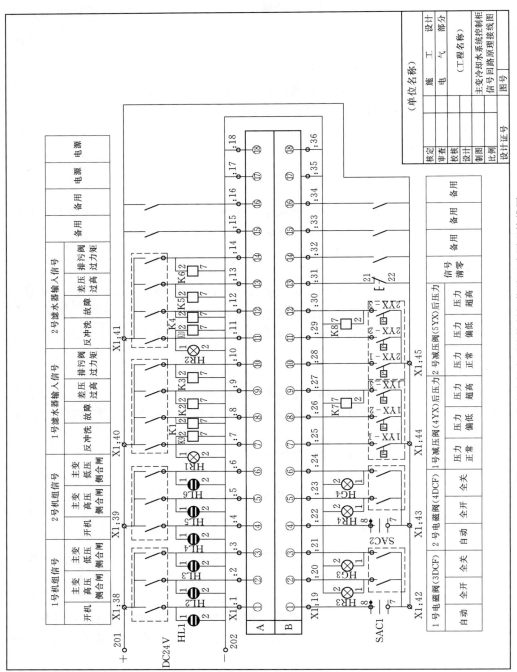

图 5 - 4 - 5 主变冷却水系统控制柜信号回路原理接线图

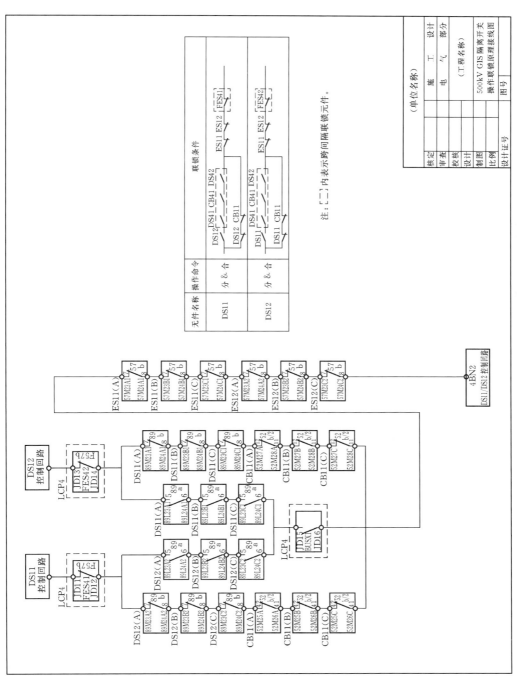

图 5 - 4 - 6 500kV GIS 隔离开关操作联锁原理接线图

（2）闭锁条件过于复杂时，可以辅以文字或逻辑表达式加强描述，也可采用开关设备操作联锁关系表（见本篇第六章第二节）。

（3）在隔离开关操作闭锁原理接线图中，不需详细描述外部闭锁条件的具体逻辑。外部闭锁条件的具体逻辑可在相应外部系统的图纸中详细说明。

（三）样图

操作联锁原理接线图举例，500kV GIS 隔离开关操作联锁原理接线见图 5-4-6。

第三节 继电保护原理接线图

保护设备原理接线图用于反映继电保护设备为实现系统功能所需的外部条件及其原理接线，其主要组成部分包括互感器原理接线图，断路器操作回路原理接线图，信号回路原理接线图等。

一、互感器原理接线图

互感器原理接线图用于表示继电保护电流和电压互感器二次绕组及其负载的接线原理，采用简图方式制图。下述制图要求，同时也可用于监控和计量等其他系统互感器原理接线图。

（一）主要图示内容

互感器原理接线图的主要图示内容包括：互感器二次绕组参数，如极性、变比、容量和准确级等；互感器二次回路接地方式；互感器高层代号；负载。

（二）制图要点

（1）为了便于分析电流互感器绕组接线对保护功能的影响，需明确电流互感器一次和二次绕组的极性关系。

（2）为了便于设备调试和实验，可以在互感器二次回路中标注回路编号。

（3）对于备用的电流互感器绕组，需明确表示出该绕组二次回路的短接接线。

（4）当多个负载共用同一电流互感器二次绕组时，应完整表示电流回路的所有负载。

（5）电压互感器二次回路需表示出各负载使用的空气开关。

（三）样图

互感器原理接线图举例，发变组保护电流互感器原理接线见图 5-4-7。

二、断路器操作回路原理接线图

断路器操作回路原理图用于反映断路器各种分、合闸操作的原理，是一种展开图，采用简图方式制图。

（一）主要图示内容

断路器操作回路原理图的主要图示内容包括：操作电源正负极之间的操作回路完整接线，如电源正负极、操作分合闸条件、保护跳闸条件、重合闸条件、同期操作条件、防跳跃回路、操作回路监视、报警信号和压板使用情况等。

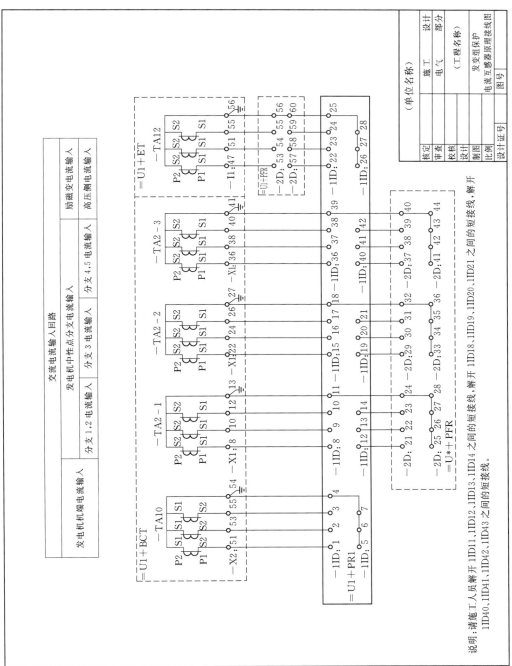

图 5 - 4 - 7 发变组保护电流互感器原理接线图

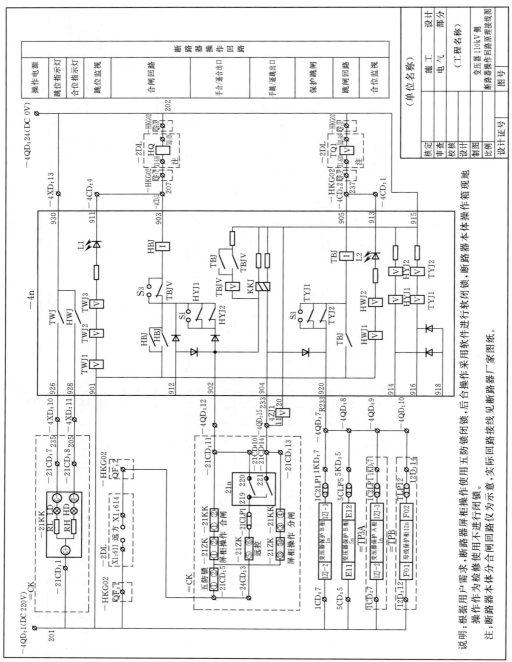

图 5－4－8 变压器 110kV 侧断路器操作回路原理接线图

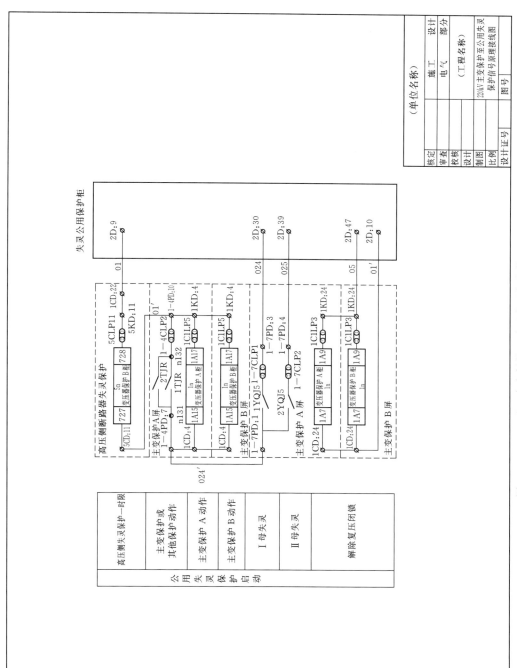

图 5－4－9 220kV 主变保护至公用失灵保护信号原理接线图

（二）制图要点

（1）需根据设计结果，使用说明文字描述断路器的防跳方式、闭锁方式及实现所需采取的措施。

（2）断路器操作回路的设备内部原理接线，可标注引用厂家图纸的明细后，仅做简单的原理示意。或则，也可将厂家图纸内容完整重现。

（三）样图

断路器操作回路原理举例，变压器110kV侧断路器操作回路原理接线见图5-4-8。

三、信号回路原理接线图

信号回路原理接线图用于反映继电保护功能所需的工作电源、闭锁条件、状态信号、跳闸和报警信号等内容，采用简图方式制图。

（一）主要图示内容

信号回路原理接线图的主要图示内容包括：保护设备工作电源回路和负载；闭锁条件，包括各种保护之间的相互闭锁和触发条件；状态信号，如保护装置所需的断路器位置信号、隔离开关位置信号、变压器非电量保护信号等开关量信号；跳闸和报警信号，如保护设备至测控、模拟屏、故障录波、调度等系统的信号等；压板使用情况。

（二）制图要点

（1）工作电源应表示出直流和交流电源回路的空气开关和连接的保护装置。

（2）变压器非电量保护信号回路一般需要完整表示逻辑回路，包括变压器状态信号输入、非电量保护继电器和跳闸和信号输出。

（3）其余制图要求同本篇第四章第一节屏柜设备接口图。

（三）样图

信号回路原理接线图举例，220kV主变保护至公用失灵保护信号原理接线见图5-4-9。

第五章 安装图画法及要求

安装图是用于表示电气设备本体及其基础部件、固定器件现场安装方式和安装要求的电气图，主要包括变压器、高压电气设备、绝缘子、金具、架空导线、屏柜、电缆桥架等设备的安装图。

第一节 变压器安装图

水利工程主变压器有单相变压器、三相变压器；按冷却方式又可分为自冷、风冷和水冷变压器。主变压器安装图应与电气主接线中设备的型号、参数一致，布置需符合电气设备总体布置及防火相关规范的要求。

（一）主要图示内容

各种类型变压器安装图画法基本一致。安装图均需通过计算确定变压器油坑尺寸、变压器中心定位尺寸、变压器各侧出线对地、相间电气距离和型号等。

（二）制图要点

主变压器安装图一般通过平、剖面图进行表示。

主变压器平面布置图制图要点：需根据厂家资料计算确定油坑尺寸、详细标注主变基础和油坑中心的相对位置、主变架构尺寸、绘制主变基础、一次接线板外形尺寸及孔径和孔间距；需详细标注设备、构架、道路、主变压器器身、基础、油坑、防火墙、汇流母线等中心线之间的距离，标注纵向、横向总尺寸（如果有）；需与总平面中主变场地平面布置图一致，按规定标注高压侧低压侧；需详细标注主变压器名称、相序；有关埋件、埋管需出相应埋件图进行反映；设备材料表中需注明名称、型号及规格、单位、数量及备注。

主变压器剖面图制图要点：需在各断面图中示意各断面接线图（依据工程确定是否需要可不标注设备型号、参数）；需详细标注设备、构架、道路、主变压器器身、基础、油坑、防火墙、汇流母线等中心线之间的距离，标注断面总尺寸，标注安全净距；设备材料表中需注明名称、型号及规格、单位、数量及备注。

（三）样图

某水电站主变压器平面布置图及剖面见图5-5-1、图5-5-2。

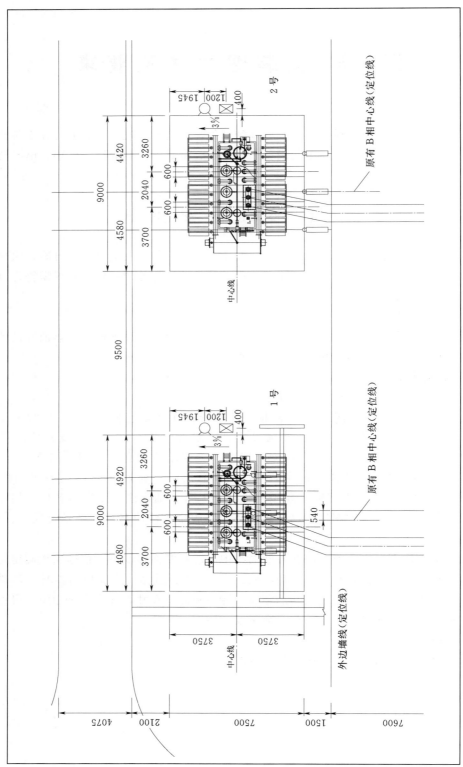

图 5－5－1　某水电站主变压器平面布置图（单位：mm）

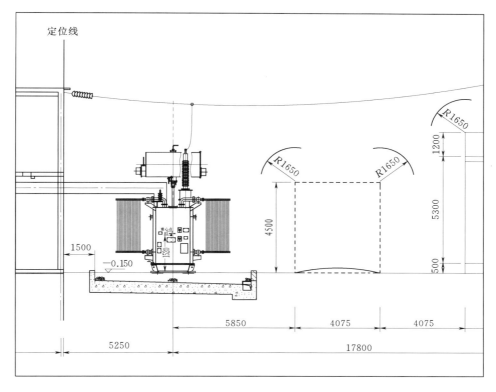

图 5 - 5 - 2　某水电站主变压器布置剖面图（单位：mm）

第二节　高压电气设备安装图

电气设备安装图是在电气设备布置图基础上对具体设备的细化设计，电气设备一般包括：断路器、隔离开关、电流互感器、电压互感器、阻波器、母线、主变中性点和发电机中性点设备等。

（一）主要图示内容

电气设备安装图中一般不需对设备进行定位，主要反映电气设备与基础（设备支座）的连接方式。各类型电气设备安装画法要求基本一致。

（二）制图要点

（1）电气设备安装图中的定位尺寸一般在电气设备总体布置图进行了表示，因而绘制此类设备安装图时不需进行尺寸定位。如果在总体布置图中未进行设备尺寸定位，在安装图中应标注设备定位尺寸。

（2）需与主接线和电气设备总体布置图中设备、导体的型号、参数一致，详细标注设备型号、编号和数量等。

（3）需标注电气设备接地要求。对于避雷器、电压互感器、电流互感器、接地开关等应采取双根接地线引下接地。

（4）需标示或在说明中注明设备安装方位。

（5）需绘出设备底座开孔要求及设备接线端子尺寸，交注明设备端子材质。

（6）设备材料表中需注明名称、型号及规格、单位、数量及备注。

（三）样图

某水电站隔离开关安装见图 5 - 5 - 3。

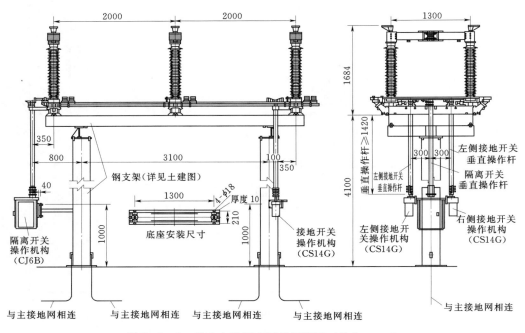

图 5 - 5 - 3　某水电站隔离开关安装图（单位：mm）

第三节　绝缘子串组装图

绝缘子串组装图用于反映工程中使用的绝缘子串具体组装型式和数量，以便于金具和绝缘子的订货和金具厂的试组装，以及施工单位现场绝缘子串的安装。

（一）主要图示内容

绝缘子串组装图的主要图示内容包括：绝缘子串中各金具及绝缘子的具体连接形式；汇总各个部件的材料表；绝缘子串的具体安装位置及数量。

（二）制图要点

对于比较复杂的耐张串，为准确反应金具间的连接方式，需配有正视图和俯视图；在连接图中需标有与材料表对应的编号，以方便材料表统计；图中需标出各个零部件的长度及绝缘子串的总长度；材料表中需有金具的名称、规格、数量及重量；如金具非金具样本的通用金具而需要特制时，需在备注中标注为特制。

（三）样图

某水电站悬垂绝缘子串组装见图 5 - 5 - 4。

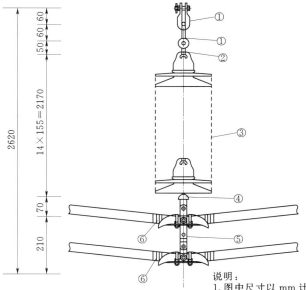

说明：
1. 图中尺寸以 mm 计。
2. 本套图一共四张，本图为第 1/4。
3. 该类型 220kV 悬垂串出线门构的下方，共 3 串。

材　料　清　单　表

序号	名称	规格	数量	重量/kg		备注
				单重	总重	
①	U 形挂环	U-7	2	0.5	1.0	
②	环头挂环	QP-7	1	0.3	0.3	
③	盘形绝缘子	XSP2-70	14	9.1	127.4	
④	碗头挂板	W-7A	1	0.8	0.8	
⑤	悬垂线夹（双导线用）	XCS-5	1	10.8	10.8	间距为 120mm
⑥	铝包带	FLD-1				

图 5-5-4　某水电站悬垂绝缘子串组装图

第四节　金具组装图

金具组装图在工程中用于开关站或升压站高压设备的线夹的订货，及指导施工单位的现场金具安装。

（一）主要图示内容

金具组装图的主要图示内容包括：各设备接线端子所使用的金具型号；设备之间连接导线的型号；汇总各个部件的材料表。

（二）制图要点

在剖面图中标出各个高压设备的名称；标出各个高压设备所使用的与材料表所对应的金具编号；在为设备接线端子配置金具时需弄清楚接线端子的材质，如果为铜，则需要铜铝过渡型金具；在材料表中标出各个金具的型号和数量（由于每个设备厂家的接线端子的规格尺寸不同，所以需在金具的规格中标出相适应的宽×高）；对于剖面图无法反映的信息，如间隔棒的配置等，可在说明中加以规定。

（三）样图

某水电站金具组装见图 5 - 5 - 5。

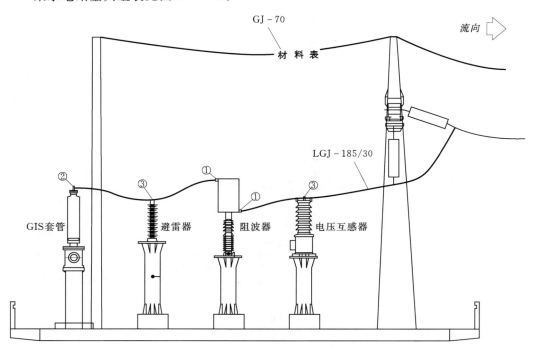

序号	金具型号（宽×高）	单位	数量	备注
①	SL - 4A - 80×85	个	6	
②	SL - 4C - 125×125	个	3	
③	TL - 185 - 80×85	个	6	

说明：材料表中的数量为单回出线三相的总量。

图 5 - 5 - 5 某水电站金具组装图

第五节 架空导地线放线图

架空导地线放线图用于指导工程中架空导地线的施工放线。

（一）主要图示内容

架空导地线放线图的主要图示内容包括：各个导地线的档距、导地线拉力、控制弧垂。

（二）制图要点

首先在布置图中将导地线进行编号，然后对相应编号的导地线的弧垂进行要求；由于施工具体时间不定，需要列举施工时可能出现的温度情况及其对应的施工弧垂和水平拉力；由于导、地线架设后的塑性伸长，其对弧垂的影响可采用降温法补偿，并标出具体的降温值；需对过牵引及安装时的临时荷载进行规定；若为安装导线，还需规定牵引绳与地面的最大夹角。

（三）样图

某水电站开关站屋顶避雷线放线弧垂见图 5-5-6。

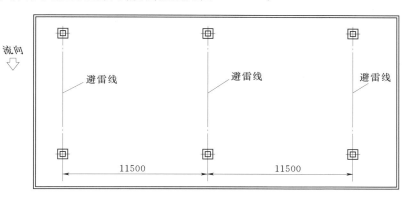

避雷线施工安装曲线 数据（档距＝9.8m）		
环境温度 /℃	水平拉力 /kgf	导线弧垂 /m
30	43.505	0.193
25	44.795	0.187
20	46.204	0.181
15	47.752	0.176
10	49.462	0.169
5	51.365	0.163
0	53.499	0.157
−5	55.911	0.150
−10	58.568	0.143
−15	61.856	0.135
−20	65.593	0.128
按降温法计算,已降温 10℃		

说明：
1. 图中尺寸以 mm 计。
2. 架线施工之前应复测地线档距,若与本图不符应及时通知设计人员。
3. 架线应以弧垂为准。
4. 安装紧线时不允许过牵引。
5. 安装紧线时横梁上的临时荷载不应大于 200kg。

图 5-5-6 某水电站开关站屋顶避雷线放线弧垂

第六节 电缆桥架图

电缆桥架由立柱、支架和梯架等组成。在满足电缆通道总体规划的要求下，电缆桥架的路由一般通过电缆的起、止点确定。电缆桥架的层数应根据所需敷设电缆的电压等级、电缆数量综合考虑后确定。

（一）主要图示内容

电缆桥架设计主要包括路由、电缆层数、立柱固定方式和定位尺寸等内容，电缆桥架立柱（吊杆）固定间距一般不超过 2m。电缆桥架的安装图通过平、剖面图进行表示。

（二）制图要点

（1）电缆桥架的布置路由需综合考虑人行通道、检修方便、与电气设备如灯具、母线等设备的间距要求后综合确定。

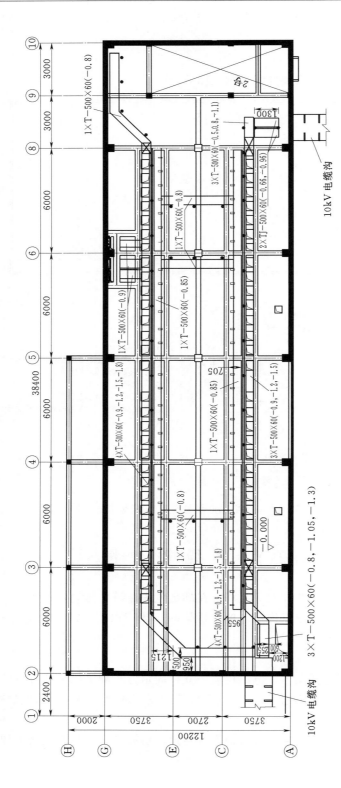

图 5 - 5 - 7 某水电站电缆桥架平面布置图（高程单位：m；尺寸单位：mm）

（2）需通过计算或按厂家桥架样本综合考虑后确定电缆架立柱（吊杆）采用固定方式，立柱固定间距。

（3）需标识电缆桥架、立柱的定位尺寸，包括安装高层。

（4）需标识电缆桥架接地要求及接地点连接点位置。

（5）需标识电缆桥架安装层数和各层的层间距。

（6）设备材料表，并注明名称、型号及规格、单位、数量及备注。

（三）样图

某水电站电缆桥架平面布置及剖面见图5-5-7、图5-5-8。

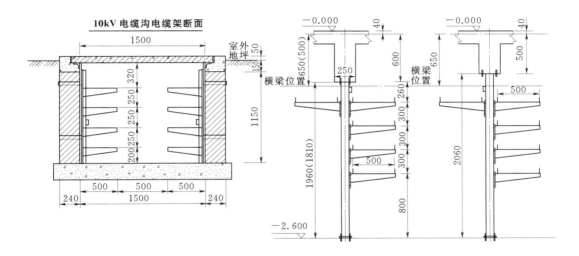

图5-5-8 某水电站电缆桥架剖面图（高程单位：m；尺寸单位：mm）

第七节 防火封堵图

水利水电工程防火封堵需对工程范围内所有电缆通道（沟、洞、廊道、管、缝）进行封堵，因而在图纸中应表述沟、洞、廊道、管、缝等封堵的方法。

（一）主要图示内容

水利水电工程防火封堵画法包括三个方面内容：防火封堵平面布置位置图、防火封堵典型图例和防火封堵技术要求。

（二）制图要点

（1）防火封堵典型图例一般应反映电缆沟、电缆竖井、电缆廊道、电缆孔洞的封堵示意图，在示意图中应标明各防火措施的详细尺寸。

（2）防火封堵平面布置位置图一般反映主要部位的封堵位置，封堵方法。封堵部位应包括：变电所、控制室等设备间内以及各种通道内的电缆出入口（包括穿过楼板的竖井口，墙上电缆洞以及各类柜、屏、台、箱的孔洞）；室内外电缆沟的分界处、电缆沟分支引接处；电缆通道与房间、走道等相连通的门、窗、孔洞；电缆通道内所有电缆中间头、

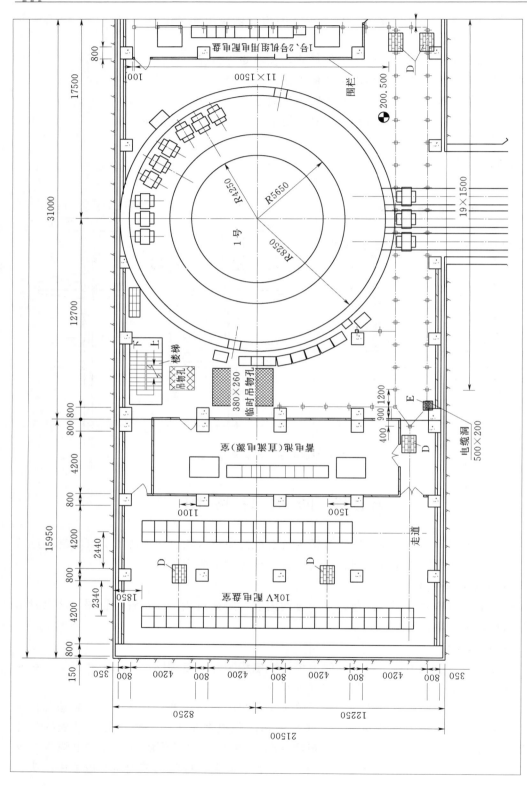

图 5 - 5 - 9 某水电站防火封堵平面布置图 (高程单位：m；尺寸单位：mm)

高压电缆的终端头；电缆埋管的两端；结构连接缝或伸缩缝、防火门与墙体间、防火盖板四周的接缝处；电缆通过易爆、易燃、高温及其他有火灾危险的区域；进出电缆廊道、电缆夹层的进人门洞。其施工方法可按照防火封堵技术要求实施。

（3）防火封堵技术要求作为图纸的补充，应包括封堵部位、防火措施、防火材料的性能要求及应用、防火封堵的施工方法等内容。

（三）样图

（1）某水电站防火封堵平面布置见图 5 - 5 - 9。

（2）某水电站封堵见图 5 - 5 - 10。

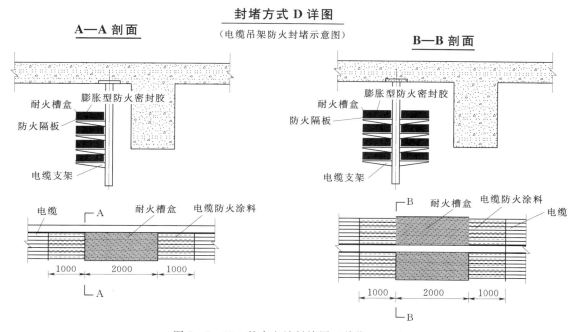

图 5 - 5 - 10 某水电站封堵图（单位：mm）

第八节 屏柜设备基础图

屏柜设备基础图用于表示屏柜的预埋式基础或后置式基础安装基础，采用详图方式制图，一般同时使用俯视图和剖视图进行描述。

（一）主要图示内容

屏柜设备基础图的主要图示内容包括：屏柜基础尺寸；定位尺寸；基础材质；锚固方式；材料清单，至少说明材料的型号、材质和数量；施工说明，包括防腐工艺、焊接工艺以及相关注意事项等；图例。

（二）制图要点

（1）屏柜基础图宜在土建结构图的基础上绘制，以保证定位的准确性，同时需注意高程和高度的标注。

（2）施工说明应考虑实际施工条件，就需要注意的问题做出说明，例如：与土建埋件

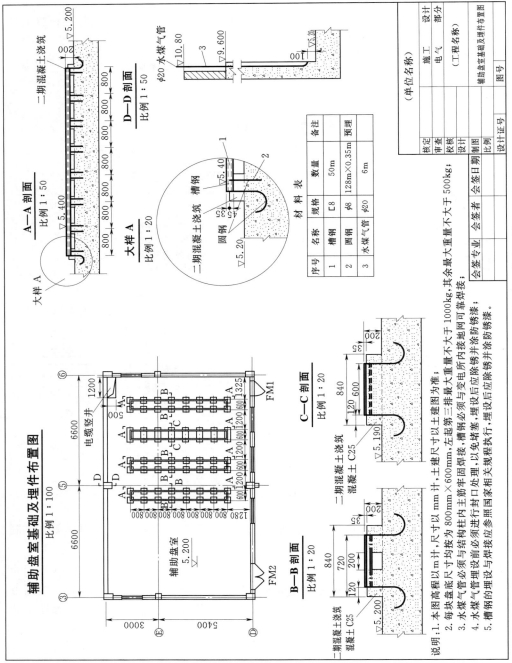

图 5—5—11 辅助盘室基础及埋件布置图

说明：1. 本图高程以 m 计，尺寸以 mm 计，土建尺寸以土建图为准；
2. 每块盘底尺寸均按为 800mm×600mm，左起第三排最大重量不大于 1000kg，其余最大重量大于 500kg；
3. 水煤气管必须与结构柱内主筋牢固焊接，槽钢与变电所内接地网可靠焊接；
4. 水煤气管埋设前必须进行封口处理，以免堵基，埋设后应除锈并涂防锈漆；
5. 槽钢的埋设与焊接应参照国家相关规程执行，埋设后应除锈并涂防锈漆。

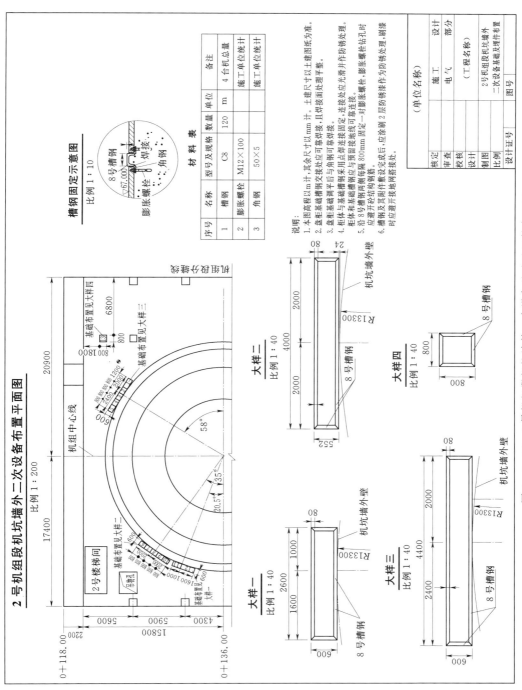

图5-5-12 2号机组段机坑端外二次设备基础及埋件布置图

发生相互干扰情况时的避让原则，水平度和垂直度要求，孔洞封堵要求等，涉及高空作业等特殊工作环境时，应说明劳动安全与健康的相关要求。

（3）屏柜基础尺寸和定位尺寸均需包含三维尺寸；型材可以仅标注型号，而省略相关标准尺寸。

（三）样图

预埋式屏柜设备基础见图 5-5-11。后置式屏柜设备基础见图 5-5-12 的 2 号机组段机坑墙外二次设备基础及埋件布置图。

第九节 电 缆 敷 设 图

电缆敷设图用于表示电缆在工程建筑物内的敷设路径和排布方式，采用简图或图表方式制图。

（一）主要图示内容

电缆敷设图的主要图示内容包括：电缆路径编号，包括电缆廊道和电缆沟编号、桥架和支架编号；电缆编号；电缆起、止点；电缆长度等。

（二）制图要点

（1）电缆通道的编号应与电气其他专业协调后，统一编制；电缆桥架、支架的各层应分别编号。

（2）在路径中电缆不多，且电缆起止点与路径起止点相同时，可以在路径上直接标注电缆编号。在路径中电缆较多时，可以增加路径截面中的电缆列表来详细说明。

（三）样图

电缆敷设图举例，进水口动力电缆敷设见图 5-5-13。

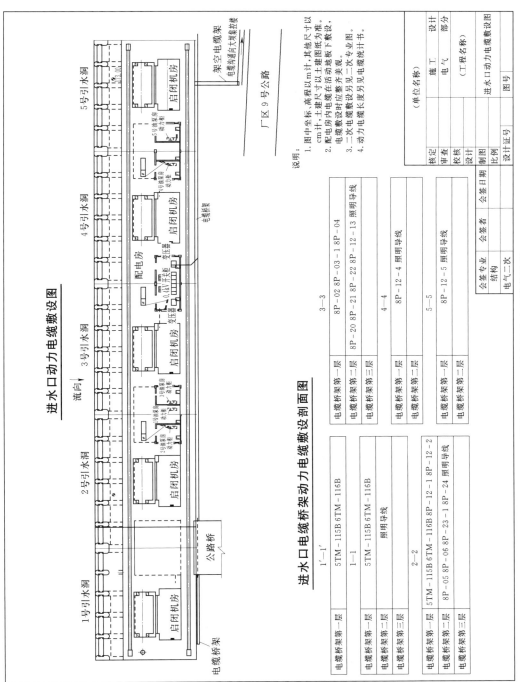

图 5－5－13　进水口动力电缆敷设图

第六章 其他常用电气图画法及要求

第一节 端 子 图 （表）

端子图用于表示各设备、装置、屏柜之间的端子排电缆接线情况，采用简图或表格方式制图。

（一）主要图示内容

端子图的主要图示内容包括：电缆参数，包括编号、型号、使用芯数和起止点；端子排及端子号；端子上连接电缆芯；端子排短接线和接地等。

（二）制图要点

（1）端子图应根据设备端子排的实际排列顺序依次绘制，以便施工。

（2）端子图一般都需标注对应设备原理接线图图号和相应厂家设备图号。

（3）端子图一般在厂家设备端子图的基础上绘制，因此能够反映端子排至设备的厂家接线，但一般不描述电缆中各电缆芯与端子的一一对应关系；端子表一般不反映厂家配线，但能够描述电缆芯与端子的一一对应关系。

（三）样图

端子图的举例，如图 5-6-1 所示的线路保护柜端子接线图。端子表的举例，见表 5-6-1（a）和表 5-6-1（b）中的 1 号发电机高压油顶起控制箱（＝U1＋BU15）端子接线表的封面页与内容页。

第二节 设备元件 （材料） 表

设备元件（材料）表用于表示电气图中系统或设备组成元件和材料的型号、数量、重量、产地等相关数据，采用表格方式制图，一般与系统图、电路图和布置图联合绘制，但也可以作为附件单独成册。

（一）主要图示内容

设备元件（材料）表的主要图示内容包括：设备元件或材料的代号、名称、型号、主要技术参数、数量、重量、生产厂家和产地等，有时还包括价格。与不同种类的电气图联合绘制时，设备元件（材料）表述的内容有所差异，除代号、名称等基本内容相同外，在系统图和电路图中需侧重表述电气参数，在布置图中需侧重表述尺寸、重量和数量；在订货图中则需侧重表述电气参数、数量、生产厂家和产地等价格影响因素。

（二）制图要点

（1）设备元件或材料的代号一般采用数字顺序编号，就近标注与设备元件或材料的附近，同样的设备或元件需采用同一代号。

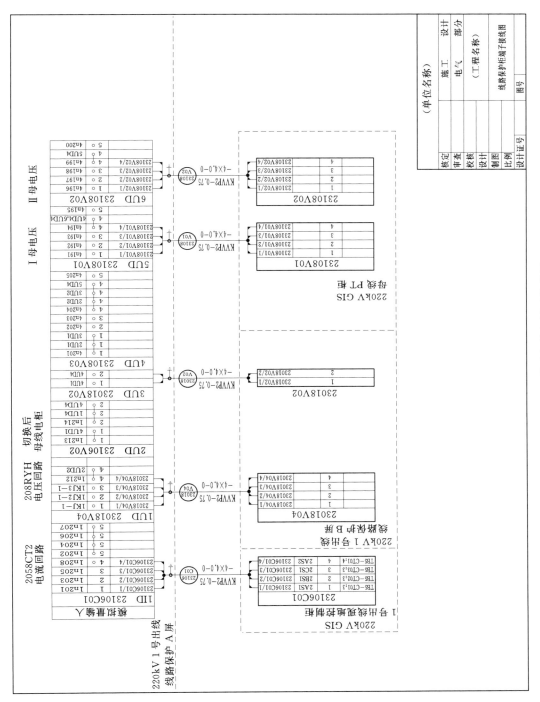

图 5 - 6 - 1 线路保护柜端子接线图

表 5 - 6 - 1 （a） 1 号发电机高压油顶起控制箱 （=U1＋BU15） 端子接线表 （封面页）

序号	电缆编号	电缆型号及规格（型号·芯数×截面 mm²）	使用芯数	电缆走向		备注
				起点	终点	
1	U*/26D4	DWZR－NHA－KYJVP2－23 2×4	2	=U1＋BU15	=U1＋PS1	
2	U*/66171	DWZR－KYJVP23 10×1.0	7	=U1＋BU15	=LCU1R＋RI01－5	
3	U*/66172	DWZR－DJYJPVP23 2×2×1.0	2	=U1＋BU15	=LCU1R＋RI01－5	
4	U*/66173	DWZR－KYJVP23 4×1.5	3	=U1＋BU15	=LCU1R＋RI01－4	
5	U*/2616	DWZR－NHA－KYJVP23 4×1.5	2	=U1＋BU15	=LCU1R＋PC3	

参考图：接口原理图 95E55－G009－2，ALSTOM 机组厂家图纸。

说明：图中仅表示外部电缆接线及盘内新增加或拆除的短接线，盘内配线详见厂家图纸。

核定		设计	
审查		部分	
校核		电气	
设计		施工	
制图			
比例		（工程名称）	
设计证号		（单位名称）	

1 号发电机高压油顶起控制箱
（=U1＋BU15）端子接线表

=U*＋BU15   图号

表 5-6-1（b）　1号发电机高压油顶起控制箱（=U1＋BU15）端子接线表（内容页）

高层代号	位置代号	种类代号	端子号	端子排（左）	端子号	种类代号	位置代号	高层代号	U1/66171/66171	U1/66172/66171	U1/2616/66172	U1/66173/66171
				-X1								
				1	21	-1D	+PS1	=U1				
				2	22	-1D	+PS1	=U1				
				PE								
				3	42	-X211	+RIO1-5	=LCU1R	1			
				4	37	-X211	+RIO1-5	=LCU1R	2			
				PE								
				-X5								
				1	38	-X211	+RIO1-5	=LCU1R	3			
				2								
				3	1	-X212	+RIO1-5	=LCU1R	4			
				4								
				5								
				6	2	-X212	+RIO1-5	=LCU1R	5			
				7								
				8								
				9								
				10								
				11								
				12	3	-X212	+RIO1-5	=LCU1R	6			
				13								
				14								
				15	4	-X212	+RIO1-5	=LCU1R	7			
	-SW		13	16								
				17								
				18								
				19	31	-X13	+RIO1-5	=LCU1R		1		
				20	32	-X13	+RIO1-5	=LCU1R		2		
				…								
				-X10								
				+	29	-X02	+PC3	=LCU1R			1	
				+	11	-K16	+RIO1-4	=LCU1R				1
				21	63	-X02	+PC3	=LCU1R			2	
				22	14	-K16	+RIO1-4	=LCU1R				2
				23	14	-K17	+RIO1-4	=LCU1R				3

1号发电机高压油顶起控制箱（=U1＋BU15）端子接线表

=U1+BU15　设计证号

图号

开关柜安装号	20号	21号	22号	23号	24号	25号	26号	27号	28号	29号	30号
开关柜方案编号											
用途	母联	馈线	进线	馈线	进线	馈线	馈线	馈线	馈线	馈线	测量、保护
铜母线 额定电流/A 1600											
铜母线 额定短时耐受电流（kA，4S有效值） 25											
铜母线 额定峰值耐受电流/kA 63											
一次线路方案图	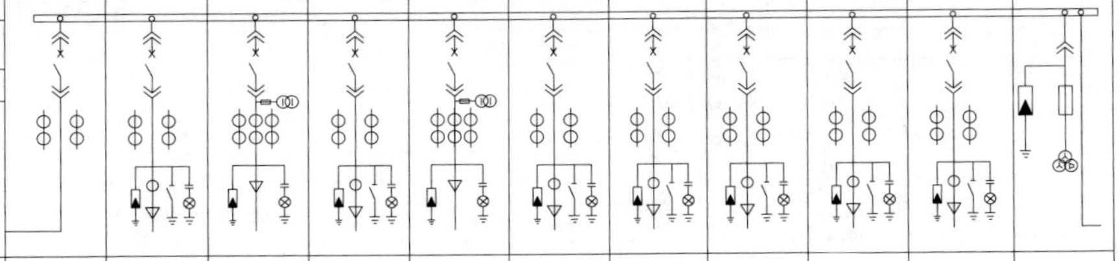										
回路编号											
回路名称	母联分段	备用	施工变电所2号进线	2号大坝10kV	3号机厂用变进线	1号2号机组	备用	厂内照明	500kV变电所	1号厂内公用	PT
回路电流/A	290		290	290	290	61		25	61	38	
真空断路器 型号											
真空断路器 额定电流/A	1250	630	1250	1250	1250	630	1250	630	630	630	
真空断路器 额定开断电流(kA有效值)	25	25	25	25	25	25	25	25	25	25	
真空断路器 额定关合电流峰值/kA	63	63	63	63	63	63	63	63	63	63	
真空断路器 操作机构	弹簧操作	弹簧操作	弹簧操作	弹簧操作	弹簧操作	弹簧操作	弹簧操作	弹簧操作	弹簧操作	弹簧操作	
真空断路器 操作电源电压	DC 220V	DC 220V	DC 220V	DC 220V	DC 220V	DC 220V	DC 220V	DC 220V	DC 220V	DC 220V	
电流互感器 型号 数量	2	2	3	2	3	2	2	2	2	2	
电流互感器 变比	500/5	75/5	500/5	500/5	500/5	100/5	500/5	40/5	100/5	75/5	
电流互感器 容量/VA	15/15	10/15	15/15	15/15	15/15	10/15	15/15	10/15	10/15	10/15	
电流互感器 准确级	0.2/5P20	0.2/5P20	0.2/5P20	0.2/5P20	0.2/5P20	0.2/5P20	0.2/5P20	0.2/5P20	0.2/5P20	0.2/5P20	
零序电流互感器 型号 数量		50/1A 1		50/1A 1		50/1A 1	50/1A 1	50/1A 1	50/1A 1	50/1A 1	
电压互感器 型号 数量			1		1						3
电压互感器 变比			10/0.1		10/0.1						$\frac{10}{\sqrt{3}}/\frac{0.1}{\sqrt{3}}/\frac{0.1}{3}$
电压互感器 容量/VA 准确级			100 0.5		100 0.5						30/100 0.2/6P
熔断器规格型号 数量			1		1						3
避雷器规格型号 数量		3	3	3	3	3	3	3	3	3	3
接地开关规格型号 数量		1		1		1	1	1	1	1	
带电显示器型号 数量	1	1	1	1	1	1	1	1	1	1	
仪表 电度表型号 数量	1	1	1	1	1	1	1	1	1	1	
仪表 电流表型号 数量	1	1	1	1	1	1	1	1	1	1	
仪表 电压表型号 数量											1
开关柜尺寸/mm		宽为800 深为不大于1600 高为不大于2300									
备注			1根 YJV-3X185	1根 YJV-3X185	3根 YJV-185	1根 YJV-3X185	1根 YJV-3X185		1根 YJV-3X185	1根 YJV-3X185	

10kV开关柜布置图

后面

1	2	3	4	5	6	7	8	9	10	11	12	13	14	15	16	17	18	19	20	21

前面　母线桥

39	38	37	36	35	34	33	32	31	30	29	28	27	26	25	24	23	22

后面

说明：

1. 开关柜的技术要求见招标文件。
2. 有关控制保护的要求见招标文件。

会签专业	会签者	会签日期

（单位名称）		
核定		施　工　设计
审查		电　气　部分
校核		（工程名称）
设计		
制图		厂房10kV开关柜订货图
比例		
设计证号		图号

图 5-6-2　厂房 10kV 开关柜订货图

（2）不同设备元件（材料）的技术参数不同，一般优先标注铭牌技术参数。

（3）如有需要特别说明的问题，如供货范围划分，则可以增加备注栏进行补充说明。

（三）样图

设备元件（材料）表举例，厂房 $10kV$ 开关柜订货见图 $5-6-2$。

第三节　流　　程　　图

流程图采用图形符号和文字符号相结合的方式，全面描述某个控制系统的工作全过程，多用于指导电气设备控制系统的操作流程编程。为便于识别，绘制流程图的图形符号一般含义如下：圆角矩形或圆形表示开始和结束，矩形表示动作方案、工作环节，菱形表示问题判断或判定环节，用平行四边形表示输入输出，箭头代表工作流方向。

对于简单系统或设备的控制流程，如断路器分合控制流程等，一般仅需相关厂家独立绘制即可。但是，对于大型机电系统，如水轮发电机组和大型泵组，由于涉及多个电气或机械系统联合运行，一般需要由设计单位协调绘制控制流程图，如机组开停机流程图。

一、机组开停机流程图

机组开停机流程图用于表示机组开停机过程，主要包括开机流程、停机流程、事故停机流程和紧急停机流程，采用流程图方式制图。

（一）主要图示内容

机组开停机流程图的主要图示内容包括：触发条件，包括操作指令和各种电气、机械事故；执行步骤，如开关导叶、投退励磁、并网或解裂等；判断标准，一般指操作是否成功，或观测量是否达标；执行结果。

（二）制图要点

（1）需按照开机流程、停机流程和事故停机流程分别绘制流程图。

（2）需按照流程各步骤分别说明所需条件和执行结果。

（3）为了便于计算机编程，流程图宜采用单线程的方式表述，不宜采用多线程的方式表述。

（三）样图

机组开停机流程图举例，机组空载开机流程见图 $5-6-3$。

二、分合控制流程图

分合控制流程图用于表示断路器、隔离开关和接地开关分合遥控操作的流程，采用流程图方式制图。

（一）主要图示内容

分合控制流程图的主要图示内容包括：触发条件，即遥控操作指令；执行步骤，即分合操作；判断标准，一般指分合操作是否到位，本体闭锁条件和外部联锁条件是否满足等；执行结果。

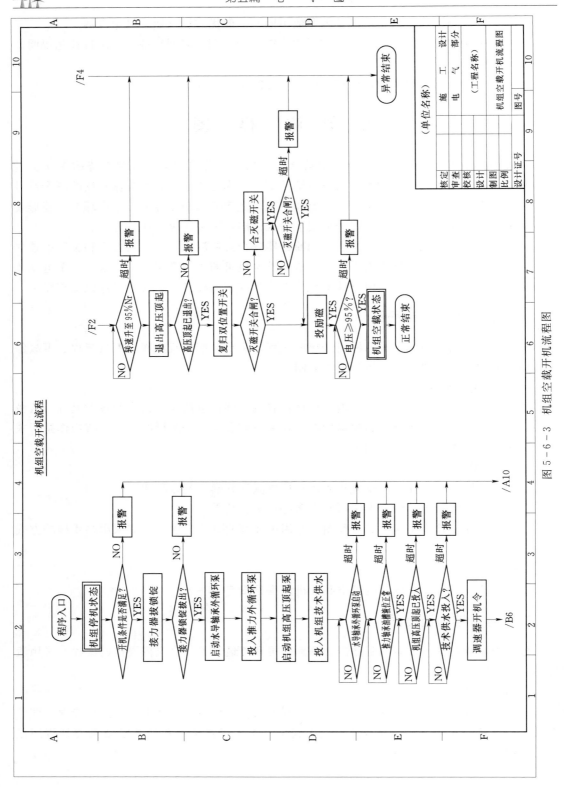

图 5－6－3 机组空载开机流程图

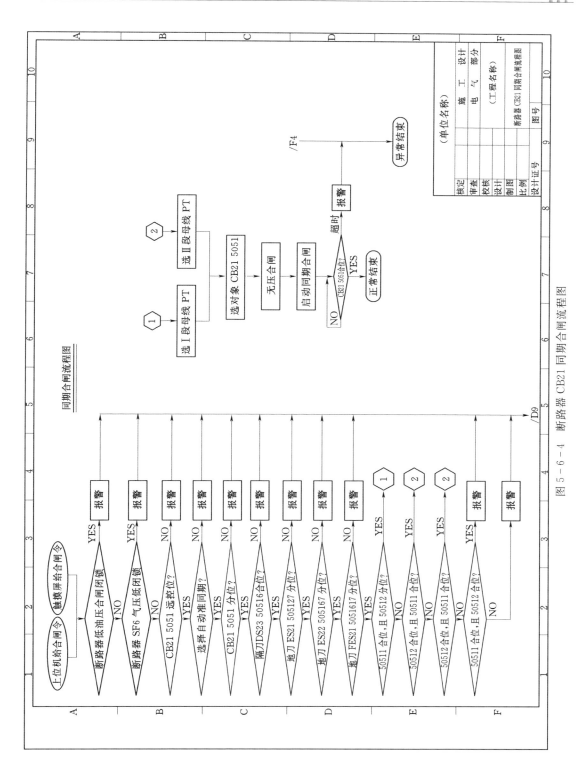

图 5 - 6 - 4　断路器 CB21 同期合闸流程图

（二）制图要点

（1）一般可根据断路器、隔离开关和接地开关的操作联锁原理完成外部联锁流程。

（2）需按照流程各步骤分别说明所需条件和执行结果。

（3）为了便于计算机编程，流程图宜采用单线程的方式表述，不宜采用多线程的方式表述。

（三）样图

分合控制流程图举例，断路器 CB21 同期合闸流程见图 5－6－4。

第四节　逻　辑　图

逻辑图使用逻辑符号描述某个过程的逻辑关系和因果关系的简图，主要用于图示设备生产过程中程序的逻辑关系。在水利水电工程设计中逻辑图使用较少，典型的逻辑图包括继电保护调闸矩阵表和操作联锁关系表。

一、继电保护跳闸矩阵表

继电保护跳闸矩阵表用于表示保护系统跳闸的步骤、对象和配合关系，采用表格或简图方式制图。

（一）主要图示内容

继电保护跳闸矩阵表的主要图示内容包括：保护功能，跳闸动作对象，跳闸时限。

（二）制图要点

（1）保护跳闸矩阵需根据保护整定值绘制。

（2）保护功能宜使用功能代号表示。

（三）样表

继电保护跳闸矩阵表举例，发电机保护 A 盘跳闸矩阵见表 5－6－2。

二、操作联锁关系表

操作联锁关系表用于放映反映断路器、隔离开关和接地开关的操作闭锁关系，采用表格方式制图。

（一）主要图示内容

操作联锁关系表的主要图示内容包括：联锁对象，闭锁逻辑关系。

（二）制图要点

（1）可以不反映实际的接线回路。

（2）联锁关系可以采用矩阵表格方式。

（三）样表

操作联锁关系表举例，500kV GIS 间隔操作联锁关系见表 5－6－3。

发电机保护 A 盘跳闸矩阵表

表 5 - 6 - 2

发电机保护 A 盘	压板代号	保护出口作用对象										
		跳发电机开关第一线圈	跳发电机开关第二线圈	跳灭磁开关第一线圈	跳灭磁开关第二线圈	跳主变高压侧第一线圈	跳主变高压侧第二线圈	跳厂变低压侧开关	启动机组消防系统	停机	启动高压侧开关失灵保护	发信号
		1TLP1		1TLP3		1TLP7		1TLP11	1TLP13	1TLP5		
发电机纵差保护(87G-1)	1LP1	√		√								√
不完全纵差保护(87GSP-1)	1LP3	√		√				√	√	√		√
不安全裂相横差(87GUP-1)	1LP5	√		√				√	√	√		√
定子一点接地 95%(64G-1)	1LP7	√										√
定子一点接地 100%(64G-1)	1LP8											√
定子过电压保护(59G-1)	1LP14	√		√								√
定子过负荷定时限(51G-1)	1LP10	√										√
定子过负荷反时限(51G-1)												√
负序电流定时限保护(46G-1)	1LP11	√										√
负序电流反时限保护(46G-1)												√
失磁保护(40G-1)	1LP12	√		√								√
失步保护(78G-1)	1LP13											√
发电机后备保护 t1(11G-1)	1LP6	√		√		√	√	√				√
发电机后备保护 t2(11G-1)												√
发电机过激磁定时限(24G-1)	1LP15	√		√								√
发电机过激磁反时限(24G-1)												√
转子一点接地保护(64E-1)	1LP9			√								√
转子过负荷定时限(51E-1)	1LP20	√										√
转子过负荷反时限(51E-1)												√
轴电流保护 t1(38/51-1)	1LP25	√										√
轴电流保护 t2(38/51-1)												√
逆功率保护 t1(32-1)	1LP16	√										√
逆功率保护 t2(32-1)												√
机组误上电保护(97-1)	1LP18	√								√		√
PT断线(95-1)	1LP21	√		√								√
CT断线(96-1)	1LP22	√		√								√
励磁变速断保护(50ET-1)												√
励磁变过流保护(51ET-1)	1LP23	√		√								√
励磁变过负荷(51ETL-1)												√
励磁变温升(49ET-1)	1LP27	√		√						√		√

表 5 - 6 - 3

500kV GIS 间隔操作联锁关系表

现地间隔控制柜（联锁关系表1）			=B1+Q1								=B1+Q2										=B1+Q3								NHV
设备类型	名称	操作	-QB2	-QC2	-QA1	-QC1	-QB1	-QC3	-QB3	-QC9	-QB2	-QC2	-QA1	-QC1	-QB1	-QB2	-QC2	-QA1	-QC1	-QB1	-QB2	-QC2	-QA1	-QC1	-QB1	-QC3	-QB3	-QC9	
=B1+Q1																													
DS	-QB2	close/open		O	O	O																							
ES	-QC2	close/open	O																										
CB	-QA1	close	EP																										
ES	-QC1	close/open	O																										
DS	-QB1	close/open		O	O	O		O	O																				
ES	-QC3	close/open			O		O		O																				
DS	-QB3	close/open					O	O		O																			O
HSES	-QC9	close/open							O																					
=B1+Q2																													
DS	-QB2	close/open										O	O	O			O	O	O										
ES	-QC2	close/open									O					O													
CB	-QA1	close									EP				EP				EP										
ES	-QC1	close/open									O				O				O										
DS	-QB1	close/open										O	O	O			O	O	O										
=B1+Q3																													
DS	-QB2	close/open																			O	O	O						
ES	-QC2	close/open																		O									
CB	-QA1	close																		EP				EP					
ES	-QC1	close/open																		O									
DS	-QB1	close/open																			O	O	O		O	O			
ES	-QC3	close/open																		O			O		O				
DS	-QB3	close/open																					O	O		O			O
HSES	-QC9	close/open																							O				
HSES	-QC9	close/open																											

说明：O 为分闸；C 为合闸；EP 为操作到位（合位或分位）；NHV 为线路或主变侧无压；DS 为隔离开关；ES 为接地开关；HSES 为快速接地开关。

第七章　电气三维图画法及要求

在水利水电工程的设计中，现有的二维设计工具在表达复杂空间布置时，具有表达深度和直观性的局限性。二维设计平台无法满足多专业协同设计的要求，为避免各专业设计产品之间"错、碰、漏"目前各设计单位正都大力开展三维设计。

电气三维设计主要是在厂房和坝工三维布置图中添加电气三维设备，并将主要电气设备进行电气连接，以便与建筑物、管道、各种机械设备进行碰撞检查，同时也可以在三维布置图实现直观准确地电气距离校核。

第一节　电气设备布置流程

电气设备布置流程如下。

（一）设备模型绘制

根据相关厂家的设备资料，建立设备模型库，以便设计中快捷调用。对于设备模型主要反映设备外形轮廓，带电部位的位置及形状，而不必反映电气设备内部的具体构造细节。

（二）对设备模型赋予属性

在三维模型库中对电气设备模型赋予属性，如设备的类别、电压等级、带电部位及尺寸等其他重要信息，以便实现如下功能：

（1）通过模型尺寸参数化，在碰到同类型模型库的设备时可以进行快速修改调用，以节省大量的工作量。

（2）在三维布置图纸自动进行电气设备的工程量统计。

（3）由于对设备带电部分进行界定，可以进行三维电气安全距离校核。

设备三维模型样图，变压器主体三维模型见图 5-7-1。

（三）设备布置

在厂房结构基础上，将绘制的发电机、配电盘、发电机中性点设备、地面出线场设备模型布置到厂房相应位置，离相封闭母线、GIS 设备等按电气设计需要组装在一起。设备布置过程中，应与厂房、水机、暖通等专业密切配合，实时检查调。

（四）导线挂接

在完成电气设备布置后需进行设备间的导线挂接，该项工作需准确直观反映出如下内容：导线的分裂根数，绝缘子的型式、绝缘子串的型式。

设备布置三维模型样图，变电站三维模型见图 5-7-2。

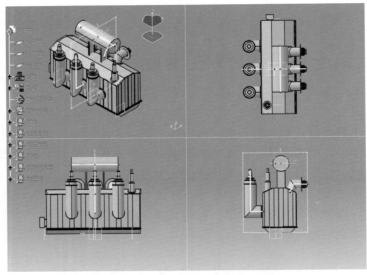

图 5-7-1 变压器主体三维模型

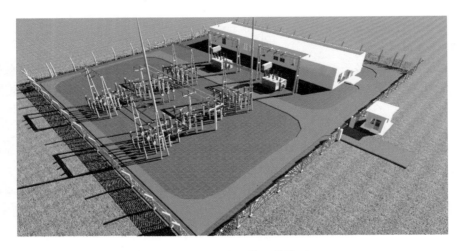

图 5-7-2 变电站三维模型

第二节 电 缆 桥 架 设 计

电缆桥架设计作为电气三维设计的一部分是不可或缺的,部分三维软件能直观、方便地进行桥架设计。可以导入部分常用的厂家桥架尺寸,并且支持桥架自定义定制。电缆桥架布置方便,可以自动添加弯通、三通和四通。并且可以通过线条自动生成桥架,各种弯通、三通、四通自动连接,方便智能。

全厂桥架设计流程如下:

(1) 根据厂房设计,规划桥架走向,选定软件自带的桥架进行设计布置。

(2) 在对桥架布置完成后,还可以添加托臂、工字钢等,按照设计要求,放置在适当的高程。在布置时避免与水工和其他专业结构碰撞。

　　电缆桥架三维模型见图 5-7-3。

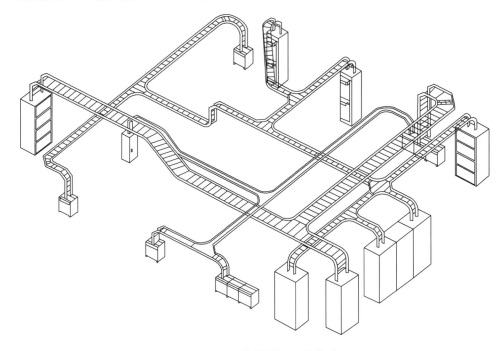

图 5-7-3　电缆桥架三维模型

第三节　照　明　布　置

　　照明设计需要大量的灯具、开关插座等设备，首先需要绘制灯具、插座、开关模型，然后进行照明灯具布置。

　　在实际应用中，部分软件还提供了照度计算的功能。这样可以大大减少因为人工计算房间面积产生的错误，可生成相关数据库以方便查阅照明灯具的负载或者外形尺寸。计算布置完毕以后，可以生成照度计算表。

第四节　生　成　施　工　图　纸

　　三维软件可以通过动态切图切出二维图，然后通过软件自带的标注功能，按照统一的出图模式，标注样式进行出图。

　　首先利用已经建好的图框建立图纸文件，将需要出图的视图进行尺寸标注，对视图属性进行相应设置，然后将视图设置成合适的出图比例添加到图纸文件中，最后在图纸文件中对视图进行文字注释。

　　在图纸中，可以添加不同比例的视图和明细表、设备表等，还可以直接将 CAD 文件导入到图纸中使用。

第八章 电气图常用图形符号

本章列举了水利水电工程中常用的简图符号，并将这些图形符号与《电气简图用图形符号》（GB/T 4728）和 IEC 标准《IEC 60617 database 2009》做了比对，以便选用。在使用过程中，一般优先使用等同中国国家标准或 IEC 标准的符号，若第八章中没有对应的内容，则可按照该标准规定的原则，使用限定符号和其他符号组合创建图形符号。

第一节 概 述

电气图常用图形符号包括限定符号，导线和连接器件图形符号，无源元件图形符号，电能的发生和转换图形符号，触点图形符号，开关装置和起动器图形符号，继电器和继电保护装置图形符号，保护器件图形符号，测量仪表、灯和信号器件图形符号，通信图形符号，电力和通信布置图形符号，线路图形符号，配电、控制和用电设备图形符号，插座、开关和照明图形符号，火灾自动报警图形符号，视频监控图形符号，计算机监控图形符号。

电气图常用图形符号中，等同采用《电气简图用图形符号》（GB/T 4728）或 IEC 标准中规定的图形符号，在表中使用"＝"标注。

第二节 限 定 符 号

一、电流和电压图形符号

电流和电压图形符号见表 5-8-1。

表 5-8-1 电流和电压图形符号

序号	图形符号	说　　明	IEC	GB
02-01-01	———	直流	＝	＝
02-01-02	〰	交流 频率或频率范围以及电压的数值需标注在符号右边，系统类型需标注在符号的左边	＝	＝
02-01-03	〰	交直流	＝	＝
02-01-04	〰	具有交流分量的整流电流 （注：当需要与稳定直流相区别时使用）	＝	＝
02-01-05	N	中性（中性线）	＝	＝
02-01-06	M	中间线	＝	＝
02-01-07	＋	正极	＝	＝
02-01-08	－	负极	＝	＝

二、可变性图形符号

可变性图形符号见表 5 - 8 - 2。当可变量是由外部器件控制时，例如用调节器控制电阻，其可变性是非内在的。当可变量决定于器件自身的性质时，例如电阻随电压变化或温度变化而改变，其可变性是内在的。可变性的符号需横跨主体符号，并与其中心线约成 45°。

表 5 - 8 - 2　　　　　　　　　可 变 性 图 形 符 号

序号	图形符号	说　　明	IEC	GB
02 - 02 - 01		可调节性，基本符号	=	=
02 - 02 - 02		可调节性，非线性	=	=
02 - 02 - 03		预调	=	=
02 - 02 - 04		步进动作	=	=
02 - 02 - 05		连续的可变性	=	=
02 - 02 - 06		自动控制	=	=
02 - 02 - 07		示例：导线的交叉连接（点）多线表示		
02 - 02 - 08		导线或电缆的分支和合并		
02 - 02 - 09	或	导线的不连接（跨越） 示例：单线表示		

序号	图形符号	说　　明	IEC	GB
02－02－10	或	导线的不连接（跨越） 示例：多线表示		
02－02－11	n	支路 注：一组相同并重复并联的电路的公共连接	=	=
02－02－12	n	换位：导体的换位	=	=
02－02－13	L1　L3	换位：相序的变更或极性的转换	=	=
02－02－14	L1　L3	相序的变更	=	=

三、力或运动的方向图形符号

力或运动的方向图形符号见表 5－8－3。

表 5 - 8 - 3 力或运动的方向图形符号

序号	图 形 符 号	说 明	IEC	GB
02 - 03 - 01		按箭头方向直线运动（单向）	=	=
02 - 03 - 02	减少←频率→增加 3 1 2	直线的运动（双向） 示例：当3从1向2移动时，频率增加	=	=
02 - 03 - 03		按箭头的方向环形运动、旋转、扭转， 环形运动（单向）	=	=
02 - 03 - 04		双向旋转、环形运动（双向）	=	=
02 - 03 - 05		两个方向均有限制的双向旋转或扭转、环形运动	=	=
02 - 03 - 06		振动	=	=

四、流动方向图形符号

流动方向图形符号见表 5 - 8 - 4。

表 5 - 8 - 4 流 动 方 向 图 形 符 号

序号	图形符号	说 明	IEC	GB
02 - 04 - 01		能量，信号的单向传播（单向传输）	=	=
02 - 04 - 02		同时双向传播（同时双向传输），同时发送和接收	=	=
02 - 04 - 03		不同时双向传播 交替的发送和接收	=	=
02 - 04 - 04		发送 （注：如箭头和符号组合在一起所表达的意思是明确的， 小圆黑点可以省略）	=	=
02 - 04 - 05		接收 （注：如箭头和符号组合在一起所表达的意思是明确的， 小圆黑点可以省略）	=	=
02 - 04 - 06		能量从母线输出	=	=
02 - 04 - 07		能量从母线输入	=	=
02 - 04 - 08		双向能量流动（向母线输入和从母线输出）	=	=

五、特性量的动作相关性图形符号

特性量的动作相关性图形符号见表 5 - 8 - 5。

表 5-8-5　　　　　　　　　　特性量的动作相关性图形符号

序号	图形符号	说　　明	IEC	GB
02-05-01	$>$	特征量值大于整定值时动作	=	=
02-05-02	$<$	特征量值小于整定值时动作	=	=
02-05-03	$\gtrless$	特征量值大于高整定值或小于低整定值时动作	=	=
02-05-04	$=0$	特征量值为零时动作	=	=
02-05-05	≈ 0	特征量值近似于等于零时动作	=	=

六、效应或相关性图形符号

效应或相关性图形符号见表 5-8-6。

表 5-8-6　　　　　　　　　　效应或相关性图形符号

序号	图形符号	说　　明	IEC	GB
02-06-01		热效应	=	=
02-06-02		电磁效应	=	=
02-06-03		磁滞伸缩效应	=	=
02-06-04		磁场效应或磁场相关性	=	=
02-06-05		延时	=	=

七、辐射图形符号

辐射图形符号见表 5-8-7。箭头放在符号内表示自身具有辐射源。箭头指向一个符号，表示该符号代表的器件将对容易发生的所指类型的辐射有反应。箭头从一个符号离去，表示该符号代表的器件发射出所指类型的辐射。

表 5-8-7　　　　　　　　　　辐　射　图　形　符　号

序号	图形符号	说　　明	IEC	GB
02-07-01		非电离的电磁辐射 （注：如无线电波或可见光）	=	=
02-07-02		非电离的相干辐射 （注：如相干光）	=	=

八、信号波形图形符号

信号波形图形符号见表 5－8－8。

表 5－8－8　　　　　　　　信 号 波 形 图 形 符 号

序号	图形符号	说　　明	IEC	GB
02－08－01		正脉冲	＝	＝
02－08－02		负脉冲	＝	＝
02－08－03		交流脉冲	＝	＝
02－08－04		正阶跃函数	＝	＝
02－08－05		负阶跃函数	＝	＝
02－08－06		锯齿波	＝	＝

九、触点（触头）图形符号

触点（触头）图形符号见表 5－8－9。

表 5－8－9　　　　　　　　触 点 （触 头） 图 形 符 号

序号	图形符号	说　　明	IEC	GB
02－09－01		接触器功能	＝	＝
02－09－02		断路器功能	＝	＝
02－09－03		隔离开关（隔离器）功能	＝	＝
02－09－04		隔离开关（负荷开关）功能	＝	＝
02－09－05		自动释放功能	＝	＝
02－09－06		位置开关功能	＝	＝
02－09－07		手车式、抽屉式插口	＝	＝

十、绕组及其连接图形符号

绕组及其连接图形符号见表 5－8－10。

表 5－8－10　　　　　　　　　　　　**绕组及其连接图形符号**

序号	图形符号	说　　明	IEC	GB
02－10－01		两相绕组	＝	＝
02－10－02		V 形（60°）连接的三相绕组	＝	＝
02－10－03		三角形连接的三相绕组	＝	＝
02－10－04		开口三角形连接的三相绕组	＝	＝
02－10－05		星形连接的三相绕组	＝	＝
02－10－06		中性点引出的星形连接的三相绕组	＝	＝
02－10－07		曲折形或互联星形的三相绕组	＝	＝

十一、机械控制图形符号

机械控制图形符号见表 5－8－11。

表 5－8－11　　　　　　　　　　　　**机 械 控 制 图 形 符 号**

序号	图形符号	说　　明	IEC	GB
02－11－01		机械的连接，气动的连接，液压的连接	＝	＝
02－11－02		具有力或运动指示方向的机械连接		＝
02－11－03		具有指示旋转方向的机械连接 （注：箭头需视作从连接符号前面向里旋转）		＝
02－11－04		（注：当使用 02－11－01 符号位置太受限制时， 使用本符号）	＝	＝
02－11－05	形式 1	延时动作 （注：从圆弧向圆心方向移动的）	＝	＝
02－11－06	形式 2	延时动作	＝	＝
02－11－07		自动复位 （注：三角为指向返回方向）	＝	＝

序号	图形符号	说 明	IEC	GB
02－11－08		自锁 非自动返回 维持给定位置的器件	＝	＝
02－11－09		两器件间的机械联锁	＝	＝
02－11－10		脱扣的闭锁器件	＝	＝
02－11－11		锁扣的闭锁器件	＝	＝

十二、操作件和操作方法图形符号

操作件和操作方法图形符号见表 5－8－12。

表 5－8－12 操作件和操作方法图形符号

序号	图形符号	说 明	IEC	GB
02－12－01		手动操作件，基本符号	＝	＝
02－12－02		操作件（旋转操作）	＝	＝
02－12－03		操作件（按动操作）	＝	＝
02－12－04		紧急操作件（蘑菇头式的）	＝	＝
02－12－05		操作件（钥匙操作）	＝	＝
02－12－06	M	操作件（电动机操作）	＝	＝

十三、非电量控制图形符号

非电量控制图形符号见表 5－8－13。

表 5－8－13 非电量控制图形符号

序号	图形符号	说 明	IEC	GB
02－13－01		操作件（液位控制）	＝	＝
02－13－02		操作件（计数器控制）	＝	＝
02－13－03		操作件（流体控制）	＝	＝
02－13－04	θ	温度控制 （注：θ 可用 t° 代替）		
02－13－05	p	压力控制		
02－13－06	n	转速控制		
02－13－07	v	线性速率或速度控制		

十四、接地、接机壳和等电位图形符号

接地、接机壳和等电位图形符号见表 5 - 8 - 14。

表 5 - 8 - 14　　　　　　　　接地、接机壳和等电位图形符号

序号	图形符号	说　明	IEC	GB
02 - 14 - 01		接地，基本符号 （注：如表示接地的状况或作用不够明显，可补充说明）	=	=
02 - 14 - 02		低噪声接地	=	=
02 - 14 - 03		保护接地 （注：本符号可用于代替符号 02 - 14 - 01，以表示具有保护作用，例如在故障情况下防止触电的接地）	=	=
02 - 14 - 04		功能等电位联结	=	=
02 - 14 - 05		保护等电位联结	=	=

十五、其他图形符号

其他图形符号见表 5 - 8 - 15。

表 5 - 8 - 15　　　　　　　　其 他 图 形 符 号

序号	图形符号	说　明	IEC	GB
02 - 15 - 01		故障（用以表示假定故障位置）	=	=
02 - 15 - 02		闪络，击穿	=	=
02 - 15 - 03		导线间绝缘击穿		
02 - 15 - 04	形式 1	导线对机壳绝缘击穿		
02 - 15 - 05	形式 2			

序号	图形符号	说　明	IEC	GB
02－15－06		导线对地绝缘击穿		
02－15－07		永久磁铁	＝	＝
02－15－08		动触点 （注：如滑动触点）	＝	＝
02－15－09		变换器基本符号，转换器基本符号 （注：1. 若变换方向不明显，可用箭头表示在符号轮廓线上；2. 表示输入，输出和波形等的符号或代号，可以写进基本符号的每半部分内，以表示变换性质；3. 以对角线即斜线分隔符号表示转换功能）	＝	＝
02－15－10	X/Y	电流隔离器 （注：若有需要，隔离方法在限定符号下面示出） 示例：X/Y 用光耦合的电流隔离器		
02－15－11		模拟	＝	＝
02－15－12		数字	＝	＝
02－15－13		逻辑非，示在输入端 （注：连接线可以延长通过小圆）	＝	＝
02－15－14		逻辑非，示在输出端 （注：连接线可以延长通过小圆）	＝	＝

第三节　导线和连接器件图形符号

一、导线图形符号

导线图形符号见表 5－8－16。

表 5－8－16　　　　**导 线 图 形 符 号**

序号	图形符号	说　明	IEC	GB
03－01－01	———	导线，电线，电缆，通信线路， 传输通路（如微波技术），线路， 母线（总线）基本符号	＝	＝

序号	图形符号	说　明	IEC	GB
03－01－02		导线组（示出导线数）	＝	＝
03－01－03	3	导线组（示出导线数）	＝	＝
03－01－04	----110V 2×120mm² A	示例：直流电路，110V，两根铝导线，导线截面积为 120mm²	＝	＝
03－01－05	3N 50Hz 400V 3×120mm²＋1×50mm²	示例：三相电路，50Hz，400V，三根导线截面积均为 120mm²，中性线截面积为 50mm²	＝	＝
03－01－06		封闭母线（注：单独封闭母线时使用）		
03－01－07		软连接	＝	＝
03－01－08		屏蔽导体	＝	＝
03－01－09		绞合连接线（示出二根导线）	＝	＝
03－01－10		电缆中的导线（示出三根导线）	＝	＝
03－01－12		同轴对	＝	＝
03－01－13		连接到端子上的同轴对	＝	＝
03－01－14		屏蔽同轴对	＝	＝
03－01－15		交流电缆线路（现有）		
03－01－16		交流电缆线路（计划）		
03－01－17	±×××kV	直流电缆线路（现有）		
03－01－18	±×××kV	直流电缆线路（计划）		

二、端子和导线的连接图形符号

端子和导线的连接图形符号见表 5－8－17。

表 5 - 8 - 17 　　　　　　　　　　　　　端子和导线的连接图形符号

序号	图形符号	说　　明	IEC	GB
03 - 02 - 01	●	连接点	=	=
03 - 02 - 02	○	端子	=	=
03 - 02 - 03	Ø	可拆卸的端子	=	=
03 - 02 - 04		端子板	=	=
03 - 02 - 05		T 形连接	=	=
03 - 02 - 06	形式 1	导线的双 T 形连接	=	=
03 - 02 - 07	形式 2		=	=
03 - 02 - 08	n	多相系统的中性点（示出用单线表示）	=	=
03 - 02 - 09	$3\sim$ GS	每相两端引出，示出外部中性点的三相同步发电机（单线表示）	=	=
03 - 02 - 10	GS	（三相表示法）		=

三、连接器件图形符号

连接器件图形符号见表 5 - 8 - 18。

表 5 - 8 - 18 　　　　　　　　　　　　　连 接 器 件 图 形 符 号

序号	图形符号	说　　明	IEC	GB
03 - 03 - 01		插座，阴接触件（连接器的）	=	=
03 - 03 - 02		插头，阳接触件（连接器的）	=	=

序号	图形符号	说　　　明	IEC	GB
03－03－03		插头和插座	＝	＝
03－03－04		多极插头插座（示出带六个极）多线表示形式	＝	＝
03－03－05		单线表示形式		
03－03－06	形式 1	接通的连接片	＝	＝
03－03－07	形式 2		＝	＝
03－03－08		断开的连接片	＝	＝
03－03－09		插头插座式连接器（如 U 形连接），阳—阳	＝	＝
03－03－10		插头插座式连接器（如 U 形连接），阳—阴	＝	＝
03－03－11		插头插座式连接器，有插座的阳—阳	＝	＝
03－03－12		普通接线端子		
03－03－13		铭牌端子		
03－03－14		终端端子		
03－03－15		连接端子		

四、电缆附件图形符号

电缆附件图形符号见表 5－8－19。

表 5－8－19　　　　　　　　　　　电 缆 附 件 图 形 符 号

序号	图形符号	说　　　明	IEC	GB
03－04－01		电缆密封终端头（多线表示）	＝	＝
03－04－02		电缆密封终端头（单线表示）		
03－04－03		不需要示出电缆芯数的电缆终端头		
03－04－04		电缆密封终端头（示出带三根单芯电缆）	＝	＝

序号	图形符号	说　　明	IEC	GB
03 - 04 - 05		直通接线盒（示出带三根导线）多线表示	=	=
03 - 04 - 06		直通接线盒单线表示	=	=
03 - 04 - 07		接线盒（示出带三根导线 T 形连接）多线表示	=	=
03 - 04 - 08		接线盒（单线表示）	=	=

第四节　无源元件图形符号

一、电阻器图形符号

电阻器图形符号见表 5 - 8 - 20。

表 5 - 8 - 20　　　　　　　　电 阻 器 图 形 符 号

序号	图形符号	说　　明	IEC	GB
04 - 01 - 01		电阻器基本符号	=	=
04 - 01 - 02		可调电阻器	=	=
04 - 01 - 03		压敏电阻器、变阻器	=	=
04 - 01 - 04		热敏电阻器 （注：θ 可以用 $t°$ 代替）		
04 - 01 - 05		带滑动触点的变阻器	=	=
04 - 01 - 06		两个固定抽头的电阻器 （注：可增加或减少抽头数目）	=	=
04 - 01 - 07		两个固定抽头的可变电阻器		
04 - 01 - 08		分路器、带分流和分压端子的电阻器	=	=

序号	图形符号	说　　明	IEC	GB
04－01－09		加热元件	＝	＝
04－01－10		带滑动触点的电位器	＝	＝
04－01－11		带滑动触点和预调的电位器	＝	＝

二、电容器图形符号

电容器图形符号见表 5－8－21。

表 5－8－21　　　　　　　　　　　　　电 容 器 图 形 符 号

序号	图形符号	说　　明	IEC	GB
04－02－01		电容器，基本符号	＝	＝
04－02－02		极性电容器	＝	＝
04－02－03		可调电容器	＝	＝
04－02－04		双联同调可变电容器 （注：可增加同调联数）		
04－02－05		预调电容器	＝	＝

三、电感器图形符号

电感器图形符号见表 5－8－22。

表 5－8－22　　　　　　　　　　　　　电 感 器 图 形 符 号

序号	图形符号	说　　明	IEC	GB
04－03－01		电感器、线圈、绕组、扼流器，基本符号 （注：1. 变压器绕组见《电能的发生和转换》； 2. 如果要表示带磁芯的电感器，可以在该符号上加一条线，这条线可以带注释，用以指出非磁性材料。并且这条线可以断开画，表示磁芯有间隙； 3. 符号中半圆数目不作规定，但不得少于三个）	＝	＝

序号	图形符号	说　　　明	IEC	GB
04－03－02		带磁芯的电感器	＝	＝
04－03－03		磁芯有间隙的电感器	＝	＝
04－03－04		带磁芯连续可变的电感器	＝	＝
04－03－05		有两个抽头的电感器 （注：1. 可增加或减少抽头数目； 2. 抽头可在外侧两半圆交点处引出）	＝	＝
04－03－06		可变电感器	＝	＝

第五节　电能的发生和转换图形符号

一、电机部件及类型图形符号

电机部件及类型图形符号见表 5－8－23。

表 5－8－23　　　　　　　　**电机部件及类型图形符号**

序号	图形符号	说　　　明	IEC	GB
05－01－01		电机基本符号 符号内的星号需用下述字母代替： 　G　发电机 　GS　同步发电机 　GD　柴油发电机 　M　电动机 　MS　同步电动机 　SM　伺服电机 　TG　测速发电机 　TM　力矩电动机 　MG　抽水蓄能机组	＝	＝
05－01－02		直流发电机		
05－01－03		直流电动机		

序号	图形符号	说　明	IEC	GB
05－01－04	(G ~)	交流发电机		
05－01－05	(M ~)	交流电动机		
05－01－06	(~ C —)	交直流变流机		
05－01－07	(SM ~)	交流伺服电动机		
05－01－08	(SM —)	直流伺服电动机		
05－01－09	(TG ~)	交流测速发电机		
05－01－10	(TG —)	直流测速发电机		
05－01－11	(M ⌐)	步进电动机，基本符号	=	=
05－01－12	(✳)	自整角机，旋转变压器基本符号		
05－01－13	(M ---)	直流串励电动机	=	=
05－01－14	(M ---)	直流并励电动机	=	=
05－01－15	(M ---)	他励直流电动机		
05－01－16	(GS ‖‖‖)	每相绕组两端都引出的三相同步发电机	=	=
05－01－17	(GS ‖‖‖)	每相绕组两端都引出的三相同步发电机，中性点侧多分支引出（图示为中性点侧分 2 组分支引出，其他分组类推）		

序号	图形符号	说　明	IEC	GB
05－01－18	M 3～	三相鼠笼式感应电动机	＝	＝
05－01－19	M 3～	三相绕线式转子感应电动机	＝	＝
05－01－20	M	三相星形连接的感应电动机	＝	＝
05－01－21	＊	符号内的星号需用下列字母代替： CX　控制式自整角发送机 CT　控制式自整角变压器 TX　力矩式自整角发送机 TR　力矩式自整角接收机		
05－01－22	＊	符号内的星号需用下列字母代替： CDX　控制式差动自整角发送机 TDX　力矩式差动自整角发送机 TDR　力矩式差动自整角接收机		
05－01－23	＊	符号内的星号需用下列字母代替： R　旋转变压器（正余弦旋转变压器，线性旋转变压器） RX　旋转变压器发送机 RT　转变变压器 RDX　变压器差动发送机 Ph　感应移相器		
05－01－24	SM 2～	两相伺服电动机		
05－01－25	TG ～	交流测速发电机		
05－01－26	SM～　TG～	交流伺服测速机组		
05－01－27	SM　TG	直流伺服测速机组		
05－01－28	M	三相步进电动机 （注：对多相步进电动机用多根出线表示， 如四相则用四根线表示，以此类推）		

二、变压器、电抗器和互感器图形符号

变压器、电抗器和互感器图形符号见表5-8-24。

同类型变压器有两种符号形式：形式1，用一个圆表示每个绕组，限于单线表示。在这种形式中不用变压器铁芯符号；形式2，使用符号第四节中04-03-01表示每个绕组，可改变半圆的数量，以区分某些不同的绕组，变压器铁芯的表示见第四节中的04-03-02。

电流互感器和脉冲变压器的符号可用直接表示初级绕组，次级绕组可使用上列任一形式。

表5-8-24　　　　　　　　　变压器、电抗器和互感器图形符号

序号	图形符号		说　明	IEC	GB
	形式1	形式2			
05-02-01		铁芯		
05-02-02		带间隙的铁芯		
05-02-03			双绕组变压器，基本符号； 电压互感器 带瞬时电压极性指示的 双绕组变压器	＝	＝
05-02-04			三绕组变压器，基本符号	＝	＝
05-02-05			自耦变压器，基本符号	＝	＝
05-02-06			电抗器，扼流圈，基本符号	＝	＝
05-02-07			电流互感器，脉冲变压器，基本符号	＝	＝
05-02-08			绕组间有屏蔽的双绕组变压器	＝	＝

序号	图形符号		说　明	IEC	GB
	形式 1	形式 2			
05 - 02 - 09			在一个绕组上有中间抽头的变压器	≡	≡
05 - 02 - 10			耦合可变的变压器	≡	≡
05 - 02 - 11			星形—三角形连接的三相变压器	≡	≡
05 - 02 - 12			单相变压器组成的三相变压器 星形—三角形连接	≡	≡
05 - 02 - 13			具有有载分接开关的三相变压器 星形—三角形连接	≡	≡
05 - 02 - 14			三相变压器 星形—星形—三角形连接	≡	≡

序号	图形符号		说　　明	IEC	GB
	形式 1	形式 2			
05－02－15			三相变压器 星形—三角形—三角形		
05－02－16			单相自耦变压器	=	=
05－02－17			三相自耦变压器 星形连接	=	=
05－02－18			可调压的单相自耦变压器	=	=
05－02－19			有铁芯并有第二绕组的三相自耦变压器 有中性点引出线的星形—三角形		

序号	图形符号		说　明	IEC	GB
	形式 1	形式 2			
05 - 02 - 20			有铁芯的三相三绕组电压互感器。 两个绕组为带中性点引出线的星形； 第三绕组为开口三角形		
05 - 02 - 21			V—V 连接的电压互感器 （两相双绕组电压互感器或 2 个 单相双绕组组合）		
05 - 02 - 22			单相双绕组电压互感器		
05 - 02 - 23			三个初级绕组，一个次级绕组的电流互感器 （注：一般用于零序电流互感器或脉冲变压器）		
05 - 02 - 24			具有两个铁芯，每个铁心有一个次级绕组的 电流互感器 （注：1. 形式 2 中铁芯符号可以略去； 2. 在初级电路每端示出的接线端子符号表示 只画出一个单独器件。当有 n 个次级绕组 时，需画出 n 个次级绕组）	=	=

序号	图形符号		说　明	IEC	GB
	形式 1	形式 2			
05-02-25	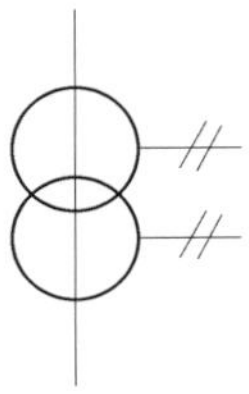	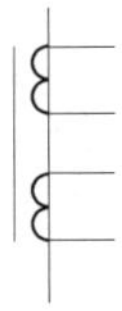	在一个铁芯上具有两个次级绕组的 电流互感器 （注：形式 2 的铁芯符号需示出）	=	=
05-02-26	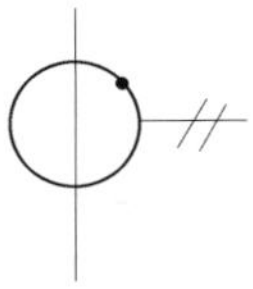	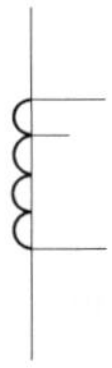	一个次级绕组带一个抽头的电流互感器	=	=
05-02-27	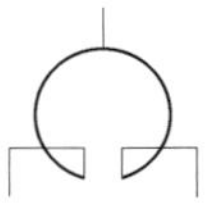		分裂电抗器		

三、消弧线圈图形符号

消弧线圈图形符号见表 5-8-25。

表 5-8-25　　　　　　消 弧 线 圈 图 形 符 号

序号	图形符号	说　明	IEC	GB
05-03-01		接地消弧线圈 （注：半圆数为 3 个）		

四、变流器图形符号

变流器图形符号见表 5-8-26。

表 5-8-26　　　　　　变 流 器 图 形 符 号

序号	图形符号	说　明	IEC	GB
05-04-01		直流变流器	=	=
05-04-02		整流器	=	=

序号	图形符号	说　明	IEC	GB
05 - 04 - 03		桥式全波整流器	=	=
05 - 04 - 04		逆变器	=	=
05 - 04 - 05		整流器/逆变器	=	=

五、原电池或蓄电池图形符号

原电池或蓄电池图形符号见表 5 - 8 - 27。

表 5 - 8 - 27　　　　　　　　　原电池或蓄电池图形符号

序号	图形符号	说　明	IEC	GB
05 - 05 - 01		原电池，蓄电池；电池组 （注：长线代表阳极，短线代表阴极，为了 强调短线可画粗些）	=	=
05 - 05 - 02		原电池组或蓄电池组		

第六节　触点图形符号

一、一般触点图形符号

一般触点图形符号见表 5 - 8 - 28。

表 5 - 8 - 28　　　　　　　　　一般触点图形符号

序号	图形符号	说　明	IEC	GB
06 - 01 - 01	或	动合（常开）触点，基本符号	=	=
06 - 01 - 02	或	动断（常闭）触点	=	=

续表

序号	图形符号	说　明	IEC	GB
06 - 01 - 03		先断后合的转换触点	=	=
06 - 01 - 04		中间断开的转换触点	=	=
06 - 01 - 05	形式 1	先合后断的双向转换触点	=	=
06 - 01 - 06	形式 2		=	=

二、过渡触点图形符号

过渡触点图形符号见表 5 - 8 - 29。

表 5 - 8 - 29　　　　　**过 渡 触 点 图 形 符 号**

序号	图形符号	说　明	IEC	GB
06 - 02 - 01		吸合时的过渡动合触点	=	=
06 - 02 - 02		释放时的过渡动合触点	=	=
06 - 02 - 03		过渡动合触点	=	=

三、延时触点图形符号

延时触点图形符号见表 5 - 8 - 30。

表 5 - 8 - 30　　　　　　　　延 时 触 点 图 形 符 号

序号	图形符号	说　　明	IEC	GB
06 - 03 - 01		延时闭合的动合触点	＝	＝
06 - 03 - 02		延时断开的动合触点	＝	＝
06 - 03 - 03		延时断开的动断触点	＝	＝
06 - 03 - 04		延时闭合的动断触点	＝	＝
06 - 03 - 05		延时动合触点	＝	＝
06 - 03 - 06		触点组：由一个不延时的动合触点，一个吸合时延时闭合的动合触点和一个释放时延时闭合的动断触点组成的触点组	＝	＝

第七节　开关、开关装置和起动器图形符号

"推动"操作的器件一般具有弹性返回，一般不需示出自动复位符号（表 5 - 8 - 11 中 02 - 11 - 07），但存在闭锁的特殊情况下，定位符号（表 5 - 8 - 11 中 02 - 11 - 08）需予以示出。

旋转操作的器件一般没有自动复位，定位符号（表 5 - 8 - 11 中 02 - 11 - 08）不必示出。但存在自动复位的情况下，自动复位符号需示出。

一、单极开关图形符号

单极开关图形符号见表 5 - 8 - 31。

表 5 - 8 - 31　　　　　　　　　　　　单 极 开 关 图 形 符 号

序号	图形符号	说　明	IEC	GB
07 - 01 - 01		手动操作开关的基本符号	=	=
07 - 01 - 02		自动复位的手动按钮开关	=	=
07 - 01 - 03		无自动复位的手动按钮开关	=	=
07 - 01 - 04		无自动复位的手动旋转开关	=	=
07 - 01 - 05		自动复位的手动旋转开关	=	=

二、位置和限制开关图形符号

位置和限制开关图形符号见表 5 - 8 - 32。

表 5 - 8 - 32　　　　　　　　　　位 置 和 限 制 开 关 图 形 符 号

序号	图形符号	说　明	IEC	GB
07 - 02 - 01		带动合触点的位置开关	=	=
07 - 02 - 02		带动断触点的位置开关	=	=
07 - 02 - 03		组合位置开关	=	=

三、热敏开关图形符号

热敏开关图形符号见表 5 - 8 - 33。

表 5 - 8 - 33　　　　　　　　　　　　热 敏 开 关 图 形 符 号

序　号	图形符号	说　明	IEC	GB
07 - 03 - 01		带动合触点的热敏开关	=	=
07 - 03 - 02		带动断触点的热敏开关	=	=
07 - 03 - 03		带动断触点的热敏自动开关	=	=

四、动力控制器或操作开关图形符号

动力控制器或操作开关图形符号见表 5 - 8 - 34。

表 5 - 8 - 34　　　　　　　　　　动力控制器或操作开关图形符号

序　号	图形符号	说　明	IEC	GB
07 - 04 - 01		动力控制器 示出有两个无灭弧装置的动断（常闭）触点，四个有灭弧装置的动合（常开）触点和一个有灭弧装置的动断（常闭）触点，共 7 段电路		

序号	图形符号	说　　明	IEC	GB
07－04－02	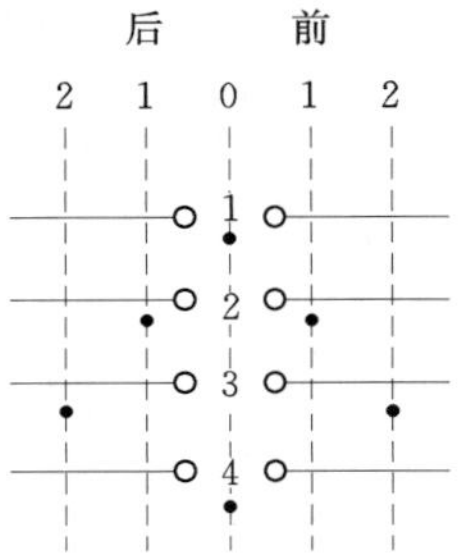 后　　　前 2 1 0 1 2 ○ 1 ● ○ 2 ● ○ 3 ● ○ 4 ●	**控制器或操作开关** 　　示出五个位置的控制器或操作开关，以"0"代表操作手柄在中间位置，两侧的数字表示操作数，此数字处亦可写手柄转动位置的角度。在该数字上方可注文字符号表示操作（如向前，向后，自动，手动等）。短划表示手柄操作触点开闭的位置线，有黑点"·"者表示手柄（手轮）转向此位置时触点接通，无黑点者表示触头不接通。复杂开关允许不以黑点的有无来表示触点的开闭而另用触点闭合来表示。多于一个以上的触点分别接于各线路中，可以在触点符号上加注触点的线路号（本图例为 4 个线路号）或触点号。若操作位置数多于或少于五个时，线路号多于或少于 4 个时，可仿本图形增减。一个开关的各触点允许不画在一起。		
07－04－03	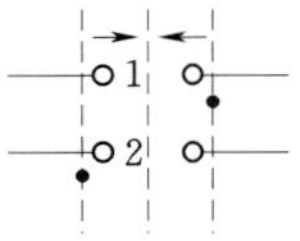 ○ 1 ● ● 2 ○	**自动复归控制器或操作开关** 　　示出两则自动复位到中央两个位置，黑箭头表示自动复归的符号，其他同符号 07－04－02		
07－04－04	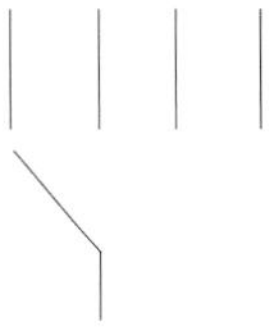	多位开关，最多四位	＝	＝
07－04－05	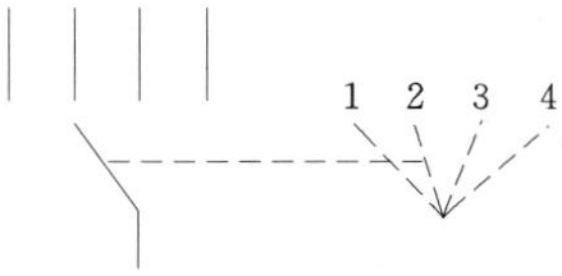 1 2 3 4	带位置图示的多位开关	＝	＝
07－04－06	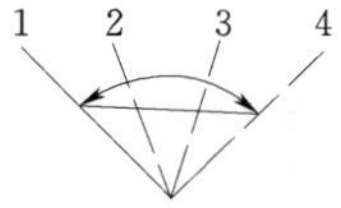 1 2 3 4	操作器件（例如手轮）仅仅能从 1 到 4 之间来回转动	＝	＝
07－04－07	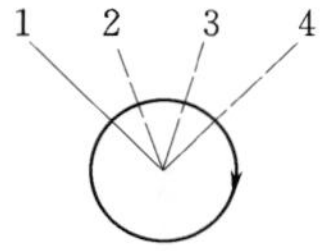 1 2 3 4	操作器件仅能按顺时针方向转动	＝	＝
07－04－08	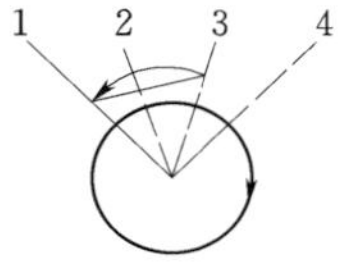 1 2 3 4	操作器件按顺时针方向转动时不受限制，但按逆时针方向时只能从位置 3 到 1	＝	＝

五、开关装置和控制装置图形符号

开关装置和控制装置图形符号见表5-8-35。

表5-8-35 开关装置和控制装置图形符号

序号	图形符号	说　明	IEC	GB
07-05-01		开关，基本符号		
07-05-02		多极开关基本符号单线表示		
07-05-03		多线表示		
07-05-04		接触器；接触器的主动合触点	=	=
07-05-05		带自动释放功能的接触器	=	=
07-05-06		接触器；接触器的主动断触点	=	=
07-05-07		断路器〔包括磁场断路器（灭磁开关）和自动空气开关〕	=	=

序号	图形符号		说　明	IEC	GB
07 – 05 – 08			隔离开关；隔离器	=	=
07 – 05 – 09			双向隔离器；双向隔离开关	=	=
07 – 05 – 10			隔离开关；负荷隔离开关	=	=
07 – 05 – 11			带自动释放功能的负荷隔离开关	=	=
07 – 05 – 12			手车式抽屉式断路器		
07 – 05 – 13			手车式抽屉式隔离开关		
07 – 05 – 14			带单侧接地闸刀的隔离开关		
07 – 05 – 15			带双侧接地闸刀的隔离开关		
07 – 05 – 16	16	17	短路开关		
07 – 05 – 17					

续表

序号	图形符号	说　明	IEC	GB
07－05－18		快速合闸的接地开关		
07－05－19		快速分离的隔离开关		
07－05－20		跳（合）闸线圈		

六、电动机起动器的方框符号图形符号

电动机起动器的方框符号图形符号见表5－8－36。

表 5－8－36　　　　　　　　　　　电动机起动器的方框符号图形符号

序号	图形符号	说　明	IEC	GB
07－06－01		电动机起动器基本符号	＝	＝
07－06－02		步进起动器 （注：起动步数可以示出）	＝	＝
07－06－03		调节—起动器	＝	＝
07－06－04		星—三角起动器	＝	＝
07－06－05		带自耦变压器的起动器	＝	＝

序号	图形符号	说　　　明	IEC	GB
07 - 06 - 06		带晶闸管的调节—起动器	=	=
07 - 06 - 07		频敏变阻起动器	=	=
07 - 06 - 08		等边三角形起动器		

第八节　继电器和继电保护装置图形符号

一、继电器图形符号

继电器图形符号见表 5 - 8 - 37。

表 5 - 8 - 37　　　　　　　　　　　继 电 器 图 形 符 号

序号	图形符号	说　　　明	IEC	GB
08 - 01 - 01		驱动器件，基本符号；继电器 线圈，基本符号	=	=
08 - 01 - 02		热继电器的驱动器件	=	=
08 - 01 - 03	P<	欠功率继电器	=	=
08 - 01 - 04	P←	逆功率继电器		

序号	图形符号	说　明	IEC	GB
08 - 01 - 05	I >	延时过流继电器	=	=
08 - 01 - 06	2(I>) 5···10A	延时过流继电器 （注：具有两个电流测量元件， 整定值范围从 5A 到 10A）	=	=
08 - 01 - 07	Q> 1M var 5···10s	无功过功率继电器 （注：能量流向母线，工作数值 1Mvar， 延时调节范围从 5s 到 10s）	=	=
08 - 01 - 08	U< 50···80V 130%	欠压继电器 （注：整定范围从 50V 到 80V 重整定比 130%）	=	=
08 - 01 - 09	I >5A <3A	电流继电器 （注：有最大和最小整定值， 示出定值为 5A 和 3A）	=	=
08 - 01 - 10	Z<	欠阻抗继电器	=	=
08 - 01 - 11	Sp	信号继电器	=	=
08 - 01 - 12		瓦斯保护器件；气体继电器	=	=
08 - 01 - 13	0 → I	自动重合闸器件；自动重合闸继电器	=	=

二、继电保护装置功能的方框符号图形符号

继电保护装置功能的方框符号图形符号见表 5 - 8 - 38。

表 5 - 8 - 38　　　　　　　　继电保护装置功能的方框符号图形符号

序号	图形符号	说　明	IEC	GB
08 - 02 - 01	I_0	零序电流保护		
08 - 02 - 02	I_0	零序方向电流保护		
08 - 02 - 03	I_N N	电流平衡保护（用于中性线回路）		
08 - 02 - 04	$I_2 >$	负序反时限过电流保护		
08 - 02 - 05	I_d *	差动保护 （*号代表发电机，变压器， 母线等的文字符号）		
08 - 02 - 06	I_d	零序差动电流保护		
08 - 02 - 07	I_d / I	比率差动电流保护		
08 - 02 - 08	$3I >$ B. F. R	断路器失灵保护		
08 - 02 - 09	$U/F >$	过激磁保护		
08 - 02 - 10	$U >$	过电压保护		

序号	图形符号	说　明	IEC	GB
08 - 02 - 11	U ⏚	接地保护		
08 - 02 - 12	P ←	逆功率保护		
08 - 02 - 13	P →	功率方向保护		
08 - 02 - 14	Z	阻抗保护		
08 - 02 - 15	Z ⏚	接地阻抗保护		
08 - 02 - 16	S ⏚	发电机定子接地保护		
08 - 02 - 17	R ⏚	发电机转子接地保护		
08 - 02 - 18	O → I	自动重合闸装置	=	=
08 - 02 - 19	*	自动装置和继电保护装置基本符号 （＊号填入各种不同装置的文字符号）		

第九节　保护器件图形符号

一、熔断器和熔断器式开关图形符号

熔断器和熔断器式开关图形符号见表 5 - 8 - 39。

表 5－8－39   **熔断器和熔断器式开关图形符号**

序号	图形符号	说　　明	IEC	GB
09－01－01		熔断器，基本符号	＝	＝
09－01－02		熔断器 （注：熔断器熔断后仍带电的一端用粗线表示）	＝	＝
09－01－03		熔断器；撞击器式熔断器	＝	＝
09－01－04		带报警触点的熔断器 （注：具有报警触点的三端熔断器）	＝	＝
09－01－05		独立报警熔断器	＝	＝
09－01－06		跌开式熔断器		
09－01－07		熔断器开关	＝	＝
09－01－08		熔断器式隔离开关；熔断器式隔离器	＝	＝
09－01－09		熔断器式负荷开关组合电器	＝	＝
09－01－10		带撞击式熔断器的三极开关 （注：任何一个撞击式熔断器熔断 即自动断开的三极开关）	＝	＝

二、火花间隙和避雷器图形符号

火花间隙和避雷器图形符号见表 5 - 8 - 40。

表 5 - 8 - 40 火花间隙和避雷器图形符号

序号	图形符号	说　明	IEC	GB
09 - 02 - 01		火花间隙	=	=
09 - 02 - 02		避雷器	=	=
09 - 02 - 03		击穿保险		

第十节　测量仪表、灯和信号器件图形符号

一、指示仪表图形符号

指示仪表图形符号见表 5 - 8 - 41。

表 5 - 8 - 41 指 示 仪 表 图 形 符 号

序号	图形符号	说　明	IEC	GB
10 - 01 - 01	V	电压表	=	=
10 - 01 - 02	A	电流表		
10 - 01 - 03	W	功率表		
10 - 01 - 04	var	无功功率表	=	=
10 - 01 - 05	$\cos\varphi$	功率因数表	=	=

续表

序号	图形符号	说　　明	IEC	GB
10－01－06	Hz	频率计	＝	＝
10－01－07		同步表（同步指示器）	＝	＝
10－01－08		示波器	＝	＝
10－01－09		检流计	＝	＝
10－01－10	θ	温度计；高温计	＝	＝
10－01－11	n	转速表	＝	＝
10－01－12	ΣW	有功总加表		
10－01－13	Σvar	无功总加表		

二、积算仪表图形符号

积算仪表图形符号见表 5－8－42。

表 5－8－42　　　　　　　　　积 算 仪 表 图 形 符 号

序号	图形符号	说　　明	IEC	GB
10－02－01	Wh	电度表（瓦特小时计）	＝	＝
10－02－02	Wh	电能表，计算单向传输的能量	＝	＝

序号	图形符号	说　明	IEC	GB
10－02－03	Wh	电能表，计算从母线流出的能量	＝	＝
10－02－04	Wh	电能表，计算流向母线的能量	＝	＝
10－02－05	Wh	电能表，计算双向流动的能量	＝	＝
10－02－06	Wh	复费率电能表 （注：示出二费率）	＝	＝
10－02－07	Wh	带发送器电能表	＝	＝
10－02－08	varh	无功电能表	＝	＝

三、遥测器件图形符号

遥测器件图形符号见表 5－8－43。

表 5－8－43　　　　　　　　遥 测 器 件 图 形 符 号

序号	图形符号	说　明	IEC	GB
10－03－01		遥测发送器		
10－03－02		遥测接收器		

四、电钟图形符号

电钟图形符号见表 5-8-44。

表 5-8-44   **电 钟 图 形 符 号**

序号	图形符号	说 明	IEC	GB
10-04-01		时钟，基本符号（子钟）	=	=
10-04-02		母钟	=	=

五、灯和信号器件图形符号

灯和信号器件图形符号见表 5-8-45。

表 5-8-45   **灯和信号器件图形符号**

序号	图形符号	说 明	IEC	GB
10-05-01		灯，基本符号 信号灯，基本符号 注：1. 如果要求指示颜色，则在靠近符号处标注下列字母： RD 红　BU 蓝 YE 黄　WH 白 GN 绿 2. 如果指出灯的类型，则在靠近符号处标注下列字母： Ne 氖　EL 电发光 Xe 氙　ARC 弧光 Na 钠　FL 荧光 Hg 汞　IR 红外线 I 碘　UV 紫外线 IN 白炽　LED 发光二极管		=
10-05-02		单灯光字牌		
10-05-03		双灯光字牌		

序号	图形符号	说　　明	IEC	GB
10 - 05 - 04		闪光型信号灯	=	=
10 - 05 - 05		机电型指示器 信号元件	=	=
10 - 05 - 06		模拟灯（发电机模拟灯）		
10 - 05 - 07		电铃，电喇叭，音响信号装置；基本符号		=
10 - 05 - 08		报警器	=	=
10 - 05 - 09		蜂鸣器	=	=

第十一节　通信图形符号

一、交换设备和电话机图形符号

交换设备和电话机图形符号见表 5 - 8 - 46。

表 5 - 8 - 46　　　　　　　　交换设备和电话机图形符号

序号	图形符号	说明	IEC	GB
11 - 01 - 01		自动交换设备基本符号		=
11 - 01 - 02	SPC	程控交换机（程控调度机）		
11 - 01 - 03		电话机，基本符号	=	=

序号	图形符号	说明	IEC	GB
11－01－04		调度用电话机		
11－01－05		出线盒		
11－01－06		暗管出线盒		
11－01－07		调度电话机放在防水箱内		
11－01－08		自动电话机放在防水箱内		

二、传输图形符号

传输图形符号见表 5－8－47。

表 5－8－47　　　　　传　输　图　形　符　号

序号	图形符号	说　　明	IEC	GB
11－02－01		天线，基本符号	＝	＝
11－02－02		无线电台，基本符号	＝	＝
11－02－03		微波接力通信中间站		
11－02－04		微波接力通信终端站		

序号	图形符号	说　明	IEC	GB
11－02－05		微波接力通信无人中间站		
11－02－06		微波接力通信分路站		
11－02－07		微波接力通信枢纽站		
11－02－08		微波接力通信主控站		
11－02－09		矩形波导	＝	＝
11－02－10				
11－02－11		圆波导	＝	＝
11－02－12		同轴波导	＝	＝
11－02－13		充气矩形波导	＝	＝
11－02－14		载波机基本符号 A—机型或文字型号； B—通道号		
11－02－15		结合滤波器 A—型号或文字符号		

续表

序号	图形符号	说　明	IEC	GB
11－02－16		阻波器 A—型号或文字符号		
11－02－17		分频器		＝

三、光纤通信图形符号

光纤通信图形符号见表5－8－48。

表 5－8－48　　　　　　　　　光 纤 通 信 图 形 符 号

序号	图形符号	说　明	IEC	GB
11－03－01		光纤或光缆基本符号 ［注：1. 如果加上表5－8－7限定符号中 02－07－02表示传播的是相干光； 2. 如果不会引起混淆，可以把表示光波导 的符号要素（圆圈内画两个箭头）省略］	＝	＝
11－03－02		光纤汇接 （注：多根光纤的光从左到右汇集到单 根光纤，汇集比可用％或dB表示）		
11－03－03		光纤分配 （注：单根光纤的光从左到右分配成多根 光纤输出，分配比可用％或dB表示）		
11－03－04		光纤组合器（星形耦合器） （注：连接到组合器的每根光纤的光都能 耦合到其他的光纤）		
11－03－05		光电转换器	＝	
11－03－06		电光转换器	＝	
11－03－07		有源光中继器	＝	
11－03－08		光端机		

第十二节 电力和通信布置图形符号

一、发电站和变电所图形符号

发电站和变电所图形符号见表 5 - 8 - 49。

表 5 - 8 - 49　　　　　　　　发电站和变电所图形符号

序号	图形符号		说　明	IEC	GB
	规划（设计）的	运行的			
12 - 01 - 01			发电站（厂）	=	=
12 - 01 - 02			变电所，配电所	=	=
12 - 01 - 03			水力发电站	=	=
12 - 01 - 04			热电站（煤，油，气等）	=	=
12 - 01 - 05			核能发电站	=	=
12 - 01 - 06			地热发电站	=	=
12 - 01 - 07			太阳能发电站	=	=
12 - 01 - 08			风力发电站	=	=
12 - 01 - 09			移动发电站		
12 - 01 - 10			抽水蓄能发电站		
12 - 01 - 11			潮汐发电站		

序号	图形符号		说　明	IEC	GB
	规划（设计）的	运行的			
12－01－12			换流站（示出直流变交流）	=	
12－01－13			地下变电所		
12－01－14			开闭（开关）站		

二、通信机房及设施图形符号

通信机房及设施图形符号见表5－8－50。

表5－8－50　　　　　　　　　　　通信机房及设施图形符号

序号	图形符号	说　明	IEC	GB
12－02－01	形式1	局，所，台，站的基本符号 （注：1. 必要时可依据建筑物形状绘画； 2. 可以加注文字符号表示不同的用途，规模，型式等特征； 3. 圆形符号一般用来表示小型从属站，例如无人维护增音站，中继站）		
12－02－02	形式2			
12－02－03		有线广播台，站		
12－02－04		列架的基本符号		
12－02－05		列柜		
12－02－06		人工交换台，班长台，中继台，测量台，业务台等基本符号		
12－02－07		配线架		
12－02－08		保安配线箱		

序号	图形符号	说　明	IEC	GB
12 - 02 - 09		走线架，电缆走道		
12 - 02 - 10		电缆槽道（架顶）		
12 - 02 - 11	（明槽）	走线槽（地面）		
12 - 02 - 12	（暗槽）			

第十三节　线路图形符号

一、线路图形符号

线路图形符号见表 5 - 8 - 51。

表 5 - 8 - 51　　　　　　　　　　线 路 图 形 符 号

序号	图形符号	说　明	IEC	GB
13 - 01 - 01		导线、电缆、线路、传输通道基本符号	=	=
13 - 01 - 02		地下线路	=	=
13 - 01 - 03		架空线路	=	
13 - 01 - 04		套管线路 〔注：管孔数量，截面尺寸或其他特性（如管道的排列形式）可标注在管道线路的上方〕	=	
13 - 01 - 05	6	6孔管道的线路	=	=
13 - 01 - 06		带接头的地下线路	=	=
13 - 01 - 07		沿建筑物明敷设通信线路		
13 - 01 - 08		沿建筑物暗敷设通信线路		
13 - 01 - 09		挂在钢索上的线路		

序号	图形符号	说　明	IEC	GB
13－01－10		事故照明线		
13－01－11		母线基本符号 当需要区别交直流时： （1）交流母线； （2）直流母线		
13－01－12				
13－01－13				
13－01－14		中性线	＝	＝
13－01－15		保护线	＝	＝

二、配线图形符号

配线图形符号见表5－8－52。

表5－8－52　　　　　　　　　　配 线 图 形 符 号

序号	图形符号	说　明	IEC	GB
13－02－01		向上配线；向上布线	＝	＝
13－02－02		向下配线；向下布线	＝	＝
13－02－03		垂直通过布线	＝	＝
13－02－04		导线由上引来		
13－02－05		导线由下引来		
13－02－06		导线由上引来并引下		
13－02－07		导线由下引来并引上		
13－02－08		盒，基本符号	＝	＝
13－02－09		用户端；供电引入设备	＝	＝

续表

序号	图形符号	说　明	IEC	GB
13-02-10		配电中心（示出五根导线管）	＝	＝
13-02-11		连接盒或接线盒	＝	
13-02-12		分线盒基本符号 A：英文缩写 $\times\times$：编号 （注：可加注 $\dfrac{A\times\times}{B-D}$ 其中 B—容量；D—用户）		
13-02-13		室内分线盒 （注：同 13-02-12）		
13-02-14		室外分线盒 （注：同 13-02-12）		
13-02-15		分线箱 （注：同 13-02-12）		
13-02-16		壁龛分线箱 （注：同 13-02-12）		

三、杆塔及附属设备图形符号

杆塔及附属设备图形符号见表 5-8-53。

表 5-8-53　　　　　　　　　　杆塔及附属设备图形符号

序号	图形符号	说　明	IEC	GB
13-03-01	$\begin{array}{c}A\text{-}B\\ \circ\,C\end{array}$	电杆的基本符号（单杆，中间杆） （注：可加注文字符号表示： A—杆材或所属部门； B—杆长； C—杆号）		
13-03-02		单接腿杆（单接杆）		

序号	图形符号	说　明	IEC	GB
13-03-03		双接腿杆（品接杆）		
13-03-04	○H	H形杆		
13-03-05	○L	L形杆		
13-03-06	○A	A形杆		
13-03-07	○△	三角杆		
13-03-08	○#	四角杆（井形杆）		
13-03-09		试线杆		
13-03-10		带撑杆的电杆		
13-03-11		带撑拉杆的电杆		
13-03-12		引上杆（圆黑点表示电缆）		
13-03-13	$a\frac{b}{c}Ad$	带照明灯的电杆（基本符号） a—编号； b—杆型； c—杆高； d—容量； A—连接相序		
13-03-14		带照明灯的电杆 （需要示出灯具的投照方向时）		
13-03-15	$a\frac{b}{c}Ad$	带照明灯的电杆 （需要时允许加画灯具本身图形）		
13-03-16		杆塔		

四、其他图形符号

其他图形符号见表5-8-54。

表5-8-54　　　　其他图形符号

序　号	图形符号	说　　明	IEC	GB
13-04-01		防雨罩，基本符号	=	=

序 号	图形符号	说 明	IEC	GB
13 - 04 - 02		（注：罩内的装置可用限定符号或代号表示） 例：放大点（站）在防风雨罩内	=	=
13 - 04 - 03		电缆铺砖保护		
13 - 04 - 04		电缆穿管保护 （注：可加注文字符号表示其规格数量）		
13 - 04 - 05		通信电缆的蛇形敷设		
13 - 04 - 06		电缆充气点		
13 - 04 - 07		母线伸缩接头		
13 - 04 - 08		电缆中间接线盒		
13 - 04 - 09		电缆分支接线盒		
13 - 04 - 10		通信电缆转接房		
13 - 04 - 11		时钟，时间记录器	=	=

第十四节 配电、控制和用电设备图形符号

一、配电箱（屏）、控制台图形符号

配电箱（屏）、控制台图形符号见表5-8-55。

表 5 - 8 - 55　　　　　　　　配电箱（屏）、控制台图形符号

序 号	图形符号	说 明	IEC	GB
14 - 01 - 01		屏、台、箱、柜基本符号（明装）		
14 - 01 - 02		屏、台、箱、柜基本符号（暗装）		
14 - 01 - 03		配电箱（明装） （注：需要时符号内可标示电流种类符号）		

续表

序　号	图形符号	说　明	IEC	GB
14－01－04		配电箱（暗装） （注：需要时符号内可标示电流种类符号）		
14－01－05		照明配电箱（屏） （注：需要时允许涂红）		
14－01－06		事故照明配电箱（屏）		
14－01－07	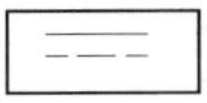	直流配电盘（屏）		
14－01－08		交流配电盘（屏）		
14－01－09	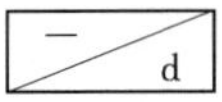	直流电源分配屏		
14－01－10		不间断电源（不停电电源）		
14－01－11		交直流电源切换盘（屏）		

二、起动和控制设备图形符号

起动和控制设备图形符号见表5－8－56。

表5－8－56　　　　　　　起动和控制设备图形符号

序　号	图形符号	说　明	IEC	GB
14－02－01	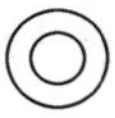	按钮	=	=
14－02－02		按钮盒		
14－02－03		带指示灯的按钮	=	=
14－02－04		防止无意操作的按钮	=	=

三、用电设备图形符号

用电设备图形符号见表5－8－57。

表 5 - 8 - 57　　　　　　　　　　用 电 设 备 图 形 符 号

序　号	图形符号	说　　　明	IEC	GB
14 - 03 - 01		电阻加热装置		
14 - 03 - 02		风扇基本符号（示出引线） （注：若不引起混淆，方框可省略不画）	=	

第十五节　插座、开关和照明图形符号

一、插座和开关图形符号

插座和开关图形符号见表 5 - 8 - 58。

表 5 - 8 - 58　　　　　　　　　　插座和开关图形符号

序　号	图形符号	说　　　明	IEC	GB
15 - 01 - 01		（电源）插座基本符号	=	=
15 - 01 - 02	形式1	多个（电源）插座（图例示出三个）	=	=
15 - 01 - 03	形式2		=	=
15 - 01 - 04		插座箱（板）		
15 - 01 - 05		单相插座，明装		
15 - 01 - 06		单相插座，暗装		
15 - 01 - 07		三相插座，明装		
15 - 01 - 08		三相插座，暗装		
15 - 01 - 09		一位单控开关，明装		
15 - 01 - 10		一位单控开关，暗装		

序　号	图形符号	说　　明	IEC	GB
15－01－11		二位单控开关，明装	=	=
15－01－12		二位单控开关，暗装		
15－01－13		三位单控开关，明装		
15－01－14		三位单控开关，暗装		
15－01－15		一位双控开关，明装		
15－01－16		一位双控开关，暗装		
15－01－17		二位双控开关，明装		
15－01－18		二位双控开关，暗装		

二、照明灯、照明引出线图形符号

照明灯、照明引出线图形符号见表 5－8－59。

表 5－8－59　　　　　　　　　　　**照明灯、照明引出线图形符号**

序　号	图形符号	说　　明	IEC	GB
15－02－01		照明灯具基本符号 1. 防水防尘型：在图形符号外加画 □ 2. 防爆型：在图形符号外加画 ■ 3. 用于事故照明时可在图形符号旁加注字母"S"		=
15－02－02		投光灯	=	=
15－02－03		聚光灯	=	=

序　号	图形符号	说　明	IEC	GB
15－02－04		泛光灯	=	=
15－02－05		单管荧光灯	=	=
15－02－06		双管荧光灯		
15－02－07		三管荧光灯	=	=
15－02－08		双管格栅灯		
15－02－09		三管格栅灯		
15－02－10		壁灯		
15－02－11		吸顶灯		
15－02－12		应急灯		
15－02－13	EXIT	安全出口指示标志灯		
15－02－14		向右指示标志灯		
15－02－15		向左指示标志灯		

第十六节　火灾自动报警图形符号

火灾自动报警图形符号见表 5－8－60。

表 5－8－60　　　　　　　　火灾自动报警图形符号

序　号	图形符号	说　明	IEC	GB
16－01－01		点型光电感烟火探测器		
16－01－02		点型感温火灾探测器		

序　号	图形符号	说　　明	IEC	GB
16－01－03		火焰探测器		
16－01－04		红外对射感烟探测器（发射端）		
16－01－05		红外对射感烟探测器（反射端）		
16－01－06		缆型感温电缆		
16－01－07		手动火灾报警按钮		
16－01－08		火灾声光报警器		
16－01－09		警铃		
16－01－10		扬声器		
16－01－11		防爆型点型光电感烟火探测器		
16－01－12		防爆型点型感温火灾探测器		
16－01－13		防爆型火焰探测器		
16－01－14		防爆型红外对射感烟探测器（发射端）		
16－01－15		防爆型红外对射感烟探测器（反射端）		
16－01－16		防爆型缆型感温电缆		

序 号	图形符号	说 明	IEC	GB
16-01-17		防爆型手动火灾报警按钮		
16-01-18		防爆型火灾声光报警器		
16-01-19		防爆型警铃		
16-01-20		消防电话		
16-01-21		接口模块,具体类型使用文字符号区别		
16-01-22		火灾报警控制器或消防广播控制箱		

第十七节 视频监控图形符号

视频监控图形符号见表5-8-61。

表5-8-61　　　　　　视频监控图形符号

序 号	图形符号	说 明	IEC	GB
17-01-01		黑白摄像机		
17-01-02		彩色摄像机		
17-01-03		固定摄像机		
17-01-04		室内云台摄像机		
17-01-05		室外云台摄像机		
17-01-06		室内球形摄像机		
17-01-07		室外球形摄像机		

序 号	图形符号	说 明	IEC	GB
17－01－08		拾音器		
17－01－09	A/D	解码器		
17－01－10		监视器		

第十八节 计算机监控图形符号

计算机监控图形符号见表 5－8－62。

表 5－8－62　　　　　　　　　　计 算 机 监 控 图 形 符 号

序 号	图形符号	说 明	IEC	GB
18－01－01		计算机		
18－01－02		便携式计算机		
18－01－03		服务器		
18－01－04		交换机		
18－01－05		路由器		
18－01－06		打印机		
18－01－07		防火墙		
18－01－08		正向安全隔离装置		

序　号	图形符号	说　明	IEC	GB
18－01－09		反向安全隔离装置		
18－01－10		纵向加密装置		
18－01－11		卫星时钟装置		
18－01－12		模拟屏		
18－01－13		大屏幕		

第六篇 金属结构图

第一章 金属结构专业制图基本要求

本章根据《水利水电工程制图标准 基础制图》（SL 73.1—2013）、《机械制图》的规定，以及其他相关的国家和行业制图标准为基础，介绍了金属结构专业制图的基本要素和相关规定，以便统一和规范金属结构专业制图的表达方法，减少因表达方法不规范带来的误解。

金属结构专业制图的基本要素包含：图纸幅面尺寸和图框格式、标题栏、比例、图线线型、字体、视图说明、件号（序号）、尺寸标注、公差与配合、表面粗糙度、焊缝、标准件、高程、桩号、水位、流向、示范图例、闸门及启闭机特性表、图纸目录等。

第一节 图纸幅面尺寸和图框格式

金属结构专业图样一般按需装订图框格式绘制。图纸幅面尺寸和图框格式见表6-1-1。

表6-1-1　　　　　　　　　图纸幅面尺寸和图框格式　　　　　　　单位：mm

幅面代号	宽×高	装订边距	其余边距
A0	841×1189	25	10
A1	594×841		
A2	420×594		
A3	297×420		5
A4	210×297		

制图时优先采用表6-1-1中的幅面尺寸，必要时可以沿长边加长。对于A0、A2、A4加长量为A0长边的1/8的倍数；对于A1、A3加长量为A0短边的1/4的倍数。A0及A1幅面允许同时加长两边。

图框线采用粗实线绘制，周边线（幅面线）用细实线绘制。

金属结构专业制图一般不采用国家标准中A5图幅。

必要时可对图幅进行分区，分区的具体规定参见水利行业标准《水利水电工程制图标准 基础制图》（SL 73.1—2013）的相关介绍。

第二节 标题栏、明细表和会签栏

图纸中的标题栏放在图纸的右下角，会签栏紧靠标题栏左边。无会签的，不设会签栏；材料明细表一般位于标题栏正上方，当标题栏正上方放置材料明细表空间不够时，允许将材料明细表部分或全部放置于图纸中其他合适地方。无材料明细的，不设材料明细表。

压力钢管结构图的材料明细表习惯上以材料汇总表的形式单独列出，表中注写钢管各管节和加劲环的有关参数、重量。这样列出的表格数据对应性较好，便于读图。

A0、A1 号图纸标题栏要求，见图 6-1-1。

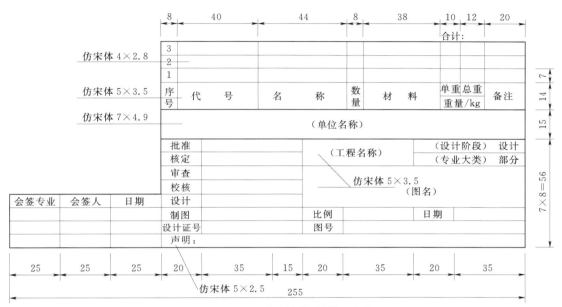

图 6-1-1 A0、A1 号图纸标题栏（单位：mm）

注：1. 标题栏右上方"设计"栏填写设计阶段。

2. 图中粗实线宽度为 b，其余为 $b/2$。

A2、A3、A4 号图纸标题栏要求，见图 6-1-2。

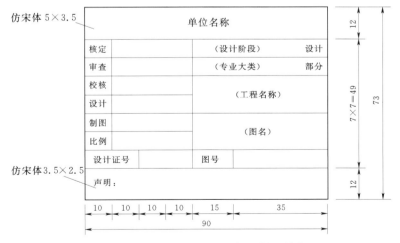

图 6-1-2 A2、A3、A4 号图纸标题栏（单位：mm）

注：1. 标题栏右上方"设计"栏填写设计阶段。

2. 图中粗实线宽度为 b，其余为 $b/2$。

在设计合同中对图纸标题栏另有要求的，按设计合同的要求并参考本手册的相关要求绘制。

第三节　比　　例

主要视图比例标注在标题栏"比例"栏中，其他视图（如放大图等）比例标注在该视图的上方，也可在图纸的设计说明中以比例尺标示。

常用比例有：

缩小比例：$1:1.5$、$1:2$、$1:2.5$、$1:3$、$1:4$、$1:5$、$1:10^n$（n 为正整数）

放大比例：$2:1$、$2.5:1$、$4:1$、$5:1$、$(10 \times n):1$（n 为正整数）

比例表示方法见图 6-1-3。

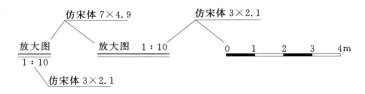

图 6-1-3　比例表示方法（单位：mm）

第四节　图　　线

按图纸大小和复杂程度，图线宽度在 $b = 0.18 \sim 2\text{mm}$ 之间选择，具体规定可根据《水利水电工程制图标准　基础制图》（SL 73.1—2013）的要求。

一、细实线

采用细实线表示的有：尺寸线、指引线和基准线、剖面线、螺纹牙底线、辅助线、网络线、重复要素表示线（如齿轮的齿根线）、波浪线（断裂处边界线、视图与剖视图的分界线）、双折线（断裂处边界线、视图与剖视图的分界线）等。

在同一张图中波浪线和双折线只采用一种。

二、粗实线

采用粗实线表示的有：可见轮廓线、相贯线、螺纹牙顶线、螺纹长度终止线、剖切符号线等。

三、细虚线

采用细虚线表示的有：不可见棱边线、不可见轮廓线等。

四、粗虚线

采用粗虚线表示的有：允许表面处理的表示线、一期插筋（埋入混凝土部分）等。

五、细点划线

采用细点划线表示的有：轴线、对称中心线、孔系分布的中心线等。

六、细双点划线

采用细双点划线表示的有：相邻辅助零件的轮廓线、可动零件的极限位置的轮廓线、重心线、成形前轮廓线、轨迹线、剖切面前的结构轮廓线、毛坯图中制成品的轮廓线、特定区域线、工艺用结构的轮廓线等。

第五节 字 体

图样中字体采用长仿宋体，字体高度采用《水利水电工程制图标准 基础制图》（SL 73.1—2013）中规定的字号，宽度约为高度的 2/3。一般图纸中"说明"字体优先推荐采用仿宋体 5mm×3.5mm，未见规定的一般可采用仿宋体 3.5mm×2.45mm（如：孔口中心线、门槽中心线、底坎中心线、支撑跨度、止水间距、正常蓄水位等）。

第六节 视图标注及表达

同一张图纸中，按基本视图配置关系配置的视图可不标注，不能按基本视图的配置关系配置的其他视图均应进行标注。

剖视和剖面图的剖切符号用表示剖切位置和投影方向的两根相交实线（长度可用 5mm、10mm、15mm）表示，剖切符号编号可用阿拉伯数字（1、2、3、…）表示，见图 6-1-4。

局部放大可用大写英文字母（A、B、C、…）标注，短横线为粗实线（长度 5mm），指引线为细实线，见图 6-1-5。

视图标注的字体可取为仿宋体 7mm×4.9mm，位于两根横线上面，两根横线间距可取 1.2mm，上为粗实线，下为细实线见图 6-1-6。

在金属结构平面闸门总图中，常用放大图的形式直接绘出门叶与门槽关系图，以方便表达闸门与门槽埋件、土建结构之间的相对关系。门叶与门槽关系图标注见图 6-1-6。

图 6-1-4 剖切符号标注　　　图 6-1-5 局部放大的引出标注

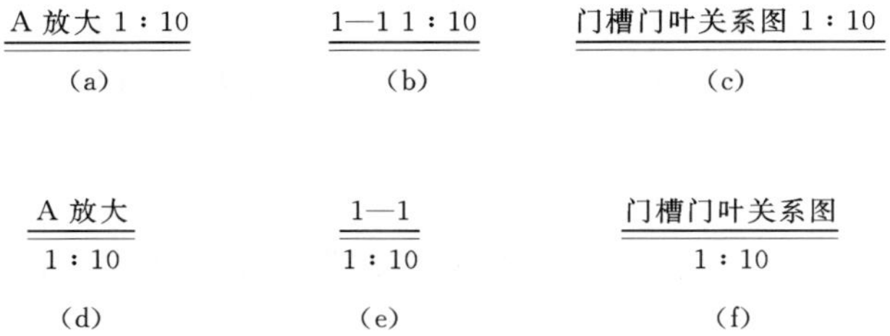

A 放大 1∶10　　　　1—1 1∶10　　　　门槽门叶关系图 1∶10

　　　(a)　　　　　　　　　(b)　　　　　　　　　　(c)

A 放大　　　　　　　1—1　　　　　　　门槽门叶关系图
─────　　　　　　　────　　　　　　　─────────
1∶10　　　　　　　　1∶10　　　　　　　　1∶10

　　　(d)　　　　　　　　　(e)　　　　　　　　　　(f)

图 6-1-6　局部放大图、剖面图、门槽门叶关系图标注

第七节　高　程

　　高程主要有两种：平面高程和剖面高程，分别由局部涂黑的圆和等边三角形表示（圆直径和等边三角形边长可取 3mm）。高程单位为"m"，小数点后保留三位，字体可为仿宋体 3.5mm×2.45mm，见图 6-1-7。

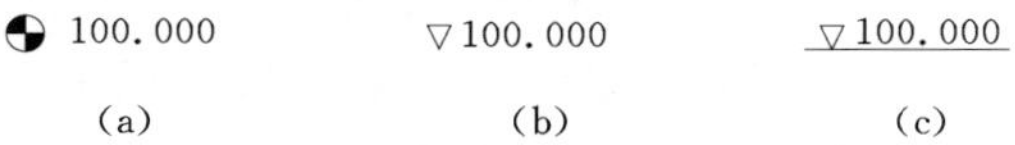

◕ 100.000　　　　　▽ 100.000　　　　　▽ 100.000

　　(a)　　　　　　　　　(b)　　　　　　　　　(c)

图 6-1-7　高程标注

第八节　桩　号

　　桩号是指某一点到某一基准（一般指坝轴线、泄洪轴线等）的距离，基准桩号为 0。桩号单位为"m"，以基准桩号为基点，向上游为负，下游为正，小数点后保留三位，字体可为仿宋体 3.5mm×2.45mm。例如：0+100.000（坝轴线下游 100m 处）。

第九节　水　位

　　水位特征值主要有：正常蓄水位、死水位、设计洪水位、校核洪水位、尾水位、通航水位等，表示方法见图 6-1-8。

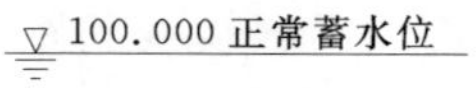

▽ 100.000 正常蓄水位

图 6-1-8　水位标注

　　水位的单位为"m"，其中三角形符号及字体要求同高程，图中线条均为细实线。

第十节　件　号（序号）

　　金属结构布置图、结构总图及部件图中每个从属的总成、部件、零件均应编写件号，常用表示方法见图 6-1-9，并符合下列规定：

　　(1) 件号标注在可见视图中，每张图每个件号应只标注一次。某些特别需要重复标注

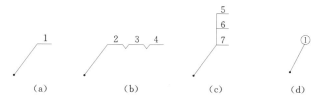

图 6-1-9　件号（序号）标注

的地方，其重复标注数字应加括号。

（2）件号的指引线用细实线绘制并斜向引出，起点处采用一小黑点，末端为一短横线（粗实线，长度 5mm）或圆圈（细实线，直径 5mm）。一套图中只能用一种表示方法，指引线彼此应避免相互交叉，同时也应避免与相交的剖面线平行。

（3）在同一视图中，所有件号按水平或垂直方向排列整齐，并按从小到大、从左至右、从上至下的顺序编写。

（4）当几个零件总是配合在一起使用时，其件号可连在一起表达，只拉出一根指引线。连接线用细实线绘制，短横线水平间距可取为 2mm，垂直间距 6mm。

（5）件号字体可为仿宋体 3.5mm×2.45mm，放置于短横线正上方或圆圈内。

第十一节　尺　寸　标　注

尺寸标注应符合下列规定：

（1）视图中所注尺寸为该视图所示总成、部件及零件的最后完工尺寸，否则应另加说明。

（2）总成、部件及零件的每一尺寸，一般情况下只标注一次，且标注在能直接清晰反映该总成、部件及零件的视图上，并合理搭配，避免某些视图尺寸标注过于零乱、拥挤或稀少。标注尺寸时应按尺寸链进行标注。

（3）尺寸标注要素：尺寸界线及尺寸线均用细实线绘制，标注线性尺寸时，尺寸线应与所标注的线段平行，尺寸线不能用其他图线代替，一般也不得与其他图线重合或画在其延长线上。

尺寸终端为实心箭头，箭头高宽比约为 1：4。当没有足够的位置标箭头时，允许用黑圆点代替。

尺寸标注字体为仿宋体 3.5mm×2.45mm，一般写在尺寸线的上方，也允许写在尺寸线的中断处。角度的数字一律写成水平方向，一般写在尺寸线的中断处。尺寸数字不可被任何图线通过，否则应将该图线断开。标注弧长时，应在尺寸数字左方或上方加注符号"⌒"（《GB/T 4458.4—2003》中规定符号"⌒"放在弧长尺寸数字左方，鉴于目前计算机制图软件也有将符号"⌒"放在弧长尺寸数字上方的，也允许将符号"⌒"放在弧长尺寸数字上方）。

（4）当对称结构的图形只画出一半或略大于一半时，尺寸线应略超过对称中心线或断裂处的边界，此时仅在尺寸线的一端画出箭头。

（5）尺寸标注符号及缩写词。尺寸标注的符号及缩写词见表 6-1-2。

表 6-1-2　　　　　　　　　　尺寸标注的符号及缩写词

序　号	含　义	符号或缩写词
1	直径	ϕ
2	半径	R
3	球直径	$S\phi$
4	球半径	SR
5	厚度	t
6	均布	EQS
7	45°倒角	C
8	正方形	□
9	弧长	⌒
10	斜度	∠
11	锥度	◁

第十二节　公　差　与　配　合

公差与配合标注是图样中不可缺少的内容。公差反映对零件制造的精度要求，配合反映相配零件之间的间隙或过盈情况，即互相配合的松紧关系。

公差包括尺寸公差和形位公差。

一、尺寸公差与配合

金属结构专业制图中尺寸公差与配合的表示包括线性尺寸公差与配合和角度公差。其中，公差带及公差等级的代号要符合《极限与配合基础》（GB/T 1800）的规定，尺寸注法要符合《机械制图　尺寸注法》（GB/T 4458.4）的规定。

（一）零件图上线性尺寸公差标注

线性尺寸公差的标注方法常用的有：标注公差带代号、标注极限偏差、同时标注公差带代号和极限偏差三种形式。

1. 标注公差带代号

对于采用标准公差的尺寸，可以直接标注公差带代号。标注公差带代号对公差等级和配合性质的概念比较明确，在图样中标注也简单。但缺点是具体的尺寸极限偏差不能直接看出。公差带的代号一般应注在基本尺寸的右边，见图 6-1-10。

2. 标注极限偏差

基本尺寸后标注极限偏差比较直观，便于单件、小批生产。

极限偏差标注的位置：上偏差应注在基本尺寸数字的右上方，下偏差注在基本尺寸数字的右下方，并且下偏差的数字必须与基本尺寸数字注在同一底线上，见图 6-1-11。极限偏差数字可用仿宋体 2.5mm×1.8mm。

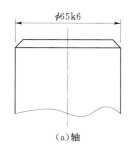

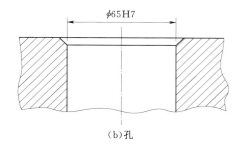

(a)轴 (b)孔

图 6-1-10 标注公差带代号（单位：mm）

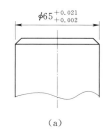

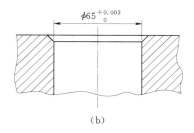

（a） （b）

图 6-1-11 标注极限偏差（单位：mm）

在标注极限偏差时，上下偏差的小数点必须对齐，小数点后右端的"0"一般不予注出；如果为了使上、下偏差值的小数点后的位数相同，可以用"0"补齐，见图 6-1-12。

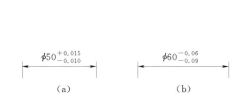

（a） （b）

图 6-1-12 标注极限偏差位数 图 6-1-13 公差带上下偏差相同时
补齐（单位：mm） 的标注（单位：mm）

当极限偏差中的某一偏差（上偏差或下偏差）为"零"时，用数字"0"标出，这个"0"为个位数，应与另一偏差（下偏差或上偏差）小数点前的个位数对齐，但"0"前不加符号"＋"或"－"，后不加小数点，见图 6-1-11。

当公差带上下偏差的绝对值相同时，极限偏差数字可以只注写一次，并应在极限偏差数字与基本尺寸之间注出符号"±"，见图 6-1-13。

3. 同时标注公差带代号和极限偏差

同时标注公差带代号和相应的极限偏差对保证图样的适应性和图样的正确性都有良好的作用。当同时标注公差带代号和相应的极限偏差时，规定极限偏差注在公差带代号的后方并加圆括号，见图 6-1-14。

4. 尺寸公差的附加符号注法

（1）当尺寸仅需要限制单个方向的极限时，应在该极限尺寸的右边加注符号"max"

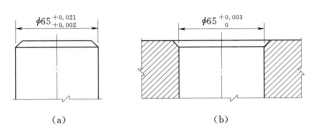

(a)　　　　　　　　(b)

图 6-1-14　同时标注公差带代号和极限偏差（单位：mm）

或"min"，见图 6-1-15。

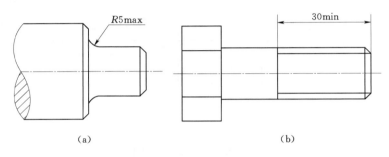

(a)　　　　　　　　(b)

图 6-1-15　尺寸公差的单方向限制（单位：mm）

（2）同一基本尺寸表面不同范围有不同的公差要求时，应用细实线分开，并按尺寸公差注法规定的形式分别标注其公差，见图 6-1-16。

（3）如果要素的尺寸公差和形状公差的关系需满足包容等要求时，应按《形状和位置公差通则、定义、符号和图样表示法》（GB/T 1182）的规定在尺寸公差的右边加注"Ⓔ"等符号，见图 6-1-17。

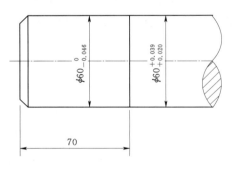

图 6-1-16　同一基本尺寸表面
不同范围不同的公差要求的表示
（单位：mm）

（二）装配图中的配合注法

孔和轴偶合时，由孔和轴不同的实际尺寸而产生的不同松紧程度，称为配合性质，这主要与公差带的相互位置有关。在装配图样中标注线性尺寸的

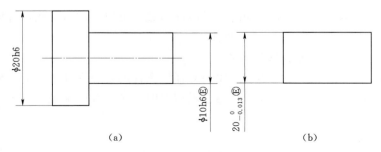

(a)　　　　　　　　(b)

图 6-1-17　需满足包容要求时的表示（单位：mm）

配合，实际上就是标注孔和轴各自的基本尺寸和公差带。几种不同的标注形式如下：

1. 标注配合代号

线性尺寸的配合代号是由相配的零件（孔和轴）的公差带代号组合而成的，并规定在基本尺寸的右边用分数的形式注出，分子为孔的公差带代号，分母为轴的公差带代号，也可以用斜线隔开两公差带代号，此时分子和分母同处在一根底线上中间用斜线隔开，见图 6-1-18。

2. 标注极限偏差

对于需要直接指明相配零件（孔和轴）的极限偏差的，一般按图 6-1-19 的形式标注。孔的基本尺寸和极限偏差注写在尺寸线的上方，轴的

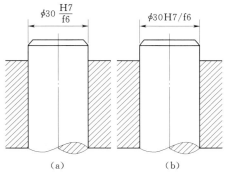

图 6-1-18　标注配合代号
（单位：mm）

基本尺寸和极限偏差注写在尺寸线的下方，也允许在公差带代号或极限偏差之后加注装配件的代号。

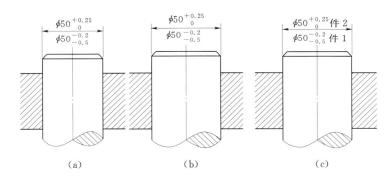

图 6-1-19　极限偏差标注（单位：mm）

3. 特殊情况的标注

当标注与标准件配合的零件（轴或孔）的配合要求时，由于标准件的公差已由有关标准或生产厂所规定，例如滚动轴承等，为了简便而明确起见，在装配图中标注其配合时，仅标注自制的相配零件的公差带代号，而不必标注标准件的公差，见图 6-1-20。

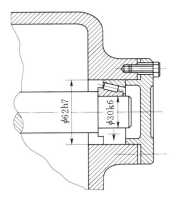

图 6-1-20　特殊情况的标注（单位：mm）

当某零件需与非标准外购件配合时，应按"标注配合代号"规定的形式标注。

（三）角度公差的标注方法

标注角度公差的基本规则与线性尺寸公差的标注方法相同，只是有些特点与线性尺寸公差略有不同。

角度的单位：标注角度时以"度"、"分"、"秒"为单位，依具体角度值的大小选用相应的单位，其基本尺寸和极限偏差的单位可以相同，也可以不相同，但都必须分别加注相应的符号。

单向极限尺寸：标注单向极限角度也和线性单向极限尺寸的注法一样，必须在极限角度的右边加注缩写词"max"、"min"，见图 6-1-21。

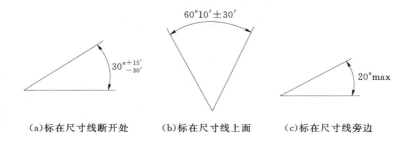

(a)标在尺寸线断开处　　(b)标在尺寸线上面　　(c)标在尺寸线旁边

图 6-1-21　角度公差的标注方法

二、形位公差

（一）形位公差代号

形位公差代号见表 6-1-3。

表 6-1-3　　　　　　　　　　　　形 位 公 差 代 号

形状公差		位置公差				名称	符号
项目	符号	项目		符号			
直线度	——	定向	平行度	//		最大实体状态	Ⓜ
平面度	▱		垂直度	⊥		延伸公差带	Ⓟ
圆度	○		倾斜度	∠			
圆柱度	⌀	定位	同轴度	◎		包容原则	Ⓔ
线轮廓度	⌒		对称度	≡		理论正确尺寸	50
			位置度	⊕			
面轮廓度	⌢	跳动	圆跳动	↗		基准目标	$\frac{\phi20}{A1}$
			全跳动	↗↗			

（二）基准代号

基准代号由基准符号（粗短实线）、圆圈（细实线）、连线（细实线）及字母组成。字母为大写 A、B、C、D，无论基准代号方向如何，字母均水平写出，见图 6-1-22。

（三）形位公差框格代号

形位公差框格分成两格或多格，用细实线水平绘制，特殊情况下可垂直绘制。框格及代号填写见图 6-1-23。

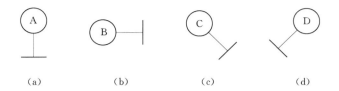

图 6-1-22　形位公差的基准代号

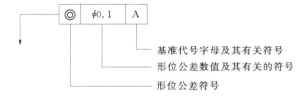

图 6-1-23　形位公差框格代号

框格中文本可为仿宋体 3.5mm×2.45mm，框格高 7mm。框格指引线箭头垂直指向目标元素，且允许弯折最多一次。

第十三节　表　面　粗　糙　度

表面粗糙度用来表示工件表面的微观不平度，水工金属结构设计中常用的表示方法有以下三种：通过任何方法［图 6-1-24（a）］、去除材料的方法（车、铣、钻、磨等）［图 6-1-24（b）］和不去除材料的方法（铸、锻、轧等）［图 6-1-24（c）］获得的表面粗糙度。

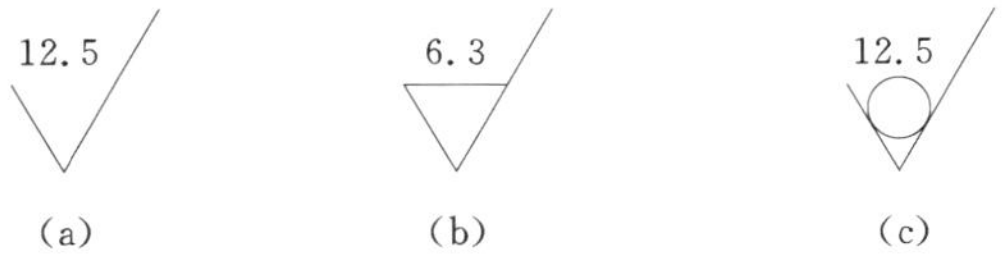

图中文本为仿宋体 2.5mm×1.75mm。

图 6-1-24　表面粗糙度的标注

第十四节　焊　　缝

焊接是金属结构设备制造过程中最常采用的加工手段，设计图纸中焊缝标注正确与否直接关系到所设计产品质量。

焊接钢结构的焊缝应采用"焊缝符号"标注。焊缝符号由基本符号、辅助符号、补充符号、焊缝尺寸和指引线组成。

焊缝在接头指引线箭头侧的单面焊缝标注，应将基本符号和焊缝尺寸标注在基准线的实线侧，见图 6-1-25（a）；焊缝在接头指引线非箭头侧的单面焊缝标注，应将基本符号和焊缝尺寸标注在基准线的虚线侧，见图 6-1-25（b）。

双面焊缝的标注，应在基准线的上下方都标注基本符号和尺寸，其接头的指引线箭头侧焊缝的基本符号和尺寸标注在基准线的实线侧，非箭头侧焊缝的基本符号和尺寸标注在基准线的虚线侧，见图 6-1-26（a）；两面尺寸相同的双面焊缝可只在基准线上方标注尺

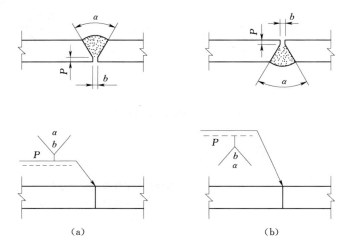

图 6－1－25 单面焊缝的标注

寸，见图 6－1－26（b）、图 6－1－26（c）、图 6－1－26（d）。

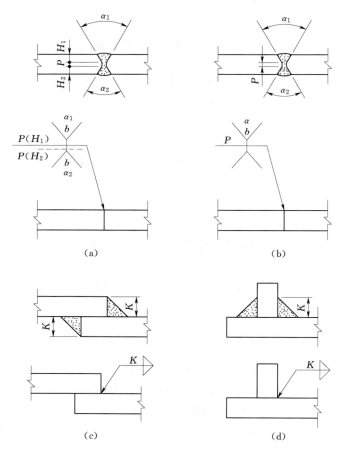

图 6－1－26 双面焊缝的标注

三个和三个以上的焊件相互焊接的焊缝，不应作为双面焊缝，其符号和尺寸应分别标注，见图 6-1-27。

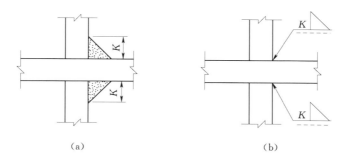

图 6-1-27　互焊的标注

　　相互焊接的两个焊件中，当只有一个焊件带坡口时，箭头应指向带坡口的焊件，见图 6-1-28。

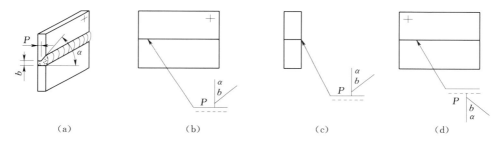

图 6-1-28　单面坡口焊的标注

　　相互焊接的两个焊件，当为单面带双边不对称坡口焊缝时，箭头应指向较大坡口的焊件，见图 6-1-29。

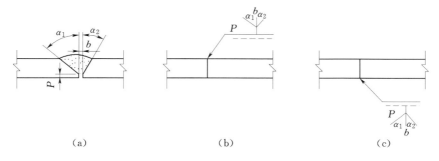

图 6-1-29　不对称坡口焊的标注

　　熔透角焊缝符号应按图 6-1-30 标注。局部焊缝应按图 6-1-31 标注。

　　三面焊缝应按图 6-1-32 标注。

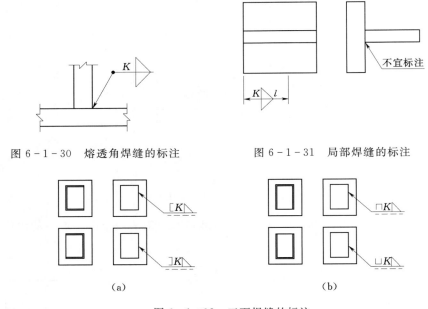

图 6-1-30　熔透角焊缝的标注　　　　图 6-1-31　局部焊缝的标注

（a）　　　　　　　　　　　　　（b）

图 6-1-32　三面焊缝的标注

周围焊缝应按图 6-1-33 标注。现场焊缝应按图 6-1-34 标注。

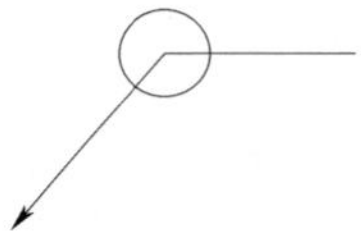

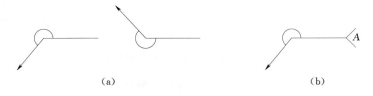

图 6-1-33　周围焊缝的标注 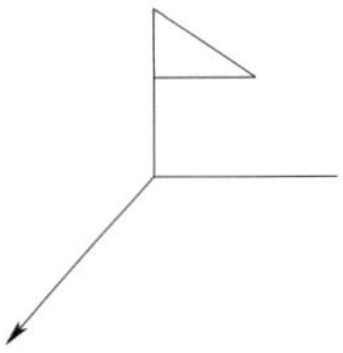　　　图 6-1-34　现场焊缝的标注

相同焊缝符号应按以下方法表示：

（1）同一图样、形式、尺寸和辅助要求均相同的焊缝，可只选择一处标注代号，并加注"相同焊缝符号"，见图 6-1-35（a），或统一在图样的技术要求中用符号或文字加以说明。

（2）同一图样，数种相同焊缝可采用分类编号标注，同一类焊缝可选择一处标注代号，分类编号采用 A、B、C，见图 6-1-35（b）。

（a）　　　　　　　　　　　　　　　　（b）

图 6-1-35　相同焊缝的标注

分布不规则的焊缝标注代号宜在焊缝处加粗线表示可见焊缝或栅线表示不可见焊缝，见图 6-1-36。

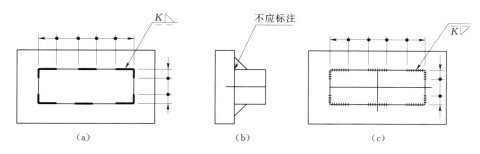

图 6-1-36　不规则焊缝的标注

第十五节　标　准　件

金属结构图样中常用标准件主要包含型钢、轴承、紧固件、密封件等。型钢标注方法见表 6-1-4，其他标准件标注方法可查阅《机械制图》。

表 6-1-4　　　　　　　　　型　钢　标　注　方　法

序号	名　称	截面	标　注	说　明
1	等边角钢		$\llcorner$ $b \times d$	b 为肢宽；d 为肢厚
2	不等边角钢		$\llcorner$ $B \times b \times d$	B 为长肢宽；b 为短肢宽；d 为肢厚
3	I 字钢		$I\ N$，$Q\ I\ N$	N 为 I 字钢型号，轻型 I 字钢前加 Q
4	槽钢		$[N$，$Q\ [N$	N 为槽钢型号，轻型槽钢前加 Q
5	方钢		$\Box b$	
6	扁钢		$-b \times t$	
7	钢板		$-t$	
8	圆钢		ϕd	
9	钢管		$\phi d \times t$	d 为钢管外径；t 为管壁厚度

序号	名称	截面	标注	说明
10	起重机钢轨		QU××	××为钢轨型号
11	轻轨		××kg/m，或P××	××为钢轨型号

第十六节 几种常用表面、剖面表示方法

金属结构专业制图时常需表示一期混凝土、二期混凝土和止水橡皮的表面和剖面。这几种常用表面和剖面的标注见表6-1-5。

表6-1-5   常用表面和剖面标注图例

序号	含义	符号或缩写词
1	一期混凝土剖面	
2	二期混凝土剖面	
3	二期混凝土表面	
4	止水橡皮剖面	

第十七节 流 向

流向一般按从上到下或从左到右的原则标注，见图6-1-37。其中字体可为仿宋体5mm×3.5mm。

图 6-1-37　流向的表达

第十八节　闸门及启闭机特性表

金属结构布置图中均应包含闸门及启闭机特性表，用来说明该布置图中金属结构设备的规模和技术特性。闸门及启闭机特性表见表 6-1-6。

表 6-1-6　　　　　　　　　　　闸门及启闭机特性表格式　　　　　　　　　单位：mm

闸门及启闭机特性表（仿宋体 5×5）				
序号	项　　目	单位	参	数
			（闸门 1）	（闸门 2）
1	孔口宽度尺寸	m		
2	设计水头	m		
3	孔口数量	孔		
4	门型			
5	设计水位	m		
6	总水压力	kN		
7	闸门数量	扇		
8	启闭机型式			
9	启闭机容量	kN		
10	操作条件			
11	启闭机数量	台		
12	启闭机扬程	m		
13				
14				
15				
16				
10	40	10	30	30

（其余仿宋体 4×3）

注：表中所列项目可根据闸门和启闭机实际情况增加或减少。

第十九节　图　纸　目　录

施工详图设计阶段每一套图都应包含一份图纸目录。图纸目录反映该套图纸所有图纸的图号及图幅等信息，其本身一般不编图号。图纸目录统一为 A4 图幅，内容较多时可增加图纸目录数量。图纸目录格式见图 6-1-38。

其中，"工程名称"字体为仿宋体 5mm×3.5mm，"图名＋图纸目录"字体为仿宋体 7mm×4.9mm，其他字体均为仿宋体 5mm×3.5mm。

（工程名称） （图名）图纸目录				
				第 页 共 页
序号	图 号	名 称	图幅	备 注
1				
2				
3				
4				
5				
6				
7				
8				
9				
10				
11				
12				
13				
14				
15				
16				
17				
18				
19				
20				
21				
22				
23				
编制单位：				年 月

27

26×10=260

图 6-1-38 图纸目录格式（单位：mm）

第二章　金属结构布置图

金属结构布置图主要反映金属结构设备（闸门及启闭机械、压力钢管等）的型式、功能、主要技术参数、设置部位、设备数量、孔口尺寸、水头、水位、与水工建筑物关系以及运行和检修等有关布置要求，制图应全面、准确、规范地表示以上内容。

金属结构布置图主要有：泄洪和水电站建筑物金属结构布置图、船闸金属结构布置图、压力钢管布置图等。

第一节　泄洪和水电站建筑物金属结构布置图

泄洪建筑物和水电站建筑物是水利水电工程的主要建筑物。图 6-2-1、图 6-2-2 为某工程泄洪建筑物、水电站建筑物金属结构布置图实例。

泄洪和电站建筑物金属结构布置图主要有下列内容：

（1）金属结构布置图应完整地表示水工建筑物中从坝顶至各层孔口部位金属结构设备布置的整体概貌、特性和规模。

金属结构布置图以立面布置图（主视图）为主，必要时还应绘制平面布置图（俯视图）。

（2）金属结构布置图应表示建筑物的设计、校核洪水位、正常蓄水位、死水位及检修水位等。

（3）金属结构布置图应表示各部位闸门、启闭机布置型式、功能和主要技术参数。必要时，可反映启闭机房的位置、尺寸（长×宽×高）和数量；液压启闭机的油管布置、走向；门式（或桥式）启闭机的轨道布置等。

（4）金属结构布置图中应列出金属结构设备技术特性表，如孔口尺寸、闸门型式和数量、设计水头、操作条件；启闭机型式、容量和数量、工作行程/扬程等。

第二节　船闸金属结构布置图

船闸金属结构图包含两级布置图：船闸金属结构布置总图和（上/下）闸首人字门及启闭机布置图。

一、船闸金属结构布置总图

船闸金属结构布置总图主要有下列内容：

（1）金属结构布置图应完整地表示船闸的整体概貌、特性和规模，如：属单线或多线、单级或多级船闸、闸室有效尺寸（长×宽×槛上水深）和水级等。

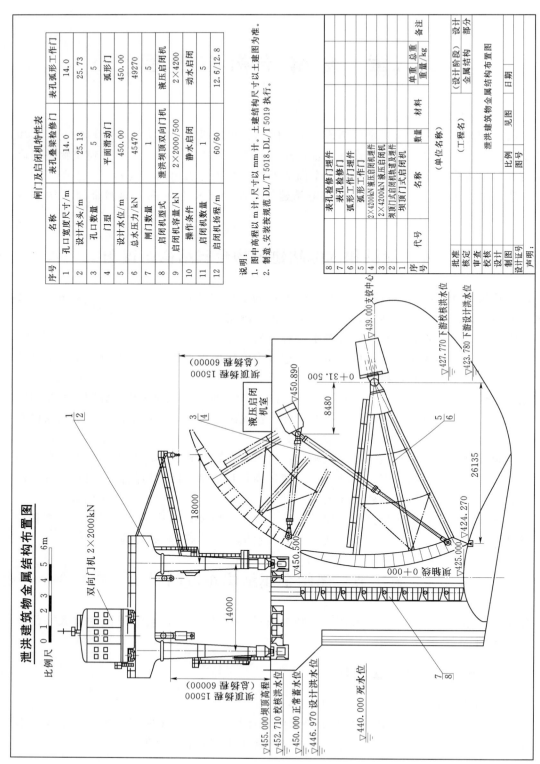

闸门及启闭机特性表

序号	名称	表孔叠梁检修门	表孔弧形工作门
1	孔口宽度尺寸/m	14.0	14.0
2	设计水头/m	25.13	25.73
3	孔口数量	5	5
4	门型	平面滑动门	弧形门
5	设计水位/m	450.00	450.00
6	总水压力/kN	45470	49270
7	闸门数量	1	5
8	启闭机型式	泄洪坝顶双向门机	液压启闭机
9	启闭机容量/kN	2×2000/500	2×4200
10	操作条件	静水启闭	动水启闭
11	启闭机数量	1	5
12	启闭机扬程/m	60/60	12.6/12.8

说明:
1. 图中高程以 m 计,尺寸以 mm 计。土建结构尺寸以土建图为准。
2. 制造、安装按规范 DL/T 5018、DL/T 5019 执行。

泄洪建筑物金属结构布置图

比例尺　0　1　2　3　4　5　6m

双向门机 2×2000kN

液压启闭机室

▽455.000 坝顶高程
▽452.710 校核洪水位
▽450.000 正常蓄水位
▽446.970 设计洪水位
▽440.000 死水位

▽450.890
▽450.500

上游桩号 15000（下游桩号 60000）

18000　14000

▽439.000 支铰中心
▽427.770 下游校核洪水位
▽423.780 下游设计洪水位
▽425.000
▽424.270

0+31.500
0+00.000

8480　26135

序号	代号	名称	数量	材料	单重/kg	总重/kg	备注
8		表孔检修门埋件					
7		弧形检修门					
6		弧形工作门埋件					
5		2×4200kN 液压启闭机					
4		2×4200kN 液压启闭机埋件					
3		坝顶门式启闭机轨道及埋件					
2		坝顶门式启闭机					
1							

批准	（设计阶段） 设计
核定	金属结构 部分
审查	（单位名称） 泄洪建筑物金属结构布置图
校核	（工程名）
设计	比例　见图 日期
制图	图号
设计证号	
声明:	

图 6-2-1　某工程泄洪建筑物金属结构布置图

水电站建筑物进水口金属结构布置图

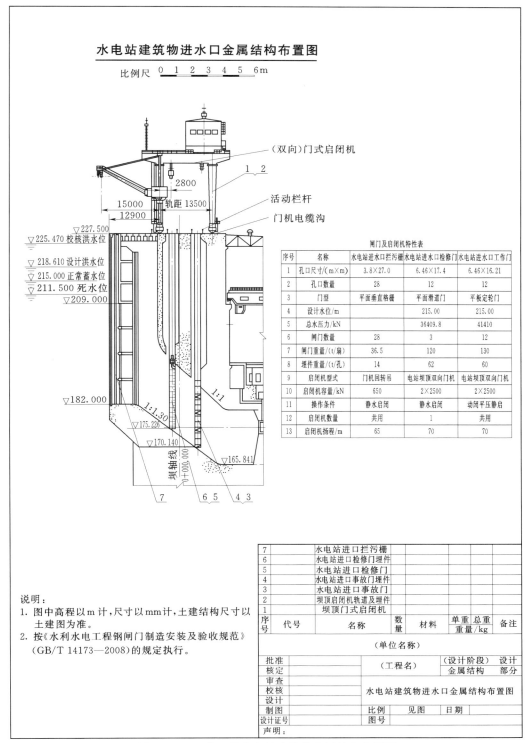

比例尺 0 1 2 3 4 5 6m

（双向）门式启闭机

1 2

活动栏杆

门机电缆沟

2800

轨距 13500

15000

12900

▽227.500
▽225.470 校核洪水位
▽218.610 设计洪水位
▽215.000 正常蓄水位
▽211.500 死水位
▽209.000

▽182.000

1:1.30
▽175.226
▽170.140
1:1
▽165.841

坝轴线
0+000.000

7 6 5 4 3

闸门及启闭机特性表

序号	名称	水电站进水口拦污栅	水电站进水口检修门	水电站进水口工作门
1	孔口尺寸/(m×m)	3.8×27.0	6.46×17.4	6.46×16.21
2	孔口数量	28	12	12
3	门型	平面垂直格栅	平面滑道门	平板定轮门
4	设计水位/m		215.00	215.00
5	总水压力/kN		36409.8	41410
6	闸门数量	28	3	12
7	闸门重量/(t/扇)	36.5	120	130
8	埋件重量/(t/孔)	14	62	60
9	启闭机型式	门机回转吊	电站坝顶双向门机	电站坝顶双向门机
10	启闭机容量/kN	650	2×2500	2×2500
11	操作条件	静水启闭	静水启闭	动闭平压静启
12	启闭机数量	共用	1	共用
13	启闭机扬程/m	65	70	70

说明：
1. 图中高程以 m 计，尺寸以 mm 计，土建结构尺寸以土建图为准。
2. 按《水利水电工程钢闸门制造安装及验收规范》（GB/T 14173—2008）的规定执行。

7		水电站进口拦污栅				
6		水电站进口检修门埋件				
5		水电站进口检修门				
4		水电站进口事故门埋件				
3		水电站进口事故门				
2		坝顶启闭机轨道及埋件				
1		坝顶门式启闭机				
序号	代号	名称	数量	材料	单重 总重 重量/kg	备注

（单位名称）

批准		（工程名）	（设计阶段） 设计
核定			金属结构 部分
审查			
校核		水电站建筑物进水口金属结构布置图	
设计			
制图		比例 见图 日期	
设计证号		图号	
声明：			

图 6-2-2 某工程水电站建筑物金属结构布置图

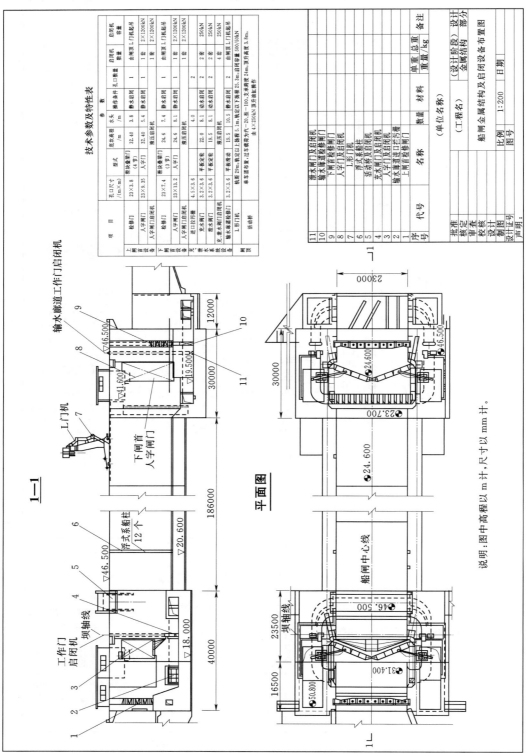

图 6-2-3　某工程船闸金属结构总布置图

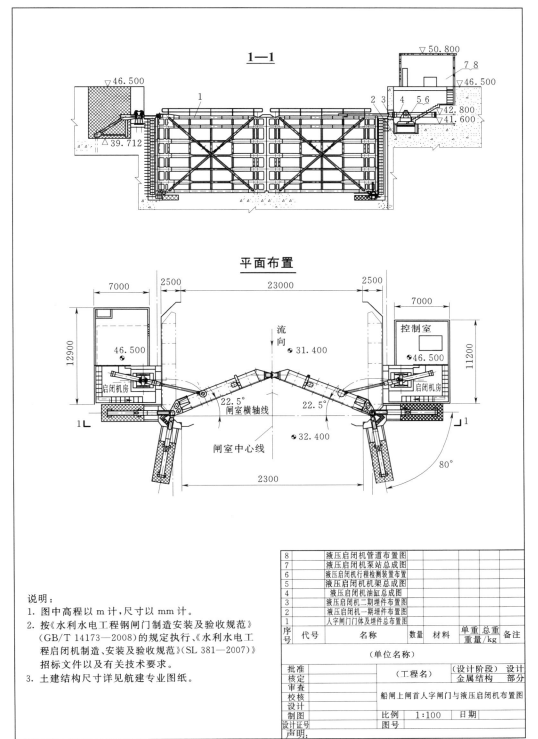

说明:
1. 图中高程以 m 计,尺寸以 mm 计。
2. 按《水利水电工程钢闸门制造安装及验收规范》 (GB/T 14173—2008)的规定执行、《水利水电工程启闭机制造、安装及验收规范》(SL 381—2007)》招标文件以及有关技术要求。
3. 土建结构尺寸详见航建专业图纸。

8		液压启闭机管道布置图					
7		液压启闭机泵站总成图					
6		液压启闭机行程检测装置布置图					
5		液压启闭机机架总成图					
4		液压启闭机油缸总成图					
3		液压启闭机二期埋件布置图					
2		液压启闭机一期埋件布置图					
1		人字闸门门体及埋件总布置图					
序号	代号	名称	数量	材料	单重 总重 重量/kg		备注

(单位名称)

批准		(设计阶段) 设计
核定	(工程名)	金属结构 部分
审查		
校核		船闸上闸首人字闸门与液压启闭机布置图
设计		
制图	比例 1:100	日期
设计证号	图号	
声明		

图 6-2-4　某工程上闸首人字闸门及液压启闭机布置图

金属结构布置图一般应包含船闸立面布置图（主视图）和平面布置图（俯视图），反映船闸金属结构布置的全貌。某船闸金属结构布置见图 6-2-3，结合其立面图和平面图，完整表达了该船闸金属结构布置的全貌。

（2）金属结构布置图应表示船闸的上、下游最高和最低通航水位，上、下游设计、校核洪水位及检修水位；对于多级船闸，还应反映每级闸室的最高和最低通航水位。这些特征水位值以及由此计算出的水位变幅大小，是进行船闸闸门和启闭机设计所必需的重要参数，反映了闸门和启闭机操作、运行的水位工况要求。

（3）金属结构布置图应表示船闸各闸首的闸门、启闭机型式与布置情况，设有启闭机机房的应反映机房的数量、位置和尺寸（长×宽×高），采用液压启闭机的还应示出其油管或油管沟的布置、走向，设有门式（或桥式）启闭机的要示出轨道的布置情况。此外，还需反映船闸闸顶的交通通道情况，如是否设有公路、桥梁等。

（4）金属结构总布置图中应列出船闸特性及金属结构技术特性表，如孔口尺寸、闸门型式和数量、设计水头、操作条件；启闭机容量、型式和数量、工作行程/扬程等。

由于船闸轴线一般较长，尤其是多级船闸，因而船闸金属结构总布置图图幅常需沿长边进行加长处理。图幅加长应按本篇第 1.1 节要求绘制。

二、人字闸门及启闭机布置图

闸首人字闸门及启闭机布置图主要反映以下内容：

（1）门叶结构、启闭机设备、顶枢装置、底枢装置、止水装置等、背拉杆、支枕垫、导卡装置、限位装置、人行栏杆及爬梯，以及二期埋件等各装置和部件间的制造安装的位置关系尺寸及允许误差。

（2）人字闸门、启闭机及各装置和部件的序号、工程量表及总工程量闸首人字门及启闭机布置见图 6-2-4。

第三节　压力钢管布置图

（1）压力钢管布置图由沿钢管轴线纵剖面图、平面图，以及主要部位放大图组成。图中应包含从钢管起点到末端各控制点（拐点）平面坐标、高程、桩号等信息，该信息应与土建图、水机专业布置图纸一致，并应按钢管直径和管壁厚度列出钢管分段明细表和制造安装的技术要求。某工程压力钢管布置见图 6-2-5。

（2）钢管布置图中应标明各段钢管的内径、长度、轴线倾斜角度、弯管转弯半径和角度、岔管分岔角度等。

（3）钢管布置图中应具有钢管起点与混凝土连接详图、末端与蜗壳（或阀门）的连接详图及钢管与厂房墙体的关系尺寸、止推环位置尺寸等。如为垫层钢管还应注明垫层的范围和材料。

（4）明管布置图中应标明镇墩间距、支墩间距、伸缩节位置、人孔位置等，并具有镇墩和支墩局部详图。

（5）地下埋管布置图中应包含隧洞、山体地面线、调压井、厂房、外排水系统（如

压力钢管平面布置图

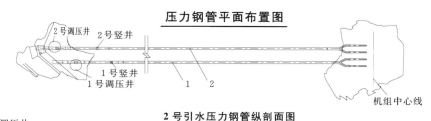

2号调压井　2号竖井

1号竖井
1号调压井

1　2

机组中心线

2号引水压力钢管纵剖面图

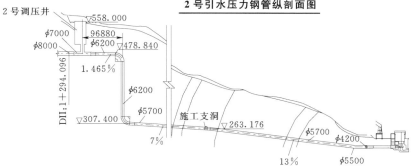

2号调压井　▽558.000

φ7000　96880
φ8000　φ6200　▽478.840

1.465%

φ6200

DII:1+294.096

▽307.400　φ5700

施工支洞　▽263.176

φ5700　φ4200

7%

13%　φ5500

1号引水压力钢管纵剖面图

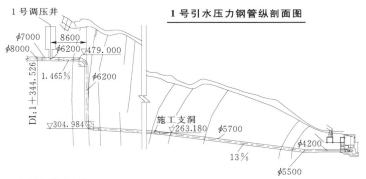

1号调压井

φ7000　8600
φ8000　φ6200　▽479.000

1.465%　φ6200

DII:1+344.526

▽304.984

施工支洞　▽263.180　φ5700

φ4200

13%

φ5500

控制点平面坐标

编号	X	Y
E1	5296427.1253	2513152.5951
F1	5295833.8306	2512255.5337
S1	5296379.6842	2513080.8641
E2	5296422.9741	2513209.7656
F2	5295804.6378	2512274.8411
S2	5296369.5311	2513128.9598

说明：
1. 图中高程、桩号以 m 计,尺寸以 mm 计。
2. 图中所标注钢管直径均指钢管内直径。
3. 钢管制造安装按《水利水电工程压力钢管制作安
　装及验收规范》(GB 50766—2012)的规定执行。
4. 灌浆要求：
回填灌浆：平洞和倾斜角小于 45°的缓斜井顶拱部位；
接触灌浆：1号岔管及其中心线两侧 15m 内的钢管；
其他有关灌浆技术要求见土建图纸。

2		2号压力钢管结构图	1				
1		1号压力钢管结构图	1			单重 总重	备注
序号	代号	名称	数量	材料		重量/kg	

（单位名称）

批准		（设计阶段）	设计
核定		（工程名）	金属结构　部分
审查			
校核			压力钢管布置图
设计			
制图		比例　1:2000	日期
设计证号		图号	
声明：			

图 6-2-5　某工程压力钢管布置图

有）布置等信息。

（6）坝内埋管布置图中应包含钢管与坝体及厂坝分缝线关系尺寸、伸缩节或垫层管（如有）布置、外排水系统（如有）布置等信息。

（7）钢衬钢筋混凝土管布置图应包含钢衬、外围钢筋混凝土关系尺寸。

第三章 结 构 图

第一节 水工钢闸门结构图

一、平面闸门

平面闸门图主要由门体总图、门体分节结构图、支承轨道部件（二期埋件）、止水装置、平压装置、启闭吊杆及锁定等总成部件图组成。

（一）门体总图

门体总图反映闸门基本型式和总体制造要求、各总成部件的装配关系、各控制点的高程和桩号，同时表达各部件的连接关系以及焊缝及涂装设计。

某工程平面闸门门体见图6-3-1。

平面闸门门体总图主要表示闸门与土建结构及埋件之间的关系、闸门的结构特点及总体尺寸规模、闸门各主要零部件（门叶结构、止水、支承、吊杆、节间连接、平压阀等）间的相互装配关系。

说明及技术特性参数表主要表述闸门制造、安装、验收标准及防腐要求。

（二）闸门分节结构图

某工程平面闸门分节结构见图6-3-2，主要表述闸门的结构型式、构造特点和制造要求，包括制造板件外形尺寸，定位位置，结构重量及焊缝设计等。

（三）支承部件

平面闸门支承定轮见图6-3-3，主要表述支承部件的结构特点和装配关系，以及零件的材料选择、热处理和主要制造要求。

（四）止水装置图

平面闸门的止水装置见图6-3-4，主要表述闸门的止水装置设计，包括止水材质，止水外形设计及紧固件选择。

（五）平压装置

平面闸门平压装置装配见图6-3-5，主要表述平压装置的安装定位、平压装置的行程及构造件尺寸。

（六）启闭吊杆

平面闸门吊杆见图6-3-6，主要表述吊杆的长度等构造尺寸，以及制造加工要求。

（七）平面闸门埋件

闸门埋件主要包括主轨、副轨、反轨、底槛、锁定、门楣及将各部件连接成整体的连接件、紧固件及焊缝等。埋件总图主要表述闸门孔口尺寸，水工建筑物必要的绝对坐标及相对基准线的位置，埋件部件的装配关系和制造要求，部件数量、工程量及相关的安装技

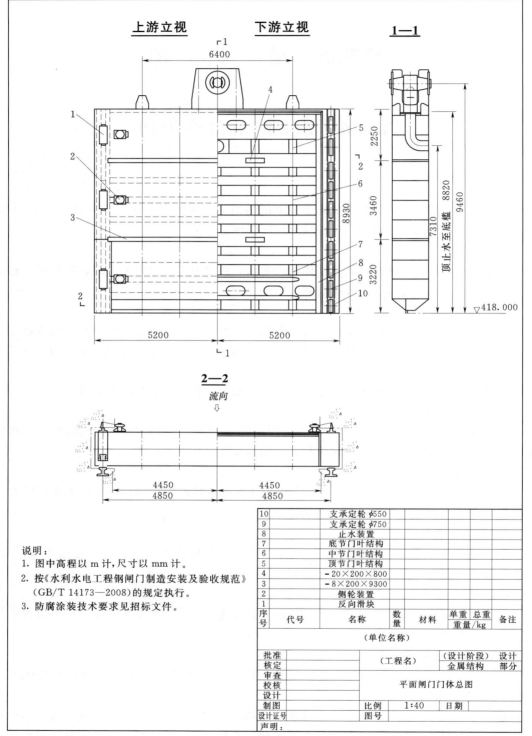

图 6-3-1　某工程平面闸门门体总图

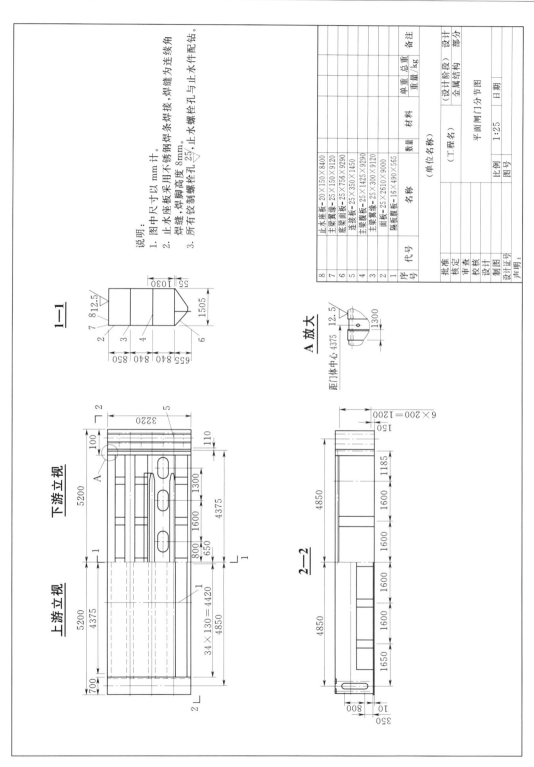

图 6 - 3 - 2 某工程平面闸门分节图

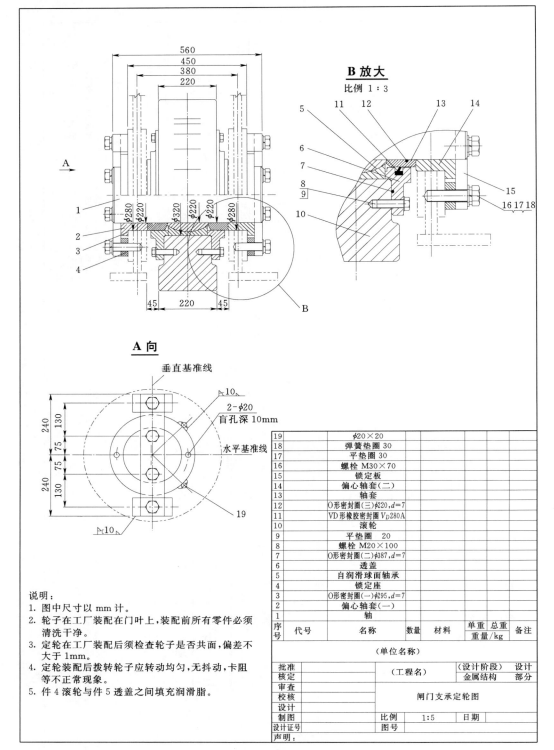

序号	代号	名称	数量	材料	单重 重量/kg	总重	备注
19		$\phi20\times20$					
18		弹簧垫圈 30					
17		平垫圈 30					
16		螺栓 M30×70					
15		锁定板					
14		偏心轴套(二)					
13		轴套					
12		O形密封圈(三)$\phi220,d=7$					
11		VD形橡胶密封圈 V_D280A					
10		滚轮					
9		平垫圈 20					
8		螺栓 M20×100					
7		O形密封圈(二)$\phi387,d=7$					
6		透盖					
5		自润滑球面轴承					
4		锁定座					
3		O形密封圈(一)$\phi295,d=7$					
2		偏心轴套(一)					
1		轴					

(单位名称)

批准		(工程名)	(设计阶段)	设计
核定			金属结构	部分
审查			闸门支承定轮图	
校核				
设计				
制图		比例 1:5	日期	
设计证号		图号		
声明：				

说明：
1. 图中尺寸以 mm 计。
2. 轮子在工厂装配在门叶上,装配前所有零件必须清洗干净。
3. 定轮在工厂装配后须检查轮子是否共面,偏差不大于 1mm。
4. 定轮装配后拨转轮子应转动均匀,无抖动,卡阻等不正常现象。
5. 件 4 滚轮与件 5 透盖之间填充润滑脂。

图 6-3-3　某工程闸门支承定轮图

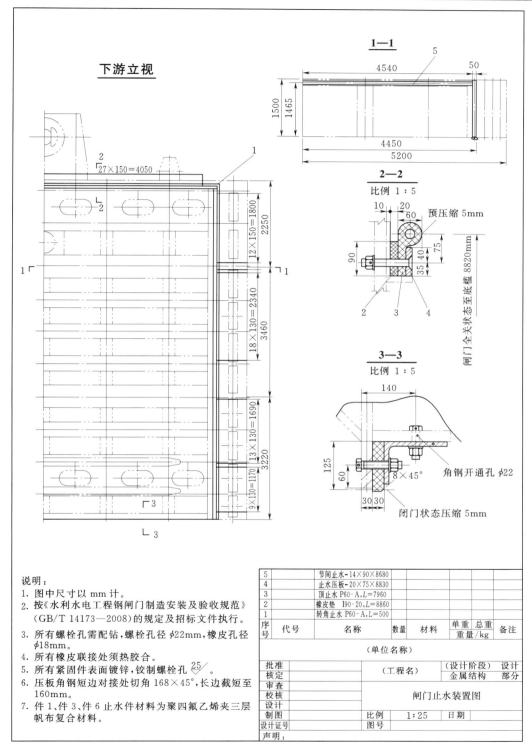

说明：
1. 图中尺寸以 mm 计。
2. 按《水利水电工程钢闸门制造安装及验收规范》
   （GB/T 14173—2008）的规定及招标文件执行。
3. 所有螺栓孔需配钻，螺栓孔径 ϕ22mm，橡皮孔径
   ϕ18mm。
4. 所有橡皮联接处须热胶合。
5. 所有紧固件表面镀锌，铰制螺栓孔 $\frac{25}{}$ 。
6. 压板角钢短边对接处切角 168×45°，长边截短至
   160mm。
7. 件1、件3、件6止水件材料为聚四氟乙烯夹三层
   帆布复合材料。

5		节间止水-14×90×8680					
4		止水压板-20×75×8830					
3		顶止水 P60-A,L=7960					
2		橡皮垫 I90-20,L=8860					
1		转角止水 P60-A,L=500					
序号	代号	名称	数量	材料	单重 重量/kg	总重	备注

（单位名称）

批准		（设计阶段）	设计
核定	（工程名）	金属结构	部分
审查			
校核		闸门止水装置图	
设计			
制图		比例	1:25	日期	
设计证号		图号		
声明：				

图 6-3-4 某工程闸门止水装置图

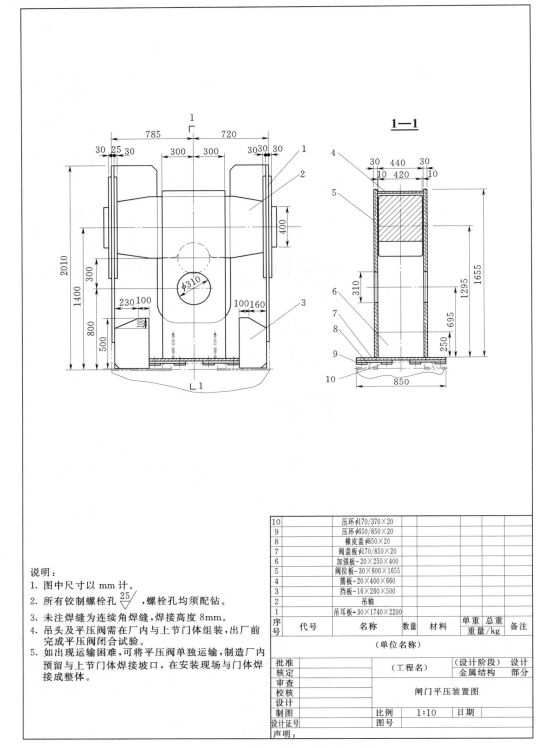

说明:
1. 图中尺寸以 mm 计。
2. 所有铰制螺栓孔$\frac{25}{\bigtriangledown}$,螺栓孔均须配钻。
3. 未注焊缝为连续角焊缝,焊接高度 8mm。
4. 吊头及平压阀需在厂内与上节门体组装,出厂前完成平压阀闭合试验。
5. 如出现运输困难,可将平压阀单独运输,制造厂内预留与上节门体焊接坡口,在安装现场与门体焊接成整体。

10		压环 φ170/370×20					
9		压环 φ650/850×20					
8		橡皮盖 φ850×20					
7		阀盖板 φ170/850×20					
6		加强板-20×250×400					
5		阀拉板-30×600×1655					
4		筋板-20×400×660					
3		挡板-16×260×500					
2		吊轴					
1		吊耳板-30×1740×2200					
序号	代号	名称	数量	材料	单重 重量/kg	总重	备注

(单位名称)

批准		(设计阶段)	设计
核定	(工程名)	金属结构	部分
审查			
校核		闸门平压装置图	
设计			
制图		比例	1:10	日期	
设计证号		图号			
声明:					

图 6-3-5 某工程闸门平压装置图

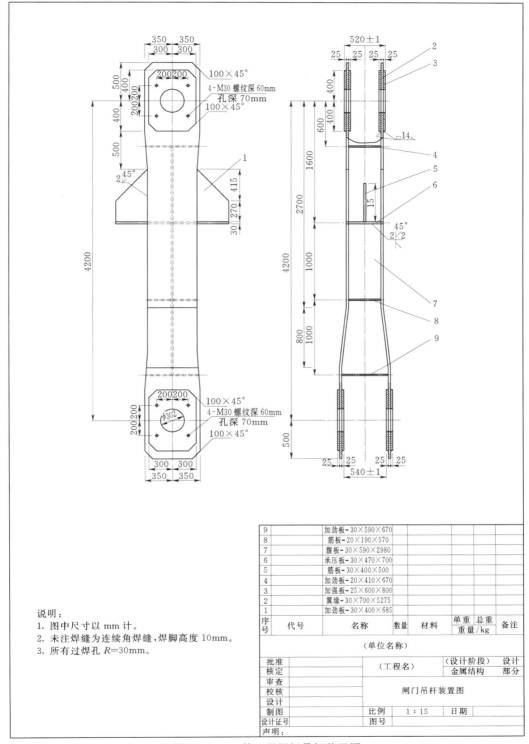

说明：
1. 图中尺寸以 mm 计。
2. 未注焊缝为连续角焊缝，焊脚高度 10mm。
3. 所有过焊孔 R＝30mm。

9		加劲板-30×590×670					
8		筋板-20×190×570					
7		腹板-30×590×2980					
6		承压板-30×470×700					
5		筋板-30×400×500					
4		加劲板-20×410×670					
3		加强板-25×600×800					
2		翼缘-30×700×5275					
1		加劲板-30×400×685					
序号	代号	名称	数量	材料	单重 重量/kg	总重	备注

（单位名称）

批准		（工程名）		（设计阶段）	设计
核定				金属结构	部分
审查					
校核			闸门吊杆装置图		
设计					
制图		比例	1：15	日期	
设计证号		图号			
声明					

图 6-3-6　某工程闸门吊杆装置图

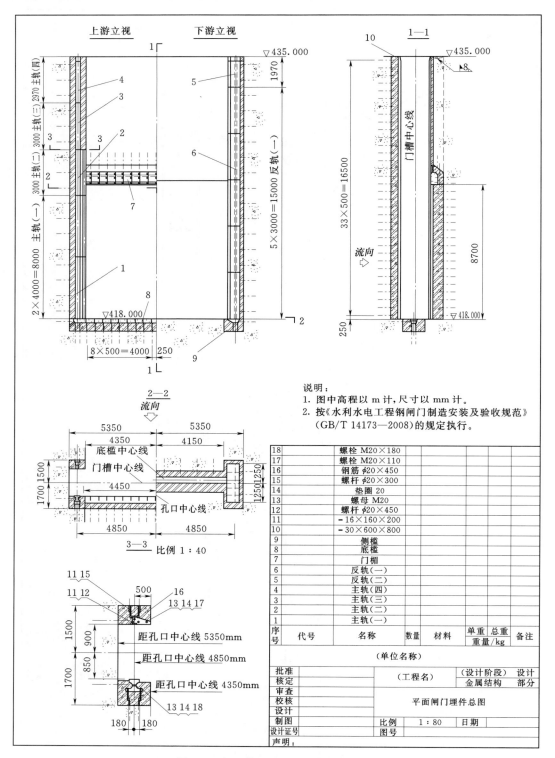

说明:
1. 图中高程以 m 计,尺寸以 mm 计。
2. 按《水利水电工程钢闸门制造安装及验收规范》
   (GB/T 14173—2008)的规定执行。

18		螺栓 M20×180					
17		螺栓 M20×110					
16		钢筋 φ20×450					
15		螺杆 φ20×300					
14		垫圈 20					
13		螺母 M20					
12		螺杆 φ20×450					
11		−16×160×200					
10		−30×600×800					
9		侧槛					
8		底槛					
7		门楣					
6		反轨(一)					
5		反轨(二)					
4		主轨(四)					
3		主轨(三)					
2		主轨(二)					
1		主轨(一)					
序号	代号	名称	数量	材料	单重 总重 重量/kg		备注

（单位名称）

批准		（工程名）	（设计阶段）	设计
核定			金属结构	部分
审查				
校核		平面闸门埋件总图		
设计				
制图		比例	1:80	日期
设计证号		图号		
声明:				

图 6-3-7　某工程平面闸门埋件总图

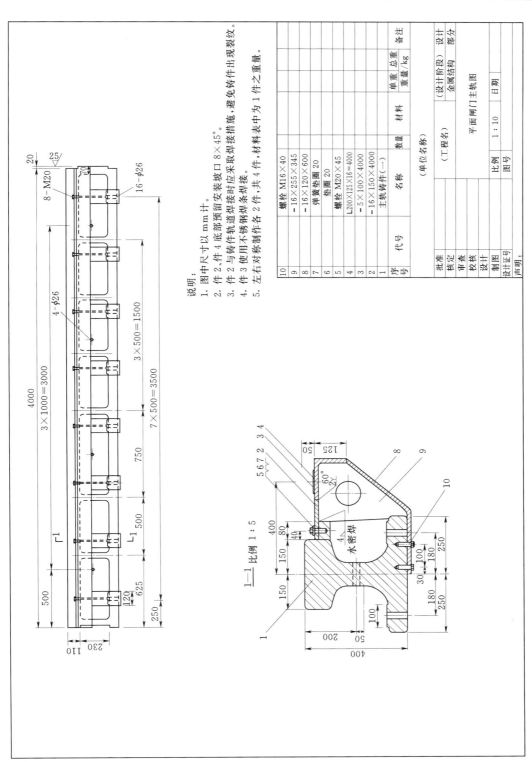

图 6 - 3 - 8　某工程平面闸门主轨图

术要求。某工程平面闸门埋件总图见图6-3-7。

某工程平面闸门埋件总图中的主轨装配见图6-3-8,主要表述主轨的外形和装配关系,分段尺寸,主轨力学性能要求及轨道制造、安装技术要求。

二、弧形闸门

弧形闸门图主要由门体总图、闸门部件图(如门叶结构图、支臂图、支铰图、止水装置图等)、零件图、二期埋件图和一期埋件图等组成。

(一) 门体总图

弧形闸门门体总图要反映门叶结构、支臂及扶手、支铰(又可分为铰链和铰座)、止水和侧轮等的装配关系;还包括将上述构件装配成整体的连接件、紧固件和焊缝等。某工程泄洪中孔弧形工作门门体总图见图6-3-9,绘制门体总图应包含下列内容。

1. 反映弧形闸门布置和结构特点的视图

反映弧形闸门的结构特点和主要设计技术参数的视图见图6-3-9中左视图"下游面视-上游面视"和1—1、2—2视图。

2. 反映弧形闸门装配关系及现场安装要求的视图

图6-3-9中视图3—3等主要表达弧形闸门各主要组成构件(止水、侧轮、支铰等)间的装配关系和现场装配和安装要求。

3. 技术要求

表达弧形闸门制造、安装、防腐等主要技术要求要在图中进行说明。

(二) 弧门部件(构件)图

主要反映组成各部件(构件)及重要零件间的装配关系和主要制造要求,工程弧形闸门支铰见图6-3-10,主要反映了铰链、铰座、铰轴、轴承及其他零部件间的装配关系。

(三) 零件图

零件图主要反映了弧形门各零件的制造要求。某工程弧形闸门铰链支座零件见图6-3-11。

(四) 埋件

1. 埋件总图(二期埋件图)

埋件总图主要反映了二期埋件的布置特点、各构件的装配关系、各构件的数量和工程量、安装和装配的技术要求等。某工程弧形闸门埋件见图6-3-12。

2. 埋件构件(零件)图

主要反映构件的装配关系和零件的制造技术要求。某工程弧形闸门侧轨见图6-3-13。

三、人字闸门

人字闸门图主要由人字闸门及埋件布置总图,以及门叶结构图、顶枢装置图、底枢装置图、止水装置图、背拉杆图、支枕垫图、导卡装置、限位装置图、人行栏杆及爬梯图、二期埋件图、一期埋件图等总成部件图和零件图等组成。

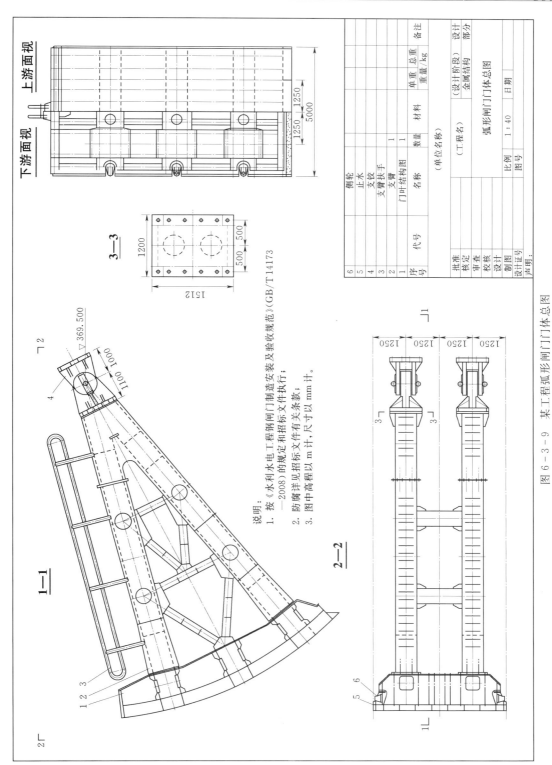

3—3

1—1

2—2

说明：
1. 按《水利水电工程钢闸门制造安装及验收规范》（GB/T 14173
—2008）的规定和招标文件执行；
2. 防腐详见招标文件有关条款；
3. 图中高程以 m 计，尺寸以 mm 计。

6	侧轮						
5	正水						
4	支臂扶手	1					
3	支臂	1					
2	门叶结构图						
1							
序号	名称	数量	材料	单重	总重	备注
					重量/kg	

（工程名）
（单位名称）

弧形闸门门体总图

（设计阶段）金属结构 设计部分

批准			比例	1：40	日期
修定			图号		
审查					
校核					
设计					
制图					
设计证号：					
声明：					

图 6 - 3 - 9 某工程弧形闸门门体总图

· 573 ·

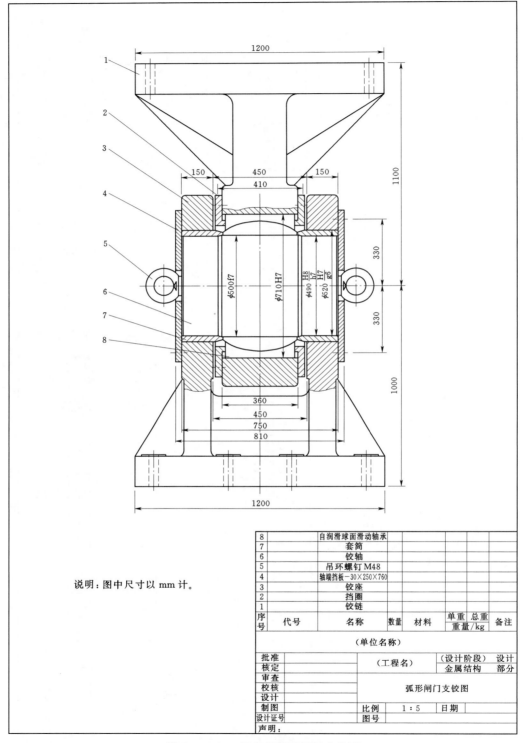

说明：图中尺寸以 mm 计。

8		自润滑球面滑动轴承					
7		套筒					
6		铰轴					
5		吊环螺钉 M48					
4		轴端挡板—30×250×760					
3		铰座					
2		挡圈					
1		铰链					
序号	代号	名称	数量	材料	单重 总重 重量/kg		备注
（单位名称）							

批准		（工程名）		（设计阶段）	设计
核定				金属结构	部分
审查					
校核		弧形闸门支铰图			
设计					
制图		比例	1：5	日期	
设计证号		图号			
声明					

图 6-3-10 某工程弧形闸门支铰图

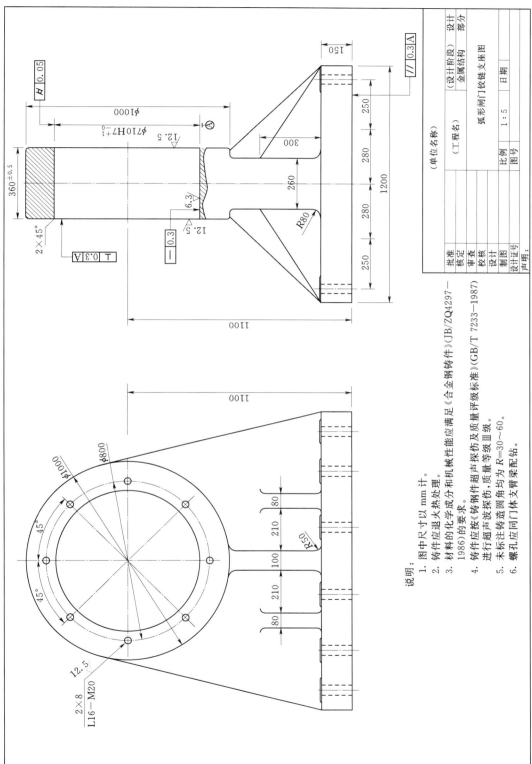

说明：

1. 图中尺寸以 mm 计。
2. 铸件应退火热处理。
3. 材料的化学成分和机械性能应满足《合金钢铸件》(JB/ZQ4297—1986)的要求。
4. 铸件应按《铸钢件超声波探伤及质量评级标准》(GB/T 7233—1987)进行超声波探伤，质量等级Ⅲ级。
5. 未标注铸造圆角均为 R=30～60。
6. 螺孔应同门体支臂梁配钻。

图 6-3-11 某工程弧形闸门铰链支座图

设计 部分	设计
金属结构	(设计阶段)

	弧形闸门铰链支座图	
(工程名)		
(单位名称)	比例	1：5
	图号	日期

批准			
核定			
审查			
校核			
设计			
制图			
设计证号：			
声明：			

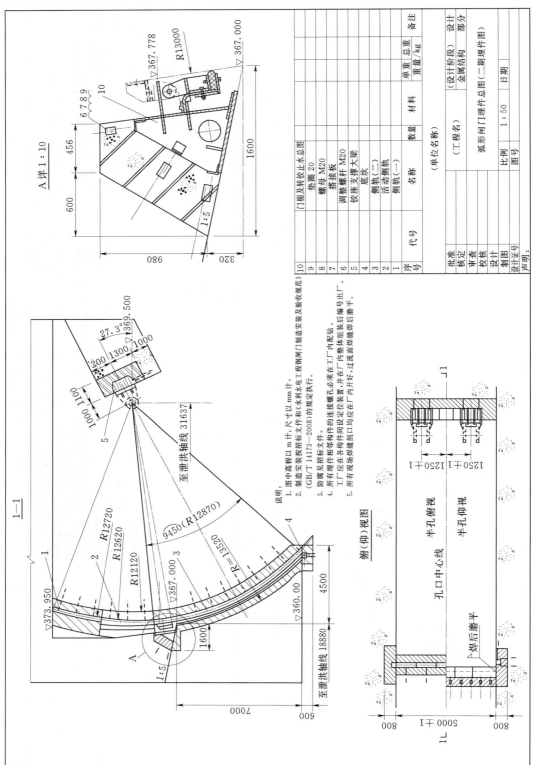

代号	序号	名称	数量	材料	单重	总重 /kg	备注
	10	门楣及转铰止水总图					
	9	垫圈 20					
	8	螺母 M20					
	7	搭接板					
	6	调整螺杆 M20					
	5	铰座支撑大梁					
	4	底坎					
	3	侧轨(二)					
	2	活动侧轨					
	1	侧轨(一)					

（单位名称）

批准				
核定		(设计阶段)		设计
审查		金属结构		部分
校核		弧形闸门埋件总图（二期埋件图）		
设计				
制图		比例	1：50	日期
设计证号		图号		

声明：

说明：
1. 图中高程以 m 计，尺寸以 mm 计。
2. 制造安装按招标文件和（水利水电工程弧形闸门制造安装及验收规范）（GB/T 14173—2008）的规定执行。
3. 防腐见招标文件。
4. 所有埋件相邻构件的连接螺孔必须在厂内配钻。
5. 所有埋件相邻构件间设应定位装置，并在厂内整体组装后编号出厂。工厂应在各构件的连接面设置，并在厂内开好，过流面焊缝焊后磨平。所有现场焊缝剖口均应在厂内开好，过流面焊缝焊后磨平。

图 6-3-12 某工程弧形闸门埋件总图（二期埋件图）

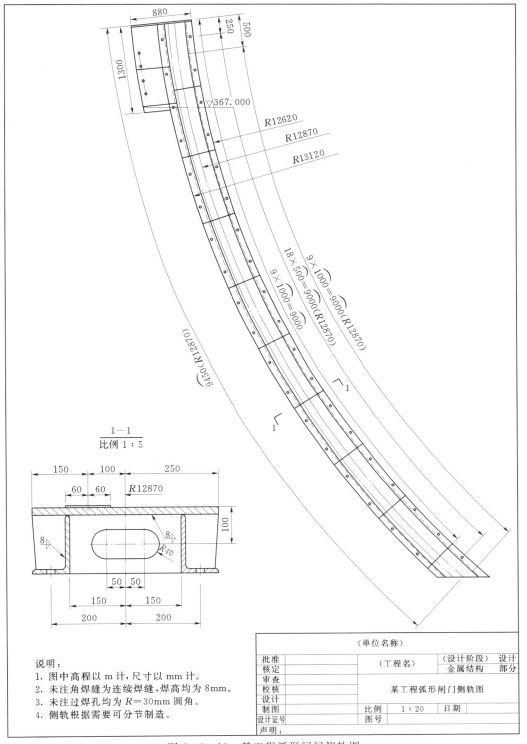

1—1
比例 1 : 5

说明:
1. 图中高程以 m 计,尺寸以 mm 计。
2. 未注角焊缝为连续焊缝,焊高均为 8mm。
3. 未注过焊孔均为 $R=30$mm 圆角。
4. 侧轨根据需要可分节制造。

(单位名称)			
批准		(工程名)	(设计阶段) 设计
核定			金属结构 部分
审查			某工程弧形闸门侧轨图
校核			
设计			
制图		比例 1 : 20	日期
设计证号		图号	
声明:			

图 6-3-13 某工程弧形闸门侧轨图

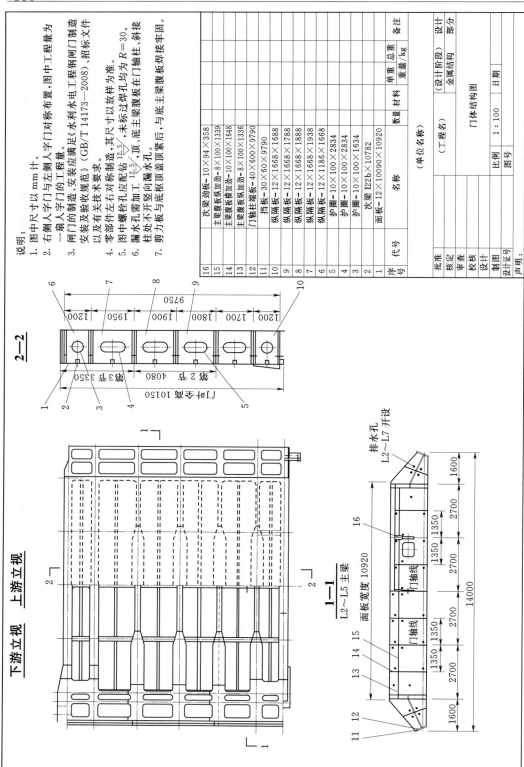

图 6-3-14 某工程人字闸门二期埋件门体结构图

1—1

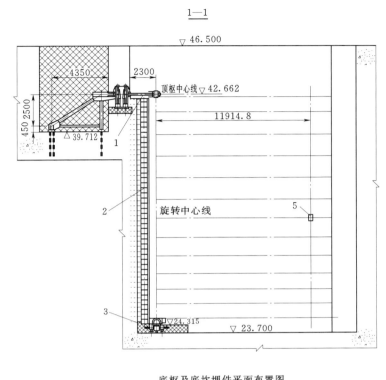

底枢及底坎埋件平面布置图

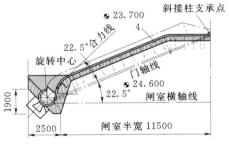

说明:
1. 图中高程以 m 计,尺寸以 mm 计。
2. 本图为闸首右侧人字门埋件图,左侧人字门埋件图与
   之对称,图中工程量为下闸首人字门埋件的总工程量。
3. 埋件的制造、安装应满足《水利水电工程钢闸门制造
   安装及验收规范》(GB/T 14173—2008)、招标文件
   以及有关技术要求。

5		防撞装置装配图					
4		底坎埋件装配图					
3		底枢埋件装配图					
2		枕座埋件装配图					
1		顶枢埋件装配图					
序号	代号	名称	数量	材料	单重 重量/kg	总重	备注
		(单位名称)					

批准		(工程名)	(设计阶段)	设计
核定			金属结构	部分
审查				
校核		埋件布置图		
设计				
制图		比例	1:40	日期
设计证号		图号		
声明:				

图 6-3-15 某工程人字闸门二期埋件布置图

（一）人字闸门及埋件布置图

人字闸门及埋件布置图主要反映门叶结构与顶枢装置、底枢装置、止水装置、背拉杆、支枕垫、导卡装置、限位装置等部件间的制造安装的相对关系和定位尺寸，以及制造安装的主要技术要求，常与人字门及液压启闭机布置见图 6-2-4。

（二）人字闸门门叶结构图

某工程人字闸门门叶结构见图 6-3-14，绘制应不少于下列内容：

（1）门体结构型式、结构零部件间的装配关系尺寸、外形轮廓尺寸、厚度、制造和焊接技术要求等。

（2）各结构件、板材、零件间的序号、工程量及工程量和相关说明。

（3）零件图的绘制应不少于下列内容：零件的公称尺寸、尺寸公差及形位公差、制造加工要求、工程量及说明等。

（三）人字闸门埋件图

人字闸门埋件图主要反映了人字闸门顶枢、底枢、枕垫块、底坎和防撞限位装置的埋设支承部件的主要制造安装要求、相对关系和定位尺寸，某工程人字闸门二期埋件见图 6-3-15。

第二节 启闭机设备

一、卷扬式启闭机

卷扬式启闭机图纸包括布置图、总装配图、部件装配图、零件图四个部分，各部分设计图样主要按照《机械制图》绘制。

（一）布置图

1. 主要反映的内容

（1）布置图主要反映启闭机的机构和结构的构造型式、服务对象和范围、操作方式、主要技术参数、安装位置、与水工建筑物的相对关系等，必要时还应反映启闭机设备的检修方式、检修位置、安装手段等。

（2）反映启闭机与闸门的接口关系、与相关电气控制和供电设备的接口关系。

（3）反映启闭机启闭过程中的特征状态（包括全开位、全关位、检修位、回转幅度、运行极限位置等）。

2. 布置图中尺寸标注需注意的内容

布置图尺寸标注除主要反映启闭设备的安装控制尺寸、接口关系尺寸等必要的尺寸外，还应明确各关键控制点之间的相对关系、安装的关键位置和高程、启闭工作行程和全行程及、启闭机的运行范围、回转幅度（回转吊）等，以及启闭机的外轮廓尺寸。

3. 技术要求

布置图中技术要求包含以下内容：

（1）设备的主要技术参数和性能指标。

（2）制造、安装所遵循的规程规范或招标文件的主要技术条款。

（3）尺寸及高程标高的标注单位。

（4）必要时应标注重要的制造、安装技术要求。

（5）性能、安装、调试、使用和维护等方面的主要技术要求，如产品的基本性能、规格，使用时的注意事项，表面涂装等。

某工程固定卷扬式启闭机布置见图 6-3-16。

（二）总装配图

总装配图主要表达启闭机设备的组成和构造特点、零部件间的装配关系及重要的制造要求。

1. 总装配图主要反映内容

（1）反映各组成机构或零件间的相互位置和装配关系，如机架、起升机构、运行机构之间的相互关系。

（2）反映主要零件的构造形式。

（3）反映设备或部件的工作原理，如钢丝绳的缠绕方式等。

2. 总装配图尺寸标注需注意的内容

装配图上应标注反映启闭机和重要部件的性能、规格、装配和调试的尺寸，大致可分为五类尺寸：特征尺寸、装配尺寸、安装尺寸、外形尺寸及其他重要尺寸。

（1）特征尺寸：特征尺寸表示部件的性能和规格，因此亦称为规格性能尺寸。它是设计和说明启闭机功能的依据。

（2）装配尺寸：装配尺寸表示部件内部相关零件间的装配要求和工作精度的尺寸，包括配合尺寸和相对位置尺寸。

1）配合尺寸：表示零件间配合性质的尺寸，一般采用在尺寸数字后面注明配合代号。

2）相对位置尺寸：零件间相对位置的尺寸，也是装配、调试时所需要的尺寸。

（3）安装尺寸：表示将部件安装在机器上或机器安装在基础上所需确定的尺寸，通常为机座上安装螺栓的螺栓孔孔径和它们的中心距等。

（4）外形尺寸：表示设备或部件总体的长、宽、高尺寸。它反映了设备或部件的大小，是设备或部件在包装、运输和安装过程中所必需的尺寸。

（5）其他重要尺寸：是设计过程中经过计算确定或选定的尺寸，如主要零件的结构尺寸、活动零件的极限位置尺寸等。

上述 5 类尺寸应根据具体情况具体分析，尽可能地使尺寸标注完整、合理。

3. 总装配图的技术要求

总装配图技术要求包括下列内容：

（1）装配过程中的技术要求，如：装配前的清洗；装配工艺方法；装配后必须保证的精度、间隙要求等，如轴要转动灵活、润滑方法、密封要求等。

（2）检验、试验过程中的技术要求，如检验条件、试验方法、操作规范及要求等。

（3）性能、安装、调试、使用和维护等方面的要求，如产品的基本性能、规格，使用时的注意事项，表面涂刷等。

技术要求中的文字应准确、简练，一般写在标题栏上方或左方的空白处，也可另写成技术文件作为图样的附件。

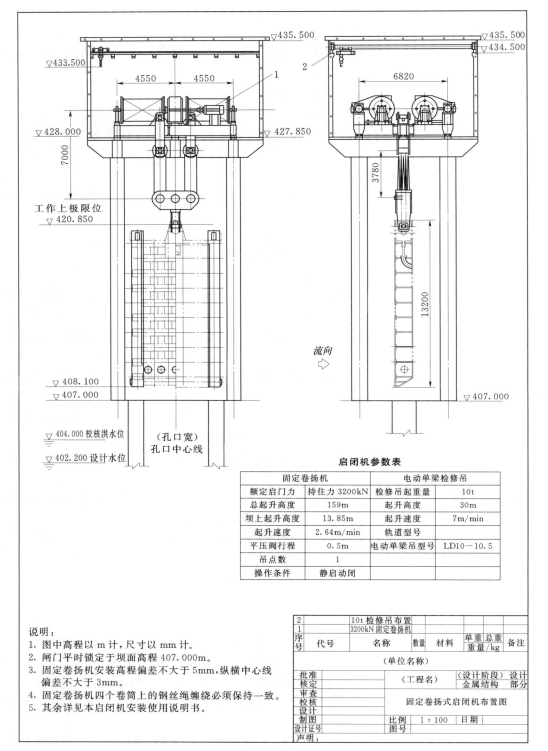

启闭机参数表

固定卷扬机		电动单梁检修吊	
额定启门力	持住力 3200kN	检修吊起重量	10t
总起升高度	159m	起升高度	30m
坝上起升高度	13.85m	起升速度	7m/min
起升速度	2.64m/min	轨道型号	
平压阀行程	0.5m	电动单梁吊型号	LD10－10.5
吊点数	1		
操作条件	静启动闭		

2		10t 检修吊布置					
1		3200kN 固定卷扬机					
序号	代号	名称	数量	材料	单重	总重 重量/kg	备注
		（单位名称）					
批准			（工程名）		（设计阶段）	设计	
核定					金属结构	部分	
审查							
校核			固定卷扬式启闭机布置图				
设计							
制图		比例	1：100	日期			
设计证号		图号					
声明：							

说明：
1. 图中高程以 m 计，尺寸以 mm 计。
2. 闸门平时锁定于坝面高程 407.000m。
3. 固定卷扬机安装高程偏差不大于 5mm，纵横中心线
偏差不大于 3mm。
4. 固定卷扬机四个卷筒上的钢丝绳缠绕必须保持一致。
5. 其余详见本启闭机安装使用说明书。

图 6－3－16　某工程固定卷扬式启闭机布置图

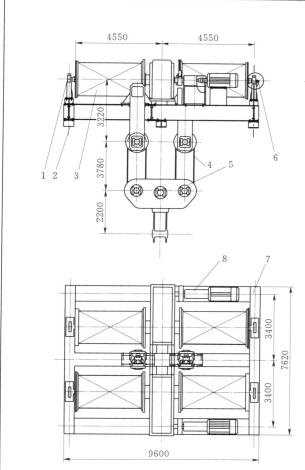

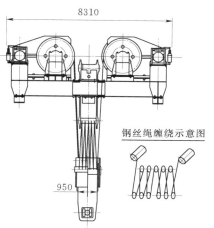

钢丝绳缠绕示意图

技术参数特性表

额定启门力	3200kN
总起升高度/坝面以上	159/13.85m
起升速度	2.64m/min
减速器 总传动比	200.3
水平中心距	1760mm
电机功率	2×10kW(S2.60min)
卷筒底直径	1650mm
钢丝绳直径	36mm
缠绕层数	3
制动器	YWZ5－500/E201
行程开关	180HGE553FV50,STROMAG
开度仪	AVM58N－032PRGM,P＋F
压力传感器	CC 系列,60t,SIEMENS

说明:

1. 卷扬机出厂时应进行空载试运转,正反转各 1.5h 机构应运行平稳,无冲击或其他不正常噪声,电气元件不应有过热现象。其他试验见本启闭机出厂试验大纲。

2. 制动器闸瓦与轮接触面积不小于 75%。

3. 润滑脂牌号:0 号极压锂基润滑脂。

4. 装配时,必须保证卷扬机四个卷筒装置的一致性,使钢丝线绳在卷筒上顺序逐层缠绕,不得有挤压或跳槽现象。

5. 图中高程以 m 计,尺寸以 mm 计。

6. 卷扬机涂装按照招标文件和本卷扬机涂装技术要求执行。

7. 卷扬机安装完毕后,应及时用腻子封闭机架与二期埋件支座之间的连接缝隙。

8		高速轴罩					
7		机架					
6		开度显示装置					
5		3200kN 吊具					
4		钢丝绳 36ZAB6 1770					
3		起升机构					
2		二期埋件					
1		行程限位装置					
序号	代号	名称	数量	材料	单重	总重	备注
					重量/kg		
(单位名称)							

批准				(设计阶段)	设计
核定		(工程名)		金属结构	部分
审查					
校核		固定卷扬式启闭机总装配图			
设计					
制图		比例	1:100	日期	
设计证号		图号			
声明:					

图 6－3－17　某工程固定卷扬式启闭机总装配图

4. 绘制装配图时需注意的几个问题

（1）零件间接触面、配合面的画法：相邻零件的接触面或偶合件的配合面，无论间隙大小均画成一条轮廓线。

（2）相邻两个零件的剖面线，必须以不同方向或不同的间隔画出。同一零件的剖面线方向、间隔必须完全一致。

（3）在装配图中，对于紧固件及轴、球、手柄、键、连杆等实心零件，若沿纵向剖切且剖切平面通过其对称平面或轴线时，这些零件均按不剖绘制。如需表明零件的凹槽、键槽、销孔等结构，可用局部剖视表示。

某工程固定卷扬式启闭机总装配见图 6 - 3 - 17。

（三）部件装配图

部件装配图（如机构装配图、滑轮组、卷筒组、驱动装置等）表达部件的主要制造要求和各组成零部件间的装配关系。

部件装配图纸反映的内容，尺寸标注方式，图纸技术要求及主要绘制方法与总装配图相同。

（四）零件图

零件图是最小的制图单元，是表达单个零件形状、大小和特征的图样，也是在制造和检验机器零件时所用的图样。

1. 主要规定

零件图中的图形，只是用来表达零件的形状，而零件各部分的真实大小及相对位置，则靠标注尺寸来确定。零件图上所标注的尺寸不但要满足设计要求，还应满足生产要求。零件图上的尺寸要标注得完整、清晰，符合《机械制图》的规定。绘制零件图时注意以下几点：

（1）要表达清楚零件外形和内部构造（三视图、剖视图、局部放大图等）。

（2）公差尺寸一般采用同时标注上下偏差代号和数值的形式。

（3）标注加工面粗糙度。

（4）标注加工基准、形状和位置公差。

（5）说明材料及热处理方式。

（6）技术要求和技术参数（如齿轮）。

2. 技术要求

零件图技术要求主要包含以下内容：

（1）零件的材料及毛坯要求。

（2）零件的热处理、涂镀、喷漆等要求。

（3）零件的检测、验收、包装等要求。

二、液压启闭机

液压启闭机图包括布置图、总成装配图、部件装配图、零件图和液压系统原理图等部分。

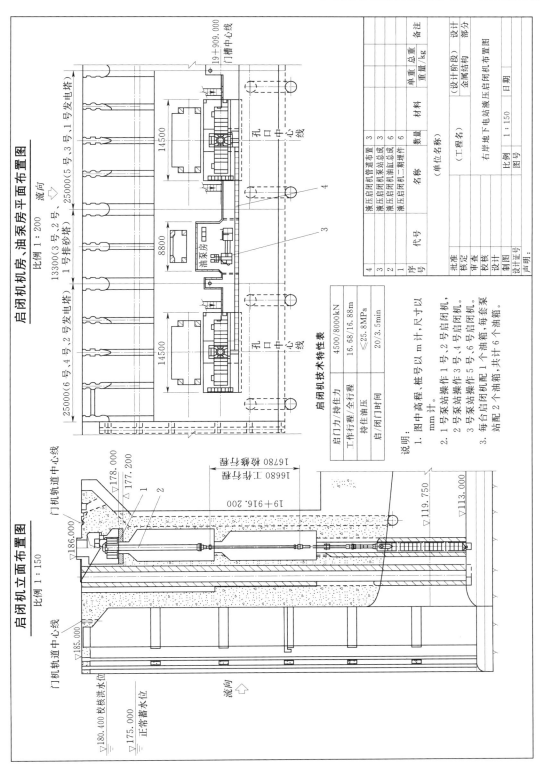

启闭机机房、油泵房平面布置图
比例 1：200

启闭机立面布置图
比例 1：150

启闭机技术特性表

启门力/持住力	4500/8000kN
工作行程/全行程	16.68/16.88m
持住油压	≤25.8MPa
启/闭门时间	20/3.5min

说明：
1. 图中高程、桩号以 m 计，尺寸以 mm 计。
2. 1 号泵站操作 1 号、2 号启闭机，2 号泵站操作 3 号、4 号启闭机，3 号泵站操作 5 号、6 号启闭机。
3. 每台启闭机配 1 个油箱，每套泵站配 2 个油箱，共计 6 个油箱。

4		液压启闭机管道布置		3		
3		液压启闭机泵站总成		3		
2		液压启闭机油缸总成		6		
1		液压启闭机二期预埋件		6		
序号	代号	名称		数量	材料	单重 总重 备注
						重量/kg

地准			（设计阶段）　设计
核定			金属结构　部分
审查			
校核		（工程名称）	
设计		右岸地下电站液压启闭机布置图	
制图		比例 1：150	
设计证号：		图号 日期	
声明：		（单位名称）	

图 6 - 3 - 18　某工程液压启闭机布置图

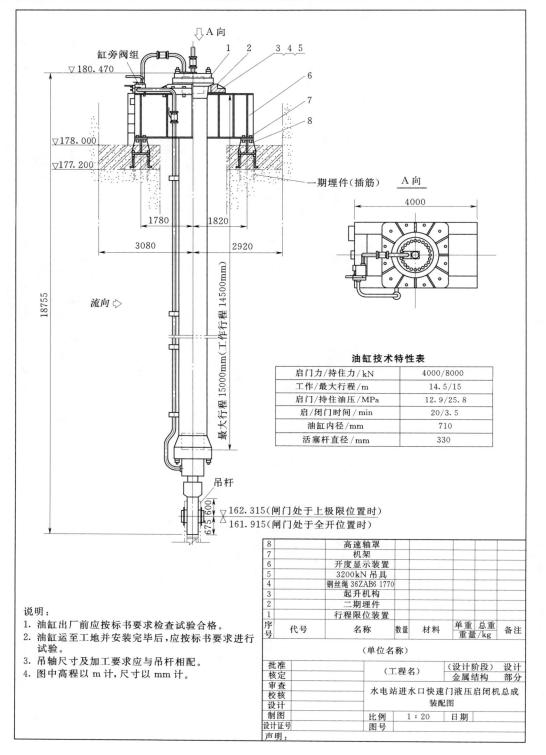

说明：
1. 油缸出厂前应按标书要求检查试验合格。
2. 油缸运至工地并安装完毕后，应按标书要求进行试验。
3. 吊轴尺寸及加工要求应与吊杆相配。
4. 图中高程以 m 计，尺寸以 mm 计。

油缸技术特性表

启门力/持住力/kN	4000/8000
工作/最大行程/m	14.5/15
启门/持住油压/MPa	12.9/25.8
启/闭门时间/min	20/3.5
油缸内径/mm	710
活塞杆直径/mm	330

序号	代号	名称	数量	材料	单重	总重	备注
8		高速轴罩					
7		机架					
6		开度显示装置					
5		3200kN 吊具					
4		钢丝绳 36ZAB6 1770					
3		起升机构					
2		二期埋件					
1		行程限位装置					

重量/kg

（单位名称）

批准		（工程名）	（设计阶段） 设计
核定			金属结构 部分
审查			
校核		水电站进水口快速门液压启闭机总成
设计		装配图
制图		比例 1:20	日期
设计证号		图号	
声明：			

图 6-3-19 某工程液压启闭机总成装配图

（一）布置图

布置图主要反映了启闭机的构造、与土建和闸门的接口关系、操作方式、特征状态、主要技术参数、安装位置等，同时反映了启闭机液压泵站、液压管路的布置形式、与相关电气控制和供电设备的接口关系。某工程液压启闭机布置见图 6-3-18。

（二）总成装配图

某工程液压启闭机见图 6-3-19，图中一般应包含下列内容。

（1）油缸安装方式及总体外形尺寸。水利水电工程油缸的安装方式常见的有两端铰接、一端固定一端铰接。油缸上支承方式主要有中部耳轴支承、法兰固定支承和球面/锥面浮动安装等。

（2）油缸机架形式和外形尺寸（如有）。油缸机架常见的形式有固定机架、焊接摆动机架、铸造 U 形机架等，图中所示油缸为固定机架安装。

（3）缸旁阀组安装方式、位置及缸上油管固定方式、布置。

（4）油缸行程检测装置的型式和布置。

（5）油缸参数表，应列出油缸的主要参数，如油缸内径、活塞杆直径、工作行程、启闭力、启闭油压、启闭速度（或时间）等。

（三）部件装配图

某工程液压启闭机油缸装配见图 6-3-20，主要反映下列内容：

（1）油缸的整体概貌和特征参数，如外形尺寸、油缸内径、活塞杆直径、工作行程、最大行程、两端富余行程等。

（2）油缸的安装方式，如中部耳轴铰支、法兰固定或球面浮动安装等。图中所示油缸为电站进水口快速门油缸，垂直安装，采用油缸上端球面浮动安装方式，即油缸缸体上端膨大部位带有凸状球形安装面，与油缸机架上的凹状球形安装面匹配，安装时将油缸竖直搁于机架之上，使两者的球形安装面接触即可，油缸在重力作用下自然处于竖直状态，而无需用螺栓等方式将其固定。

（3）油缸的内部结构特征，如端盖形式、活塞紧固方式、密封圈形式、有否缓冲装置、有无节流孔板、吊头内装何种轴承等。图中所示油缸下端盖上设有节流孔板和缓冲套筒，以控制油缸快速下降时的速度及实现接近底坎时的缓冲功能。

（4）重要配合尺寸，如活塞与缸体、活塞杆与端盖之间的配合关系。

（5）油缸技术参数表，包括启闭力、启闭油压、启闭速度（或时间）、油缸内径、活塞杆直径、工作行程、最大行程等。

（6）明细表中，对于成品应列出其型号并在备注栏中注明其品牌及生产厂家。技术说明中对于缸盖与缸体连接螺栓需给出拧紧力矩的限制值。

（四）零件图

某工程油缸缸体零件见图 6-3-21，主要反映下列内容。

（1）零件的形状和外形尺寸。

（2）零件的尺寸加工精度要求和形位公差要求，如直线度、圆度、同轴度、垂直度等要求。

（3）零件表面粗糙度要求及是否镀铬、镀层厚度等。

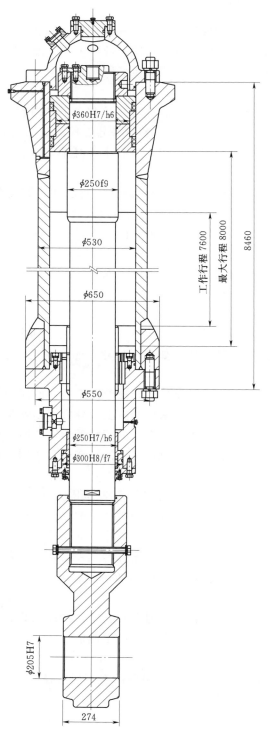

图 6-3-20　某工程液压启闭机油缸装配图（单位：mm）

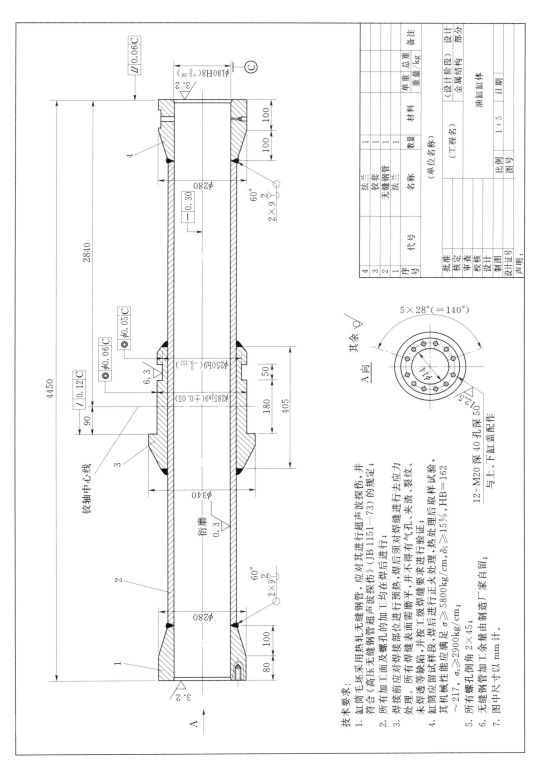

技术要求:

1. 缸筒毛坯采用热轧无缝钢管,应对其进行超声探伤,并符合《高压无缝钢管超声探伤》(JB 1151—73)的规定;
2. 所有加工面及螺孔的加工均在焊后进行;
3. 焊接前应对焊接部位进行预热,焊后须对焊缝进行去应力处理。所有应对焊缝表面需磨平,并按工级焊缝进行验证,未焊透等缺陷,并磨足试样段,焊后进行正火处理,热处理后取样试验,其机械性能应满足 σ≥5800kg/cm,δ5≥15%,HB=162 ~217,σ≥2900kg/cm;
4. 缸筒应留试样段,焊后进行正火处理,热处理后取样试验,其机械性能应满足 σ≥5800kg/cm,δ5≥15%,HB=162 ~217,σ≥2900kg/cm;
5. 所有螺孔倒角 2×45;
6. 无缝钢管加工余量由制造厂家自留;
7. 图中尺寸以 mm 计。

图 6 - 3 - 21 某工程油缸缸体零件图

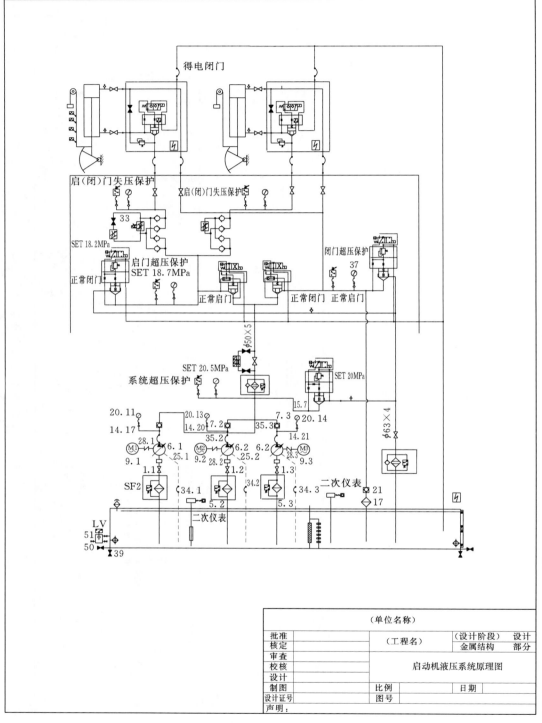

图 6 - 3 - 22 某工程启闭机液压系统原理图

（4）对焊接而成的零件，应标注焊缝符号或明确焊缝形状和尺寸要求。

（5）零件的材料及其机械性能要求。

（6）技术要求，包括材料性能要求、热处理要求、表面处理方法、零件探伤检查要求等。

（五）液压启闭机系统原理图

启闭机液压系统原理见图 6-3-22，主要反映下列内容。

（1）液压控制系统全貌、详细工作原理和元件选型，如液压泵——电机组配置和备用情况、油箱容积、有无双缸或多缸同步控制要求、同步控制方式（如开环/闭环、分流/比例控制等）、流量/压力检测及油液温度、污染度控制措施等。

（2）液压系统技术参数表，包含系统压力、流量、工作温度、液压油型号、系统清洁度要求等。

（3）液压系统动作表，反映电机、电气元器件（液压阀电磁铁、压力传感器、行程开关、行程检测传感器等）的得电动作情况。

（4）明细表中需详细表明各液压元件和电气元件、传感元件等的名称、型号、数量、规格和性能指标（通径、排量、压力级别、精度等）以及生产厂家名称。技术说明中需对液压系统的压力、温度和液位保护等要求作出较为详细的说明。

系统原理图中液压元器件符号的画法应符合《流体传动系统及元件图形符号和回路图》（GB/T 786—2009）标准的规定。

第三节 压 力 钢 管

某工程压力钢管和岔管结构见图 6-3-23 和图 6-3-24，主要反映下列内容。

（1）钢管结构图应由平面图、沿钢管轴线纵剖面图以及部件详图组成。图中应包含从钢管起点到末端各控制点（拐点）平面坐标、高程、桩号、钢管直径、管节长度、管壁厚度、材料，加劲环型式、间距、高度、厚度、材料，焊缝坡口型式和角焊缝焊高等信息，并应按钢管直径和管壁厚度列出钢管分段明细表。

（2）明管结构图中应标明镇墩间距、支墩间距、伸缩节位置、人孔位置等，并具有支承结构、伸缩节、人孔等附属部件详细图纸。

（3）地下埋管和坝内埋管及钢衬钢筋混凝土管结构图中应包含灌浆孔布置图及其结构详图、外排水系统（如有）结构详图等信息。

（4）岔管结构图应由平面图、纵剖面图和局部放大图组成，也可用三维图表示。

第四节 输 电 铁 塔

一套完整铁塔图一般包括总图、结构图等。输电铁塔图的绘制有较严格的行业特点，表达方式方法、标注、标示等与一般的水工金属结构图存在较大的差别，具体见《输电线路铁塔制图和构造规定》（DL/T 5442）。

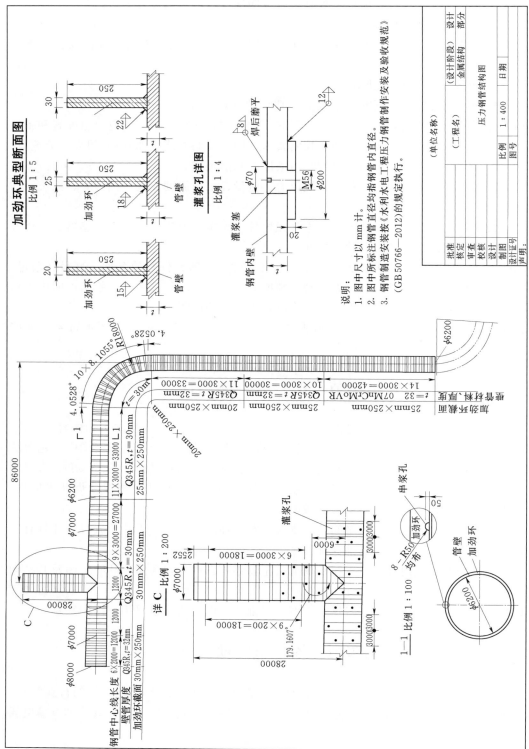

图 6-3-23 某工程压力钢管结构图

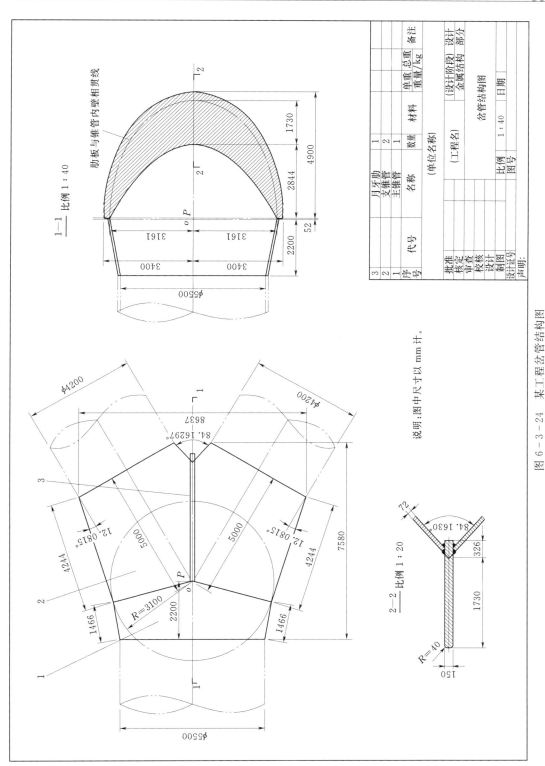

说明：图中尺寸以 mm 计。

图 6 - 3 - 24 某工程岔管结构图

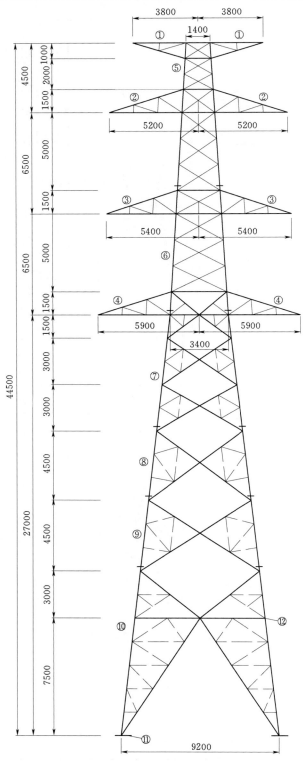

图 6－3－25　输电铁塔总图（单位：mm）

①～⑫—段号

一、图纸内容

（一）输电铁塔总图

（1）总图主要内容包括所示铁塔的单线图及其材料汇总表，见图 6－3－25。单线图一般布置于总图的左侧，材料汇总表应布置于总图右侧。

（2）单线图以最高呼称高为基准，由左向右按呼称高递减布置其他接腿。塔身正侧面宽度或布置不同时，应分别绘制正侧面，转角塔应按右转布置。

（3）单线图要全面、准确示意所示铁塔的结构构造，准确标示铁塔的所有控制尺寸，以及不同呼称高接腿与塔身关系。

（4）在总图中应采用图示标明脚钉的布置位置以及线路的走向。

（5）在总图中应对本塔的有关特殊要求和规定进行说明。

（6）当所示铁塔需分段时，应标明各分段位置，并对各段进行编号。编号应按先左后右，先上后下，先横担后塔身再塔腿。

（7）材料汇总表应按各分段结构和不同呼称高的接腿分别进行统计。材料统计时，应对材料的类别，材质，规格按下列顺序分别进行：

类别：主要材料（钢管、角钢）、钢板、螺栓、脚钉、垫圈。

材质：按材质强度由高到低。

螺栓：按螺栓等级由小到大。

规格：钢管、角钢采用从大到小，其他材料采用从小到大。

（二）输电铁塔结构图

结构图主要内容包括该图所示结构的单线图、结构图（包括详图）、材料表。所示结构的单线图一般布置于结构图的左上角，材料表布置于结构图的右上角，见图 6－3－26。

（1）结构图的绘制应以正面为主，正侧面结构不同时，可按展开法绘制。如需对结构局部进行更明确地表示可用剖视图和详图表示。

（2）结构图中所示结构的单线图应标注上、下口宽，垂直高，准距差等尺寸，段号以及上接段号。如该结构需预拱，预拱前用虚线表示，预拱后用实线表示，结构图按预拱后单线图绘制。

（3）结构图中除螺栓、脚钉、垫圈外，所有构件均应编号，构件编号应由下而上，由左到右，先主材后其他构件，由正面到侧面，最后断面。构件编号宜连续，不宜出现空号或编号后加 A、B 等情况。

（4）在结构图和材料表中对有特殊加工（如火曲、切角、切支、卷边等）要求的构件须进行说明和标注。

（5）材料表应按编号顺序进行统计。螺栓、脚钉、垫圈单独列表统计。

（6）铁塔结构图的比例一般为 1：20。各段结构图应绘制单线图，单线图比例为 1：100，并放在结构图的左上角。节点大样图（或详图）为 1：5 或 1：10。标注详图或放大详图的比例时，应在详图或放大详图的下面画一条实线，注出采用的比例。

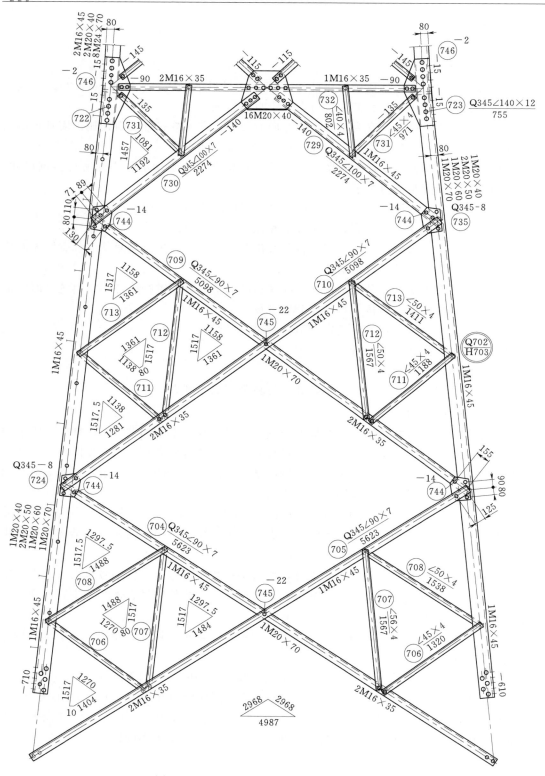

图 6－3－26　输电铁塔结构图（单位：mm）

二、标示、标注

（一）尺寸

（1）界线一般采用45°短斜线或小黑圆点表示。

（2）结构的几何尺寸采用相似形标注，见图6-3-26，相似形各边所标注的数字为各边边长，而非各构件长。

（3）构件端部至该构件准线交点的尺寸用＋或－表示（＋或－表示延伸或缩短），见图6-3-27。如尺寸－105表示构件636端部距该构件准线与其他构件的交点还有105mm。如尺寸为＋105则表示构件端部应超过交点105mm。

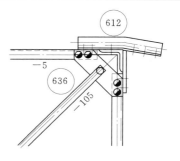

图6-3-27　构件端部尺寸标示

（二）构件的表示

（1）总图及结构图中的段号用⑥表示，圆的直径为10mm，数字6为编号，表示所示塔的第6号分段。

（2）结构图的构件表示：主材用⑥₀₁表示，圆的直径为14mm/12mm，数字为段号和构件编号，表示所示铁塔的第6分段编号为1的构件，且此构件为主材；其他构件用⑥₀₁表示，圆的直径为8mm，数字为段号和构件编号，表示所示铁塔的第6分段编号为1的构件。

（3）只绘制正面，而正面和背面的构件编号不同时，应在编号用前、后或F、Q注明。如⑥、⑥，输电铁塔零件见图6-3-28。

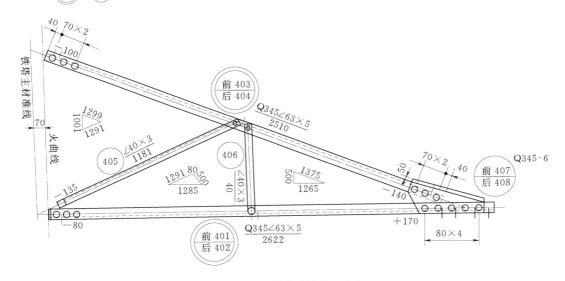

图6-3-28　输电铁塔零件图（单位：mm）

（4）构件的材质和规格表示：角钢用∠表示，如Q345∠40×10，表示角钢为Q345，肢宽140，肢厚10。板用-表示：Q345-10表示板的材质为Q345，厚为10mm。钢管用表示，Q345-10表示钢管的材质为Q345，外径厚为10mm，壁厚10mm。如材质为Q235可不标注。

（5）螺栓的表示：螺栓可采用M表示，如M12×50表示螺栓直径为12mm，长为

50mm。在结构图中用不同的符号表示各规格的螺栓，可见有关规定。

（6）在钢管采用法兰连接时，用 F 表示法兰，如 F12 表示 12 号法兰。

构件的具体表示见图 6－3－28。

第五节　厂　房　网　架

通常情况下，厂房网架施工设计通过招标，由有资质的专业设计单位完成，水利水电工程设计单位只负责招标文件编制，招标文件中应附有厂房网架的布置图。厂房网架的布置图主要反映厂房网架的规模、安装位置、结构型式、荷载大小及作用点位置、通风照明要求、屋面板及其防水要求、其他相关技术要求等，厂房网架的布置图作为招标文件附图可省略标题栏。招标文件中所附厂房网架布置见图 6－3－29。

主厂房横断面

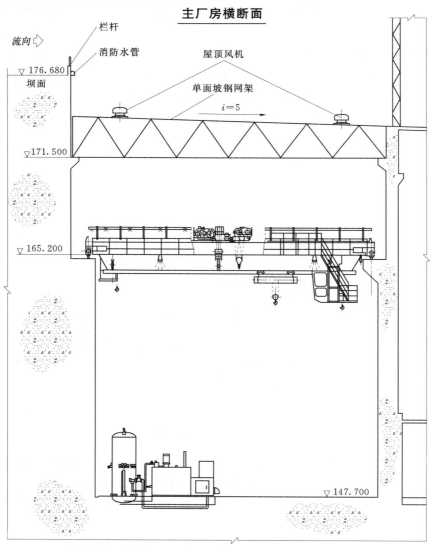

图 6－3－29　招标文件中厂房网架布置图示例

第四章　涉外工程中金属结构制图范例

随着中国水利水电事业的不断发展并取得了举世瞩目的成就，越来越多的国外水电站由我国进行设计和建设，因此，了解国外水利水电工程的制图要求和惯用表达方式，看懂国外工程设计图样，已变得十分必要。

以下以巴基斯坦 N-J 电站和厄瓜多尔 M 电站的金属结构图纸为例，说明国外工程金属结构制图中的不同之处及特点。

国外某水电站泄洪表孔金结布置见图 6-4-1。从整体上看，图纸也是由图框、标题栏、视图、技术说明（NOTES）、图例（LEGEND）等要素构成，但在具体表达方式和细节上，与国内工程设计图样不同之处主要体现如下：

（1）标题栏内容的不同。标题栏中除了列出项目业主、工程名、设计单位、图名、图号、设计及校审人员、日期等信息外，还特别在右下角列出了图纸的版本号（REV.，图中为第 2 版），并且在标题栏顶部详细列出了每版（第 0 版、1 版、2 版）的图纸信息或修改描述及修改日期、校审人员签字，使得该图纸的修改情况一目了然。

（2）比例表达上的不同。国内图纸一般在标题栏中标出比例，如 1∶100，当图纸上各视图采用不同比例时，在每个视图上单独注明。而国外图纸一般常用比例尺形式，当不同视图采用不同比例时，在图中列出所有比例对应的比例尺，注明比例尺名称，如比例 A、比例 B 等，并在各视图底部注明采用的相应比例尺名称，以示区别。

（3）参考图纸。有时涉外工程图纸中还专门列出了与该图相关的参考图纸名称与图号（见图中 REFERENCES），以便于查找，而国内图纸中一般没有此项内容。

（4）中心线的表示，常用符号""，如坝轴线标示为 "DAM AXIS"，对门机轨道中心线标示为 "RAIL"，而在中国制图标准中无此项表示方法。

涉外工程图纸总体要求和表达方式接近于中国制图标准，易于理解。不同之处在于其图名最后一位为版本号，如本图图号 MIN-LO-PD-PRE-MEC-P-A-2001-D 末位字母为 "D"，表示为第 4 版图纸（前 3 版分别为 A、B、C），同时，标题栏下部也列出了各版的修改时间和修改描述。

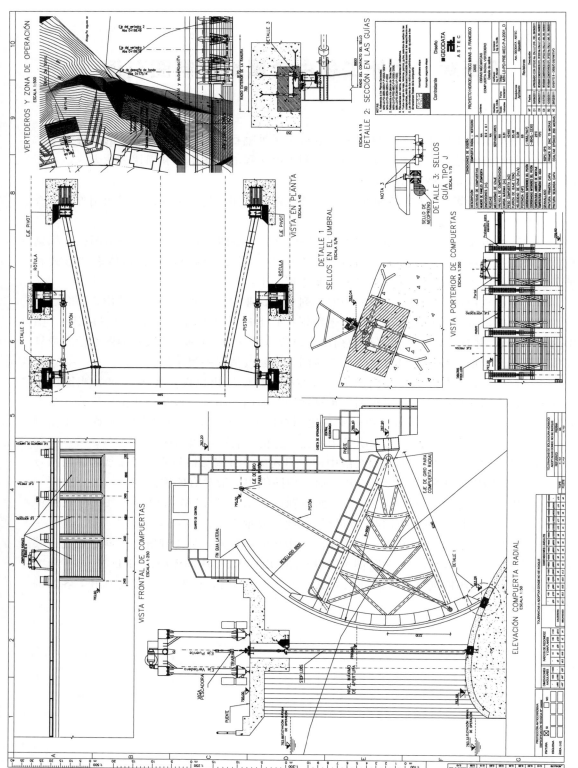

图 6-4-1　国外某电站泄洪表孔布置示意图